湖北省社会公益出版专项资金资助项目

中国建筑名家文库
中国建筑文化中心 组编

鲍家聲

文集

Collected Works of Bao Jiasheng

鲍家声 著

华中科技大学出版社
http://www.hustp.com
中国·武汉

作者简介

鲍家声，1935年出生，安徽池州人。1954年考入南京工学院（现东南大学）建筑系，1959年毕业，留校任教，曾任南京工学院（东南大学）建筑系主任。全国高等学校建筑学专业委员会主任、教育评估委员会副主任、中国建筑学会理事、中国学报编委及英国Open House 杂志编委。1987年与厦门大学合作，共同创办了厦门大学建筑系（今改建筑学院）；1992年，创办东南大学开放建筑研究与发展中心，任主任；2000年，创办南京大学建筑研究所（今南京大学建筑与城规学院），任所长；现为南京大学资深教授、名誉院长，建学建筑与工程设计所有限公司（百家名院）总建筑师。2006年获中国建筑学会颁发的首届中国建筑教育奖。他是我国支撑体住宅、开放住宅和高效空间建筑理论的开拓者和探索者，他研究的开放住宅和高效空间住宅对我国房地产产生了直接影响。曾获国内首届城市住宅设计创作奖、联合国人居中心国际荣誉奖、联合国技术信息促进系统（中国国家分部tips）颁发的《发明创新科技之星奖》等。他是我国著名的图书馆建筑设计研究者。出版《建筑设计基础》、《建筑设计教程》、《支撑体住宅》、《现代图书馆建筑设计》及《城市的形成》等教材、专著或译本，国内外发表论文近百篇，培养博士、硕士研究生近百名。

THE AUTHOR

Bao Jiasheng, born in Chizhou, Anhui Province in 1935, was admitted by Nanjing Institute of Technology (nowadays Southeast University) as an architecture major in 1954. After his graduation in 1959, he became a teacher in that university as the dean of the architecture department. During that time, he worked together with Xiamen University to co-found the architecture department (now school of architecture) of Xiamen University. In 2000, he established the Architecture Institute (now school of architecture and urban planning) of Nanjing University and worked as the head of the Institute. At present, Mr. Bao is the senior professor and honorary president of Nanjing University, as well as the chief architect in the Architecture and Project Planning Institute Co. (top 100 in China).In 2006, he was awarded the first Chinese Prize for Architectural Education, issued by the architectural society of China. In the field of architectural design, he is the pioneer and explorer in the architectural theories about supporting residential houses, open houses and high efficient space residences. His research on open houses and high efficient space residences has a direct influence on our nation's real estate industry. He has won the following awards: the first prize for urban residential design in China, and UN-HABITAT International Honor, as well as the innovative star in invention, science and technology issued by Chinese TIPS of UN Technological Information Promotion System. He is Chinese famous researcher in architectural design for libraries. And until now, he has published textbooks, monographs and translation books such as *Principles for Public Architecture Design, Basis of Architectural Design, Supporting Residential Houses, The Formation of Cities,* with hundreds of papers published at home and abroad. Besides, he has also tutored scores of doctoral candidates and master degree candidates.

1992年，前国家教委主任李铁映在东南大学参观高效空间住宅研究模型

与瑞士ETH建筑学院教授在交流

在泰国参加海岸两岸建筑研讨会期间与清华吴良镛先生在一起

东南大学开放建筑研究与发展中心师生合影

在厦门国际建筑方案竞赛评选期间，与莫伯治先生、李道增先生以及马国馨先生在一起

参加亚洲建协会建筑教育分会

参加香港中文大学建筑专业教育评估

在日本建筑家协会中国支部冈山建筑家会议　参加建筑系系主任99'昆明会议　　　　参加建筑学专业指导委员会会议
上发言

在菲律宾首都马尼拉召开的第6届亚洲建筑师会议
作者（右二）

在泰国考察

与夫人龚蓉芬建筑师共同陪同SAR创立者哈布瑞根教授参观苏州园林

安徽泾县云岭新四军军史陈列馆开工典礼，设计者与工作人员合影

与SAR理论创立者约翰·哈布瑞根教授在荷兰

第二炮兵工程大学图书馆落成典礼，设计者与校领导合影

建筑者之家

与夫人龚蓉芬建筑师在澳洲考察

与夫人龚蓉芬建筑师在日本考察

评估考察

与博士生毕业合影

评估考察

安徽省池州学院建成后校园实景

1. 上海工业展览馆，1957.7
2. 桥头与建筑，1962
3. 中国古典建筑水墨渲染图
4. 河南洛阳关林，1965
5. 美国坎布里奇教堂，1982.4
6. 南京新街口正洪里，1961.7

编者序言

中华民族自近代以来，涌现出一批建筑大家，他们为我国建筑文化的传承、古代建筑和历史文化城镇的保护与合理利用、城乡规划、建筑设计创作和建筑科技的创新作出了重要贡献。他们有的在建设理念、建设思想上思考颇深，有的在建筑教育、建筑理论上造诣深厚，有的在建筑科技、建筑设计上硕果累累，为我国建设领域留下了一笔笔宝贵的建筑与文化遗产。在当前城市化进程加快、西方建筑文化不断涌入中国，东西方文化相互碰撞、交融的形势下，深入梳理、品读建筑大家的建设思想和学术成果，对指导当代城市建设具有重要的现实意义。

为传承、借鉴、发展中国优秀的建筑文化和学术成就，中国建筑文化中心组织整理为我国建设事业作出重要贡献的建筑大家的学术论文、报告、笔记和手稿，呈现他们的学术思想、建设理念、专业素质和道德品行等宝贵的精神和物质财富，编纂出版《中国建筑名家文库》（下简称《文库》），以期建设工作者汲取更真实的中华建筑文化知识和学术思想，正确处理传承发展中国优秀建筑文化与学习借鉴西方建筑文化的关系，因地制宜地规划和建设具有中国特色的可持续发展城镇。

我们希望编纂出版的《文库》成为富有历史价值的关于中国建筑文化发展历史的重要学术文献之库，并希望当代建设工作者能够从《文库》中汲取营养和经验并有所感悟、借鉴，为我国建设事业健康、有序发展作出更大的贡献。

《文库》在编纂过程中得到住房和城乡建设部有关领导和老一辈建筑师的大力支持，他们对《文库》组稿、编纂工作给予了很大帮助，在此深表谢意。

中国建筑文化中心

2009 年 12 月

自　序

　　记得我公开发表的第一篇学术文章是《肉类联合加工厂设计》，刊于 1958 年南京工学院建筑系创办的《城乡规划》内部刊物上，那是因为 1958 年我国开展教育改革，贯彻"教育为无产阶级政治服务，教育与生产劳动相结合"的方针，学校开门办学，高班学生要走出校门参加社会生产实践。当年我在读大学五年级，学校将我们全班 60 余人安排到设计院，我与另外 7 名同学分到徐州市建筑设计室（今徐州市建筑设计院）参加实践工作，要求设计要"一竿子到底"。我们分别安排在勘察组、建筑组、结构组、设备组及概预算组，并实行轮流换岗。我在建筑设计组时，接到江苏邳县肉类联合加工厂工程设计的任务，需要我主持这项工程（设计室人少，建筑设计人员更少），对此工程我一无所知，只好向实际学习。我们就去南京、蚌埠肉类联合加工厂去参观学习，详细了解将猪从猪舍赶出，专用通道经电麻、上架、屠宰、切割、清洗直到送进冷藏库的整个生产流程和设备，并与厂方人员交谈，了解对厂房设计的要求，回来后着手设计，从工艺设计到建筑设计一竿子到底。最后施工建成（据了解此房现还在使用）。第一篇文章写的就是参加这个工程设计的体验和认识，可以说这是我的处女作。

　　1961 年江苏省建筑学会召开建筑风格研讨会，我写了一篇《试论建筑风格》一文，被选在大会上发表，这是我第一次登上学术研讨会讲堂，也是我学术活动走出校门步入社会大学校的开端。1964 年北京市政府召开了北京市长安街规划设计全国研讨会，邀请了全国著名的大学和设计单位的专家学者参加，南京工学院委派以杨先生（杨廷宝教授）为首的老、中、青三结合的 4 人代表团参加这次研讨会，我有幸作为青年教师跟随杨先生参加这次盛大、隆重、高水平的学术研讨会，（另两位是潘谷西和钟训正两位先生），我第一次见到了国内建筑学界的大专家、大学者，如梁思成教授、陈植院长，赵琛院长等中国第一代建筑大师们，也认识了设计北京十大国庆工程的有名的建筑师，如张镈、张开济、林乐义等中国第二代建筑师们。参加这次研讨会是我步入国内学术界的一个起步；1979 年我被公派到香港巴玛唐纳设计事务所参加南京金陵饭店设计，开始接触到境外的建筑师、结构工程师们，1982 年公派赴美国 MIT 做访问学者，有机会参加了一些国际性的学术活动，直到 1985 年应邀到德国汉堡参加了城市住宅规划与设计国际研讨会，并做了主题发言，这些是我逐步步入国际学术活动的初始历程。1985 年我担任南京工学院建筑系主任，比较重视学术研究和学术活动，因此有机会、有条件从个人参加学术活动到单位组织学术活动。1986 年筹办了全国第一届建筑教育思想研讨会；1987 年举办了城市住宅规划设计国际研讨会……在我任系主任七年多时间内，几乎每年都筹办 1～2 次学术研讨会，1992 年卸任系主任后，创办了东南大学开放建筑研究与发展中心，也筹办了一次开放建筑国际研讨会；在我主持全国建筑学专业指导委员会十余年的时间内，每年也都至少举办一次全国性的建筑教育研讨会……组织和参加这些学术会议，也就逼着自己思考一些问题，逼着自己总结一些问题，逼着自己多去学习一些东西，最后逼着自己要写一点东西，这本册子收集的文章，就是一点历史的见证。

在学术研究上称得上真正的研究还得从 1982 年开始，那时我在美国接触和了解到国外一些著名的大学和教授都有自己比较明确的研究领域或方向，研究成果不断充实于教学或发表或参加学术会议交流，MIT 建筑系招聘师资也要看他们学术研究的状况和水平，这对我有很大影响，科学研究对任教的大学老师来讲是多么的重要！是他们从事大学教学工作不可缺失的重要部分，对个人来讲它是学术造诣的表现，对学校来讲则是学术水平和学术声望的体现，就从那时起也就更加重视研究工作，但是研究什么？确定什么方向也是实际问题，我在美国一年走访了一些大学，了解到很多建筑系的教授们都很关注实际的社会问题，如环境问题、交通问题、住房问题、老年人问题及残疾人问题等，并致力于这方面的研究。这也启发和影响我针对社会问题寻找自己的研究方向而不是完全凭自己个人兴趣。大学毕业留校后一直从事民用建筑设计教学，并讲授公共建筑设计原理课。到美国后，本想在公共建筑设计方面进行一些考察研究，但后来转向关注住宅问题的研究。一方面是因为我国开始实行改革开放，住房问题是很大的社会问题，需要进行住房改革；另一方面受 MIT 哈布瑞肯教授的（SAR）住宅理论的影响，因此也就把精力集中在这方面进行学习与研究。回国后，一边教学一边从事支撑体住宅研究和实践，与时俱进，相继开辟了开放建筑研究、高效空间建筑研究及可持续发展建筑研究等。因此，支撑体住宅——开放建筑——可持续发展建筑（包括后期低碳建筑研究）构成我 30 年建筑研究的一条主线；另一条辅线就是根据教学需要进行的建筑类型学研究。我长期讲授《公共建筑设计原理》课，因此各种类型的公共建筑（如中小学校建筑、演出类建筑、展览建筑、体育建筑、医疗建筑等）都比较关注，并积极从事这些类型建筑的工程设计实践。其中最早关注的是博物馆建筑，因为 1958 年江苏省要建四大博物馆，像首都国庆十大工程一样，作为新中国成立 10 周年的国庆工程。四大博物馆是工业博物馆、农业博物馆、科技博物和革命历史博物馆。四个博物馆作为一个博物馆建筑群体，选址建在玄武门和中央路交汇处，我负责农业博物馆设计，做完施工图，并到施工场地参与放线，开始基础建设，不久急令停工，困难时期来到；这一停工再也没有复建。1959 年我毕业时就以此题作毕业设计，并完成了毕业设计论文《博物馆建筑设计》。不久"楼馆堂所"作为禁建工程项目，我的博物馆建筑就搁浅，但对展览建筑仍感兴趣，因此转向世界博览会（EXPO）研究。把当年能收到的英文、俄文有关博览会的资料都阅读翻译，从 1851 年第一届世界博览会直到 1958 年的布鲁塞尔博览会，1967年蒙特利尔世界博览会，当时在我译文的前言中还写着，总有一天世界博览会要在中国举办！但展览建筑当时没有实践机会，1975 年我带 8 名学生到江苏省建筑设计院进行毕业设计，设计了南京图书馆和南京医学院图书馆两个工程，并都先后建成，从此开始了我的图书馆建筑研究，直至今日。

在教学工作中，早在 1958 年我还没有毕业，就被选做预备老师。当时正处在大跃进时代，学校大发展，招生规模扩大，南工建筑系本科当年招收 80 多人，还招了城乡规划专科班 40 余人。我担任这个班的班主任，与学生同吃同住，从那时起挂起了"红校徽"（学生是白校徽），不拿工资。1959 年正式毕业后，就顺理成章留校工作，除参加教学外，还兼任社会工作，从班主任、年级教学组长、教研室秘书、党支部书记、教研室主任及系主任；20 世纪 70 年代后期，开始兼任全国建筑学专业教材编委会秘书，80 年代，该编委会发展演变为全国高等学校建筑学专业指导委员会，我兼任副主任、主任工作，20 世纪 90 年代初，参与制定全国建筑学专业教育评估章程，筹建全国高等学校建筑学专业教育评估委员会，兼任副主任，直到本世纪初。在这个过程中，也迫于工作需要，不断思考一些建筑教育问题，身体力行推行一些建筑教育改革、研究，总结一些实际问题，因此写了一点建筑教育方面的心得、体会。

　　这本文集就是我上述历程的历史记录，它记载当时我的一些所思所行，当时写出来发表自认为基本上是可以的吧！现在看来也都有一定的局限性，也自然有很多不足之处，敬请读者多提意见。

　　感谢中国建筑文化中心，感谢中国建筑名家文库编纂委员会，把我的这些拙作收编入文库，感谢华中科技大学出版社同志们的辛苦劳动，让它与读者见面，这是对我的督促和鼓励，我将在有生之年继续努力，直到生命的终息。

鲍家声

2012 年 8 月 28 日南京

目 录
CONTENTS

第二篇　住宅研究 ·········· 103

Chapter Two　Research on Residences

第三篇　图书馆建筑研究论文 ·················· 177

Chapter Three　Architectural Research Papers on Library Building

第四篇　建筑教育研究论文

Chapter Four　Research Papers on Architectural Education

第一篇 规划设计

1　高层建筑设计若干问题

高层建筑是当代建筑科研的课题之一，它对城市规划、建筑设计、结构体系、构造方法、材料选择、施工技术、机械设备，以及抗风、抗震、防火等方面都有特殊的要求，同时，这些学科和技术的进步又对高层建筑的发展起推动作用。

我国是发展中国家，为了尽快把祖国建设成为一个社会主义强国、实现四个现代化的宏伟目标，目前在建筑领域中探讨高层建筑的发展趋势、设计特点和技术措施等问题是有一定意义的。

高层建筑虽然早已有之，但是真正得到发展还是 20 世纪中叶的事，尤其是近二十年来，高层建筑犹如雨后春笋，已逐渐遍及世界各地。高层建筑之所以有如此强大的生命力，主要有以下几个原因：①占地面积小，在既定的地段内能最大限度地增加建筑面积、扩大市区空地，有利城市绿化、改善城市环境；②由于城市用地紧凑，高层建筑可使道路、管线设施相对集中，节省市政投资费用；③在设备完善的情况下，垂直交通比水平交通方便，因此可将许多相关联的机构放在一座建筑物内，便于联系；④建筑物高低相间，点面结合，可以改善城市面貌，给城市带来艺术感；⑤高层建筑的发展一方面固然是出于需要，另一方面则是社会生产力的发展和科学技术的进步，尤其是电子计算机与现代化先进技术的应用，为高层建筑的发展提供了科学基础。

除上述原因之外，西方国家的商业集团为了显示自己的实力与取得广告宣传效果，彼此竞相建造高楼也是一个重要因素。但是，建造高层建筑仍存在着一些矛盾，例如设备要求高、用钢量大、单方造价贵、结构与施工复杂等，这就需要探索比较合理的方法，特别要注意结合我国的实际情况。

1　高层建筑的发展趋势

高层建筑在国外一般是指 9 层以上的建筑。在居住建筑中，这往往成为有无电梯的分界线。目前，我国在层数问题上尚未统一看法。众所周知，高层建筑是由多层建筑逐步发展而来的，为了了解现代高层建筑的发展趋势，我们不妨先回顾一下其发展历史。我国高层建筑虽然早已出现，然而只是到了近代，随着砖石结构与钢筋混凝土结构的广泛应用与发展，建筑层数才有了变化。如 1906 年建的上海汇中饭店为 6 层；1925 年上海已建有 13 层的华懋公寓，高 57 米。到了 20 世纪 30 年代，在上海已出现 20 层以上的建筑，如 1930—1934 年建的百老汇大厦（上海大厦），21 层（另有地下室 1 层），总高 78.33 米；又如 1931—1934 年建的国际饭店，22 层（另有地下室 2 层），总高 84.45 米。

新中国成立以后，随着我国经济的迅速发展，在一些大城市，如北京、上海、广州、天津、郑州、沈阳、哈尔滨等相继建造了一些高层建筑（图 1），积累了许多宝贵的实践经验。1952 年在北京建造的 8 层的和平宾馆，是新中国成立初期一座较高的建筑。此后在全国范围内又建造了一批高层宾馆与办公楼，如 1959 年在北京建的民族饭店、华侨饭店等，层数多为 8 ~ 12 层；1960 年在北京建造的民航局办公楼，15 层，高 60 米；1968 年在广州建成 27 层的广州宾馆，高 87.61 米；1973 年在北京建 16 层的外交公寓，高 59.50 米；1974 年在北京建成的北京饭店新楼，17 层（另有地

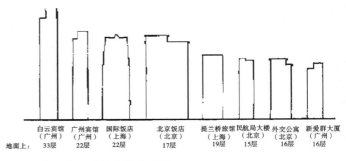

白云宾馆 （广州）	广州宾馆 （广州）	国际饭店 （上海）	北京饭店 （北京）	提兰桥旅馆 （上海）	民航局大楼 （北京）	外交公寓 （北京）	新爱群大厦 （广州）
地面上： 33层	22层	22层	17层	19层	15层	16层	16层

图 1　中国高层建筑高度的比较

下室2层），高80.38米；1976年在广州建成的白云宾馆，33层（另有地下室2层），高度已达114.05米，是我国目前最高的建筑（图2~图4）。

图2　广州宾馆（1968年）　　　图3　北京饭店新楼（1974年）　　　图4　广州白云宾馆（1976年）

最近，郑州建成车站旅馆，18层；上海建成提兰桥旅馆，16层，高69米；沈阳新建的铁路局乘务员公寓，16层（另有地下室2层），总高48.8米。此外，北京、上海近几年建了一批10~16层的高层住宅，其中北京前三门大街已建造37幢，在东北郊与东南郊也盖了不少高层住宅，大大改变了城市面貌；上海漕溪北路、华盛路与陆家嘴等处也建造了一批13~16层的住宅（图6、图7）。这些建筑都说明我国在高层建筑的技术方面已达到了一个新水平，体现了我国在建筑事业上取得的新成就。

国外近代的高层建筑开始于19世纪中叶的美国。当时由于美国工业发展很快，大城市人口迅速集中，地价昂贵，于是建筑不得不向空中发展。随着高层建筑的出现，垂直交通便成为建筑内部的一个重要问题，这促使美国人奥蒂斯（Otis）在纽约于1853年发明了载人的蒸汽动力升降机，为高层建筑的实际应用创造了条件。欧洲升降机的出现则较晚，直到1867年才在巴黎国际博览会上装置了一架水力升降机。后来由于电的发明，升降机改进为电梯。

19世纪70—80年代，芝加哥是美国的商业中心，又因当时发生一场大火，使得市中心的建筑问题突显出来。该城对高层建筑的需求变得特别迫切。典型的现代高层建筑应运而生，首先在芝加哥出现，称为"摩天楼"。这也是芝加哥成为高层建筑故乡的原因。

1879年，芝加哥建造了7层堆栈雷特大厦（Leiter Building），这是砖墩与铁梁柱的混合结构物。

1883—1885年，芝加哥建造了一座10层的现代钢框架建筑——家庭保险公司（Home Insurance Company），这座建筑也被认为是按现代建筑原理建造起来的第一座摩天楼。

1894年以后，芝加哥更是大量兴建19层到20多层的商业大楼，其中比较有代表性的如马奎特大厦（Marquette Building）。随着这些摩天楼的相继出现，形成了一个对高层建筑有相当影响的所谓芝加哥学派。19世纪末，芝加哥最高的建筑已达到29层，高118米。

进入20世纪以后，美国的经济中心渐渐转至纽约，于是纽约也开始建造高层建筑。在20世纪最初十年，美国高层建筑已达到50层，高度为213米；20年代达到60层，高度为244米。

1931年在纽约建造的102层的帝国大厦（Empire State Building），高381米，是第二次世界大战前"塔式"摩天楼的代表。它在70年代前一直保持着世界最高楼的纪录（图5）。

1950年建成的联合国总部秘书处大厦，高39层，是"板型"建筑设计手法的先例。1933年建造的洛克菲勒中心，70层的R.C.A.大厦是它的雏形。1952年在纽约建造的利华肥皂公司大厦（Lever House），高22层，开创了钢框架玻璃幕墙"板型"建筑的新风格，成为风靡一时的样板，其至有的建筑师照抄照搬，如丹麦在1958—1960年建的哥本哈根SA5皇家

图5　帝国大厦

旅馆，高22层，完全模仿利华大楼的体形与手法。密斯（Mies van der Rohe）在1919—1920年设想的玻璃摩天楼理论到这时才由他人真正实现。

1967年在芝加哥建造的玛丽娜双塔（Marina City），60层，高177米，是两座圆形多瓣平面的玻璃公寓。

1965—1970年在芝加哥建成的100层高的汉考克大厦（John Hancock Center），是继帝国大厦之后的世界上第二座100层以上的摩天楼，高337米。

1973年在芝加哥建成的美孚石油公司大厦（Standard Oil），是89层的方塔，高346米。

1969—1973年建成的纽约世界贸易中心（World Trade Center），是两座并立的110层（另有地下室6层）塔式摩天楼，高411米，超越了帝国大厦的高度。

1970—1974年在芝加哥建成的希尔斯大厦（Sears Tower），110层（另有地下室3层），高442米，是当代世界最高的塔式摩天楼。

上述高层建筑大多采用钢结构，近年来，钢筋混凝土结构在高层建筑上也得到了发展（图6）。如1974年建的美国休斯顿贝壳广场大厦（Shell Plaza Building）为钢筋混凝土套筒结构，52层，高217.6米。1976年落成的芝加哥水塔广场大厦（Water Tower Place），76层（另有地下室2层），高260米，它已取代了贝壳广场大厦而成为目前世界上最高的钢筋混凝土建筑，结构亦采用套筒式。

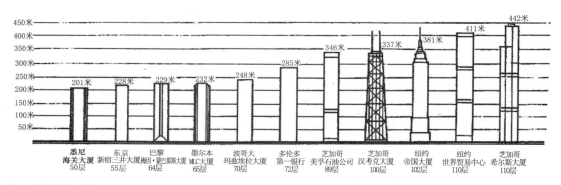

图6　世界高层建筑高度的比较

此外，砖砌体与砌块也随着强度的增加而不断增高。1891年芝加哥已建有16层的蒙纳罗克大厦（Monadnock Building），这是芝加哥最早的摩天楼之一。1966年瑞士已建成18层砖墙承重的公寓。英国则已建成11层到19层的砖结构公寓。高层建筑除美国以外，在加拿大也有较大的发展。如多伦多西部商业宫（Commerce Court West），57层，高239米。1974年在多伦多建的第一银行大厦（First Bank Tower），是72层的方塔，高285米，它是除美国以外世界上最高的塔式建筑。此外，多伦多在1963—1968年建成的市政厅是两座平面呈新月形的高层建筑，一座为31层、高88.4米，另一座为25层、高68.6米，创造了板式高层建筑的新手法。

在拉丁美洲，哥伦比亚首都波哥大在1975年也用钢筋混凝土建造了70层、248米高的玛兹埃拉大厦。在墨西哥，1957年建造了拉丁美洲大厦，43层，高139米。

在欧洲，高层建筑也得到了发展，其中意大利米兰城派瑞利大厦（Pirelli Tower，1955—1958年）可作为早期欧洲高层建筑的代表，其平面为梭形。这座建筑把30层楼板接挂在4排（8根）直立的钢筋混凝土板形支柱上，打破了传统的框架形式。1973年巴黎的梅因·蒙巴那斯大厦，有64层，高229米。此外，1947—1952年建的法国马赛公寓是立体城市与住宅城理论的体现，马赛公寓包括底层空廊共18层，其中有住宅单元、商店、幼儿园、小学等，并且采用了跃廊的设计手法。

在日本，由于地震关系，建筑高度一直限制在31米以内。1964年，抗震问题得到解决后，日本当局便取消了这一高度限制，于是高层建筑应运而生。1970年在东京建造的新宿京王广场旅馆已达47层。1974年建成的东京新宿住友大厦有52层，平面呈三角形，中心有天井。同年建成的东京新宿三井大厦，55 层，高 228 米，目前是亚洲最高的建筑。

在大洋洲，目前澳大利亚悉尼港已建成的澳大利亚广场大厦（Australia Square Building），50 层，高 160 米；悉尼港的海关大厦（Customs House），50 层，高 201 米。在墨尔本，1973 年建成的 M. L. C. 大厦已达 65 层，高 226 米，是钢筋混凝土结构。

随着建筑物高度的不断发展，构筑物的高度在近些年来也有了惊人的增长。继 1889 年巴黎建造 328 米高的埃菲尔铁塔之后，1962 年，莫斯科建造的电视塔，高度已达到 532 米。1974 年在加拿大多伦多建造的国家（CN Tower）作电视塔用，高度达 548 米，是目前世界上最高的构筑物。这座塔的平面呈 Y 形，钢筋混凝土结构，在顶部还设有一个 400 人的餐厅，并可容纳 1000 人参观。

综上所述，我们可以清楚地看到高层建筑已成为目前国外建筑活动的重要内容。但是，自 1973 年底西方国家陷入严重的经济危机以来，他们迄今尚未摆脱生产衰退和通货膨胀的困境。西方国家的建筑业目前也只能在经济危机中挣扎，呈现出一片暗淡与混乱的状态。

2 高层建筑的设计特点

高层建筑的发展，向建筑设计提出了一系列新的问题，也就是如何处理好高层建筑与低层、多层建筑的不同之处，过去处理低层建筑的办法已不能解决高层的问题。在设计高层建筑的过程中，应考虑高层的特点。

2.1 总体布局

高层建筑在西方国家近些年来虽然发展较快，尤其是在美国，越造越高，但是由于城市建设缺乏统一规划等原因，高层建筑的总体布局并未得到解决。例如，美国许多大城市的高层建筑都密集地集中于城市中心或湖滨，纽约的高层建筑大部分集中在曼哈顿岛上，芝加哥的高层建筑多分布于密歇根湖的沿岸，旧金山的高层建筑也多分布在旧金山湾一带。高层建筑的过分集中给城市的交通、日照等方面带来了许多不利影响。

我国城市建设的出发点是为生产服务，为人民服务，建造高层建筑主要是为了节约用地，方便人们的生活，促进工作，改善城市面貌。在我国现有条件下，完全可以根据城市总体规划进行合理布局。

一般来说，高层建筑的总体布局应注意下列几个问题。

第一，在布点上，应根据生产、生活的需要以及城市发展的可能，合理地选点。高层的居住建筑应该靠近居住者工作的地段；高层旅馆应该方便旅客，布置于车站、码头及城市主要干道和广场上；高层宾馆则应选在交通方便且环境优美的地方，尽可能布置于新区或新的干道上，以便不拆或少拆民房，有的也可结合旧城改造，在老的市中心建造。前者如广州 33 层的白云宾馆，后者如 27 层的广州宾馆。

第二，地段方位问题。建筑所处的地段方位对于建筑物本身及周围建筑物的日照、通风及节约用地均有很大的影响，在选点时必须仔细研究。由于高层建筑对阳光的遮挡较大，会造成大片的阴影区，在此区内不宜建造主要的建筑物，必须留有适当的间距，通常是其高度的 1.2 ~ 1.5 倍，少数达 2 倍。这样高层建筑在总体布置时就产生了矛盾：既要节约城市用地，又要满足建筑群体的日照和通风条件。为了解决这个矛盾，在总体布局时，可以尽量合理地利用阴影区的空地，因此就需要从城市规划的角度，通盘考虑，权衡节约用地、日照通风、使用功能与城市面貌等各方面问题的得失了。有时可以将某些高层建筑置于干道的南面，坐南朝北，使大片阴影投射在干道上，或者将停车场及辅助设施用房布置于阴影区内。北京前三门大街即属前种情况，这对节约土地是有利的。

第三，高层建筑在城市中布局不宜过于集中，而应相对分散于各区段或主要干道上。可以采用点、群（分散与集中）结合的布局方式，这样对方便群众，简化市内交通，改善日照、通风条件，美化市容与环境，丰富城市的立体轮廓线都是有效的。同时，相对分散的布局还有利于旧城改造，见缝插针地兴建一些高层建筑，可以提高整个城市的改造水平。例如郑州过去建筑层数较低，城市轮廓线平淡，近几年来，郑州在车站前、市中心二七广场及西郊分别建造了一些高层建筑，显著改变了城市的轮廓线。与此相反，美国纽约的高层建筑就过分集中，弄得楼高路窄、阳光稀少、烟雾迷漫，对城市环境与城市形象均有损害。

第四，在大城市建造高层建筑群时，应考虑总体规划的效果。近几年来，北京、上海建造的一批高层建筑，其总体布局的经验尚有待总结。例如北京东郊外交公寓建筑群，正在兴建的前三门大街高层建筑群，以及上海漕溪北路的高层住宅群，所采用的布局方式各不相同，至于什么方式较好是值得探讨的。我们认为采用高层与低层相结合，板式与塔式相结合，以及在总体布置上有前有后、有长有短的办法，可以使建筑群与整个城市面貌都取得较好的效果。一般不宜采用行列式或单一的方式来组织高层建筑群体。

高与低是相对的，二者相辅相成，没有低也就没有高的概念。可以设想，如果一条街道的两边都建造一样高的建筑，看上去一定像两道围墙，给人以单调呆板的感觉。有时虽是十来层，但也难使人获得真实的尺度感，因为它千篇一律，没有高低比较。反之，如果高低有所错落，则可相得益彰。

北京外交公寓建筑群（图7），是高低层结合，板式塔式结合较好的实例，既考虑了使用功能，又丰富了街景与城市艺术。否则，若全为板式，则显得街景呆板；若全为塔式，则与周围环境不相协调。上海漕溪北路高层住宅群，计有6幢13层和3幢16层住宅，另有2层商场建于3幢16层的一端，独体建造。9幢高层住宅全部采用板形行列式布局，远看几乎同高，如果布局在体形、高低、前后位置上有所变化，可能给人的感觉会有所改观。北京前三门大街则因在总体上前后趋于相同，高度趋于相平，形式趋于相近，因而群体效果稍逊色。

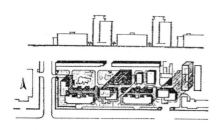 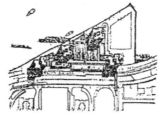 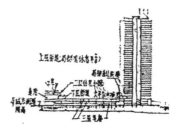

图7　北京外交公寓建筑群　　　　图8　美国纽约东河住宅区

在国外，如瑞典斯德哥尔摩附近的魏林比新城、市中心建筑群都是采用板塔结合的布置方式，并取得了较好的效果。又如美国纽约东河住宅区（图8），位于曼哈顿岛一块三角形的基地上，亦采用高低层结合的办法，布置4幢30多层的塔形住宅及部分低层公共建筑。在人工填河后的地面上建一个3层车库，车库的屋顶形成一个大平台，作为这个住宅区的公共庭园。与此相反，芝加哥密歇根湖滨的高层建筑群，几乎是连续不断的等高布局，犹如一道挡湖墙，将城市与湖面风光完全隔离，城市轮廓也变得十分单调。

从上述数例可以看出，高层建筑群的布局采用点群结合、高低结合、板塔结合、前后有致、高中有低、低板高塔的手法是能获得较好效果的。

2.2　单体设计

高层建筑与低层、多层的平面布置也有较大的不同。在低层建筑的设计中，结构受力系统主要为垂直荷载，而高层建筑除了考虑垂直荷载外，还需考虑侧力——水平风力及地震的影响。通常，风力是随地面高度的增加而增强的，建筑物愈高，水平风力愈大，建筑物底部所受的弯矩也就愈大。因此建筑结构在建筑设计时起着比在低层建筑中更大的制约作用。这样也就不能将低层的平面布置方式应用于高层建筑中，否则就是用低层建筑的平面简单地叠加，从而造成"低层的平面，高层的体量"，这样必然带来结构的不合理和材料的巨大消耗。因此，要实现高层建筑设计上的经济合理，就必须考虑建筑体形与结构能否有效抵抗水平力的影响。

分析、研究国内外一些高层建筑的资料，可以看出大多数高层建筑平面布置与体形一般具有以下的基本特征。

（1）平面对称，外形简单

从结构受力分析，高层建筑平面采用对称布置较为有利，这样可保证平面质量中心就是刚度中心，从而避免水平力作用下产生的扭矩。若采用不对称的平面，就会产生"扭"的问题，使结构复杂，浪费材料。如上海新建的提兰桥宾馆，19层，原设计平面采用"一"字形，由于考虑沿街立面，山墙过窄，因而改用了"L"形，将原来对称平面改为不对称的了，结果使结构设计复杂化。为了解决"扭"的问题，增加了钢筋混凝土剪力墙。平面形式的这种改变，在低层建筑设计中是很常见的，但在高层建筑中就不能那样自由灵活了，必须更多地考虑结构的要求。当然，不对称的平面在高层建筑中并非不能采用，而是应该注意尽可能使平面的质量中心与刚度中心相接近，以减少水平力作用下产生的扭矩。

（2）平面形体方整，纵横接近

在多层建筑中，长条形平面是组织建筑空间最常见的一种形式，它对功能与结构均较有利，既使用方便，又经济合理。但是，这种办法就不宜简单地应用于高层建筑的布置中，因为这种条形平面一般是面宽较长，进深较浅，应用于高层会使整个建筑体形成为一块长而高的薄悬臂板，迎风面大，抗风性差，建筑的刚度较弱。因此，为了提高建筑的刚性，必须把建筑的进深加大，使进深与面宽之比趋于1:1.0～1:1.5，这种比例比较理想，也就是平面为方形或接近方形的矩形较好。这样，低层建筑中常用的只在走廊的一面布置房间的外廊式布置方式，因其进深浅也就不适应高层建筑了。那种中间过道两面房间的中廊式布置也必须加大进深，缩短长度。广州、北京的高层宾馆进深都达18米左右，广州白云宾馆的长度就控制在70米之内，使高层部分不设缝而成为一个整体。北京饭店考虑街景采用"山"形平面，体形复杂，面宽120余米，所以只得将高层部分划分为3个单元，其间以缝隔开。北京16层外交公寓由于采用双矩形错叠式平面，加大了中部的进深，比单一矩形平面要厚实一些，并且由于抗剪墙与电梯井的合理布置，使平面质量中心与刚度中心相接近，减小了扭矩。

此外，在高层建筑平面布置时，亦可采用复廊式的平面，即将交通系统和辅助房间夹于两条走道之间，靠走道外侧布置主要使用房间，这样更可加大房屋进深，有利于增大建筑物的深度（图9），北京外贸谈判楼即属此例（图10）。该建筑物共10层，高40.7米，平面长32.25米，进深21.75米，长宽比为1.48:1。办公室布置在复廊外圈，内圈则为交通枢纽和辅助用房。若要求中部房间亦有自然采光和通风，则可以设置内天井，这样能够扩大进深，增加建筑物的刚度，这种方法在旅馆、宾馆、办公楼等建筑中均可采用。

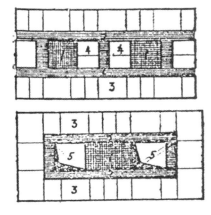

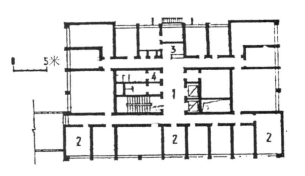

图9　复廊式平面　1. 核心体
2. 走廊　3. 主要工作房间
4. 辅助服务用房　5. 天井

图10　北京外贸谈判楼

（3）建筑方位与体形要利于抗风

风力对建筑物的影响除了风压和风速外，还有风向，即风与建筑物形成的角度。所以高层建筑设计除了要保证建筑物本身具有足够的刚度外，还应对建筑的方位与体形进行分析，以缩小建筑的迎风面，减小风压（图11、图12）。在建筑处理上，一方面可以缩小建筑物迎风面的长度，一方面可通过体形的处理改变风的投射角，减少风力的体形系数，以减弱风强。例如矩形平面正面迎风布置，主风向与建筑物成90度，此时风强最大，这种方位与体形对抗风力都是不利的。如果改变方位，加大进深，缩短迎风面则较有利。其他各种体形都是为了加大抗风作用而设计的，这些体形不仅对抗风抗震有利，也能改善群体的日照、通风条件，并可丰富城市艺术面貌。国外不少高层建筑的体形正是这一原则的实践。典型的例子如：美国钢铁公司大厦平面为等边三角形，芝加哥密歇根湖畔一座公寓的平面为曲线Y形，芝加哥玛丽娜双塔为多瓣圆形平面，加拿大多伦多市政厅则为两座新月形平面的高层建筑。我国沈阳铁路局18层的乘务员公寓亦为采用Y形平面的实例。

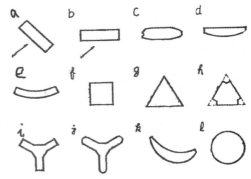

图11　风与平面体形

（4）以交通枢结、管道系统、服务用房为核心体组织平面

高层建筑中的垂直交通系统不仅担负着联系上下交通的任务，而且它将管井、服务用房组合在一起形成建筑平面的"核心"（图13），将这个"核心"布置在中心部位，就可构成"中心筒"的结构体系，发挥稳定高层建筑的作用。这个"核心"部分可以采用人工照明，主要房间布置在外圈以便获得自然采光与通风。这种核心体也可是2个或多个，但最好是对称布置。如南京11层电信大楼的设计，其平面发展过程就考虑到核心体在结构上的作用，大楼平面1采用不对称平面，核心体在一端，这种布置方式显然是不利的；平面2及平面3采用对称布局，2个核心体对称布置，从效果上看，后者明显优于前者（图14），广州宾馆与白云宾馆亦是如此。

归纳起来，高层建筑的体形基本有2种，即板式与塔式。板式平面多为条形或条形的组合，塔式平面通常为方形、矩形、圆形、三角形及Y形等。在美国，目前广泛采用的是方形和矩形平面，其平面大小是40米×40米、70米×70米或更大，从而争取房间有较大的进深（20米

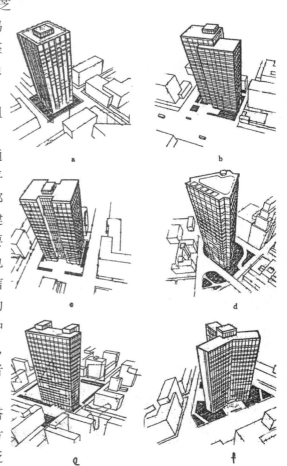

图12　高层建筑平面及体形

左右），以便布置大厅或灵活分隔。而在我国，目前高层建筑都是小空间较多，一般较大的空间都脱开高层主体布置，这样布局灵活、简化结构，较为经济，如广州白云宾馆、北京饭店新楼等均如此。今后结构体系会不断改进和运用轻质隔墙，为了减轻建筑物总荷重，促进多功能的使用，高层建筑内部的使用空间应向大而灵活的方向发展。

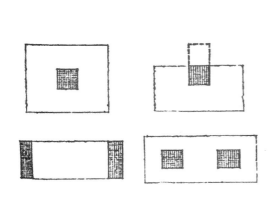

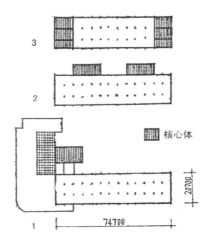

图 13 高层建筑中核心体的布置   图 14 南京电信大楼的平面设计

3 高层建筑的技术措施

如何选择经济合理的抗侧力结构体系，往往成为高层建筑设计中首先要考虑的问题。

随着电子计算机的普遍应用，高耸结构物在风力和地震力作用下的受力性能逐渐被设计师了解，因而近年来出现了许多经济合理的高层建筑结构体系设计。同时设计师借助高科技，也可以根据不同结构体系和所用材料，对顶层水平位移和层间水平位移的最大值进行控制。过去高层建筑和多层建筑一样沿用传统的框架结构体系，主要靠框架中梁和柱的刚性节点来承受侧力。框架结构固然能建造高层建筑，但在 10 层以上，每增加一层，单位面积的耗钢量就增加很多，这就形成了"高度消耗"，或称之为"高度加价"。根据国外经验表明，钢筋混凝土框架的经济高度为 18 层以下。

当建筑物高度增加时，由于梁柱组成的框架在侧力作用下水平位移会显著增大，因此，住宅、旅馆等类型建筑，可利用这些建筑上要求设置的永久性隔墙，使它既承受垂直荷载又作主要抗侧力构件。这种结构体系一般称剪力墙（或抗剪墙）结构（图 15）。采用这种体系的建筑物的理论高度可达 150 层。可是随着高度的增加，在自重和侧力作用下，剪力墙厚度过大将影响建筑平面的使用效率，在建筑实践上并不合理。因此，钢筋混凝土剪力墙结构在实践中多用于 30～50 层建筑。如 1968 年我国建造的 27 层的广州宾馆，采用了间距 8 米的钢筋混凝土剪力墙与楼层现浇成的剪力墙结构体系。近年来，上海、北京等地建造了一批 10～16 层的高层住宅，大多采用 160～200 毫米厚度的剪力墙体系，开间 4.5～6 米。最近广州建造的 33 层的白云宾馆，也是采用这种结构体系。

在框架结构中，一般利用部分间隔墙作剪力墙，形成框架与剪力墙协同工作的框架—剪力墙结构体系。这种结构体系既能减小框架在侧力作用下产生过大的水平位移，又能保证建筑物有较大的空间和平面布置的灵活性。根据国外经验，采用框架—剪力墙结构体系的居住建筑可建造达 70 层。北京饭店新楼即采用这种结构体系（图 16）。北京 16 层塔式外交公寓也采用了装配整体式钢筋混凝土框架—剪力墙结构（图 17）。平面空间较大的办公楼可达 50 层。北京外贸谈判楼的平面近乎方形，结构上利用中间垂直交通及辅助房间形成剪力墙核心筒结构，用它来承受侧向力，与外围只承受垂直荷载的钢筋混凝土框架协同工作。

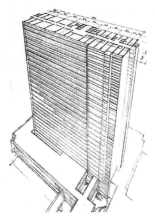

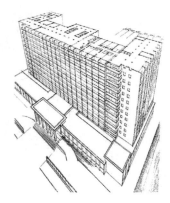

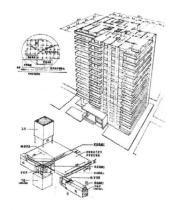

图 15　剪力墙结构　　　　　图 16　北京饭店新楼　　　　图 17　北京外交公寓

如果建筑较高，平面接近方形，又没有能提供刚性剪力墙的核心结构时，可以将外围柱距加密1～2米，使梁与柱之间具有良好的刚性，形成从地面挑出的薄壁空膜多孔悬臂筒，又称框架筒结构。由于框架筒利用密距外柱兼作窗间墙，所以形成了它特有的建筑外形。如纽约110层的原世界贸易中心大厦即为钢框架筒结构，其外墙柱距约1米。

框架筒可以进一步发展成套筒结构、群筒结构。套筒结构是将框架筒内部的电梯、楼梯，以及设备等井道构成核心，与外部筒共同起抗侧力作用。群筒结构是根据模数网络或平面的要求，把整个建筑布置成垂直于地面的悬臂空腹的群筒。目前，世界上最高的芝加哥希尔斯大厦就是一例。高层建筑的钢结构还常用桁架作为抗风构件，如框架—剪力桁架体系及有刚性水平桁架的框架—剪力桁架体系。

当钢结构的外柱框架较大时，可采用对角线的钢斜撑与外围梁柱形成抗风桁架，使梁柱除了承受荷载外，又与斜撑协同作为抗侧力悬臂桁架的腹杆，形成对角桁架的筒结构。这种体系由于梁柱构件的双重作用，可以大大节省结构材料；又因为外柱距的加大，给建筑设计带来一定的方便。如美国芝加哥100层的汉考克大厦，就采用了这种结构体系，其用钢量仅相当于传统的钢框架结构体系35层的用钢量。

目前采用钢筋混凝土结构的高层建筑，可根据承受荷载情况分别使用不同强度的材料，从而既可保持建筑物各层柱、墙的断面尺寸，又可改变材料的强度。这样不仅能使用同样的模板，还避免了由于下大上小的结构断面而产生的地震波能量越往上越集中的情况。如芝加哥的广场大厦，高76层，基础到25层采用630千克/厘米^{2}的高强混凝土，25层以上则分别用527千克/厘米^2、422.35千克/厘米^{2}和281千克/厘米^{2}等不同标号的混凝土，它是当前世界上最高的钢筋混凝土结构建筑。

为了合理使用材料，国外亦采用钢与钢筋混凝土混合结构。如采用滑升方法施工的钢筋混凝土核心环，在核心环上安放起重机，吊装外围的钢柱。其优点是水平荷载完全由中心环承受，钢柱可以仅承受垂直荷载而减小其截面尺寸。也可采用钢的柱、梁核心环和钢楼层，以及与预应力钢筋混凝土密柱和窗肚板连接在一起的外筒，其优点是可提高核心部分的布置灵活性和有效面积，加快核心环的施工速度。

日本还设计了一种带垂直槽孔的钢筋混凝土剪力墙。这种剪力墙在轻微地震时仍然可以传递地震荷载。当发生强烈地震时竖向长槽口就会形成很多细裂缝，使建筑物变得具有柔性，起到吸收地震能量、保护建筑安全的作用。

高层建筑的荷载大，基础应设在稳固的土层上，一般采用桩基。有的采用扩大基底面积的方法，如筏形基础、箱形基础等；也有采用筏形、箱形基础加深，做多层地下室以减轻土的自重压力的方法。

如北京饭店 17 层新楼将箱形基础直接砌在深达 11.25 米的卵石层上，利用箱形基础作 3 层地下室，大大减轻了土的自重压力。日本的 45 层抗震大楼设有 6 层地下室，直接建造在地坪以下 27 米的坚固地基上。

在结构上设计强大的抗侧力体系虽是减少侧向位移的主要途径，但是提高材料的强度和弹性模量也是一项有效的措施。如改用混凝土级配，选用高强轻质骨料，采用高标号水泥、高强钢等，可以大大提高材料的强度和弹性模量，减少变形，减小构件尺寸，减轻建筑物自重，获得极好的经济效果。因此，发展轻质高强材料，是建造高层建筑的必要前提。

高层建筑充分暴露在阳光的照射下，易受温度影响而变形。一般 10 层以下或高度小于 60 米时，可以不考虑其影响，不设温度缝。当超过 30 层时，在单侧受阳光照射或室内采暖时所产生的侧向弯曲的温度应力就不能忽视。不过当框架建筑的柱子外面设有良好的绝缘材料的维护结构时，可不考虑柱子的温度应力。

高层建筑的迎面风压大，雨水作用于外墙面的方向多变，有时甚至产生向上吹打的情况，这使得围护结构的墙身、接缝、门窗等的防风、抗渗不能沿用低层建筑的处理方法。目前在我国，围护结构所用材料以水泥制品居多，此外还有金属、玻璃、石棉水泥、人造合成材料等。墙体在构造上有实心板、带空气层板和夹心板。夹心板中可填矿棉、玻璃棉、泡沫材料或蜂窝板。这些墙板虽具有自重轻的优点，但会产生遇高温变形大的问题。因此，使用这些材料时，往往采用弹性接缝构造的方法。

由于高层建筑中的电梯井、楼梯间等许多竖管起了烟囱作用，使得围护结构上的门窗易出现漏风、渗水等情况，因此，要求门窗有较高的密闭性。如北京饭店新楼采用薄壁空腹加橡皮压条的双层钢窗，来提高窗户的防风、隔声、隔热和保温作用。目前国外常根据必要的通风量来设计开窗面积，尽可能减少开关接缝。其他采光部分则用全封闭玻璃，用挤压成型的人造橡胶弹性密封条固定。为了防止竖管产生烟囱作用，高层建筑的进出口常选用双层门、旋转门或风幕，以防止冷空气从底层出入口大量渗入。

高层建筑的外墙要考虑拭窗和检修工作，可利用外柱或混凝土板缝的凹处，在檐口上设水平轨道作吊篮垂直轨道槽。

到目前为止，高层建筑中的主要垂直交通工具仍然是电梯。电梯的设置对建筑物的投资、服务质量、使用空间有很大的影响；通常可以根据高峰人数、轿厢容量和等候时间计算出所需要的电梯轿厢数目。

电梯在运行中，行程愈短，停站愈多，需要时间愈长，不易发挥快速、高速电梯的作用。因此，一般 10 层以下的建筑，电梯可分奇数层或偶数层停站，以减少站数，加长行程。在一些较高的建筑中往往仿照城市交通或铁路运输的方法，设特快电梯和区间电梯，特快电梯在低层区不停，直达高层区的"转换厅"，然后换乘区间电梯到高层区各层（图 18）。用以上各种方法，均可避免层层停站，缩短乘客行程时间，减少轿厢数目和电梯门厅的设置。

电梯速度的选择与建筑物的高度有关：一般随建筑物的高度增加而选用较快的电梯。如北京饭店新楼共 17 层，选用 2.5 米/秒的电梯；广州 33 层的白云宾馆设有 2 部 5 米/秒的高速电梯，专门服务于 17～30 层的高层区，其他几部速度为 2.5 米/秒的电梯服务于 1～17 层的低层区。

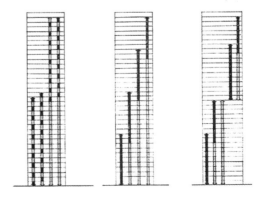

图 18　高层建筑垂直交通设计

目前电梯轿厢的操作控制有三种方式：司机控制、自动控制与司机兼自动控制。在高层建筑中多采用后两种。电梯数量多的情况下尽可能采用机群程序控制，即所谓群控。能按预定的分配程序安排电梯组的运行程序，自动调度电梯到乘客候梯各站，适应交通起伏变化的需要。电梯门的开关形式参见图19。

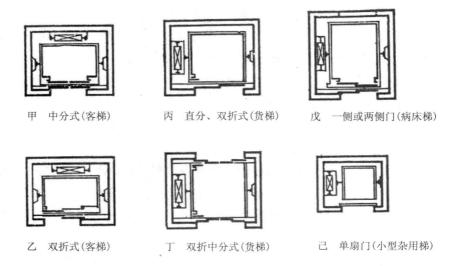

甲　中分式(客梯)　　　丙　直分、双折式(货梯)　　　戊　一侧或两侧门(病床梯)

乙　双折式(客梯)　　　丁　双折中分式(货梯)　　　己　单扇门(小型杂用梯)

图19　电梯门开关形式

高层建筑规模大，人流多，一旦发生火灾影响面较广，疏散困难。又由于这些建筑物的易燃装修材料多，电气设备多，管线种类多，在超负荷使用或电线绝缘老化损坏的情况下，易造成短路而引起火灾事故。在失火时，高层建筑中的各种垂直井道形成一座座烟囱，起了拔风助燃作用，使烟火蔓延加速，令扑救工作更加困难。从国外一些高层建筑失火的实例来看，只要设计合理，使用得当，防火问题是可以得到妥善解决的。

在高层建筑中，尤其是公共场所，应配置自动灭火装置，以便失火时可自动启动及时灭火，如自动洒水、自动喷雾、自动泡沫灭火等，这对防止火灾蔓延具有重要意义。此外，还应设置各种自动报警器，如感温、感光、感烟报警器和红外线、激光探测器等，以便尽早发现灾情并给予警报，同时自动启动各种消防设备，如消火栓、排烟装置、防火门、紧急电梯、切换电源、打开疏散指示灯等，为扑救大火、疏散人员创造条件。

为了控制火灾的蔓延，高层建筑往往按面积或空间进行防火单元的划分。单元间设防火分隔，如防火墙、防火门等。在发生火灾时把火控制在单元内进行灭火。在每个单元中均设独立疏散口，并且不少于2个。

高层建筑内应有足够的消防蓄水量，以保证整个灭火期间室内外消防用水。建筑物周围应备有消防车道，便于消防车出入。

火灾中，烟气流动速度往往超过人流疏散速度。据国外统计，因火灾死亡的人中有50%是一氧化碳中毒。因此，防烟、排烟措施是非常重要的。在室内过道、电梯厅、疏散楼梯间应设排烟口或排烟道，或应与室外的平台或阳台连通。

4　结　语

4.1　随着城市人口的集中与大城市的出现，高层建筑得到发展是自然的，它也是社会发展的产物

从前面的讨论和分析中，我们可以看到，在19世纪中叶以前，大城市建筑物一般都在6层以下，如巴黎、布拉格等。1853年载人的安全升降机发明以后，建筑物的高度便随着垂直交通问题的解决而立即突破6层的限制，不断向高空发展。特别是20世纪60年代以后，科学技术的进步，有效地解决

了"高度消耗"问题。抗震问题解决后，又为高层建筑的发展开辟了更广阔的前景，使高层建筑在世界上得到了普遍的发展。当然，西方的高层建筑有畸形发展的趋势，许多建筑因密集于高层建筑之间，长年见不到太阳，如同处于深山峡谷中，所以也有人把这种盲目发展的摩天楼列为"公害"之一了。

4.2 高层建筑的发展是符合我国需要的，但在建造时必须从实际出发

我国人口多，大城市也多，为了限制城市用地，中央早就三令五申要"贯彻节约用地的原则"。

目前摆在我国面前的现实是：城市人口在增长，人们要住房，城市用地有限，建筑只能向空中发展，这是不以某个人的意志为转移的。虽然有人批评高层建筑存在着很多缺点，不过这多半是属于高层建筑前进发展中的问题。我国一些大城市，如北京、上海、广州近些年来适当地建造了一批高层建筑，这是一个正确的方向。至于哪些城市应该先建，哪些应该后建，哪些建筑类型应该先建，哪些应该后建，需要建多少，建在什么地点……这就需要从实际出发，考虑社会经济基础与技术条件，以及城市总体规划与城市艺术面貌的要求。目前我国的高层建筑，宜先建旅馆、宾馆之类的公共建筑，以便于使用与管理。

4.3 高层建筑的规划设计要考虑战备的要求，需要根据城市总体规划严格控制

建筑物内要考虑人防，并要注意选点与层数，以备紧急疏散之用。建筑物的位置与高度都应严格控制。

4.4 高层建筑的设计应注意高层的特点

不能简单地用设计低层的办法来设计高层建筑。高层建筑并不是低层建筑的简单叠加，它必须考虑到侧向力对结构与建筑体形的影响。高层建筑的体形以简单对称较为适宜，国外一般认为板式高层建筑不宜超过 70 层。目前新造的高层建筑中，塔式比重有所增加，尤其是 50 层以上多半采用塔形；在结构体系上也应尽可能地减少"高度消耗"。

4.5 对于国外经验，我们应该本着一用、二批、三改、四创的精神，批判其缺点，吸收其设计与技术上的经验，达到洋为中用的目的

目前，我国在高层建筑建造方面仍处于模索阶段，有选择地借鉴国外经验是很有必要的。

附录 国外实例

（1）美国钢铁公司大厦（图 20）：1967—1971 年建于美国匹茨堡市。这座建筑物实际上是钢铁的广告牌。建筑表面全用钢材饰面，并加防锈处理。整座建筑共 64 层，高 256 米，设有可容 650 辆汽车的地下车库，屋顶上设有直升飞机停机坪，其余均为办公面积及技术层。该建筑物最显著的特点之一是，平面呈等边削了角的三角形，这种体形可减少风的阻力。三角形的角均切成直角，以避免平面中出现难以布置的锐角。其另外一个特点是暴露在外面的钢柱，这些钢柱离窗 90 厘米远，每隔 3 层与主体结构连接，因而造成了一系列的 3 层楼房，每座楼房都有它自己的框架。为了防火与防止钢柱日晒变形，每个空心钢柱中包有 500 加仑（约 2 立方米）的水与防冻剂（碳化钾）的溶液，因此可使柱子内外表面温度在一定范围之内。将钢柱装水防火的做法并不是新发明，早在 1882 年，当时的建筑师就已使用过这种办法，美国钢铁公司大厦只是在此基础上作了进一步提高。

图 20 美国钢铁公司大厦

（2）汉考克大厦（John Hancock Center）（图21）：1965—1970年建于芝加哥，是100层钢结构的摩天楼。它的平面为长方形，外形上窄下宽，在立面横竖钢框架内加X形斜撑。这样全部用钢量就比常用的抗风力设计减少一半以上，其结构原理如同悬臂直立桥桁梁，坚固性、稳定性是一目了然的，其经济性也不可忽视。不过由于结构要求而采用的巨大抗风支撑使玻璃窗面受到很大影响。汉考克大厦建筑高337米，另有电视天线高约106米。建筑下部用作商业用房与行政办公，上部是公寓。6～12层为停车场，42～43层为机械设备层，44～45层为"高空门厅"（Sky Lobby）、游泳池等，93～97层为餐厅、瞭望台与电视用房，98～100层亦为机械层。建筑表面是铜色与黑色铝板。从这座建筑的形式，可以看到片面强调结构的结果，同时也可看到"结构决定论"的影响是何等之深！虽然这座建筑物缺乏建筑艺术的表现力，但建筑师在功能的处理上却是颇费心思的。

图21　汉考克大厦

（3）纽约世界贸易中心（World Trade Center，1969—1973年）（图22）：1973年完工的这两座并立的塔式摩天楼，均为110层（另有地下室6层），建筑的高度为411米。两座高塔式大楼的使用面积达120万平方米，内部除垂直交通、管道系统外均为办公面积。高塔平面为正方形，每层边长均为60米，外观为方柱体，结构全部由外柱承重，没有内柱，外柱距为39寸（约1米）。这一系列互相紧密排列的钢柱与窗过梁构成空腹桁架（Vierendeel Truss），即框架筒的结构体系。核心筒部分为电梯的位置，它仅承受重力荷载，楼板将风力传到平行于风向的外柱上。所有的窗宽均为22寸（约55厘米）。由于这两座摩天楼过高，虽在结构上考虑了抗风措施，但仍不能完全克服风力的影响。在百年一遇的最大风力作用时，其层间水平位移可限制在1厘米以内，顶层的最大摆距约为60厘米，但其摆动的加速度值仍控制在人们所能接受的范围之内。整座建筑因全部采用钢结构，两幢房子共用去19.2万吨钢材。两座大厦的玻璃如以50厘米宽计算，竟长达104千米。建筑外部全用铝板饰面。地下室部分设有地下车站。两座大厦共装有208部载客电梯，以解决垂直交通问题，内部电梯分组使用，有快慢之分，并把第41层和74层作为"高空门厅"。乘客可先乘特快电梯到达这两个门厅，然后再乘区间电梯到目的层。这样，电梯数目减少且电梯间缩小。由于这座高塔大而无当，存在交通、空调、火警预报等问题，因此有"摩天地狱"之称。这两座建筑可供5万人办公，并可容纳8万名游客参观。从这两座摩天楼可以看出高层建筑发展的趋势，功能、结构、设备对建筑造型的影响已极明显。尽管如此，这两座建筑仍然未能摆脱传统建筑形式的羁绊，它的底下几层还是采用哥特式连续尖拱的造型，因此，在美国也有人称它为70年代的"哥特复兴"。这些高层塔式建筑的出现也是受了"垂直城市"理论的影响。

图22　纽约世贸中心

（4）希尔斯大厦（Sears Tower）（图23）：1970—1974年建于芝加哥。建筑总面积408747平方米，总高度442米，已达到芝加哥航空事业管理局规定的房屋高度的极限。建筑物地面上110层，另有3

图23　希尔斯大厦

层地下室，为现今世界上最高的建筑。这座塔式摩天楼的平面为群筒结构，有 9 个 22.86 米见方的管形平面拼在一个 68.6 米见方的大筒内。建筑物内有两个高空门厅，分设于 33～34 层与 66～67 层，有 5 个机械设备层。全部建筑用钢 76000 吨，混凝土 55700 立方米，高速电梯 102 部，并有直通与区间之分。这座建筑的外形特点是逐渐上收，1～50 层为 9 筒组成的正方形平面，51～66 层截去对角，67～90 层再截去两角呈十字形，91～110 层由两个筒形单元直升到顶。这样既在造型上有所变化，又可减少风力对建筑的影响。希尔斯大厦的出现，标志着现代建筑技术的新发展。

（5）多伦多市政厅大厦（图 24）（City Hall）：建于 1963—1968 年。多伦多是加拿大的著名城市，高层建筑也比较多，其市政厅是由两座新月形板式大厦和中心会堂组成。两座新月形板式办公楼分别为 31 层、高 88.4 米，25 层、高 68.6 米。建筑师大胆地摸索了壳体悬臂板形的新手法，建筑外观犹如两片竖立的筒壳，靠壳的外周不开窗，门窗均向内院，其刚度与稳定性是可以想象的，同时外观造型新颖。建筑物的一边是筒壳，设有纵肋，一边是悬臂框架，悬臂长达 4.98 米，部分风力可以从弧形的壳体表面滑行而过，在抗风方面，有关单位在设计

图 24　多伦多市政厅

过程中已进行过风洞试验，选择了建筑物对抗主导风向的有利抗风方位。

近年来我国建造的部分高层建筑概况

地区	名称	建造年代	面积		经济指标		层数		高度		自重（吨/平方米）	结构与施工概况	
			占地面积（平方米）	建筑面积（平方米）	单方造价（元/平方米）	用钢量（千克/平方米）	地上	地下	层高（米）	总高（米）		基础	上部结构
北京	民族饭店	1959	8680	34145.8	348	73.3（决算）	12	1	3.6	48.4		满堂基础板厚 700	预制装配式钢筋混凝土框架承重兼抗风
	民航局办公楼	1960		22000.0	233	51.3（决算）	15/11/8	1	3.6	60.0		十字交叉条形满堂底板基础	钢筋混凝土框架，预制梁柱，现浇节点，外墙为预制板
	16 层外交公寓	1973		9424.0	310（土建预算）	29（标准层）	16	2	3.3	59.5	1.4	预制钢筋混凝土桩箱形基础	装配整体钢筋混凝土框架与剪力墙协同作用，预应力井字梁楼层
	北京饭店新楼	1974	8652	88437.0	676	73.3	17	3	3.9	80.38	2.3	天然地基箱形基础	现浇钢筋混凝土框架—抗剪墙结构体系。预制预应力圆孔楼板
	民航总局住宅	1975		12538.0	157.5（预算价未包括电梯）	38.28	12		2.9	35.5	1.175	预制钢筋混凝土桩基础	滑升法现浇钢筋混凝土横墙承重（剪力墙），6 米，预制楼板
	东环 1#住宅	1975		9385.0	152.3（预算价格，未包括电梯）	18.5	10	1	2.9	31.0	1.165	钻孔灌注桩基础	采用大规模施工法的钢筋混凝土横墙承重，开间 3.34 米
	外贸谈判楼	1976		6514.53			10	1	3.9	40.4		箱形基础	钢筋混凝土框架与剪力墙组成的结构体系
	前三门住宅 506#·509#	1977	459	6738.31	150（大约）	25（大约）	14/16	1	2.9	49.6		钻孔灌注桩基础	大模板施工现浇钢筋混凝土横墙承重，预制楼板

鲍家声文集

016

地区	名称	建造年代	面积		经济指标		层数		高度		自重（吨/平方米）	结构与施工概况	
			占地面积（平方米）	建筑面积（平方米）	单方造价（元/平方米）	用钢量（千克/平方米）	地上	地下	层高（米）	总高（米）		基础	上部结构
广州	人民大厦	1966		12.51	207	49.1（决算）	18		3.3	65.6		钢筋混凝土桩基础	现浇钢筋混凝土框架剪力墙
	广州宾馆	1968	4300	32096.0	225.65	49（上部结构）	27	1	3.1	87.61		钢筋混凝土桩满堂底板基础	现浇钢筋混凝土横向承重墙兼剪力墙体系，墙间距8米
	新东方宾馆	1973		41745.0	209（土建）	52.4（决算）	11/12		3.3	41.68		混凝土灌注桩基础	现浇钢筋混凝土框架—剪力墙体系，柱网7.6米×7.6米
	白云宾馆	1976		53601.07		50（上部结构）	33	1	3.3	114.05	1.7	钻孔灌注桩满堂底板基础	现浇钢筋混凝土横向承重墙兼剪力墙，中间走廊开孔，呈单孔双肢
上海	康乐路1#住宅	1975		10525.0	123.5	36	12	1	2.8	42.25	1.12（标准层）	钢筋混凝土箱形基础	底层为现浇框架，2～12层为滑升现浇钢筋混凝土墙板，间距7.2米
	漕溪路高层住宅	1976	197	8247.0	190.7	34.6	16		2.85	51.55		预制钢筋混凝土桩基础	滑升现浇钢筋混凝土墙与部分柱承重，密肋整浇楼板用降模模法
	华盛路住宅	1976		15600	83.56（未包括电梯）	35.5	12/13	2	2.9	41		钢筋混凝土箱形基础	钢筋混凝土框架—剪力墙结构体系，外墙采用挂板
	提兰桥旅馆	1977		8780	150（大约）	70（概算）	19	1	3.3	69.0		钢筋混凝土箱形基础，桩基	现浇钢筋混凝土框架—剪力墙结构体系，不对称的L形平面
其他	郑州车站旅馆	1976		19000.0		25（标准层）	17/18	1	3.2		1	扩大式箱形基础，部分用灌注短桩	装配整体式框架，现浇抗剪墙，预制预应力圆孔楼板
	沈阳铁路局高层公寓	1976					16	2	2.9	48.8		钢筋混凝土箱形基础	滑模现浇陶粒混凝土剪力墙，预制楼板

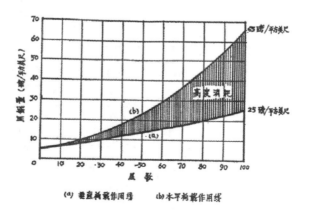

（原载《南京工学院学报》1978年第3期 合作者刘先觉，蔡冠丽）

2 城市的发展与新型建筑的探索

1 城市的发展

社会生产的发展必然导致城市人口的增长，据报道：到 20 世纪末，世界人口将增加 20 亿而达到 60 亿，城镇人口将增加一倍。今天，在发展中国家，100 万人口以上的城市约有 90 个，而到 2000 年，将会有近 300 个，世界上将有 22～23 个城市，人口达到 2000 万人。这样就提出了城市建设如何发展的问题。

大量历史经验和现代城市的实践表明，合理解决人口分布问题是城市建设的一个重要任务，因此这方面探索性的设想越来越多。根据欧美国家、日本、苏联等城市建设的实践和理论（有的是设想），城市的发展可以归纳为：单一化城市、组群城市及空间结构城市三种类型。它们分别代表了城市的过去、现在和将来的基本趋向。可以说，单一化城市的发展是历史形成的基本形式；组群城市是当前城市进一步发展合乎规律的方式；而空间结构城市可视为更远期的未来城市。

1.1 单一化城市

长期以来，不少国家特别是一些不发达国家由于农业区中很少有工业企业，工业也总是集中于大中城市，因此人口分布带有自发性痕迹，往往产生两个极端：一头是形成几十个大城市和特大城市，而另一头则是形成千万个小居民点。以苏联为例，不足 5 万人的小城市约占城市总数的 80%，而超过 50 万人的大城市仅有 33 个。这种人口分布两极化带来的问题是：人口集中的大城市脱离大自然，交通复杂，工业发展趋于饱和，城市建设投资和经营管理费用提高；而分散的居民点由于经济发展受到限制，公共服务设施少，技术装备差，长期停滞，发展缓慢。因此，今后应将工业生产部门就近布置于工农业原料产地和农业人口分布的地区，在此基础上发展和建设中小城市。这样，到 2000 年，从农业生产中解脱出来的农业人口被吸收到就近的中小城市去，控制住大城市的发展。

1.2 组群城市

作为合理分布人口的一种规划方式，卫星城市和组群（星座）城市的出现是合情合理的。英国有一个时期在卫星城的规划和建设上曾经是很成功的。在伦敦地区，50 千米半径范围内分布着像哈罗这样的一些小城市。苏联则较重视组群（星座）式城市的发展。

1972 年初，在莫斯科举行的会议讨论了人口分布远景及组群体系的形成问题和组群（星座）式城市的规划结构理论。人们认为最好的方式是把城市、集镇和农村居民点作为一个群组体系来进行统一规划，有计划地调节，改变城市现有的人口分布，形成新的合理的城市组群结构——组群（星座）城市。

图 1 是一个 250 万～500 万人口的城市聚合体，有一个大的星座核心，靠近星座中心是工业城及工业—农业城，远者为农业—工业镇，更远者为农村居民点。中心一般为 50 万～100 万人口，工业城 10 万～30 万人口，工业—农业城 2.5 万～10 万人，城市型工业镇 1 万～2.5 万人，如车里雅宾斯克，就以它为核心（人口接近 100 万）组成了一个统一的星座城市群，人口可达 150 万～250 万（图 2）。

星座城市群的范围，一般小的星座可以布置在 15～25 千米为半径的范围内，大的星座可以布置在 50 千米至 100 千米为半径的范围内。

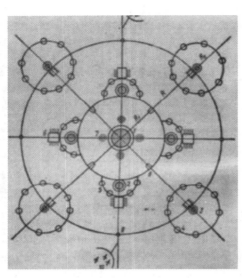

R1 = 20～30 千米　R2 = 10～15 千米

1. 50 万～100 万居民的（星座）中心
2. 10 万～30 万居民的工业卫星城镇
3. 2.5 万～10 万居民的工业—农业城
4. 1 万～2 万居民的城市型农业—工业镇
5. 1 万～2 万居民的工业镇
6. 大型工业综合体
7. 污染较轻的工业企业
8. 大型商业批发中心
9. 大型运输枢纽
10. 航空港

图 1　组群（星座）城市结构　星座人口 250 万～500 万

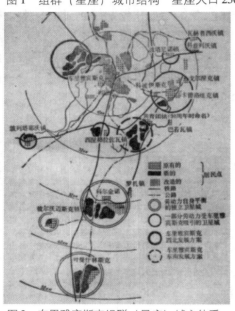

图 2　车里雅宾斯克组群（星座）城市体系

1.3　空间结构城市

随着生产发展，城市建设不断地增长扩大，土地的合理利用变得越来越重要。特别是在一些老的大城市中更是如此，加之现代科学技术的发展为建造任何大小空间体系提供了可能性。因此，国外提出了空间结构城市的设想。

这种空间结构城市的设想就是要合理地利用三度空间。这不仅是一个技术和美学的任务，而且也是一个社会和经济的问题。因为土地资源是有限的，而空间的开拓是广阔的。原有城市要进一步发展而又缺乏足够的土地时，就可以考虑向地下、向空中或向水上发展。

1.3.1　水上城市

有些城市位于海滨、湖畔、河边，那些已趋饱和的城市会促使建筑师们把城市由陆地引向水面。

1960 年日本著名的建筑师丹下健三制定的未来新东京计划，就是向水上发展开拓城市新空间的一个大胆构想。当时东京人口有 1000 万，发展越来越困难，因而这个构想就是将居住区与城市的业务部门规划在东京湾上，彼此以桥相连（图 3）。

法国建筑师保罗·麦蒙在摩洛哥规划了一座沿河的水上城市。它俨如一个巨大的圆形体育场，其看台就是多层住宅与服务设施，而其中心——"运动场场地"则是港湾和全市建筑综合体所在。

日本另外一个海上"浮动城市"的有趣设计，像一个特大型的远洋客轮。

1967 年的蒙特利尔世界博览会，就是探索都市空间发展的一次较成功的试验。整个博览会会场需约 405 公顷的场地，停 21000 辆汽车，参观人数平均每天为 57 万人，相当于新建一个城市。这个会场的基地就选在圣劳伦斯河上新开辟的两个人工岛上，向水面开拓空间，其中 115 公顷的场地就是靠填土开辟的（图 4）。

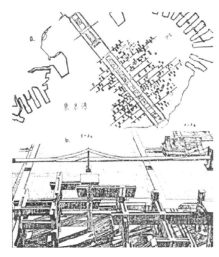

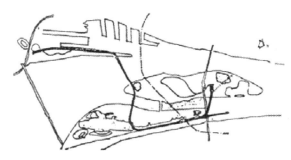

图3　东京湾水上城市的构想

A-总平面，B-局部模型透视图

图4　蒙特利尔世界博览会总平面

1.3.2　向空中发展的城市

改城市传统的水平发展为垂直发展，向空中开拓空间，腾出空地，为人们的活动创造更好的自然环境。

"漏斗形城市"的设想是其中一例。这种规划占地不大，但往上急剧扩大。这虽是设想，但提出了一个值得探索的问题，即在城市建设中如何努力腾出较多的空地，使之用于绿化、灌溉和布置人们的社会活动场地。苏联建筑师也提出了一个18万居民的实验性新城市体系（图5），设计为30层三角形板式住宅，其中一个角立在地上。这样可以开拓空间，不堵塞地面。图6是苏联探索空中环境的又一个设想，是以很少的点式住宅支撑的空中建筑。

目前国外的探索还没有一个明确的计划和统一的体系。较多的是创造形式灵活的空间环境和城市设计动态，把整个城市作为发展的、动态的系统来进行规划，以克服传统的、静止的规划方法，不仅考虑城市自己的增长，而且考虑城市组织和结构的变化。

有的设想把整个城市作为一种可变的结构，置于一个巨型杆件构成的构架上，城市的各个部分如工厂、剧院、住宅等都置于其上，它们可以向水平方向发展，也可向垂直方向发展，还可向对角线方向发展。插入式城市及悬挂式住宅就是创造形式灵活的城市环境的一种设想（图7、图8）。蜂窝式住宅布置在内部承重结构上，蜂窝的侧面彼此分开，以保证各个"蜂窝"有增长的可能，蜂窝的外壳和内部的构成可以伸缩，主要是借助于电力设施进行改变和调节。

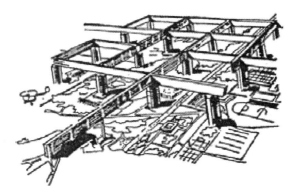

图5　一个实验性新城设计（18万居民）

图6　一个立体城市的空间结构

正在建造的香港九龙湾地区的规划设计也明显反映了这种特征（图9）。铁路车站和站场的上空权出售了，建筑师建造了一个完整的商业和住宅综合体。车站和站场设于地面层，层高12米，车站的屋顶作为城市的地面，人行道、商场、广场等就设在其上。高层住宅（11 层）架设于车站巨大的支柱上，这个居住区约可住 25000 人。

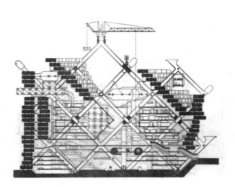

图 7　插入式城市

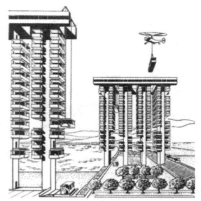

图 8　悬挂式住宅

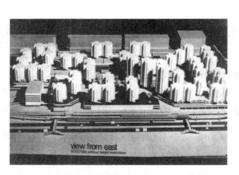

图 9　香港九龙港地区规划设计

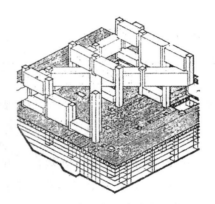

图 10　一个城市区域的发展方案

1.3.3　向地下发展城市

在大城市和特大城市，工业企业、交通运输设施、仓库堆场等占用了大片土地，不仅消耗城市的用地，也把城市各个区域分割开来，且由此产生的噪声和烟雾也严重污染了城市环境，危害居民健康。加之向空中发展也受到高度的限制，因此就设想向地下发展城市。

美国建筑师冈纳·伯基特在 20 世纪 70 年代初设计了一个未来的城市（图 10），整个城市建在地下的巨大支柱上，由纵横管道网构成骨架层，一块厚板构成地面层，住宅、商店等就建于其上，交通干道、企业仓库、堆场、停车场等搬到地下。它的骨架层可以向四方延伸，以与邻近的区域或中心相连。

当前的趋势是城市向地下发展的范围越来越广，发展的深度也越来越大。不仅用于战备、交通（地铁），并将更多地用于一般公用设施（如商店等），以及城市主要的交通空间（包括城市主要干道、铁路、车站、停车场等），以使城市交通更快捷、安全，使城市环境更安静、卫生，甚至居住建筑也在局部向地下发展。最近日本已提出建造有一层地下室的住房，以改变住宅占地过多的情况；瑞典带地下室的住宅占全部住宅的 80%，西德也占 50%。此外，地下的层数也在不断增加。图 11 为美国芝加哥伊利诺中心，它建在一块已废弃的货运编组场上，整个场地下部是一个多层的地下空间，不同的交通线按层分置，停车场放在地下 4 层的空间，地面层主要供步行和庭园绿化及社会活动用。

我国城市建设应该努力克服单一化城市发展的趋势，更合理地分布人口。在大中城市可以按照星座式组群城镇的规划原则和方法进行改造和建设，以原有的大中城市为核心，实行组群城市体系，有计划地建设工业—农业城和农业—工业城镇，促使农产品就地加工，以利于发展农村，提高农民收入，缩小城乡差距，这是合理分布城市人口的有效途径。

在我国城市建设中，合理利用土地，无论从国民经济的发展还是从城市建设等方面来看，都要以长远的战略观点认真对待。国外各种空间城市的设想不是幻想出的空间游戏，而是为了解决城市发展与有限土地之间的矛盾。这随着工业的发展、人口的集中而日渐突出。我国人口多、耕地少，按农业人口计算的人均耕地面积仅为2000平方米，为美国的1/250，加之目前一些大中城市用地也日益紧张，今后用地的矛盾必将更加突出。国外的各种设想在我国目前的物质技术条件下虽然还不现实，但借鉴仍有必要，因为城市向空中发展、向地下发展是一个必然趋势。在建筑规划和设计中我们应该努力开拓新空间，创造新形式。

图11　芝加哥伊利诺中心规划与建设

2　新型建筑的探索

伴随着空间结构城市理论的发展，各种各样新的建筑空间形式产生了。

2.1　以较少的用地，建造较大的空间

2.1.1　树形房屋

早在20世纪60年代，美国建筑师黑格·詹戈奇安就设计了一种树形房屋，这种房屋仿效树的自然生长形态，由"树干"和"树枝"构成，"树干"是建筑物的核心体，每层的预制楼板就悬在"树干"上，像一根根长在"树干"上的大"树枝"（图12）。这种结构适于商业区小块地皮上建造的住宅、办公楼和汽车旅馆等。这种房屋由于每层悬空，仅中枢核心着地，占地面积很小。而且，因为每层的体形由大变小，这样就减少了对邻近建筑物阳光的遮挡。房屋的核心体采用滑模施工，各层楼板采用预制吊装。东京办公楼可视为这种"树形"的实例，它在有限的基地上，利用上空悬接方式节省了较大空间（图13）。

图12　树型建筑—住宅

图13　日本东京某办公楼

2.2.2　V形及倒踏步形建筑

这种建筑体形自下而上急剧扩大，占地面积小，使用空间大。美国达拉斯市政厅（图14）就采用V形，它向北倾斜20.7米，倾斜34度，以遮挡夏季强烈的日光，也可节约用地。此外，由下而上逐渐扩大的倒踏步式体形也同样具有以上的效果，它可向一面或几面同时伸跳（图15、图16）。

图14　美国达拉斯市政厅　　　　　图15　美国韦恩州立大学药学部　　　　　图16　美国新惠特尼美术馆

已建成的突尼斯湖边旅馆采用倒立三角式的形式也属此例（图17）。它占地面积小，不挡视线。这种体形还便于发展扩大。美国圣迭戈加利福尼亚大学图书馆就利用悬臂结构，逐层向外伸展，可以加建到七八层（图18）。

图17　突尼斯湖边旅馆　　　　图18　圣迭戈加利福尼亚大学图书馆　　　　图19　格鲁吉亚交通部一大楼图

2.2　架空建造

在今后的城市建设中，想方设法腾出更多用地，使地面畅通，以改善环境，已成为建筑师的新课题。解决这一课题，梁柱式建筑具有广阔的前途，它可以跨越干道及较低的建筑物而建造。如果需要的话，可以在较少破坏原有地形、地貌及周围环境的条件下建成新建筑。已建成的苏联格鲁吉亚交通部的一幢大楼，就采用这种方式，塔形建筑坐落在山冈上不同标高处，梁式房屋纵横腾空，自然环境基本如故，没有遭到破坏（图19）。

2.3　聚积小空间，创造大空间

在未来的城市中，随着城市结构的改变，将采用居住综合体，把居住空间和文化生活服务设施组成一个统一的有机体，以改变传统的单幢建筑的方式。目前，国外正探索把这种分散的小空间和不同功能的空间聚积在一起组成一个大聚合体，这对节约能源和土地均有益处。图20被称为"金字塔"城的设想方案，是苏联为寒冷的西伯利亚设想的一座未来城市。每座金字塔就是一个基本的居住综合体，它可居住2000人。金字塔平面呈方形，三面为居住用房，一面采光，中部大空间供文化生活服务设施使用。这种方式不仅适用于严寒地带，也适用于炎热地区，因为中间大空间也可提供一个阴凉的环境。为适应阿拉伯地区炎热的气候条件，科威特设想的住宅就采用了这种方式，以形成一个气温适宜、室内外融合于一体的空间（图21）。这种构思，不仅适用于住宅，也较多地用于公共建筑如美国旧金山海阿特旅馆（图22）。

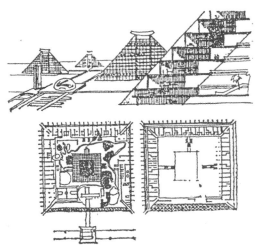

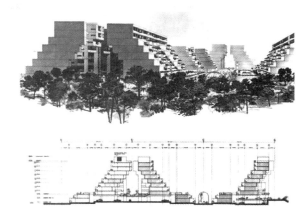

图 20 "金字塔"城设想方案 　　　　　图 21 科威特住宅设想方案、剖面

对高层建筑来讲，由于居住者终年"高高在上"，脱离自然，所以向天要地，创造室外的空间是很有必要的。沙特阿拉伯国立商业银行大楼就明显地反映了这种意图，它所形成的大空间具有室外空间的效果，可争取更多的空气和阳光（图 23）。

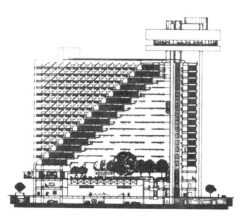

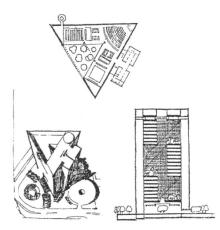

图 22 旧金山海阿特旅馆 　　　　　　图 23 沙特阿拉伯国立商业银行

2.4 跨越地形，开拓空间

结合地貌，跨越地形，在传统的非建造地域，利用山、水、石地开拓新的建筑空间的做法是值得重视的，这种做法也很有潜力。传统的方法通常是避开不利地形，将建筑建造在较理想的基地上，但是随着城市的发展，理想的建筑基地越来越少，而铁路、干道、河流、山石、洞岩等占有大片土地的地域，尤其是位于山地及有河流流经的城市，就成为开拓新空间的探索之地。在这方面，国外进行了多方面的尝试。

首先是一种桥—建筑，即利用桥作为建筑的地点，使桥与建筑结合，它不仅具有交通功用而且具有实际的使用意义，可用作住宅、商店等。

利用桥作为建筑基地已有较长的历史，英国老的伦敦桥上就带有很多商店。我国古代的桥上也设有休息亭、茶亭等。

美国建筑师詹姆斯·查普曼和乔治·麦克卢尔在 20 世纪 70 年代初提出了建造一座横跨纽约福利岛东河的新颖美观的多层桥—建筑（图 24）。桥面有 4 条车道，桥墩为多层停车场，自动扶梯把人们引到住宅或位于两塔之间的商业市场。

图 24　纽约福利岛东河上的桥—建筑

　　人口密集又有河流穿过的城市，利用桥既作交通又作实际功能的建筑应是合情合理的。美国查尔斯顿城有卡纳河穿城而过，商业区拥挤堵塞，难以发展，因而该城设计了一座桥—商业中心，其上建有 7 层商店，路设在最底层。印度加尔各答、德里、坎普尔等地也都设计过桥—房屋。桥—建筑不仅利用桥上空间，也利用桥下空间，在日本东京、大阪拥挤的地区就有这种公路桥，桥下设商业建筑。桥和建筑物虽然是互相关联的，但由于建筑屋面与桥面脱开数尺，有助于减轻声响和振动的干扰。

　　这种桥—建筑也可建在凹地，构成旱桥—建筑。它可跨越铁路、干道、山沟和低矮的建筑物等，把这些地域的上空拓为建筑的使用空间。美国明尼阿波利斯银行大楼就使用了这种方式（图 25），它采用桁架悬挂结构，整座建筑由两端的高塔支撑。

　　除了在水面上架桥开拓建筑空间外，在地皮昂贵的城市也有直接购买水域作为建筑地点的。美国泽西城一家进口公司就购买了赫德逊河岸边的一块水域，在离岸 60 多米的水上建造了一座办公楼，共 12 层，第一层楼面离水面 5 层楼高，不挡视线而能看到周围的环境，建筑物与河岸由环形通道连接起来（图 26）。一些轻工业厂房、码头、仓库如建在水上，可以获得便利的水上运输条件。

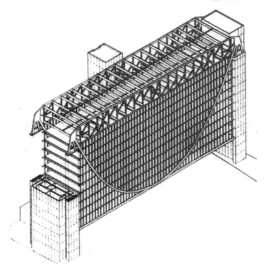

图 25　美国明尼阿波利斯银行

图 26　泽西城水上办公楼

　　上述开拓和创造建筑空间的方式对我国来讲，因受技术经济、条件的限制目前尚不可能被广泛采用，但在某些情况下这种做法也有一定的现实意义。如在一些大城市，房屋挤拥、地面堵塞，适当采用架空建造的手法是有益的。广东省中医院部分病房楼架空建造，为医院争得了庭园休息场地。城市拥挤地区的中小学建筑如果适当架空，可以扩大室外场地，并可供雨天使用。其实，广州的骑楼、河边的吊脚楼，就是架空于街道和水面上的传统建筑方式。目前这种方式常被斥为浪费，但从长远看，它节省土地资源的做法却更有价值。

又如，我们现在的不少设计往往不注意地形，借助推土机全部推平，或者修建很高的挡土墙，把自然环境破坏无遗，其实架空建造可以使建筑与环境相得益彰。

此外，我国很多城市人口密集，又有河川流经，也可适当地采用桥—建筑的方式。当然，跨越长江建造桥—建筑代价过大，暂无必要，但若跨越上海的苏州河、南京的秦淮河（均需疏清），以及苏州、无锡市内纵横的河川建造桥—建筑是完全有可能的。南京长江大桥公路到桥的下部空间如能恰当利用，岂不赋予了建筑新的价值！

总之，在建筑规划与设计领域中要勇于创新，不要墨守陈规。每一个规划，每一个设计都应有它的独到之处。本文介绍了一些开拓和创造空间的设想，希望有助于读者开阔思路，提高设计创造力，能探索新的方法以解决我们在现实中遇到的问题。

（在本文写作过程中，得到钟训正同志的热情支持和帮助，为笔者提供了有关资料，特此致谢。）

（原载《南京工学院学报》1979 年第 3 期）

第一篇　规划设计

3　美国现代建筑的新特点

1981—1982 年，我在美国 MIT 做访问学者，在考察美国现代建筑的过程中，我认为有一个中心思想体现于美国的建筑设计与规划中，那就是 "Building for People，Building for Future，Building for Change"。这种立足于人、面向未来的规划设计思想催生了美国现代建筑的新特点，其中较为突出的特点是建筑的综合性、环境的舒适性和空间的灵活适应性。

1　建筑的综合性

当代人生活在高效率的社会之中，尤其西方是高度商业化的社会，自由竞争支配着一切，"Time is money"。时间的因素必然强烈地影响着城市建筑的建设方式，因为它直接关系着建筑物的使用效益和经济效益。生活在这样的社会里，人们达成了共识，即办事要效率高，节省时间，一次能就近解决问题。为了满足人们的这一需求，加之受建筑经济效益的影响，建筑开始由分散、功能单一的传统方式向集中化、大型化和现代化的方向发展，体现出建筑综合性的时代特点。

被称为西方零售商业第二次革命的超级市场（Super-market）也称第二代百货商店，它的产生和发展就很好地说明了这个问题。

在西方，职业妇女日益增多，产生了很多双职工的家庭。妇女要上班，又要照顾家务，但职业妇女的时间和精力有限，购物时她们希望能在一家店铺内买齐所需的东西。超级市场满足了这一需求，"二战"后似雨后春笋般地发展起来。有的是几家大百货公司集中在一起，出租面积通常达数万平方米，是非常庞大的商业综合体。

不仅如此，为了给顾客提供更多的方便，提供更多样的服务，吸引更多的顾客，超级市场已从单一的商业功能的建筑发展为具有更多功能的公共综合体。超级市场是这个综合体的主要组成成分，另外，为了适应、满足人们多方面的生活需要，有效利用时间，超级市场内还设置了种类繁多的公共活动场所，包括俱乐部、电影院、溜冰场、餐馆，甚至图书馆等公共设施。

同样，在其他类型的公共建筑中也是如此，你中有我，我中有你，单一功能的建筑似乎越来越少了。例如，博物馆除本身的用房以外，还设有餐馆、咖啡馆及商店等服务设施。博物馆既为参观者提供更多的服务，也为参观者提供了在同一时间里办更多事情的条件，从而也必然招徕更多的顾客。

建筑综合性的又一表现是出现办公楼—宾馆—商店三位一体的建筑。这是另一种为商业服务的综合体，以满足人们洽谈生意、高效率地从事商业活动的需要，可节省时间，减少交通。这种建筑一般是将商店设在裙楼中，宾馆和办公楼建为高层建筑。在裙楼内同时还设有各种各样的公共服务设施（在市区）；如在郊区，则开辟专门的停车场。

芝加哥水塔广场大楼就是这样的一个垂直综合体。它是由商业—办公—宾馆—公寓四个相互独立的部分组成的。其中 1~7 层裙楼为商店，8~9 层为办公楼，12~31 层为旅馆（拥有 450 套客房），33~73 层是公寓。它们各自有单独的出入口，地下设 4 层车库。

除商业性的综合体以外，结合城市的发展更兴建了不少新的文化中心。一个著名的例子就是美国纽约城的林肯中心。它是一个由歌剧院、芭蕾舞剧院及陈列馆、图书馆等公共文化设施组成的表演艺术中心。

大量兴建的居住公共建筑也常把商业、行政及居住三种不同的功能统一在一个综合体或一个综合性的摩天楼中，称之为"城中城"。1959 年建造的美国芝加哥玛丽那城就是一个典型（图 1）。它建在芝加哥市商业区中心，占地仅 1.2 万平方米，是双塔式，芝加哥人说它像两根玉米棒，在芝加哥的摩天楼中很有戏剧性色彩。双塔每幢都是 60 层,其上部占 2/3,有 450 套公寓住宅,下部占 1/3,是一个向上螺旋形的连续停车道,可停放 450 辆汽车。因为居住层从 21 层开始,所以每一家都能欣赏到壮丽的芝加哥风光。这个"城中城"的其他部分为 10 层的办公楼、有 1750 座的剧院和一个有 700 座的礼堂,还有商店、餐馆、滚木球场、体育馆、游泳池和滑冰场,以及一个可停泊 700 只小船的船坞。

图1 芝加哥玛丽娜城

设计玛丽娜城的建筑师 B. 哥尔伯杰曾说:"为了我们的将来,我们应该不再在我们的中心城市建造彼此分开的一幢幢建筑物。我们应该想到建筑物的环境、我们将来的环境。"不仅如此,他还进一步提出如何综合利用城市的空间和时间问题。他认为税收的增加将迫使我们用新的方法来解决城市规划问题。他大胆提出双班制城市(Double Shift City)的设想。他说:"我们不能让商业建筑每周只使用 35 小时(每周工作 5 天,每天干 7 小时),住宅在晚上和周末使用。要让城市活动在白天和晚上都利用土地。我们将规划双班制的城市,那里的城市管理费用将由商业、文化、教育部门分摊;它们在下面,住宅在上面。这样,我们的专家就生活和工作在同一建筑物的综合体中。它将减少城市的交通。"在美国就有这样的小学校,晚间用作成人教育或社区文化活动场所。

2 环境的适用性和舒适性

美国城市中的外部环境设计考虑得比较仔细,既增加了环境的使用效益,又给它们以独特的表现质量。

在城市环境中,结合城市的更新改造,腾出更多的空地,创造良好的市民室外生活环境,是一条重要原则。纽约原世界贸易中心就留出 2 万平方米的空地布置广场,为人们提供休息、公共社交的空间。这种大大小小的广场、休息绿地、儿童活动场在城市中较为普遍。有时在街道拥挤的地区,也想方设法规划设计一些下沉式的室外休息地。

图2 纽约花旗联合中心下沉式广场

值得提出的是,这些大小广场的规划设计都是为人们能身临其境去使用它们而精心设计的,不仅仅是为了丰富市容景观、点缀门面,更不是把它们作为交通大转盘。它们被看作城市生活的"起居室",人们社交的露天"公共大厅"。它们具有实实在在的使用功能:休息、午餐、社交、娱乐、集会及观赏等,因而除绿化小品外,一般都设有休息的座椅,有时设计通长的踏步兼作座凳。美国纽约花旗联合中心前的下沉式广场低于街面 3.6 米,避开了街道上噪声及视线的干扰,在闹市中创造出一个较为宁静的公众活动环境(图 2)。它体现了一种突出人、为人创造舒适环境并使环境具有公众性的新思想。

在美国,人的活动组织在广场地面上,人可自由通行。主要汽车交通和停车场常常设在广场地面以下,广场严格控制车流穿行。汽车司机见到行人要穿过马路时,总是主动地停下车来,招手示意让行人先行……这些都体现着把人——城市的主人——放在首位的思想。我国南京新改造的鼓楼广场与之对照,就显得我们的建筑和规划思想陈旧落后了!南京鼓楼广场只是一个交通大转盘,巨大的中心花园被车道、高高的围栏圈了起来,同市民远远隔开,真是"可敬而不可亲"。

在住宅建设中,美国建筑师不仅注意室内空间环境的舒适,而且特别强调室外空间环境设计。他们认为住宅不是住人的仓库,住宅要适应人的需要,而不是人来适应住所。一般来讲,住宅设计都要为每户提供一定的室外空间,有的要求不小于 20 平方米。正是为了适应这样的要求,在多层住宅中出现了台阶型住宅。

公共建筑更是如此。如图书馆建筑就注重为读者提供不同的阅览空间，以让读者有选择的余地，并且以各种形式的小空间阅览室为主，为读者创造安静、互不干扰的阅读环境。某些图书馆注意到一些青少年读者看书的习惯，为他们设计了一种特殊的阅览空间，读者可席地而坐或倚墙看书。美国麻州韦尔斯利学院扩建图书馆所选用的家具都是通过样品展览，让读者投票，最后根据得票的多少而选购的（图3，图4）。此外，在美国，超级市场（购物中心）除营业面积外，也为顾客设置了很多休息设施；剧院也注意为残疾者登上楼座观看演出提供方便；公共建筑的厕所、小便池的设计也考虑到大人和小孩的不同高度……所有这些都是着眼于人——使用者，细心为他们创造适用而舒适的环境。

图3　个性化阅览室

图4　美国麻州韦尔斯科学院图书馆

3　空间的灵活性和适应性

现实告诉人们，很多建筑常常不是按照它们原来的设计意图使用的，建筑师也难以提供一个固定的、与预计用途充分适应的空间，因为人的要求总是会伴随着时间的推移而产生变化。

自1940年以来，密斯就一直在研究万能空间（Universal Space）这一重要的设计理念。如今，富有极大灵活性的开敞空间的设计思想已普遍地出现在美国现代建筑的设计实践中，它被应用于住宅、办公楼、商店、展览馆、博物馆、高层综合体等各类建筑中。

美国的高层公寓中，厨房、厕所等生活服务设施是固定的，居住生活空间常常是开敞的，以便租给住户后，住户可根据自己的意愿来安排，这就提供了一定的灵活性。

办公楼不论是低层的还是摩天楼，都采用开敞的空间，完全不是像我们习用的两边办公室中间过道式的布局。除交通、服务设施固定位置外，办公区是一个开放的空间，以获得最大的布置灵活性。美国俄亥俄州斯普林菲尔德的一幢小型的办公楼建于1978年，高3层，不仅每层办公区开敞，而且通过有顶的中庭使上下各层空间都相互沟通。办公区均用办公家具或轻质隔板划分出小办公区。

摩天楼一般都是综合性的，租给不同的业主使用。这些租户对面积大小要求不一，使用要求也各不相同，有的还要求有很大的空间供会议、表演等用，因此要求平面布置有最大的灵活性。芝加哥的西尔斯大厦的平面就是采用9个22.86平米见方的方形组成。每个方形内不设柱子，提供无内柱的大空间，这为灵活分隔创造了条件。

展览建筑的空间就更灵活了。1971年重建的芝加哥麦考密克展览会议中心是世界上最繁忙的会议中心之一，拥有5.6万平方米的陈列面积，4300座的剧院，9000平方米的大大小小的会议室，3900平方米的餐馆等。这些都容纳在一个屋顶覆盖下的开敞空间里，屋顶悬臂22.9米，空间全是用轻墙或陈列家具灵活分隔的。建筑师金·萨莫斯（Gene Summers）是密斯的学生，也曾在密斯事务所工作过，这个设计显然是受到密斯万能空间理论的影响，也可以说实际上就是将密斯所作的芝加哥会议厅方案转变为现实。

学校建筑采用这种开敞空间的也不乏其例。印第安纳州哥伦布斯城福德拉社区小学就是将学校建筑设计为一个开敞的大空间，在同一空间中设计若干标高不同的区域，分别作为教学区、图书馆及食堂等，上下可以互相看见。据说这是根据儿童好动、好奇的心理和"开敞教室"思想设计的。哈佛大学建筑系大楼所有的设计教室都由一个斜屋顶覆盖，有利于高、低年级学生相互观摩，作为建筑教室十分合适。

4 传统居住街区改造更新设计探索

自 1988 年开始，我们先后接受了苏州古城 21、22 号街区改造规划，并于 1989 年完成了这两个街区的"保护与更新控制性详细规划"和 21 号街区中的大新桥巷街坊改造实施设计工作，在此之前还完成了北京西城区未英胡同危旧房改造区的改造规划设计。我们感到任何一个传统居住街区的改造都是非常复杂、充满矛盾、难度极大的系统工程，涉及的社会问题、经济问题和人的问题远比技术问题更加难以解决。

苏州、北京是我国著名的历史文化名城，一南一北，各具特色。苏州的街区改造是选在传统民居较完整和较典型的平江府区，北京的街区改造选在西城区二环之内的敏感地段。选取这两个名城的敏感地段进行旧区改造规划设计，是因为我们意识到"历史的和传统的建筑群和它们的环境应当被当作人类不可替代的珍贵遗产，保护它们并使它们成为我们时代社会生活的一部分"是我们的历史责任，也意识到传统居住街区的历史价值和改造的意义是无法估量的。

首先，它是构成城市格局的基本单元，是组成城市肌理的细胞，是城市生活的基层组织。其次，它作为社会历史文化在居住环境中的积淀，从多方面揭示了社会文化的内涵。再次，它以其特有居住环境和建筑风格成为历史文化名城风貌的一个不可缺少的组成部分。最后，传统居住街区在整个城市的居住功能中占有重要的地位，是旧城居住功能的主要担负者之一，如全国中小历史名城中 60% 的人口仍集中在旧住宅区（据 20 世纪末 90 年代初调查）。

因此，对传统居住街区进行保护与更新研究有着重要的现实意义，它不仅为历史发展留下了实物，而且作为后人研究之资源，为探索明日的再发展提供了历史根据。此外，我们也在研究中加深了对传统建筑的认识，更加意识到发展传统建筑文化的重要性。

传统居住街区的更新改造是城市自身发展的需要，城市作为一种历史现象，各个时代的人文影响和物质技术都在这一历史现象中积聚、交织并且相互更替，城市永远面临着新生与消亡，保留与淘汰的双重选择，它具有如同生物有机体那样的新陈代谢的特征。在城市发展的急剧变化中，如何保护与继承传统的居住环境和民居特色，如何保护古城风貌，都是摆在我们面前的现实任务。尽管在改造规划中受到各种限制，在保护更新中不断受到发展的挑战，但是维护古城风貌的基本目标是不能动摇的。即使在大拆大建大发展的今天，古城确定的保护方针也应得到切实的执行，沧海桑田式的突变不应是城市发展的规律。

基于以上认识，我们有必要历史性地考察传统居住街区人居环境的特征，寻求传统居住街区形成的稳定的基因，为传统住宅区的改造方法探求新途径。在我们进行的苏州、北京两地的旧区改造中，我们是遵循以下几点进行工作的：

1 运用形态学方法分析城市居住形态

在进行两地的旧区改造规划研究过程中，我们都首先应用形态学的方法，对苏州、北京的街区结构模式的演变规律进行历史的研究，希望从城市古老的空间构成中，找出其基本的关系和稳定的基因。因为传统的居住街区在长期历史发展过程中形成了整体性的人为环境，且各时期又各有差异。它作为一种物质现象，必然要体现一定的物质功能，并反映一定的社会礼仪、生活习惯、文化习俗、历史传统，即它们都必然要反映一定的社会约定俗成，因此，对这些城市历史的沿革、变迁情况进行一番详细而深入的调查和研究是传统居住街区改造的前提条件和基础工作。

这种分析应按城市构成的自身肌理有层次地进行，即按城市——→街区——→街坊——→住宅组团——→"落"——→住宅等层次进行系统的分析，以使形态的分析能够建立在一个较为严谨的逻辑基础上。

1.1 城市空间形态分析

苏州是一座具有 2500 余年悠久历史的文化名城，早在春秋时代就开始建城，并建水陆城门，引水入城。从《平江图》上可以看到，城内河道密布，纵横交错，以水系为脉络，道路相依附，形成井井有条的水陆双棋盘式的城市格局，整个城市呈"回"字形，官府居中成为全城中轴对称的核心（图1）。建筑依河而建，粉墙青瓦，充分显示出江南水乡的城市形态。

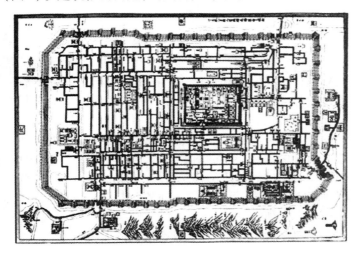

图 1　苏州古城《平江图》

北京更是著名的历史文化名城，从周初封"燕""蓟"算起，至今已有 3000 多年的历史，从辽开始，金、元、明、清诸朝先后建都于此，前后达 900 余年，最杰出的明、清北京城市格局极其严整。宫城——皇帝的宝座，是全国之中心，是皇帝"屹立于天下中心，安抚四海万民"的所在。中轴线上的建筑，显示了封建帝王至高无上的权势。宫城采用"前朝后寝"、"左祖右社"的形制，胡同街巷是轴线异常明显的棋盘式格局，大量的合院式住宅（而不是通常所说的"典型的四合院"住宅），形成了极富人情味的居住环境。旧区的改造更新，必须适应城市传统的形态（图 2）。

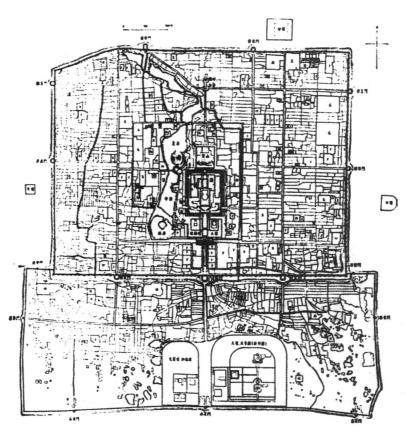

图 2　清代北京城平面图（乾隆时期）

1—亲王府；2—佛寺；3—道观；4—清真寺；5—天主教堂；6—仓库；7—衙署；8—历代帝王庙；9—满州堂子；10—官手工业局及作坊；11—贡院；12—八旗营房；13—文庙、学校；14—皇史宬（档案库）；15—马圈；16—牛圈；17—驯象所；18—义地、养育堂

1.2 街区空间形态分析

街区是由城市主干道或次主干道围合成的街坊群，苏州古城划有54片这样的街坊群。街区空间形态分析主要是通过街区的图底进行分析，一般根据街区现状图利用黑白图底的方法进行街区空间形态的分析（图3）和城市街区空间结构网络的分析（图4），从分析图中我们可以清晰地分辨出建筑实体（白色）和院落、道路、河道三者之间的关系。

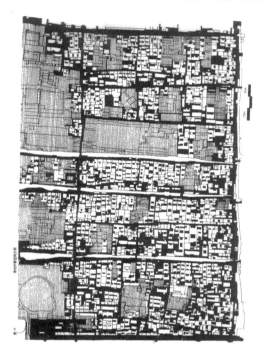

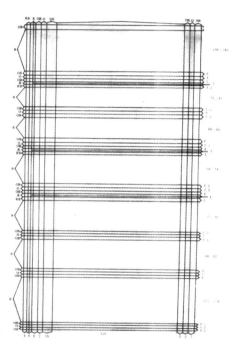

图3　苏州古城街区空间形态分析图　　　　　　　　图4　苏州古城街区空间结构网络分析图

通过对21、22号街坊形态的分析，可以发现苏州街区空间形态的构成具有以下特征。

街区是由"骨"和"肌"构成的，即由道路网络和若干街坊组成。

基本空间是绝对的建筑使用空间（B），绝对的道路使用空间（O）和河道空间（R）。

每一个街坊都含有基本空间和中介空间两大类型。

道路与道路（或河道）东西间距一般在350米范围内，南北间距大多在80米范围内，形成较有规律的骨骼（道路）与肌体（街坊），较稳定的肌理关系。

两个基本空间之间一般都设有过渡性的中介空间，如：

建筑与建筑之间称为BB空间。通常是院落、天井。

建筑与道路之间称为BO空间，在这一空间里或是河道，或是建筑，也可是二者之间的过渡空间。

道路与河道之间称为OR空间，在这一中介空间里或是河道，或是道路，或二者之间的过渡空间，通常作为绿化、休息空间。

这些中介空间是传统居住街区空间体系中最积极、最活跃、最富变化而又最基本、最稳定的因子。

有一个明确的街区空间结构体系，即大街—小巷—院落—家的这种从闹到静，从公共空间—半公共空间—半私有空间—私有空间的完整空间组织序列。

同样，北京传统居住街坊也具有上述特征。

1.3 单个街坊的空间形态分析

一个街坊通常由若干个住宅组团组成。

一个街坊是由道路和河道围合而成，其范围一般在 70 ~ 95 米，东西不多于 350 米。

街坊的道路交叉处一般形成"节点"，多为 T 字形，有时在交叉处局部拓宽，形成人可逗留的开敞空间，成为街区内交往活动的场所。

空间的私密性明显地随着道路等级的降低而加强。井点、古树下、码头是居民主要的社会交往场所。

1.4 住宅组团空间形态分析

住宅组团是构成街坊的基本组织，它由明巷划分而成，明巷和明巷之间称为"落"，住宅组团由若干"落"组成。

一般住宅组团的大小，东西宽 55 ~ 65 米，南北长 70 ~ 95 米，一般一"落"为 5 ~ 7 进住宅的尺度。

明巷、横街或河道与建筑物之间的中介空间形成住宅组团外围积极的活动空间，可称为公共空间。

天井、院落是组团内部的公共空间，但它有明显的领域性和排外性，可称为半私密空间。

住宅组团东西方向的进深明显小于南北方向的进深，即缩小每户面宽以节约用地。

1.5 "落"空间形态分析

"落"是苏州传统居住形态住宅组团中基本的组织单位（图 5）。

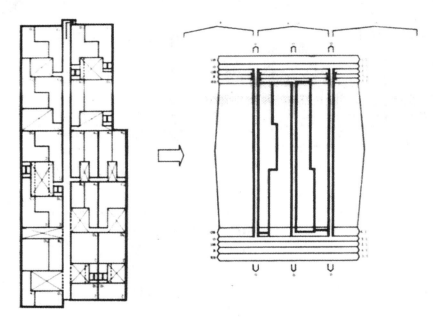

图 5 "落"空间形态分析图

每"落"住宅一般为 5 ~ 7 进，两进之间由天井分隔，每进深一般为 6 ~ 10 米，面宽一般为 3 ~ 5 开间。

"落"的空间形态有三种，即 O 空间、B 空间和 OB 空间，三种空间的位置与尺度有明显的规律性。

"落"与"落"之间由明巷和"壁弄"相连，作为每"落"纵向交通，随着家庭结构的小型化，沿每"落"中轴线入户的形式已逐渐让位于住户从侧面入口进出的形式，因此明巷和壁弄的交通功能大大强化。

1.6 住宅单位空间形态分析

传统住宅都是由 2 ~ 5 个基本空间构成的基本单元在纵横两个方向组合拼连而成（图 6）。

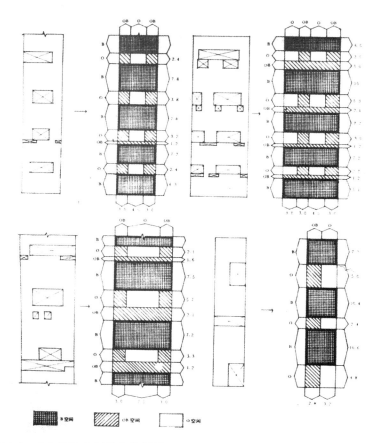

图6 住宅单元空间形态分析图

基本单元由 B、OB$_1$、OB$_2$ 及 O 这四种空间构成，四种空间分别有不同的功能。

B——绝对居住建筑空间；

OB$_1$——建筑或户外空间，主要有小天井、楼梯和走道；

OB$_2$——建筑或户外空间，主要是厢房、梯间或披屋；

O——绝对户外空间，即院落式天井。

基本单元的各种尺度有极大的灵活性，能适应不同宅基要求。

2 用类型学研究传统建筑形式的构成，探讨"原型"与类型的转换

对传统建筑空间的分析宜应用历史唯物主义的方法论。因为任何建筑空间形式的形成都是不能与历史割断的，它们都是当地的土壤、气候、人的伦理观、生活方式及历史文化的多样差别渐进积淀的产物，历史上任何特定建筑空间类型都是一种生活方式与一种形式的结合。

按照 19 世纪古典主义建筑及艺术理论家奎特黑莱所阐述的建筑的类型学和模仿的理论，每一种艺术在自然中都有两类原则，即特定的原型和普通的原型，后者即为类型。但类型只是一种原则的概念，而不是指必须忠实地加以复制或抄袭的一种实体形象，它只不过是具有某种抽象品质的"原型"，即"普通的原型"，它超越了可见的物质实体范畴，而成了探索建筑本源性最为根本的问题。这种建筑的本原性不仅存在于历史，而且也表现于现在乃至将来。在连续的文化背景下，"原型"作为一种模仿的对象，代表着建筑丰富的遗产以及人类千百年积累下来的最具有创造性的原物。

基于上述认识，在对传统居住区进行改造时，利用类型学的方法对历史形成的传统居住区建筑进行分析总结，抽象出那些在历史中能够适应人类基本生活需要，又与一定的生活方式相适应的建筑形式，并去寻找生活与形式之间的关系，对这些对象进行概括、归纳，对具有典型特征的类型进行整理，

抽取出一定的原型，按照新的社会需要，并结合其他建筑要素进行组合，创造出既有历史意义，又能适应新的生活方式的建筑形态。西方建筑文化中，建筑中的柱廊，城市中的广场，住宅中的中心空间，以及教堂中那集中式的平面都是适应当时当地生活方式的空间形式，都有着各自深层的内涵，都是植根于历史和文化之中的。而在我国，到处都可见内聚性的院落式居住空间，它是我国传统居住方式共同的表现形态。北京合院式住宅与苏州庭院和天井并存的多进式院落住宅都是院落空间的原型。从陕西岐山凤雏村发掘的西周建筑遗址来看，这种院落式的居住空间早在西周就已相当完善与成熟了。这种惊人的同一性和延续性，说明院落式居住空间已经不仅仅是一种适应当地环境和自然条件的建筑形态，更主要的是它已成为传统文化和宗法观念的体现者。这种院落式的居住形态已成为传统居住观念的象征：内聚的以家族为一体的居住单元，体现的是内向而平和的居住方式。

研究传统建筑空间类型的构成和形式是为了在改造传统居住环境时取得与城市形态的共同延续。对居住环境来说，住宅类型的选择直接影响着居住环境的形象，住宅类型的选择既不是简单地把传统院落空间如实照搬，也不是将现行的单元住宅简单排列，否则，前者将不适应现代生活，后者又不易与传统城市形态相协调。因此，重要的是在分析传统空间类型的基础上，正确选择住宅类型并按现代生活需要进行再创造，以实现类型的转换，从而使类型的原型获得新的活力，这是传统居住街区改造更新的关键所在。

住宅设计适应城市形态在我国并不新鲜，各地建筑师在这方面做了很多努力，但大部分局限于设计手法和符合应用的层面上，很少从类型转换的角度，从传统建筑空间类型中分析找出原型并进行再创造。我们在20世纪80年代初进行的无锡支撑体住宅实验工程研究时，在考虑住宅动态可变性的同时，就特别从四合院建筑形制出发，结合传统建筑的肌理，探索出一种传统形制与现代生活相结合的，即把单元住宅与传统四合院相结合形成台阶式的新型住宅，并在北京未英胡同旧区改造工程和苏州、杭州、南京等工程设计中形成了自己的体系。

吴良镛教授在北京菊儿胡同改造试点中提出了"类四合院"的新住宅类型，这也是类型转换的结果，取得了很好的效果。

3　用控制性规划方法实行积极、慎重、渐进的更新改造

旧区改造不同于新区建设，对传统民居街坊的保护与更新，不宜采取大拆大建、一次性成片改造的办法。因为传统居住街坊改造更新对象各不相同，改造更新方式也不一样，有的需要拆掉重建，有的需要修建，有的需要修复。此外，大面积的一次性的更新改造也容易导致建筑环境单调呆板，易丧失传统风貌。因此，我们认为传统民居街坊的保护与更新宜采用一次规划、逐步实施的办法，认真做好街区的控制规划，并对每一个街坊做好详细的实施性的设计，这些设计都是逐幢进行的，不能采用大量性住宅标准设计的办法。在完成对苏州古城21、22号街区控制性规划的基础上，我们对21号街区中的大新桥巷街坊作出了详细实施性的设计，完成了每一个地块，每一个住宅组团，每一幢住宅的单独设计。

通过控制性规划，我们确定了今后街区更新改造的基本原则，对外部条件和实施方法加以控制，要求对每一街坊、每一地块既要提出规划设计要求，又要给不同时间、不同地块、不同对象的更新改造的具体形式提供一定的灵活性，并为规划管理提供可操作性，具体要求包括：通过对建筑质量的调查和评价，明确需要保留的建筑，并对它们的改造及利用方式提出决策；对有一定历史价值的老宅、古井、古树进行确认，并提出具体的保护、使用及四周环境控制的要求；规划好道路结构，并尽可能维持和利用传统的结构肌理及胡同街巷的名称，规划好不同的住宅组团模式，以及每一组团的范围和形式；明确土地使用功能，确定街区内公共建筑的位置及范围；对全街区实行景观和空间高度的控制。

4　用支撑体住宅的建设模式进行旧区的改造与更新

传统住宅区改造成功的一条经验是广泛动员居民参加，因为居民对改善和提高自己居住环境的品

质都有极高的积极性。旧区改造自始至终都应该为居民的参与创造有利的条件，不论是在总体的改造规划阶段，还是在住宅的设计建设阶段都应如此。

支撑体住宅建设模式的出发点就是为居民的参与创造条件。在当前，我国住宅建设实行"地方、单位、个人"三级住房基金原则时，这种住宅模式就更有它的生命力。我们在北京、苏州旧区改造更新的规划设计中都采用了支撑体住宅的理论和方法（图7）。

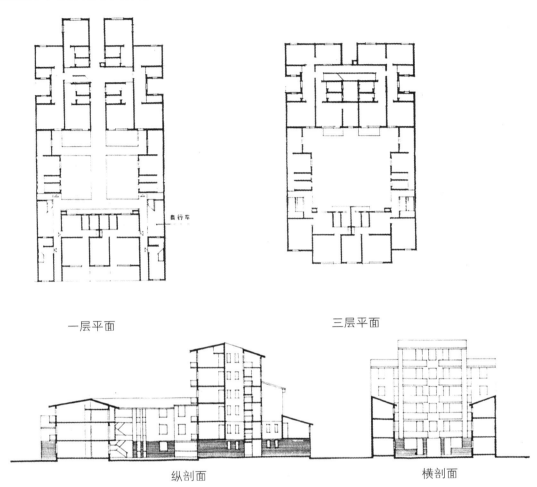

一层平面　　　　　　　　　　　　三层平面

纵剖面　　　　　　　　　　　　横剖面

图7　北京西城区未英胡同改建

首先根据住宅标准设计不同类型的单元支撑体，并通过单元支撑体的相互组合，形成不同的住宅类型，并使它们与当地的建筑形态相适应，可组合为北方合院式住宅，也可组合为苏州一落一落的多进式院落住宅。每一个住户单元，除了厨房、卫生间固定外，其余空间都是开敞的大空间，这为住户的参与创造了条件，住户可在空壳子空间内进行再创造，并且这种建筑形态也为今后住户居住空间的改变提供了可能性。

（原载《清华大学出版会议论文集》1992 年）

035

第一篇　规划设计

5 建筑学科面临的挑战

在世界经济发展的历史中，无论是工业化，还是随之而来的城市化，都将对建筑业产生旺盛的需求。建筑业在社会主义物质文明和精神文明建设中占有十分重要的地位，它同人民的生活、工作、学习息息相关，它的发展水平是国家物质文明和精神文明发达程度的重要标志。建筑学科作为"发展人类空间的主导专业"，在未来的经济发展中将起到举足轻重的作用，但随着世界形势的发展，也同样面临着一系列新的挑战。

1 城市化面临的挑战

根据西方发达国家经济发展的历程，随着各国城镇化的发展，城市人口比重会逐年增加（1959年世界城市人口总比重为28.7%，1980年则上升到40%）。而随着第三产业的发展，城市功能还将进一步拓宽。城市不仅是工业生产基地，而且也应是贸易中心、金融中心、科技中心、文化中心和交通枢纽。这些变化对城市和建筑的发展提出新的要求。目前，我国城市化的发展进程大大加速。1980年我国仅有216个城市，1990年增加到450个，预计到2000年，我国将有城市600余个。这将是我国社会经济发展的巨大变化，也是建筑学科所面临的一个严峻挑战。

按我国国民经济发展战略，我国总人口到2000年将达到12亿人，其中城市人口将达3.6亿~4亿人，约有2.2亿人新增加在城市中，预计到2000年全国的城市"超级集聚区"将发展到50个。如此多城市的出现及工业集中必然要导致区域环境生态系统的恶化，由交通、能源、土地、住房等产生的问题将变得更为突出。

我国的城市化进程，到2000年，一方面是城市化的发展仍将以集聚的过程为主，大中城市的发展势头有增无减；另一方面中小城市的发展将异常迅速，20世纪80年代的10年中，全国20万~50万人口的中等城市由原来的60个增加到117个，20万人口以下的小城市由10年前的16个增加到275个，建制镇由2800个增至11873个，中小城市的迅速发展将成为我国城市化过程的重要特点和发展趋势，村镇建设将是建筑学科的新领域。

在城市化发展的进程中，必然使许多农业用地变为城市发展用地，土地将变得更为紧缺。

在未来的城市化过程中，城镇旧住宅区的改造和更新将是大量的，在改造的过程中必然会使目前已面临的"特色危机"格外突出。保持和发展城市的自身特点、结构形态、肌理和质地，保护城市优秀的历史文化地段和建筑，保护城市良好的自然环境及祥和的邻里居住环境将十分重要。因此，旧城市更新改造及城镇自然景观和历史文化中的一系列重大科学技术问题，如城镇功能的评价，更新改造的原则、目标、规划理论和方法，以及实施更新改造规划的政策与措施等都将迫切需要研究和解决。

2 建筑设计面临的挑战

建筑学是古老的学科，它有着传统的建筑学观，然而，随着世界范围内政治、经济的变化，建筑学也在不断的发展，人们已经逐渐认识到建筑学和建筑事业在社会经济发展中起到的重大作用。建筑学本身无论在观念上、内容上和方法上都将发生深刻的变化。

1981年第14届国际建协华沙宣言提出："建筑学是为人类建立生活环境的综合艺术和科学"，它揭示了建筑学新的、完全不同于历史上的"遮风蔽雨"、"凝固的音乐"、现代的"住人的机器"或建筑是"空间艺术"的价值观。在许多情况下建筑师所面临的任务，将不只是一个单体建筑，而是一个整体建筑环境的创造，这就促使传统建筑学的研究范围要不断扩延，建筑质量不只是单一建筑本身的设计质量，而更重要的是环境的质量。因此，建筑设计首先是环境的设计。

设计观念的变化必然对传统的思维方式及工作方法提出挑战。系统思维、层次思维将显得更重要，任何一项规划和设计都不能孤立地进行，而应从城镇环境的宏观角度出发构思具体的规划与设计，以具体的城市设计的概念来指导单体的建筑设计，这些变化将促使建筑师在掌握现有知识的基础上开拓和丰富建筑学的思路，使设计观念适应现代城镇建筑学的要求。

建筑学科是一门综合性学科，建筑综合论、广义建筑论都客观地反映了建筑学科综合性的特点。现代自然科学和社会科学不断出现新的交叉、边缘和分支学科，这些新学科又将影响建筑学科的发展。现代建筑设计不仅包括传统的建筑学理论，而且渗透了环境科学、城市科学、系统工程、思维科学、社会学、心理学、行为学、人体工程学等。这将使传统的建筑设计理论和方法从定性描述的经验水平向定量化、抽象化和系统化的方向发展，从传统的单目标的局部设计向系列优化、多目标的宏观综合优化设计发展，从而提高建筑设计的质量。

此外，旧有建筑不论是在规模上还是在质量上都远远不能满足新的社会发展要求，我们将面临大量建筑的改造与扩建，其焦点将主要集中在住宅建设上。住房是城市的重要组成部分，我国城镇住宅占城镇民用建筑的50%左右。城镇住房问题与人口、城市化等密切相关又相互影响和制约，建筑设计面临的挑战将集中在解决城镇居住问题上。新中国成立以来，我国住宅建设取得了很大成绩，10年间城镇共建成17.72亿平方米住宅，城镇居民居住水平有了一定的提高，但城镇住宅在数量和质量上都还不能满足需要，城乡居住条件差，城市住宅严重短缺，无房、缺房和不方便户达20%以上。

据初步预测，至2000年，我国城镇住宅需新建20亿平方米，面对平均每年需新建城市住宅量1.5亿平方米，面对如此面广量大的住宅建设任务，除了解决投资问题外，也要求住宅区规划与设计能适应住宅政策的改变，并研究相应的规划设计的新理论和新方法，提出新的住宅建设模式。

生存与发展作为当代人类生活中面临的重大矛盾，必须得到解决。现在"人满为患"的现况已构成社会发展潜在的威胁。长期以来，由于历史发展和自然地理条件的限制，各地区发展是不平衡的，城镇空间分布也极不平衡，近二分之一的城市人口居住在土地面积仅占全国不到七分之一的东部沿海地区，而土地面积占国土一半以上的西部地区，城市人口只有全国的六分之一，未来10年进入城市的人口大体上还是这样的趋势，人多地少的矛盾在这些人口集聚地区将更为突出。此外，土地资源被城市建设蚕食而逐年减少，造成城市空间的紧缺和生活环境的恶化。这种在20世纪50年代中期至70年代许多发达国家曾出现的问题在80年代已明显地在我国大中城市表现出来。加上在未来10年城市化进程发展迅速，将有近2亿人进入城市，这就使得问题更严重。如果按合理的城市用地标准，以每人100平方米计，净增的城市人口就需要2万平方千米新的城市用地。因此，开发新的生存空间，已成为当务之急。除了适当提高城市的建筑空间高度（一般城市已由低层变为以多层为主的城市空间）、扩大地面上空的高度即扩大容积率外，比较现实可行的选择且又有利于今后城市发展的途径是开发和利用地下空间，这对于人类生存空间的改善，对于未来城市的形态变化都将产生深远的影响。发达国家的城市实践表明：合理开发与综合利用地下空间，不但对于缓解城市发展中产生的多种矛盾是一个有效的措施，而且对于未来城市空间的扩大、资源的节省、环境质量的提高，都会发挥积极的作用。

3 建筑学科面临的挑战

根据预测，今后10年间我国每年新建各类房屋建筑面积将达2.9亿平方米。目前我国建筑工业化水平较低，工业化体系发展缓慢，而发达国家从材料、制成品或半成品及配件等都已走向专业化、商品化道路。发展中国家的材料、制成品、半成品及配件等仍是采用来料加工、自产自用的小生产方式，品种少，质量低，规格化、通用化、部件化程度低。因此，在未来，发展标准化、系列化、通用化的建筑配件、部件和制成品生产，组织社会化、商品化供应，提高建筑工业水平，必将是我国建筑工业发展的趋势。

为了提高人民的生活环境质量，大量的建筑热环境、声环境、光环境问题势必要认真研究与解决。从能源方面看，到20世纪末我国能源生产可翻番，但到那时，我国人均能源消耗量估计仍低于世界人均能源的消耗量。因此，解决城乡建筑热环境等问题不能简单地用多消耗能源的方法，而是需要我们全面现实地科学利用自然资源。实践表明：封闭的空调系统易使人患"空调症"，封闭式的人工照明不仅浪费能源，而且长时间在这种建筑光环境下工作人也是不舒适的。因此，"自然采光"和"气候设计"再度受到重视。

工业和交通运输的发展，使城市噪声日益严重，乡镇工业的发展产生的噪声等污染又有向乡镇、农村扩散的趋势。因此，如何创造安宁的城乡生活环境，如何控制和评价生活环境的质量都是我们面临的新的挑战。计算机辅助建筑设计技术（CAD）是一项有巨大生产潜力的新技术，它是传统建筑学科技术领域发展的必然趋势，是对传统的建筑设计方法进行革命性改革的强有力手段。一个好的CAD系统，除了提高设计的综合质量外，还可节省方案设计时间的90%，投标时间的30%，设计费用的15%，建设费用的5%。CAD技术具有巨大的经济、社会及环境效益。我国CAD技术起步虽晚，但发展不慢。目前最突出的问题是缺乏符合国情、符合专业、行之有效的CAD应用软件。这些领域需要我们大力开拓与发展。新技术革命使我们的社会逐步进入信息时代，随着办公自动化、生产自动化、家庭自动化的发展，信息处理技术将使建筑物内各种设备的种类增加，走向自动化并进行综合控制。微电子技术也在向建筑设备渗透，它们将从单体设备逐渐发展，走向电气组合化和体系化。应信息革命而生的各类建筑，将促使信息通信技术与建筑技术相结合。自然和人为的灾害对于人类的威胁是极为严重的。根据预测，地球目前已进入一个新的活跃期，这个时期将是全球灾害群发期。1991年的菲律宾皮纳图博火山大爆发和我国华东地区的洪水泛滥已表明：各种灾害有日益加重的趋势。为此，联合国把1990—2000年定为"国际减轻灾害十年"，要求成员国拟定本国的减灾方案，期望到2000年能将受灾的影响程度减少50%。这为建筑学科的研究提出了新的课题。

4　建筑理论研究面临的挑战

20世纪60年代初，美国利用系统理论成功地完成了卫星发射这类巨大工程，这使人们逐渐认识到当今的设计工程规模大、要求高，而我们解决问题的能力有限，个人经验会影响客观问题的解决，所以有必要运用更有效的方法。近些年来，利用多学科的发展，以及科学的方法、系统理论的思想，从整体上将促使建筑设计理性化、科学化，促使设计过程的公开化和设计变量的数字化，它必将成为未来建筑学科新的发展方向，它对建筑设计的理论和方法都提出了新的挑战。近30年来，多学科的交融发展，已经使建筑学走出老圈子，同许多新学科结合，形成一系列新的分支学科，今后还将迅速扩展与深化。电脑的渗入，是建筑软科学的一大推动力，新兴思维科学，如系统论、信息论、控制论在建筑领域的渗透刚刚开始，影响将逐渐扩展，更新的思维方法也在不断涌现，有可能在建筑领域引起重要变化。对环境生态问题的重视将促进自然科学、人文科学及工程技术多种学科的综合，如建筑环境学、建筑生态学、建筑行为学、建筑仿生学、建筑气候学等，并出现新的建筑类型，如覆土建筑、能效建筑、太阳能建筑等，以求创造与大自然和谐的"文明建筑——顺应和保护自然生态和最大限度利用自然资源的建筑艺术"。这些又将为新的建筑设计理论和方法的形成开辟新天地。

在目前社会结构日趋复杂，功能需求日趋增多，生活形态不断变化，技术手段日益进步的情况下，设计者所面临的设计资料和条件也日渐复杂。要作好一个设计已不是传统的灵感之笔所能完成的，也无法借助传统的思维方法和技巧解决。它需要以更合乎逻辑的分析能力进行系统的归纳，综合复杂的资料，以更理性的设计方法来进行设计，并通过更客观的评估，运用"创作—反馈—再创作"的"反馈法"（Feedback Method），优化设计，以求获得相对满意的结果。这种设计形态的演变，反映了领先性设计工作的趋向，它要求我们必须建立设计方法的新概念，对已定形的传统设计形态重新认识。因此，在理性的建筑设计中如何探讨更完善的设计方法成为我们面临的新的挑战。因为建筑自古以来就被认为是经验的产物，而方法论到目前只有40余年的历史，尤其近些年，电脑的发展又与设计行为结下不解之缘，这就导致方法论及系统设计的快速发展。这些理性的设计方法将导致设计工作革命性的变化，有人称之为"第二次产业革命"。只有将设计方法论和建筑本体论相结合，才能真正地在建筑设计及设计教学中发挥作用，设计方法论在未来也将得到很大发展。

注：本文是国家自然科学基金的研究课题——《建筑发展战略》研究内容的一部分。

（原载《建筑学报》1993年第2期）

6 从粗放型走向集约型的规划设计

——"上海市复兴城"高强度高容量开发中的规划设计对策

上海市南市区的"复兴城"建设是一项庞大的旧城改造工程。在"九五"期间将进行重点建设。"八五"期末，南市区的人均居住面积仅 6 平方米，住房成套率不足 20%，有 170 余万平方米的二级旧里弄需要改造；公用设施缺乏，有 11 余万只马桶和 5 万余个煤球炉在使用；道路拥挤，环境质量差；没有集中绿地……这些与上海的发展和要把南市区建成国际大都市的中心城区的目标极不相称。因此，针对南市区人口密度高达 10 万～20 万人/平方千米的特定环境，有关部门确定了"高容量、高强度"的旧城改造原则，希望通过旧城改造工程促进该区经济、社会和生态的可持续发展，做到开发的三大效益的统一，创造一个能适应 21 世纪现代生活的高品质的环境。大会提出："随着我们走向 21 世纪，为创造生态良好的城市而研究提出新的观念、概念、原则、准则和标准越来越迫切。"

我国政府提出国民经济发展要由计划经济向市场经济转变和由粗放型经济向集约型经济转变。建筑行业自古至今都是一个粗放型的行业，与高、新、尖的要求有很大距离。我们的建设工地、构件厂不能与电子类工厂相比；我们的土建规划设计也没有电子产品那样精密、细致；我们的建筑能源利用率也只有 30% 左右。为了实现建筑业的两个转变，规划设计工作应该从传统的、经验的、科技含量不高的粗放型规划设计走向理性、科学、高效的集约型的创作之路。

我们通常讲要做到经济效益、社会效益和环境效益的统一，实际上三者是有矛盾的。经济效益是前提，没有经济效益，恐怕很难有开发商愿意投资开发。社会效益是目的，环境效益是条件。它们对经济效益是起着限定作用的，因此规划设计工作要有明确的效益观念，在满足社会目的和环境限定的条件下努力提高规划设计的经济效益。建筑师同时也是个开发者（Developer），他们有责任也有能力在开发效益上发挥他们应有的作用。这是因为三个效益统一的核心是空间效益，同一块土地上在满足同样环境限定的条件下，开发的空间越多，开发的空间越有效，开发的效益自然就会越好。创造生存空间是建筑师的职责，建筑师的使命就是要为人类生存开拓更多更好的空间。

实际上，城市空间和建筑空间效益的开发是大有潜力的。

1979 年 7 月我国拉开了城市土地使用制度改革的序幕，城市土地制度改革经历了由无偿使用到有偿使用，由行政分配到市场流通的两次跨越。这就意味着提高城市土地开发强度，提高土地使用效率是直接影响土地开发经济效益的大问题。

对于提高住宅区的空间效益，即对于提高城市居住区的建设容积率，人们确实已经做了很多工作，也取得了不少成绩。以北京为例，其居住密度有了大幅度的提高，20 世纪 50 年代初已提升 1 倍以上，80 年代以后又有了更大的增长，这些成绩是通过人们的共同努力而取得的，如采用增加层数，降低层高，缩小间距（由原来的 2 倍减为 1.6 倍）等方法，80 年代以后又更多地采用高层。但是，在一些大城市，由于用地紧张，片面追求经济效益，一味提高居住密度，对空间开发和空间利用途径又缺乏必要而充分的研究，只是简单地压缩间距或增加层数来提高容积率，以牺牲环境效益为代价换取较高的经济效益，这是不可取的。

有效的途径应该是充分发挥建筑师创造空间的智慧和本领，通过开拓更多的、更有效的空间来提高开发效益。我们可以这样说，一个城市的规划和建设，一栋建筑物的设计和建造，各方面的人士，譬如投资者、开发者、使用者、各专业的设计者及建设者、管理者等都有一个共同的需求，即追求更多的空间效益，以至空间紧张，供不应求；投资者、开发者希望能开拓更多的空间以获取更大的经济效益；使用者希望有更多更大的空间满足其功能使用要求；各种专业的设计者也都从各自专业角度出发对空间位置和大小提出他们的要求，一般也都希望尽量大一些；建筑师希望空间合理、经济，尽量减少结构、设备所占的空间；结构工程师总希望梁高一些，柱大一些，希望建筑师为他们提供更多的结构空间；设备工程师也同样希望建筑师提供较多的空间作为设备空间，以布置设备用房和各种管道的空间……所有人关心的焦点都是空间问题，可以说，他们之间在打一场"空间争夺战"，建筑师在这一"空间争夺战"中是指挥者也是协调者，是空间的创造者也是供应者。过去常说建筑是"一笔千金"，这是事实，不算夸张。现在一平方米住宅面积就值上万元，节省一平方米的面积对建筑师来讲不费吹灰之力，甚至可以说，在现有的规划、设计中要提高空间效益的10%是完全可以做到的。只要我们科学、合理地进行规划设计，精打细算，重视效益设计，走集约型的创作之路，在旧城改造中是能够在高容量、高强度的开发条件下达到三个统一的。

我们也可以从其他行业的经验中得到集约化创作之路的启示。双层汽车、双层火车在最近几年都得到较大发展，它们通过合理地分配空间，适当提高车厢高度将一层空间改为二层空间，这样大大提高了车厢空间容量，获得较高的空间效益，而它所花费的代价却是较小的。原来的站台、设备都未做任何改变！有消息报道，世界最大的双层客机也将问世，最多能提供800座的空间容量，而且是在不需要修建新机场的前提下，可有效地满足旅客交通量在20年内增长3倍的需求。双层客机的效益也将来自空间的创造。我们从交通工具的设计中可以发现，它们比我们的建筑设计更讲究空间效益，更注意空间集约化的设计。

同样，我们从现代电子产品的设计中也可获得集约化设计的启示。如一台电视机，不管屏幕尺寸多大，它的空间都是有限的，但就在这么小的空间里，有条不紊地装配着那么多的元件和线路，每一个元件都占有一定的空间，不同的线路将不同的元件连结起来，相互穿插构成一个有机的整体。把它们与建筑相比，那一个个元件就如我们建筑中一个个的细胞——使用空间，那一条条线路就如我们建筑中的水平和垂直交通线及水平和垂直管网，建筑就是通过交通和管网的线路把各个使用部分连结起来构成一个有机整体的，但是我们建筑内的空间设计却远不如电子产品中的内部设计那样紧凑、经济而有效，建筑的空间设计都是按照一层一层来安排，在同一层上各种空间都是一样的高低。如果仔细精确地推敲，其中必然有一部分空间与其实际的使用要求是不相符的，这往往就造成空间使用的低效率。相反，电子产品的空间安排是相互穿插，各得其所的，所以说建筑规划设计要走集约化创作之路，我们的建筑空间设计也要做到更加紧凑、经济而高效。

现代主义建筑大师勒·柯布西耶曾说过，居住建筑就是居住机器。这一观点在建筑理论上曾遭到非议，但是他所倡导的集约化的居住建筑设计理念却是值得称赞的。居住建筑是面广量大的建筑，住宅设计要像设计机器那样紧凑、经济而高效，这就必须开拓更多更有效的空间，这也是摆在我们建筑师面前的重要任务。

如何进行集约化的建筑规划和设计是需要我们认真探索的，它既有观念问题，也有政策问题，既有设计问题，也有习惯问题，需要从多方面进行研究。

在观念方面，首先要建立集约化的空间设计观念和效益设计观念。在我们的规划设计中，不仅要重视每一平方米的有效性，更要重视每立方米空间的有效性；要从追求每平方米的效益转向追求每立方米的效益上来，也就是从追求面积的效益转向追求空间的效益。如果在相同的建筑空间容量的条件下，开发设计的有效面积越多，该设计就越有空间效益。

其次要改变福利住房制度对住宅区规划设计观念的影响，要按照市场经济规律来确定住区规划设计的新观念。在长期福利住房制度下，形成了住房问题上人人事事要均等的观念，实际上这是不可能绝对平等的。就以朝向问题为例，是不是有必要每家每户都朝南，这是设计问题，更是观念问题。中国各地传统民居都是因地就势决定朝向的，而非都要朝南；一个村落各家的朝向也并非都一致。只是因为长期实行福利房，住房作为福利分给住户，因此要机会均等，保持各家一致。现在住房制度改革，住房作为商品进入市场，就应按照价值规律，并利用价值规律的杠杆来进行规划设计，不同朝向的住宅赋予高低不同的价格，打破一律要朝南的僵局，这不仅可以给规划设计带来新的格局，还可为提高土地的开发价值注入新的活力，同时也更适应我国不同层次、不同经济收入水平家庭的需求。目前上海住宅市场需求较大，三大不利因素制约着发展，一是房价高，二是传统的住房福利未彻底改变，三是住宅产业仍处于粗放型阶段。如果我们彻底改变住房福利制度的影响，提供不同朝向的住房，根据朝向确定不同的售房价格，而且将好坏朝向价格拉大，我想一些人还是可以根据自己的经济能力来选择的。一些经济能力较差的人家就可能购买所谓朝向差一点的房子；换句话说，用同样的钱买朝向好的住房面积就小，买朝向差的住房面积就大。我想有人还是愿意购买面积大一点的住房的，因为人们首先需要的是空间，空间是自己不能扩大的；如果有了足够的空间，其他的条件包括冷、暖、通风等物理条件，人们是可以通过其他手段来解决的，尤其是高科技发展的今天，解决这些问题应该是更容易了。对于上海南市区复兴城来讲，该基地位于S形的黄浦江畔，如果住宅规划设计能使更多的住宅看到江面，造就景观比朝向更好的局面，朝向问题更可灵活考虑了。甚至朝向不好但景观好的房子往往更容易成为"抢手货"，就像香港面向维多利亚海湾的房子租金和卖价都要高一样。

再者，要考虑目前对小康住宅的一些误解，人们很容易认为小康住宅就是面积大，这是不正确的。从中国人多地少的基本国情出发，追求过大面积的住宅是不现实的。目前，城乡住宅建设都有一个需要重视的错误做法，即盲目追求大面积的住宅。在2000年小康住宅设计评选中，有的参选地区平均每户建筑面积达到180~200平方米，这显然是过分偏高的。即使是经济相对较发达的珠江三角洲或长江三角洲的大中城市也难以达到如此高的标准，实际上也无必要。日本经济是较发达的，但其普通大众的住宅面积都是相当紧缩的。当前，提高居住水平，不用一味追求面积，而应转向提高住宅设计和建设的质量，要把住宅内部功能设计得更仔细、周到，住宅设备及部件要更精巧，住宅内外细部要精致，提高住宅的科技含量，避免大而空、大而粗的弊端。

此外，在旧城改造过程中，如何对待原有建筑也是值得重视的问题。目前流行大拆大建，这在某些情况下是必需的，如开辟或拓宽道路，或因老建筑质量太差。但是一般来讲，既是旧城改造，就有一个如何正确对待老建筑的问题，它们的情况是各不相同的，应该在对原建筑进行评估、调查分析的基础上区别对待，能保留的先保留，能通过改造再利用的就暂不拆除以再利用，甚至对待有历史意义的建筑可以通过"换血"走内部改造的方法，使其延长寿命适应现代生活的要求，达到为旧建筑赋以新生命的目的。这样做，既可充分发挥每栋建筑物的全生命周期的效益，同时也有利于保持城市发展的历史文脉，更加符合城市发展是一个不断建设的过程的普遍原则。

除了上述一些观念的改变有利于提高旧城改造的开发效益外，在具体的规划设计中也有一些值得探讨的问题。

1　开发空间、节约土地

生存与发展的矛盾是人类面临的重大问题。地球人满为患将变为现实，城市化过程加剧城市土地的紧缺，规划工作中注意节约土地是个战略性的举措。为此，我们在规划中要努力探索开发新的生存空间的有效途径。因为土地是有限的，相对来讲空间开发却有更广阔的天地。譬如采用复合式的规划使用土地方法，即一地多用，或交错使用，以充分利用土地，合理使用土地和节约用地，提高土地的使用价值，如绿地和停车空间上下的立体使用；不同功能的活动在不同时间内错开使用同一块土地；道路上空架空建房，使交通功能与居住功能空间重叠使用等。上海的里弄住宅就是空间重叠使用的典型例子，空间下为总弄通道，空间上为平民住宅，这不仅有效地分划了组织空间，也有效地利用了土地。新建的上海康乐小区也借鉴了这种手法。

2　扩大地下空间的开发和利用

出于经济原因，开发地下空间的这一有效途径至今还未能在居住区建设中引起足够的重视。实际上无论是从节约土地，有利于可持续发展的战略思想着眼，还是从三个效益统一的观点思考，它都是非常可取的。问题是我们规划建设的起点要高一些，不能只考虑一时一事的效益，而是要整体考虑其长远的综合效益，不只是着眼当前，更要着眼未来。目前，环境绿地、汽车交通、设备管网、居民室外公共活动场地等在居住区中越来越重要，也向建筑师提出了越来越多的要求，这促使小区建设中土地越来越紧缺，开辟地下空间将是一条出路。就以小汽车进入家庭来说，这是不容回避的问题。2000年小康住宅示范工程提出20%~50%的住户将拥有小汽车，在上海这个经济发达的地区总不能低于这个比例吧！可想而知，停车空间就将占用大片的土地，所以只有开发地下空间，才能提供充足的交通空间容量。

地下空间可以建于住宅楼下，采用地下或半地下室的办法，做停车、储藏等空间。也可以建在广场、绿化及公共建筑下，这是地下空间的重要来源，由于这类空间上部没有建筑物覆盖，没有上部结构影响地下空间，使用上更加方便，应是理想的地下空间源泉。

常州红梅西村中心广场，结合小区中心布置，将噪声大的娱乐设施——舞厅和卡拉OK厅设于地下，以减少对四周环境的干扰；舞厅顶部又建游泳池，这种配置对降低工程造价，节约土地都较有利。无锡芦庄小区的中心活动场地下设车库，也对空间进行了多层次的充分利用。

3 科学地利用日照与住宅间距关系提高住宅区土地利用率

日照是住宅建筑使用功能中的重要内容，日照标准的制定与国家经济条件及各地自然条件有关，一般规定在冬至日住宅底层必须能达到日照一小时的要求。考虑到日照间距与房屋的高度关系是按照阳光照射的方向的距离计算的，房屋间的间距大小将随夹角的增大而减小，利用这一关系，不同的朝向，住宅土地利用率就不一样，因为间距系数不同，所以间距也就不同了。因此，假如我们把房屋的朝向由正南改为偏东或偏西若干度，使阳光在窗面上有一较大的夹角，而太阳又能维持一个较大的高夹角，这样就可以在同样满足一小时满窗照的条件下，减少房屋的水平距离，从而达到缩小住宅间距、提高建筑容积率的目的。

住宅朝向的偏转可以大大节约建筑北面的通风面，减少室内的热损失，对条形住宅来讲，没有终日的永久阴影区，这有利于提高积雪的消融速度。

因此，在规划道路走向时，改变以往许多城市习见的正南北走向或者东西走向，合理选用一定偏转的朝向是有利的。

4 适度采用东西向是合理可行的途径

我国城市住宅几乎清一色的要求南北朝向并且是行列式，排排坐，这种规划处处皆有，但空间单调贫乏，缺乏居住环境的气氛。同时用地不经济，不利于提高土地的利用率。在人口集中、土地宝贵的大城市里，适当地采用一些东西向的布置也是合理、可行的，这不仅可以适应不同层次的社会需要，同时居住质量通过精心的设计也是可以使住户满意的。比如说，加大东西房间的进深，保证每户都有东西向居室，严格避免纯朝向户的出现，组织好穿堂风，使其在日落后将室内余热吹走，在东西两面设置深度较大的阳台，在阳台上设垂直的遮阳设施，或在阳台种植较大的叶茂的落叶乔木或花草等，这些方法都可以创造较好的住宅环境。

在冬季，东西朝向的房间有阳光，比北面房间要好。因此，适当地利用东西向住宅对节约土地是有明显效益的。

5 采用组团式或适当的院落式住宅布局具有明显的空间效益

利用南北朝向和东西朝向适当结合的布局方法，改变通长全部南北向条形的布局平面，可以有效提高土地的使用效益。客观来讲，土地利用最有效的布局形式，是周边式的布局，但因这种布局有太多东西向房屋而不受欢迎；组团或院落式布局可以南北向为主，适当布置局部东西向的住宅。

6 努力开发高效建筑空间

确定建筑空间大小高低的尺度虽有法可循，但并不是非常精确的，大多住宅空间高低似乎已有了定势，实际上其内部空间的潜力还是较大的。如果以每户一套住宅60平方米，层高2.8米计算，每户拥有的建筑空间就是60平方米×2.8米=168立方米，可以肯定地说，不是每个立方米的空间都能充分利用。因此，多年来我们进行了设计效益的研究，提出了一种高效空间住宅，可满足每户住宅内部空间各房间功能的实际需要，该高的高，可低的低，通过科学合理的设计，这种住宅完全具备占地不多、面积大的特点。变层高式的住宅对解决大户型的节地节能问题具有明显的优势，它大大缩小了每户的占地面宽，可以节省土地20%～30%，即同样的土地可以多建20%～30%的住宅。

7 开发被抛弃和被遗忘的屋顶空间

现代建筑理论的一个误区就是割除了屋顶——现代建筑五要素之一就是主张平屋顶，实际上它抛弃了一个非常活跃、具有多方使用价值和建筑造型价值的屋顶空间要素，结果是丢掉了历史传统，而走向方盒子，导致建筑式样千篇一律，同时也抛弃了大量可以使用的建筑空间，大量平屋顶未被重视和利用，结果造成大量空间资源的浪费。因此应尽量利用屋顶空间多设计一点坡屋顶，以便作各种内部使用空间；利用平屋顶开发成屋顶花园和各种室外场地，将住宅天台作为每家的私有花园，大面积的平台作为室外交往的共享空间，这样的规划和设计无疑会创造较好的空间效益和环境效益。

（原载《城市规划汇刊》1997年第5期）

注：本文为应邀参加上海市复兴城高强度高容量开发研讨会上的发言。

7　可持续发展与建筑的未来
——走进建筑思维的一个新区

　　环境与发展是当今国际社会普遍关心的重大问题，它直接关系着人类的生存与发展。因此，保护生态环境，实现可持续发展已成为全世界紧迫而艰巨的任务。各行各业都在思考、探索并积极实践可持续发展之路。建筑，作为人类文明的重要组成部分，在国民经济中的地位日益重要，并已成为影响环境、造成一系列环境问题的主要根源之一。因此建筑如何适应时代的发展，探求可持续发展的城市与建筑已成为不可回避的历史重任，这成为 21 世纪一切建筑活动的根本指导原则，成为全球需要不断探索的永恒的主题。因此可以说，传统建筑正站在十字路口上，此时此刻需要对我们自己和前人的思想、行为和不利于可持续发展的建筑实践而带来的后果进行回顾反思，确立新的建筑观，探求新的建筑理论和设计方法，寻找新的可持续发展的建筑材料及技术手段。正如世界建协于 1991 年 7 月在保加利亚首都召开的世界建筑大会所提出的：随着我们走向 21 世纪，为创造生态良好的城市而研究提出新的观念、概念、原则、准则和标准越来越迫切。

1　新的发展观要求建立新的建筑观

　　建筑学是古老的传统学科，也是不断演进的学科，在全球探讨可持续发展的时代到来之际，探讨与可持续发展原则相适应的城市与建筑将大大推动建筑学科新的发展，为传统学科赋予强大的生命力。为此我们首先要了解、研究什么是可持续发展的思想，它的内涵是什么，它对未来的建筑究竟会产生什么样的影响，从而使我们共同走上自觉的探讨之路。

　　"可持续发展"是 20 世纪 80 年代提出的一个新概念，是人们在人类的生存环境遭到严重破坏时提出的一种"生存对策"，这正表现了人类作为地球生物有机体在其生存环境受到干扰或发生变化时，产生的一种有利于生存的"生态对策"，那就是人类要"发展"，又要能"持续"，而要实现"持续""发展"，就要既满足"需要"，又要"限制"，这就必须正确处理发展与环境的关系。在对待环境问题上，自从人类在地球上诞生至 20 世纪中叶，"发展"都仅仅意味着经济的增长，没有或很少有人把环境问题列入人类社会发展的议程。直到 20 世纪 50 年代末至 70 年代初，人类才开始意识到经济发展的同时也产生了不利于人类生存与发展的工业污染及工业生产对自然环境的破坏，开始意识到人类在创造高度文明的同时，也正在破坏自己的文明；环境问题如不解决好，人类将"生活在幸福的坟墓之中"。现在人们已逐渐认识到环境与发展是密不可分的，它们与人类生存组成一个复合系统，即环境是发展的自身要素之一，一旦破坏了人类生存的物质环境，人类社会就不能持续发展。近些年来世界各地不正常的气候变化和随之而来的频繁的天灾就是自然对人类"报复"的开始。现在，人类将如何发展已成为核心的问题。发展是硬道理。停止发展无论在理论上还是实践中都是不能接受的，先发展后治理实践证明也是不可行的；唯一可选择的就是人类发展与自然环境要相协调，这就形成了新的发展观——可持续发展观。按照 1987 年世界环境与发展委员会（WCED）提出的建议，"可持续发展就是既要满足当代人的需要，又不对后代人满足其需求能力构成危害的发展"。这就要改变以牺牲环境为代价、掠夺性的、甚至是破坏性的发展模式，而应使经济与社会、环境协调发展。这就是新的发展观、新的发展模式。其中经济持续发展是社会发展的前提与基础，社会持续发展是经济发展的结果与目的，环境生态持续发展是经济、社会发展的条件，建筑是三者的综合体，这种新的发展观必然产生新的建筑观——可持续发展的建筑观、生态建筑观。

　　从生态观点看，地球生态系统包括自然生态系统和人工生态系统。建筑及其建成环境（城市、村镇、聚落等）都是人工生态系统的主要组成部分。人类在追求生存求发展过程中都离不开自然，可以说建筑是人与自然环境相互作用的产物，它像有机系统一样是一个具有生机的活性系统，随着人类在与环境的相互使用中的进化而进化。从建筑发展的历史看，随着社会时代的发展，建筑观在不断地深化演进。早期的古典建筑表现了以美学和艺术为基础的古典建筑观；20 世纪以来的现代建筑反映了以功能、经济和技术为原则的现代建筑观；可持续发展的思想将导致建筑领域的第三次革命——可持续发展的建筑观，即生态建筑观、绿色建筑观。因此人们需要改变思想，看清世界发展的本质趋向，从传统建筑的视角中跳出来，用可持续发展的观点——生态学的观点思考建筑问题。为了未来，建筑应该如何设计与建造？应该说从古至今指导我们设计的理论和原则，不是从美学角度就是从功能、技术的角度，这些年开始注意从社会学的角度来观察问题、分析问题，处理建筑规划与设计问题，但很少有人从自然生态的角度去研究问题或构思建筑规划与设计。就以民居研究为例，在国内这也是一个较热的研究课题，人们大多是从空间、形态、形式、视觉等方面研究它。如果从自然生态的角度去研究它，开辟新的视野，发掘其更深的内涵，真正找到土生土长的乡土建筑作为一个有机的活性体在当地千百年的历史中适应自然变迁而持续发展下来的规律，就可能找到其真正的"根"，而不是"皮"。由此，我们可以发现存在于传统乡土建筑中朴素的自然生态的原则，即某些可借鉴的可持续发展的建筑原则。

2　走向尊重自然的建筑

作出可持续发展的未来建筑设计，一个最基本的问题就是要正确地对待自然，改变以往对自然的观念和态度，实现以下转变：人与自然的关系要从破坏自然、伤害自然转变为尊重自然、爱护自然；要从人的中心论变为人是主体也是客体，天人合一，人与自然共生共存的观念；要从一味向自然索取转向珍惜资源，尽量减少对地球的伤害；从只顾本地区、本单位的利益转向关心他人、关心地球、关心人类的前途；从关心眼前、急功近利转变为关心子孙后代、社会长治久安。上述各点都直接关系着我们规划、设计、建造等建筑活动的各个方面。我们只要稍加反思就会发现，我们以往的建筑活动违背与自然关系的上述原则的事实比比皆是，在规划中常常见山就挖，逢水就填，逢树就砍，青山绿水不断遭到大面积的破坏；我们的设计中常常是不视地形地貌，不结合当地的气候，更不考虑建成后对自然环境造成的负面影响……因此，为探索可持续发展的设计，我们需要重新确定一些设计原则。人际交往中我们都有自己的原则，而与自然相处时我们却没有原则。我们迫切地需要一个有关人与自然、人与土地、人与生活在地球上的动植物相处的伦理学。建筑业对自然环境具有强烈的冲击力，我们有责任在规划设计中更加尊重自然。

尊重自然就是尊重给予我们生命的地球。我们所做的事情（如建筑活动）不但取之于地球，而且要还之于地球——取之于土还之于土，取之于水还之于水。从地球获得的一切应该可以自由地还原而不至于对地球的任何生命系统带来危害，这就是生态设计，这才是好的设计，这才是我们追求的目标。

3　走向集约化设计

生态学（Ecology）和经济学（Economics）两词都出自希腊语，这两词在功能上是相通的。就建筑而言，要做到可持续发展就要符合自然生态的原则，尽量减少对自然生态的不良影响，这其中也包括节约自然资源的经济性原则。从长远来看，生态的建筑必定是经济的建筑、高效的建筑。因此在可持续发展的建筑设计中要坚持集约化的设计原则。

建筑行业从古至今都是一个粗放型的行业，无论是施工、管理，还是规划、设计都存在着这个不可回避的问题。在我们的城市中，那种只顾自己不顾他人，只顾眼前不顾长远地破坏环境，污染环境，追求豪华，浪费土地、能源、资金和材料的现象到处可见，这些都是违反可持续发展原则的，未来的建筑必须从粗放型走向集约型。

集约化的设计首先体现在高效性上。这是一切有机体在生态进化中，为适应环境变化而不断优化自己的结果。建筑作为有机的活性体，在其进化的过程中也对规划、设计、建造及使用方面有高效性的要求。这就要求尽量减少建筑活动过程中物资与能量的消耗。因为建筑是耗能的大户，全球能量的50% 消耗于建筑的建造与使用过程中，其中尤以空调耗能最大，因此未来的建筑应该尽可能结合气候设计，使用更为尊重环境的建筑材料，如无害材料、可持续及可再利用的材料，使用节能照明和节水设备等。

此外，高效性的另一方面就是如何寻求空间的高效性。空间的高效不仅节约材料，降低造价，节约投资，更重要的是它有利于节约土地资源，这是可持续发展原则中最重要的问题。我们通常讲经济效益、社会效益和环境效益是统一的，统一的核心是空间效益，在同一块土地上，在满足同样限定的条件下，开发的空间越多、越有效，开发的效益就越好。现在一平方米建筑面积卖价上万元，节约一平方米对建筑师来讲是不费吹灰之力的！只要我们科学地、更加合理地规划设计，精打细算，重视效益设计，走集约化创作之路，那么在现存的规划、设计案例中提高10%的效益是完全可以做到的，关键是建筑师要建立集约化的空间设计观念和效益设计观念。我们的规划设计要从追求平方米的效益转向追求立方米的效益，即从追求面积效益转向追求空间效益。我们可以从其他行业的经验中得到集约化规划设计之启示。我国的客运运输系统为了适应日益增长的客运交通的需要，一方面广泛开展提速工作，提高现有线路和车辆的运营效率，另一方面采用双层汽车、双层火车来提高空间效率，可称其为高效空间车厢。通过人体工程学的分析，合理地分配车厢空间，适当提高车厢高度，将原来较高的传统单层车厢改为双层车厢，这大大提高了空间容量，而增加的投入并不多，原来的站台、设备均未作任何变化。由此可以发现，客运交通系统比我们的建筑设计更讲求空间效益，更注重空间集约化设计。我们的规划设计要走集约化创作之路，那么建筑空间设计就要做到更加紧凑、经济而高效。

目前我国的建筑领域出现了一股追高求大的倾向，尤其是住宅建筑领域盲目地追求大面积的单元住宅，平均每户达180～200平方米，有的住宅甚至高达300平方米，但是如果你翻阅一下每天充斥于报纸上的售房广告，你会发现所刊登的住宅平面其空间效益是很低的，一个近90平方米的套型住宅平面竟只有两间卧室，起居室也不好布置，很多面积被通道占用；现在时髦的所谓"跃层式"，就是每户有上下二层，面积在200～300平方米，起居室高达两层。这些设计谈不上什么创新，只是一味扩大面积，结果是"大而空""华而不实"，空间效益低，纯属粗放型的设计。提高居住水平，不应一味追求面积，而要转向提高住宅设计和建设的质量，要把住宅内部功能设计得更仔细更周到，空间利用更合理更充分，住宅设备及部件更精巧好使，住宅建设和装修质量要提高科技含量。

4 走向开放的建筑

根据可持续发展的原则，未来的建筑无论从自然生态，还是从社会和经济的可持续发展来看，都将具有一个新的特征——走向开放建筑（Open Building）。

如前所述，建筑是一个有机的活性体系，从生态学观点看，任何有机的生命体系在其面临环境变化时都保持着开放性特征。这是一切有机体在生态圈中与环境协调、交流之基础，是有机体适应环境变化，保持可持续的生命力和活力，是其不断进化所必备的结构特征。因此，作为有机的活性体系的建筑，为了适应环境条件的变化，它一定要具有灵活、可变的适应性体系，因而它必须具有开放性，生存范围更广，使其寿命更长，竞争优势更大。况且，由于建筑增长的需要，建筑也应是一个可增长的体系（Growing System），具有不同"活口"——可增长点，即可"持久发展"的体系。

此外，建筑作为人造环境，不仅要与自然环境协调，而且也要适应社会生活形态的发展变化，即可持续发展不仅意味着人造建筑环境与自然环境协调发展，而且也意味着建筑环境本身要不断适应社会生活形态的发展变化，只有这样才能创造持续发展的建筑环境。建筑形态与社会活动形态有着千丝万缕的关系。但是长期以来，建筑设计活动常常忽视社会活动形态的变化，采取静态的思维逻辑和设计模式，把建筑物设计成一种终极型的产品，定型化的空间，引发了现今建筑使用上一系列的弊端，不能适应社会生活形态历时性的变化，最终导致建筑物的"短命"，即成为不能持久的建筑。鉴于此，处在可持续发展的时代，我们有必要反思传统的建筑设计理论和方法。建筑不仅仅是"凝固的音乐"，还应该是"流动的诗篇"，即它应该是一个动态的、有生机的、可持续发展的空间形态；建筑不仅仅是静态的三维空间，还应考虑动态的四维——时间的因素。走向开放建筑就是要以系统的、动态的观点来设计建筑环境，以此为基本出发点来研究建筑形态与社会生活形态的互动互适关系。

此外，建筑过程是一个包括各种决策活动的综合运作的过程，而不是建筑师的一统天下，一厢情愿。建筑决策过程必须有各方面参与，走向开放建筑就是要促使建筑创作形成一个开放的体系和开放的过程，而不是传统的纪念碑式的终极产品，这就需要进行决策权力的开放。走向开放建筑就应该创造一种弹性的、开放的空间环境，来替代那种刚性的、封闭的建筑环境。

从可持续发展的原则来讲，建筑及其建成环境必须具有功能的可持续性。建筑的生命有几十年，甚至几百年，尤其是与人们生活最密切相关的居住环境领域的建筑。因此就要求建筑具有最大的空间包容性和使用灵活性，有灵活的空间体系；同时提供易于安装、更新和维护的建筑填充体系，以及相应的建筑服务体系。20 世纪 80 年代初我在国内提倡的支撑体住宅的建筑模式，就是开放住宅体系。十多年来越来越得到人们的推崇，在各地实践的越来越多，这正说明开放建筑思想具有强大的生命力，代表了建筑发展的一个重要趋向。1996 年在日本正式成立了国际开放建筑研究会，这表明开放建筑具有普遍的意义。

5　走向跨学科的建筑设计

1982 年我在美国麻省理工学院（MIT）建筑系做访问学者，曾向同行介绍了我校留系的优秀学生作品，得到的反馈意见给我很大震动。他们善意但直截了当地指出："看来，你们的建筑设计主要是设计一幢房子（One Building）、一个立面（One Facade）和一张画（One Picture）。"这真是一针见血地道出了我们建筑设计教学中的疾症，揭示了我们传统的建筑观及建筑教育观。我从美国回来以后，曾担任两届系主任工作，曾努力推进教学改革，但收效不尽如人意，十几年过去了，旧貌仍在，这说明观念和习惯的改变是何其难！然而，时代在发展，人们对建筑的认识正在逐渐深化，建筑与环境的关系正在被人们理解和重视。建筑不仅仅是设计房子，而是要充分考虑它与环境的关系，实际上是设计一个包括建筑在内的人造环境。

但是，这种对环境与建筑的认识多半还是从建筑设计的角度来研究建筑基地与环境的关系，把握好总体的布局，合理组织交通及使用功能，并从视角上研究新建筑与基地周围建筑物的相互关系，以求得二者的协调统一。今天，我们要从可持续发展的思想出发，再次认定建筑与环境关系的新内涵，那就是我们的规划设计要有利于促进人造建筑环境与自然环境的生态平衡，有利于形成自然生态的良性循环，有利于实现人类可持续发展的目标。因此，我们的设计意识就是环境设计意识，其神圣的目的就是在建筑设计中促进人的健康、精神和生态的平衡，这就要求设计者以具有更加生态化的责任感来从事他的建筑设计工作。在设计每一项项目时都必须关注与了解同可持续发展相关的一些问题，诸如基地（自然环境问题）、能源、效率、室内空气质量及如何采用清洁无害的材料、尽量减少废物的问题。这就意味着建筑设计要超越单一建筑建造的范围，走向设计整个环境，寻求获得最高的建筑使用价值和对环境最低的影响。

因此，今天所有关心生态的建筑师一方面要有意识地积累相关学科的知识，另一方面要跳出传统专业知识的封闭圈，积极主动地走向学科交叉的网络，将植物学、生态学、地形学、社会学、历史学与相关技术学科相结合，通过进行跨越学科的设计和规划来达到设计整个环境的目标。

国外的经验表明，从事可持续发展的建筑设计，也就是绿色建筑设计（Green Architecture），一般都采取多学科专家的合作设计模式，建筑师与生物学家、地理学家、化学家、能源学家、植物学家、工业卫生学家等共同探讨，由建筑师进行综合设计。这种多学科结合的"小组设计"对于每一个项目的成功都是至关重要的。

6　走向实践

可持续发展的思想作为社会发展战略已获世界认可，各行各业都在进行积极探索，在我国建筑界已开始引起有关学者的重视，但是如何运作还值得研究。

建筑师在可持续发展设计的探索中负有重大的历史责任，可持续发展设计为建筑师的创造力提供了新的天地，建筑学将迎来一次新的建筑运动。目前我们要提高认识，积极探索。如果建筑师希望对人类的生存有所贡献的话，他们就更需要积极探索可持续发展的建筑，或称绿色建筑，而不仅仅是以前的标志性的风格或流派。

在美国，一些知名建筑师已在很多地方创造了对环境有着很强敏感性的生态建筑，它们与所处场所的自然环境相和谐，消耗较少的能量，强调自然采光、通风，运用生态的、可循环的材料，采用可更新的和多样化的能源资源，实现废水处理和节能照明等。下面三个工程设计就是可持续发展的设计实例，是美国在可持续发展的设计领域最具革新性的代表作品，且每个设计作品都清晰地阐明了各自的设计理念。

6.1 温泉公园旅游中心

它建于美国加利福利亚圣达·罗沙（Sait Rosa）的一个古熔岩地山坡上，该中心采用倾斜的玻璃窗，遮阳散热片模仿环境中的橡树，运用自然材料、玻璃天棚，实现了100%的自然采光（图1）。

6.2 沙漠博物馆

设计者以尊重环境的建筑思想作为设计指导思想，努力创造适宜的微环境，实现水资源的再利用及废物循环利用；建筑师希望创造一种形式，使建筑能够提供阴影，保护植被及创造多视点，顺应地形等。例如，户外空间应用延伸的构架创造了凉爽阴影区；建筑的许多墙面采用附近挖出的可再利用的石料作贴面；收集灰水冲洗洁具，收集雨水用于灌溉且作为喷泉的水源。一个混凝土构架将整个建筑融为一体，同时在屋顶可加上有变化的透射性天窗或遮阳物，以适应各种植物的不同要求（图2、图3）。

图1　温泉公园旅游中心

图2　沙漠博物馆外景

图3　沙漠博物馆构架

图4　水族馆鸟瞰

6.3 水族馆

该设计以水和土为主题。建筑设计成圆形，与山坡地形相呼应。该建筑物以形状点明了水和土地的主题，馆内设计的一系列文字墙讲述了水的故事，并有一道河将展览区与学习中心、图书馆和剧院分隔开来（图4）。

（原载《建筑学报》1997年第10期）

8 城市化，路在何方？

我认为城市不要追求越来越大，不要像摊大饼式的一环、二环、三环……一直摊下去，应该努力避免或减少大城市：在大城市模式下，一方面人口向心流动，另一方面又离心的互为矛盾的双向城市运动。城市规模要建立在科学论证的基础上，不仅要计算城市社会经济发展的需要，而且要计算地域的生态基础容量；投资不要一味集中于中心城市，可以从更大的地域来考虑，有目的地分散一点，使城市化走向城市群。每个城市的规模都不要太大，城市与城市之间由高速公路（铁路）相连，间隔田园化的乡村，两城之间的距离控制在半小时至一小时高速公路车程的范围内。美国环境最优美的西海岸大城市西雅图就是这样的，它比纽约好多了。

为了避免或减少上述矛盾的双向城市运动，一方面要控制城市规模，另一方面要更加科学合理地改造建设现有城区，旧城改造不应该把居民都赶到郊外，把原居住地变为商业区和少数富人区。早在 20 世纪 50 年代，美国通过的住宅修正案就提出在旧区改造中只允许 10% ~ 30% 的用地用于建造商业、文化或办公的房屋，这项规定就是为了避免中心区域纯商业化。此外，还要努力提高城市中住宅区的生活环境质量，除了公共设施、基础设施要配套并保证高质量外，更要创造人与自然能交融的更多的开放绿色空间。日本大阪市为了吸引居民留居在城市而投资建设了 21 世纪的未来住宅——环境共生住宅，该项目取得了明显效果，不仅把人留居在市区，而且在建成后的四五年内就有 20 多种鸟迁居此处。

此外，为了减少城市摊大饼式的发展，要极力开发新的生存空间，使城市建设走向紧凑、高效、与环境共生的可持续发展的方向。其一是开发地下空间，尤其是大城市公共交通问题的解决，主要出路应是发展地下交通。目前大城市倾向于建造越来越多的高架路，但这只是头痛医头、治标不治本的权宜之计，它破坏了城市环境和城市形象，是不符合可持续发展原则的。其二是向空中发展，这里不是提倡建筑的高层化，相反，在我国不考虑城市特点，星罗棋布到处盖高层，是对城市现代化的误解。我建议的城市向空中发展，是探求建立一种"Double City"——双层城市的概念，特别是在中心区，建立二层城市，即将城市中的物流（车辆、交通、基础设施等）和人流在上下两个方向分开布局。物流在下，人流在上，把平面型的城市发展模式变为立体空间的发展模式，它不是单纯的几条线（高架路）或几个点（高层建筑）利用空间，而是在一个城市区域的面上充分开发利用上空，这将是紧凑的、高效的、可持续发展的、真正体现以人为本的城市建设思想，综合来讲，它也是经济的。

（原载《湖南城市规划》1998 年第 1 期）

注：本文是在一次座谈会上的发言，后应编者要求，整理发表。

9 一个空间细胞再生效益及其启迪

——我的高效空间工作室设计

几年前，东南大学开放建筑研究与发展中心成立了，并拥有一间工作室，我和我的研究生就在这里进行开放建筑的探索。

这个工作室（图1）是一间40余平方米朝北的房间。由于博士生和硕士生人数逐年增加，原来安排的8个办公工作台的空间已不能满足需求，再扩大空间不可能，而我又希望能给每位研究生提供一个个人的学习空间，并以此为家，共同缔造一个良好的学习氛围。怎么办？如何在这个有限的空间里再开拓更多的空间？穷则思变，有限的空间促使我们开动脑筋，向空间争取效率，通过从二维平面型设计走向三维、四维立体的时空设计之路，我们改造了工作室。

这是第一次真正为自己的工作环境作设计，我和我的研究生情绪高昂，满腔热情地投入到工作室的改造设计中。经过讨论，我们提出了高效空间工作室的设计方案（图2）。在40多平方米和3.05米净高的空间内，要提供16个工作台位和一个多功能的公共活动空间，并要保证人在其间行动自如，这就要做成非常态的二层空间。我们在分析各类用房室内空间利用情况后发现，一般有效的空间利用高度都在人抬手能及的范围内，上部空间基本上都未得到充分利用，这就表现出一般空间的使用特点："上空下挤"、"下部空间不足，上部空间有余"。如何使这种上下空间使用率不平衡的状态走向相对平衡的状态，即提高上部空间的有效使用率，增加空间的容量，以缓解下部使用空间不足的矛盾？

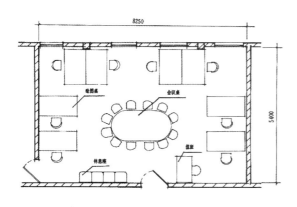

图1 办公室原平面布置图

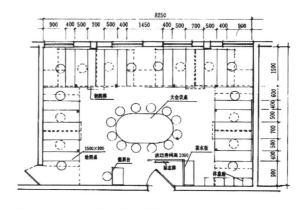

图2 高效开放的办公室平面

为达此目的，采用简单夹层的方式是不可能的，我们采用了空间叠加和穿插的方式将上、下空间科学地进行再组合，根据"该高的高，可低的低"而非一刀切的空间垂直分隔原则，以及人体工程学的要求，进行三维立体空间设计。我们设计的4个工作台位为一个单元（图3），上下各坐2人，空间交错布置，把下层工作台面上的未用空间提供给上层使用，将上层工作台面下的空间提供给下层使用，这样上下空间相得益影，比较巧妙地将3.05米净高的空间做成两层，并使空间在不同的标高中得到多层次的使用。每一个工作台位都设有柜子，在单元和单元的结合部都设置有较大的贮藏空间（图4），用于陈列模型、存放图纸资料等。

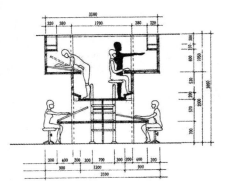

图 3　高效办公单元剖面 1∶50

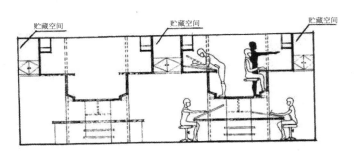

图 4　单元与单元之间的结合部设贮藏间

　　每一个工作单元（图 5）作为一个独立体进行加工制作，单元与单元之间的组合灵活多样，可根据房间大小设置。我们工作室采用 4 个工作单元，沿房间三面墙布置，一面为入口，中间为公共活动空间，供接待、会议、讨论方案、讲课、放幻灯片使用。每个单元提供上下小"包厢"，减少相互干扰，同时可开展讲座、放幻灯片等，上下都可坐人，气氛显得更加浓厚，每逢节假日还可举办聚会。

　　这个单一空间经过空间叠加、穿插的三维立体设计，不仅大大提高了空间使用率，使工作台位由 8 个增加到 16 个，提高了空间使用的合理性，而且也大大丰富了空间的层次和空间形象，并提供了两种不同性质的空间，即私密空间和公共空间。每个工作单元提供了 4 个人的工作空间，它可称为私密空间，这是学生梦寐以求的；中部的多功能空间即为公共空间。前者"包厢式"的个人工作空间是典型的理性空间，它的三维尺度都是严格由理性决定的。工作台是按照放置零号图板的大小确定的，下层工作台面的上空高度是以不碰头（最高 1900 毫米）为原则确定的，上下两层各自的高度要满

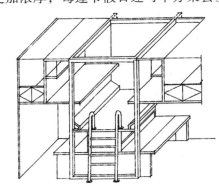

图 5　单元立体图

足人行动自如的要求；上层工作台下的斜面脚踏板，其倾斜度也都是经过现场反复多次实测决定的，倾斜度大小既使脚踏上去感到舒适，又保证下面的人不碰头。中部的多功能空间或视为小型的共享空间，也可称情感空间、交流空间。

　　这个工作室建成使用后，引来了不少来访者。它是独特的、新颖的，富有现代感，而且也是多功能的、高效的、灵活的。它是使用者参与设计和建造的，在不少方面体现了开放建筑思想，成了我们开放建筑研究中心的标志（图 6）。

　　这是一个简单的单个空间细胞再生效益的设计，自然不能与大建筑师巨大的工程设计相比。但是它也给了我们不少启迪。

　　——建筑设计要研究效益设计。我们常讲社会效益、环境效益和经济效益要统一，但根本的效益还是取决于建筑设计的空间效益。社会效益是目的，环境效益是条件，经济效益是基础，经济效益来自设计效益，来自空间效益，因此任何一项设计都要讲究设计效益。

　　——设计效益不仅仅是讲究平方米的效益，更要讲究立方米的效益，即空间效益，节省了平方米，而空间浪费巨大，是不能取得较好的设计效益的；反之，提高了空间效益，就能减少平方米，减少用地，节约土地资源。因此，我们做设计，不仅要做好平面设计，即二维设计，更要做好立体空间布局设计，即三维设计，使空间在垂直方向更加合理地有效使用。例如，住宅的建筑层高，不要总以为层高越低越经济，这要从空间效益来具体分析，过分压低层高反而会降低空间的有效利用；相反，如将层高适当提高一点，反而能增加空间的利用效益。我们曾设计并建造了一幢高效空间住宅试验房，将层高由一般的 2.8 米增加 0.5 米达到 3.3 米，结果建筑使用效益提高了 60% 以上。

　　——在面广量大的大量建筑中（如住宅、办公楼等），如果设计精打细算，努力提高每个平方米

的空间使用效益，那将具有极大的经济价值。近几年，我国城市住宅每年建设近 2 亿平方米，如果采用高效空间设计，按我们的设计研究经验，提高 20% 的空间效益是完全有可能的，它意味着一年将多建 4000 万平方米住宅。

——如果我们将这种三维立体空间设计法用于改造旧建筑，将会使老建筑焕发出新生命。因为老的建筑一般层高较高，运用这个设计法有利于空间高效利用。利用这种方法改造旧房，可以改善旧房的功能质量，提高空间容量，延长建筑物使用周期，具有很大的经济效益，也符合可持续发展的原则，旧房实现再利用，因而也能节省土地等资源。

——我国正在实行两个转变，即由计划经济向

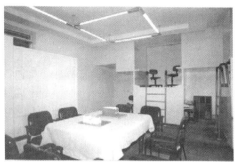

图 6 高效开放建筑工作室内景

市场经济转变和由粗放型经济向集约型经济转变。这两个转变对我们建筑行业有着巨大的指导意义，我们建筑行业从决策、规划设计、施工建设直到管理，从古至今都是粗放型的，不讲效益的设计比较普遍。如果精打细算，精益求精，在现有基础上提高 10% 的设计效益是完全有可能的。作为建筑师，我们有责任促使建筑设计尽快由粗放型走向集约型。

（原载《建筑学报》1998 年第 9 期）

10 旧建筑，新生命
——建筑再利用思与行

1 思考

在城市发展和改造过程中，如何对待现有建筑（老房子）是一个现实的问题。因为随着城市的发展，城市功能逐渐改变，经济结构得到调整，传统工业逐渐衰退，很多工厂被迁至市外，原有的厂房、仓库等不动产设施因此失去原有的功能而被闲置。同时，在城市旧区进行再开发也必然会遇到大量的旧房，在城市改造和开发过程中是将它们简单地全部推倒，还是谨慎分析，尽量争取再利用，是两种截然不同的建设思想，也是两种截然不同的规划设计方法。我们是主张后者的，因为任何一个城市的发展，都是新建、改建、扩建甚至恢复重建的综合建设活动，它们都是以相辅相成的方式协调发展的，即使是遭到战争或自然毁坏，也是如此。然而，跨入 20 世纪 90 年代以来，我国城市建设都在以高速度发展着，伴随着大规模的城市开发与改造，一大批原有建筑被推倒，甚至一些具有历史意义和地域文化特征的建筑也被拆除，在历史中消失！这样的城市建设方式从政治上、社会上、经济上和文化上来看都是不可取的，也是违背城市发展建设的客观规律的，已被国外的建设实践证明是不妥的。德国首都柏林的重建就是总结了历史的经验教训而采用了现行的城市建设思想，即要求按传统欧洲城市的模式进行建设，少建高层，尽量少拆或不拆旧房。

我们正处在世纪之交，城市建设也处在十字路口上，采取什么样的方式科学合理地发展城市、建设城市、改造城市是值得决策者、规划设计者、投资者和建设者反思的，而如何对待旧建筑，也需要我们重新加以思考。我们必须从可持续发展的高度来认识它，从而制定相应的对策。

我们知道，人类在创造工业文明的同时，采取了过度开发的方式，造成了环境污染、能源危机，破坏了人类赖以生存的自然生态环境。其中建筑业又起了主要的破坏作用。因为环境污染总体的三分之一以上是由在建设和使用建筑过程中造成的，全球几乎一半以上的能量是消耗在建筑的建造和使用过程中的。旧建筑的再利用显然可以减少建筑活动中资源和能量的消耗，延长建筑物寿命，从而使其具有更大效益，同时也能减少因拆除旧建筑而产生的大量垃圾及其对环境的污染。此外旧建筑一般都有地域性特点，它们是城市地域文化、历史的物质载体。建筑物的再利用有利于在城市发展和城市改造中保持城市的文脉和建筑文化遗产的连续性。因此，可以说建筑的再利用（reuse）是符合可持续发展原则的，是具有社会价值、文化价值、经济价值和生态价值的，在迎接新世纪来临之际，应该重新把它列入未来城市建设的主要原则中。

2 三思而行

我们曾为一处私宅进行过"再利用"的改造，把一个经历了半个多世纪洗礼的、已变得百孔千疮、摇摇欲坠的皖南旧居改造为适合现代生活的新建筑，如做小旅舍或茶楼等（图1、图2）。花钱很少却使旧房子获得了新生命，此举受到了当地人广泛的赞赏。这项工程后来又影响到当地旧城改造的思路与改造规划。我们在上海一个小区的规划设计中，也将小区用地上的一座厂房保留下来，对其进行改造再利用，把它改为小区商业与文化服务中心（图3）。我们在参加山东青岛市公共图书馆方案设计时，根据对原馆的分析，也采取保留再利用的思路，使新建部分与原有馆舍构成一个有机的整体，在功能上和形式上新旧部分都做到高度的统一。这个方案在各评选方案中名列第一。我们"再利用"的思想表现最充分的且完全付诸实践的实例，是将南京绒庄街一个小工厂 3 个车间改造成高效空间住宅，该项目已建成投入使用 6 年多了。

图 1　破旧的老民宅

图 2　老民宅改造利用的小旅社内景

图 3　原厂房保留做小区文化中心

3　一次真的实践

3.1　改造的三种思路

南京市绒庄街 70 号原为南京工艺铝制品厂，于 1974 年设计建造，后改为南京工艺制花厂（图 4、图 5），生产绢花，出口外销。1991 年该厂倒闭，厂房出售给南京日报社。该报社拟在此地建造职工住宅，解决年轻记者的住房问题。在筹建过程中前后经历三个阶段，反映了三种思路。

（1）开始，拟将该厂 3 幢建筑全部拆除，新建住宅楼，即拆旧建新。该房所处地段位于南京市城南老城居民区，此区尚未改造，故将 3 幢房屋全部拆除新建住宅楼就要按新建工程项目立项，按规划要求，相邻的街和巷都要拓宽，基地变小，只能建 1 幢 7 层 1 梯 4 户的点式住宅楼，即 28 套住房，而且新建周期较长。这样，建设单位觉得划不来。

（2）改变主意，不拆旧房，利用 3 幢旧房进行改造，并按"充分利用，合理布局，经济适用，旧房新貌"的原则进行设计。因为采用了传统的设计方法，结果 3 幢建筑只能改造 27 套住宅（图 6），仍不能解决急需的住房数量问题。

（3）采用高效空间住宅新的设计理念和方法，实现旧房再利用。

图 4　南京工艺制花厂总图

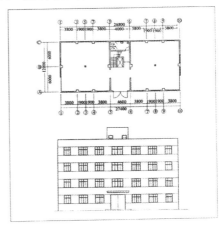

图 5　车间改造前平面与立面

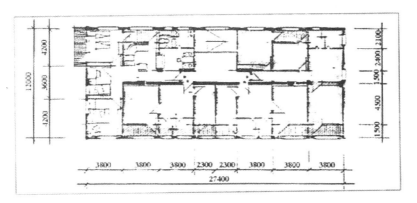

图 6　按传统方法改造的标准层平面

当时，我们刚完成一项"高效空间住宅"试验房的研究试建工作，那是我们承担的国家自然科学基金资助的"设计效益研究"课题中的一项研究内容。建设单位得知这一信息，参观了试验房，认为这是一条很好的路子，于是委托我们按试验房的模式进行设计。我们在参观了厂房现状后觉得这也是一次难得的实践机会，于是我们接受并完成了这项"旧建筑再利用"的特殊设计任务。

3.2 如何改造利用

这次改造工程有很大的难处，一是改变建筑功能，使其由生产用房改变为住宅；二是要通过改造尽可能提供更多住房，满足更多住户的需求，因此不能简单地按传统的二维设计模式来设计，而要采取三维立体的设计方法。我们在观察了3幢厂房之后发现也有几个有利的条件：

（1）空间开敞，车间都采用钢筋混凝土框架结构，内部空间比较灵活；

（2）层高较高，3幢车间分别为3.8米、4.0米和4.2米，空间上空尚有开发潜力；

（3）开间较大，为3.8米和4.0米；

（4）进深适中，为10.0米和12.0米，比较适合一般住宅的进深。

（5）南北朝向。

根据上述特点，我们应用先前的支撑体住宅（开放住宅）和高效空间住宅的研究成果，利用车间层高高，开间大，空间开敞、灵活的特点，在有限的空间里开发出更多的使用空间。我们设想原则上是一户一个开间，每一开间为前中后（A、B、C）三区段，起居室居中区（B区），卧室、厨房、卫生间分别置于A区和C区。按二维模式设计，每户仅有32平方米和38平方米，显然不能满足住户需求。改用三维模式设计后，每户面积（不含公共面积）就达到60~70平方米，基本能适应一般家庭的居住要求，达到了独门独户、三大一小的成套住宅要求（图7、图8）。

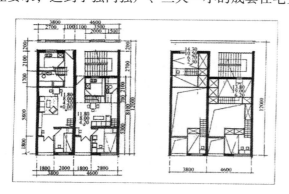

图7　两户改造平面图

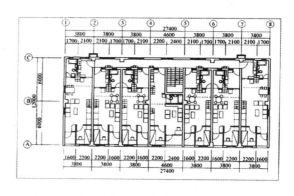

图8　利用高效空间原理改造的标准层平面

采用高效空间住宅设计基本核心就是辩证地看待住宅的室内高度，层高不是划一论之，而是根据不同使用功能，"该高的高，可低的低"，充分发挥室内上部空间的使用效率，使室内上部空间、下部空间使用趋于平衡。在住宅空间构成中，起居室应该高一些，卧室、厨房、卫生间、储藏室及交通空间可以比起居室低，因此把起居室层高做得高，与原车间层高相同，即3.8米和4.0米，并把它置于每一开间的中区（B区），其他房间"可低则低"，将它们置于每开间的南北两端（A区和C区），并采用空间相互穿插的方式，使每一空间的高度都满足人体行为的基本要求（图9、图10）。

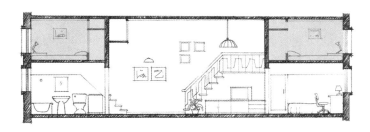

图9 高效空间住宅剖面图　　　　　　　　　图10 建成后的住宅内景——相互穿
越的内部空间

3.3 设计效益比较

上述三个筹建阶段，反映三种不同的建设思想和设计模式。它们的设计效益明显不同，试看下表：

设计效益比较

建筑模式与设计模式	拆除建筑面积（原建筑面积，平方米）	新建建筑面积（平方米）	旧、新面积比率（％）	住宅套数	每户平均建筑面积（平方米）	投资（万元）	每户投资（万元）
拆旧建新	1846.0	1960.0	1：1.06	28	65～70	200	7.143
利用旧房传统设计模式	0	1846.6	1：1.06	27	80～90	120	4.444
利用旧房高效空间住宅设计模式	0	3744.0	1：2.03	63	60～70	150	2.381

从上表可见，旧房不拆，采用高效空间住宅设计模式能取得明显的效益，表现在：

（1）新建建筑增加居住面积50％以上；

（2）增加住户1倍以上；

（3）节约投资，平均每户改造建设投资仅2.38万元，约占新建住宅投资的1/3；

（4）减少大量的建筑垃圾，减少对环境的污染，减少资源消耗。

3.4 建后评鉴——得到住户的认同

利用旧房，采用高效空间住宅设计方法进行改建，使用效果究竟如何？住户是最有发言权的。为此，该项目建成投入使用后，连续两年我们对该项工程进行了跟踪采访和作问卷式的调查。

问卷调查于1994年9月进行。调查针对我们最担心的一些问题设题求答。

（1）调查室内自然通风问题，夏天室内是否闷热。调查安排在9月份进行，目的就是观察改造后的高效空间住宅是否经得起"火炉"城市夏季高温的考验。在收回的28份调查表中，调查情况如下：

①认为起居室通风"很好"的有24户，占85.7％；

②认为起居室通风"一般"的有4户，占14.3％；

③认为厨房、卫生间通风"很好"的有18户，占64.3％；

④认为厨房、卫生间通风"一般"的有10户，占35.7％；

⑤认为卧室通风"很好"的有17户，占60.7％；

⑥认为卧室通风"一般"的有10户，占35.7％；

⑦认为卧室通风"不好"的有1户，占3.95%。

所以室内通风基本上是好的，有很好的穿堂风（图11）。

（2）房间的高度问题，这也是我们最担心的问题。因为它是阁楼式的，低于正常的卧室高度，最大的高度为2.1米。调查目的就是了解住户是否接受和认同它。在收回的28份调查表中，情况如下：

①在卧室高度是否可以接受一栏中，有20户认为"可以接受"，占71.4%；有3户认为"无所谓"，占10.7%；有5户认为"不可以"，因为"住惯了"高卧室；

②在"厨房、卫生间的高度是否可接受"一栏中，有26户认为"可以"，占92.83%；有2户认为"无所谓"，占7.14%；

③在"适当降低房间高度，增加卧室数量和使用面积"一栏中，有15户认为"很好"，占53.57%；有13户认为"无所谓"，占46.43%；

④对于"是否喜欢卧室在夹层阁楼上"的问题，24户表示"喜欢"，占85.72%；另有4户表示"无所谓"，占24.28%。

调查结果说明：高效空间设计的住宅得到了大多数住户的认同，它不仅提高了使用面积，也改善了住宅功能质量，达到了"少花钱，多办事，办好事"的要求。

从80年代初，我们就提出"支撑体住宅"的设计观念，自那以后，我们都坚持探索与应用它，因为道理很简单，任何住宅离开居住者的参与都是设计不好的，设计者与使用者需要双向沟通，互助互补、合作设计。在这项工程中，我们也仍然坚持这样的设计原则。

这次将厂房车间改造为住宅是在保持原有建筑结构的前提下进行的，原来的楼梯进行拆除和重建，以适应住宅使用需要；外墙和立面也根据住宅内部的设计作了必要的调整（图12）。由于原建筑是框架的，故厂房框架结构本身自然就成为支撑体，是一个灵活的多层大空间；采用外廊式住宅，1梯7户，每户一个开间，实际上我们为每户提供的是一个"3.8米×10.6米×4米（开间×进深×层高）的长方形的立方体空间，南北朝向，它是一个开放空间，厨房、卫生间随管道铺设而置于一端（C区），住户可以根据自己的意愿在这个开放空间的三维方向精心策划，创造自己满意的家园"。

在建设过程中，我们发现住户参与的积极性是非常高的，虽然每家的开间的面积（3.8米×10.6米）和空间体积（3.8米×10.6米×4米）是相同的，但是每家的空间组合和室内布置却显现出相当个性化的特点，每个住户都在按自己的意愿来营造"我心目中的家"。因为提供的是一个开放的空间，采用的轻质填充体具有一定的灵活性，有的住房在两年内又重新改造了一次（图13）。

图11　起居室内景　　　　　图12　改造后的反映高效　　　图13　居民自己动手改
　　　　　　　　　　　　　　　　空间特点的外观　　　　　　　造的内部空间

4 投石问路，欣得回响

这项工程是对一定规模的旧建筑再利用的探索，是投石问路，建成后，不仅得到住户的认同，同时也得到国际国内学术界的赞赏。

1994年10月，日本京都大学组团来访，专门考察了这项工程，并将其作为研究生的研究案例，认为它对日本的旧房改造有积极的现实意义。1995年10月，在我国召开的第一届开放建筑国际研讨会上，与会的近40名外国学者和100多位中国学者听取了该项目的学术报告，认为它为旧房改造提供了一条新路。1996年江苏省建委组织鉴定其为国内先进的、具有国际影响的研究。因高效空间住宅的研究和其设计高效，具有广泛地为人类节约土地的重大意义，1997年联合国技术信息促进系统（TIPS）中国国家分部授予这项工程"发明创新科技之星"奖。1998年世界经济评价中心（香港）授予该项目"90—97年世界华人重大科技成果"荣誉证书。

一个小的旧房改造工程引起如此大的反响，说明人们看待建筑的着眼点在改变，即人们越来越关注建筑如何节约土地，如何提高设计效益，如何使建筑业从粗放型走向集约化，如何节省资源、能源及减少对环境的污染和破坏，如何实现"以人为本"、满足个性化要求，一句话，如何使建筑走向可持续发展的方向。投石问路路渐明，任重道远众成城。

（原载《建筑师》1999年第10期 合作者：龚荣芬）

11 尊重自然，尊重历史，尊重文化

——一位池州籍城建专家的进言

池州是我的家乡，到今年我已经离开家乡整整50年。半个世纪的变迁，家乡已由一个小县城变成一个地级市了，特别是撤地建市以来，家乡的城市面貌发生了巨大的变化，作为池州人我由衷地为她感到高兴。

1 池州城市建设的脉络

池州的发展经历了一个曲折的过程，反映了人们对城市发展和城市建设认识的过程。50年前因上大学我来到南京，离开了山清水秀、人杰地灵的家乡；离开了养我育我的母亲河——清溪河；离开了我心中神奇美妙的齐山；离开了老屋背后的古城墙；离开了儿时熟悉、热闹非凡的古街道——市心街、孝肃街、牌坊街。这些留在我心中的家乡美景后来一个个地都遭到了拆除或破坏，为了创产业，生产水泥、采石料，人们开挖齐山，齐山美貌被毁；为了防治血吸虫和防洪，因噎废食人为地堵塞了清溪河；为了破"四旧"，牌坊街的牌坊被拆除了；受各种利益的驱动，古城墙也被拆了，古城老街变得破破烂烂、面目全非！看到这些景象我心中真不是滋味，我可爱的家乡去哪里了？我对家乡的情感落到了最低点。

开放改革以后，城市发展有了新的转机，历届政府竭尽全力探索池州城发展与繁荣之路。在1983年和1995年，两次制定了城市发展规划，以此为依据，千方百计投资建设，取得了相当明显的成效。这使我看到了家乡的希望，重新激起对家乡的热爱之情，我也开始应邀参与了家乡城市建设中一些项目的规划设计工作。烈士陵园就是我最早为家乡贡献微薄力量的作品（图1）。

近几年，家乡的变化日新月异，这不仅使我受到鼓舞，感到欣慰，更使我的思乡之情与日俱增。尤为感慨的是池州市委市政府高度重视城市规划工作，为经济、社

图1 贵池革命烈士纪念碑

会、环境协调发展制定了美好的蓝图，进一步明确了池州市的重要地位，它是皖江南岸的一个中心城市，安徽省"两山一湖"北部的服务中心，省级历史名城及现代化的山水园林和港口城市。这种变化主要体现在建设者的价值观念上，他们开始认识和重视池州风光秀丽的自然山水资源和美丽的自然环境的价值；重视"千古诗人地"的丰富人文景观的宝贵历史价值和文化价值；认识到经济、社会、文化和自然环境协调发展的重要性；认识到城市建设要以人为本，又要善待自然，以及人与自然和谐共存的重要性。

这些观念的变化对建设现代化的山水园林城市和历史文化名城都是极为重要的。新的观念促使城市有了新的建设方向，新的建设方针。有两件事是最明显的佐证：一个是重新开通清溪河（图2），另一个是保护古街道——孝肃街（图3）。这"一条河"、"一条街"充分反映了城市发展和建设的新观念，反映了城市建设走上了科学发展观的道路。这两件事也是我几十年来最关心的。过去我曾先后多

次向历届贵池地方有关领导表达我的观点和建议，但是由于种种原因，都未被采纳，这次真的付诸实施了，怎能不叫人拍手称快呢？

图2　清溪河新貌　　　　　　　　　　　图3　孝肃街旧貌

当然，"一条河"的开通，"一条街"的保护，决策是对了，但要把它们真正建设好也不是很容易的。就"一条河"的整治来讲，我想不仅要"通"，而且要"畅"；不仅为了"观"，更要能"用"；既不是搞政绩工程，也不是搞华而不实的"盆景工程"，而是要真正融入老百姓的日常生活中，让它成为城市人共享的带形大公园。

这条河做到"通"相对较易，但要达到"畅"就不那么容易了。"畅"在这里有两层意思，一是水要流"畅"；二是两岸交通要通"畅"，不能形成"瓶子口"。因此桥的建设是必不可少的，而且要有相应的数量，秋浦路涵洞的办法从长远来讲是不可取的。水是通的，但不畅，就必然影响河的景观、形态及利用。

同样，要做好"一条街"的保护与更新也是不容易的，孝肃街是的唯一"历史地段"了，只能搞好不能搞坏。对这条街的保护应该是整体的保护，不只是保护"一张皮"；更要重视历史街区肌理的保护，保护的范围不只是一条街，而应是一个街区；它不宜以"改造"为主，而应以"整治"为主，特别是沿街的老房子。这条街的两侧，每一幢房子我都拍下了照片，有的老房还深入内巷进行过采访（图4），我认为绝大多数的老房子都应该保护下来。因此，这条街的整治策略宜采用牙科医师的办法，即"镶牙和补牙"，而不应采

图4　孝肃街的老房子

用外科"切除器官"的大手术。老房子宜整治如旧，新的房子宜建新仿旧。在整治的方式上，可以尝试采用调动政府、个人（住户）和开发商三方面积极性的办法，市政工程可以由政府出资，老房子可以指导住户自行整治（适当给予资助），新房子可以依靠开发商来建设。

建成山水园林城市，除了尊重自然水系外，还要尊重山体。池州处于丘陵地带，城市四周都是连绵起伏的山体。如何在丘陵地进行建设值得认真研究，不能完全依靠推土机或发挥"愚公移山"的精神，把一个个山头铲平，这是不可取的。规划设计要尊重自然，宜采用依山就势的原则，让建筑与丘陵山体有机地结合起来。铜贵路两侧山体大面积开挖的现象逐渐增多要引起重视。当然，不动山体也是不现实的。是否可以对丘陵山体进行一些规划，哪些可以开挖，哪些要保留，哪些可以铲平，要做到心中有数，有序进行。

此外，城市快速发展，对建设土地的需求量越来越大，但池州市丘陵多，水面大，建设用地有限。土地是不可再生的资源，填湖造地是不可取的。因此在城市建设用地上一定要精打细算，集约化地规划设计，努力把池州建设成紧凑型的"内紧外松"的城市，即城区建筑紧凑布局，外部山水景观空间

开放。池州的建设应由内向外稳步发展，首先把老城区整治好、建设好，努力改善老城区的原有环境，提高居民生活质量。在新区建设中，单位建房宜适当集中，紧凑布局。一个单位一大片地，一个大院子，办公、食堂等服务设施齐全，这种"小而全"的模式是不可取的。新区的办公建筑适当集中，适当提高层数，适当共享一些服务设施，是有利于节约用地的。

作为历史留存下来的地标性建筑——白牙塔和清溪塔（图5、图6），是人们心目中池州的象征。每当乘坐大轮，航行在长江上，看到清溪塔--池州水上的标志时，就倍感亲切，"池州到了，回到家乡了"，这种意念油然而生。

图5　清溪塔外观　　　　　　图6　白牙塔外观

今天，随着城市的发展，它们都已纳入了城市中，要注意不要把它们严严地包围在新建筑之中，一定要保证在城市的主要方向都能看到它们，视觉走廊的规划与保护极为重要。

城市建设是一个持续不断的过程，在目前经济实力有限的情况下，首先应建设好城市基础设施和对外交通设施，为城市的发展创造较好的投资环境。我们有优越的自然资源，再加上不断建设的现代化的城市公共设施，我们的家乡一定会越来越美。

（此文应邀而作，原载《决策咨询（安徽）》2004年第8期）

12 开放建筑的探索

1 简况

20世纪70年代末，我开始接触约翰·哈布瑞根教授的SAR理论。80年代初我以访问学者的身份来到美国MIT，有机会认识了哈布瑞根教授，也更深入地了解了SAR住宅设计理论的精髓。从此以后开放建筑的思想一直深深地吸引着我，并成为我学术研究长期坚持的一个主要方向。20多年来，沿着这一方向我进行了不断的探索，走过了从支撑体住宅到开放建筑再到可持续发展的建筑的历程（Support Housing—Open Building—Sustainable Development Architecture）。在这个历程中，我遵循了理论与实践、研究与教学紧密结合的原则，在理论研究、生产实践和人才培养三方面都进行了有益的探索。

在研究和实践方面，我坚持理论研究—模型研究—试验房建设（试验）—工程应用—理论提升—再反馈实验的完整的过程；对支撑体住宅、高效空间住宅、台阶式住宅、高层支撑体住宅及生态住宅等进行了探索，并建成了一批工程；在研究与教学结合方面，培养了一批热心研究开放建筑的硕士研究生和博士研究生，指导完成了一批以"开放建筑思想"为主题的研究论文，也参与了以开放建筑思想为理念进行的一批工程实践。以博士论文来讲，就指导完成了多篇与开放建筑相关的理论研究，如《开放建筑设计理论与方法的研究》《建筑过程开放性研究》及《开放的小学校园规划与设计研究》等。

为了持续地开展开放建筑研究，1992年学校成立了东南大学开放建筑研究与发展中心。2000年我离开东南大学来到南京大学组建了南京大学建筑研究所，并成立了南京大学建筑研究所开放建筑工作室，同时还成立了南京开放建筑设计咨询公司，以便能持久地开展开放建筑的研究与实践。

2 探索历程

2.1 开放住宅的探索

2.1.1 无锡支撑体住宅试验工程

20世纪80年代初，我们在中国首先应用SAR理论，开展了"支撑体住宅"（Support Housing）的研究试验，经过艰难的工作我们完成了无锡支撑体住宅的试验，建成试验房8幢，总建筑面积12100平方米，可住217户，这次试验房在四个方面进行了有益的探索。

（1）应用SAR住宅设计理论，将住宅分为支撑体与可分体两部分。住宅建设分为三个阶段：首先是设计、建造支撑体——"壳"，然后住户在选定的支撑体中按照自己的意愿，设计、安装可分体，最后完善住宅。让住户参与住宅建设，使住宅具有明显的灵活性、可变性和适应性（图1）。

（2）采用单元组合的设计方法，探索了在建筑工业化的前提下，实现住宅多样化的途径（图2、图3）。

图1 无锡支撑体住宅总体模型

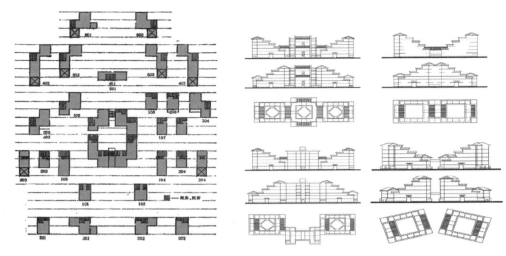

图 2 平面多样性   图 3 立面多样性

（3）采用四合院台阶式的住宅空间形态，把中国传统院落住宅形态与现代生活方式成功结合，探讨了具有地方特色的现代住宅，打破了中国大陆住宅千篇一律的局面（图 4）。

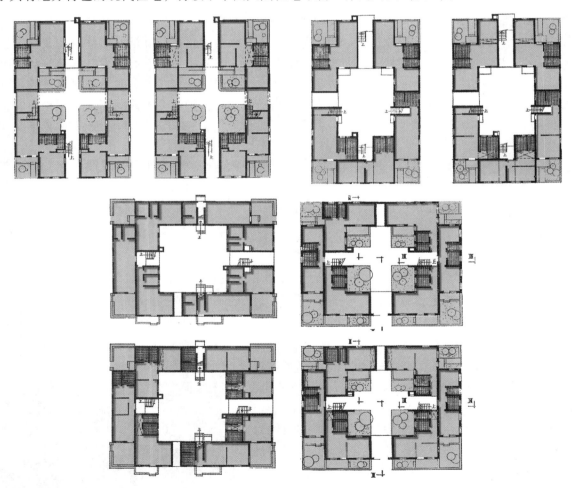

图 4 院落式单体平面布置

（4）采用公共空间、半公共空间和私密空间三个层次的室外空间体系进行总体布局，打破了行列式兵营的布局方式（图 5）。

2.1.2 高效空间住宅的探索

高效空间住宅是开放住宅的一种新形式。它是我继支撑体住宅之后进行的近十年的研究，这项研究致力于将住宅产品逐步发展成为一个高效空间体系。它对住宅内部各使用空间进行了有机、紧凑的三维的立体组织，使得面积有限的住宅内部空间具有高效的使用效率，改变了以往传统公寓式住宅内部空间的单调格局，呈现出多维多元的复合式穿插空间。高效空间住宅在支撑体住宅理论和实践的基础上，又有一些新的探索，主要表现在以下方面。

（1）支撑体的设计为室内空间的分隔带来更大的灵活性，高效空间住宅使室内空间的划分突破二维平面的框框，而进入到三维空间的层次。

图5　无锡支撑体住宅总平面

（2）可分体的设计突破了仅作为分隔空间载体的限制而与室内家具设计融为一体，在充分利用空间的同时，亦在很大程度上节约了投资。

（3）高效空间住宅设计使现行住宅室内空间有效率通过"积聚"和"多层次利用"的方法提高了，即采用"积零为整"的方式，把平时室内上部空间难以利用之处分层次地利用起来，赋予其合适的功能，常以柜或橱的形式分布在它所服务的空间旁边。这种家具式的空间可分体，一切由住户自行决定，不同的使用者完全可以按照自己的经济条件和爱好选择可分体的材料、质地、色彩和形式。可分体有分隔空间和兼做家具的双重功能。可分体的设计和安装也可进入室内环境设计和室内装饰的业务范围。支撑体和可分体之间角色的分离为建筑师、室内设计师乃至住户提供了更为广阔的创造领域。

高效空间住宅的探索分理论研究、方案设计、模型研究、试验房建设、工程应用等环节。设计方案完成后，通过模型进行研究，并在南京市市政府的支持下，召开技术论证会，获得多方认同后再在南京木器厂的支持下，建试验房，通过展示，产品受到社会的认可，随即先后在南京、苏州、天津及郑州等地完成了实际工程的设计和建设，实践过程如下。

（1）设计方案——多方案比较优化研究。

（2）模型研究——包括单元模型研究，低层、多层、群体模型研究（图6～图9）

图6　单元模型研究

图7　低层模型研究

图8 多层模型研究　　　　　　　　　　　图9 群体模型图

（3）试验工程——南京木器厂高效空间试验住宅（图10～图13）。

 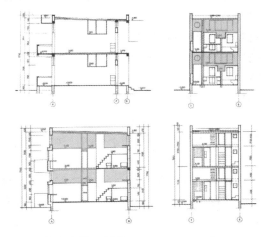

图10 南京木器厂平面　　　　　　　　　　图11 南京木器厂剖面

图12 南京木器厂外观　　　　　　图13 木器厂建造过程

（4）工程应用。

a. 南京日报社绒庄街高效空间住宅

该工程是应用高效空间住宅的设计原理和方法，将工厂原有的3个车间改造成住宅。原车间为框架结构，层高分别为3.8米、4米和4.2米，进深12米，空间利用有较大的潜力。按高效空间住宅设计模式，车间的框架结构自然被用作支撑体。设计工作一是对支撑体本身做适当的改造，如楼梯位置的移动等；二是对其内部空间进行二次设计。根据住宅每单元面积的要求，我们设计每户一个开间，内部采用复合、穿插的空间布置，使使用面积增加了 60%。3 个车间改造后共建住宅 63 套，比原来拆除后再新建住宅的方案多出 35 套，充分显示出高效空间住宅设计的高效性（图 14 ~ 图 16）。

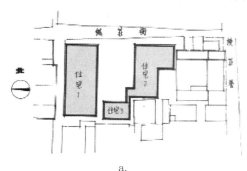

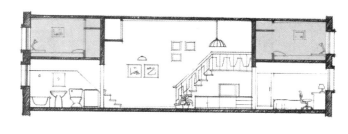

a. b.

图 14　南京日报社平面、剖面

图 15　南京日报社外观 图 16　南京日报社装修

b. 南京市西家大塘高效空间住宅

该住宅采用 2∶3 的错层空间布局方式，每户二开间，主要开间 2 层的高度对应的次开间为 3 层，主开间层高 3.6 米，次开间层高为 2.4 米。建筑使用面积比普通住宅提高近 50%，两厅两室的建筑面积可达到四室两厅的使用效果（图 17 和图 18）。

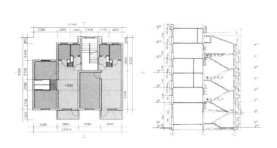

图 17　西家大塘平面、剖面 图 18　西家大塘室内

c. 郑州市规划局高效住宅

该住宅采用 4∶3 的错层的空间布局方式，层高分别为 2.4 米和 3.2 米，房间空间的高度做到量体裁衣，该高的高（如起居室），可低的低（如厨房、厕所等），使空间排列充分有效地利用，这样一幢普通的 6 层住宅一部分空间就变为 9 层了（图 19 和图 20）。

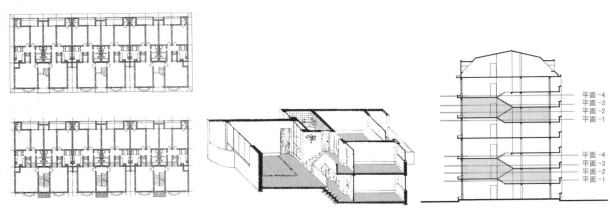

图 19　郑州市规划局平面、剖面

图 20　郑州市规划局外观

2.1.3　台阶式的住宅

为了给住户提供一个有天有地的住宅，增加每户私密的室外空间，我们利用无锡支撑体住宅一个基本的母体进行新的组合，将层层叠退的屋面作为上一层的屋顶平台或屋顶花园，建构了一个台阶式的住宅。南京中医药大学的教工公寓就是按这个构想于 20 世纪 80 年代末建成的。它是 5 层的公寓住宅，每户有天有地、有室内室外空间，这些空间可以由住户自行安排。根据同样的构想，我们也在高层住宅设计中进行了类似的探索，为一个公务员小区设计了一个台阶式的高层高效空间住宅。

2.1.4　高层支撑体住宅

在多层支撑体住宅试验的基础上，20 世纪 90 年代中期，我们又对高层支撑体住宅进行了探索，按照开放住宅的理念设计建成了一幢 26 层的高层支撑体住宅，它就是 1996 年建成于南京的"中南大厦"。该大楼一部分安排作为拆迁户的住房，一部分作为商品房出售。由于部分用房是作为拆迁户的用房，每户单位面积大小相差很多，从 20～30 平方米/户到 60～80 平方米/户。因此，我们采用支撑体的设计方法，结合中国的实际情况，除了把卫生间、厨房相对固定，作为不变空间布置外，把其他使用空间结合剪力墙的布置都作为一个开敞、连贯的大空间，这样就创造了空间使用较大的灵活性。这幢高层住宅建好后半年内该卖的全都卖出了，这正体现了开放住宅在市场竞争中"因你而变"的优越性。

3　开放建筑的探索

90 年代初，在已有的支撑体住宅即开放住宅思想的基础上，我们进一步将这一思想应用于各类建筑物的设计中，即从 Support Housing 到 Open Building，这是我们探索的第二阶段。自此，我们从事的一切建筑物的设计，如图书馆、办公楼、学校建筑等都是按照开放建筑的设计原则和方法进行的。

3.1 开放的图书馆设计

深圳高等职业技术学院图书馆就是按照开放建筑设计理念进行设计并建成的，投入使用后取得了社会和市场的认可（图21～图23）。我们把建筑物的空间分为两部分，即不变空间和可变空间。不变空间包括水平与垂直交通空间、设备空间及卫生间等房间，它们可统称为"服务空间"；可变空间主要是各类具使用功能的房间，包括阅览室、书库及办公室等，它们统称为"被服务空间"。也就是说，我们把"服务空间"视为不变空间，把"被服务空间"视为可变空间，为建筑物的使用创造了巨大的灵活性和空间的包容性。在设计"服务空间"和"被服务空间"时我们遵循了下列原则：

（1）"被服务空间"尽可能地设计成开敞连贯的大空间，并采用模数式的设计柱网，因为这类空间不确定的因素比较多。

（2）"被服务空间"不是按房间来设计而是按"功能区"来设计，即不按一个个阅览室来设计，而是按阅览区来设计，一个阅览区就是一个开放的连贯的空间，使用时可以灵活安排。

（3）"服务空间"必须按照相关的建筑设计规范研究合理的数量和合理的平面位置，以满足消防疏散的要求。"服务空间"位置靠近被服务区布置，或布置在两个被服务区之间，以提高服务使用效率，但"服务空间"不宜布置在"被服务空间"内，以免因"服务空间"位置布置不当而破坏了被服务区空间的完整性和连贯性。

（4）"服务空间"和"被服务空间"应该采用统一的柱网，柱网的大小应充分考虑不同楼层（包括地下室层）使用功能的要求，选择彼此能统一协调的开间和柱网大小。

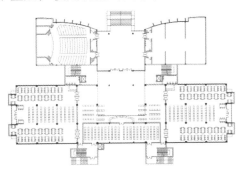 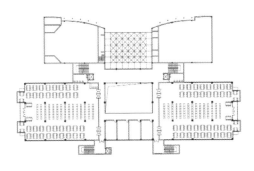

图21　深圳高等职业技术学院图书馆平面

图22　深圳高等职业技术学院图书馆外观　　　图23　深圳高等职业技术学院图书馆室内

3.2 开放的办公楼——南京交通大厦的设计

南京交通大厦坐落在南京的闹市区，基地窄小，但需要的建筑面积很大，故设计了一座26层的高层建筑。在设计时其功能是不确定的，它随着单位领导的变更而变化。设计工作经历四年，负责人变换了三次，每一次提出的功能都是不一样的。第一次提出的是以培训为主，建一幢交通培训大楼，以各类培训空间为主，以为培训服务的生活服务空间为辅。但是，它毕竟规模大，培训用不了这么多房间。第二次又提出了按综合楼设计，即一部分用作培训，一部分用作办公，还有一部分可以用作公寓。但第三任领导上任以后，又觉得在这个繁华的闹市区，应以写字楼或宾馆为主，不宜建公寓。每当功能变化一次，就要找我们设计人员调整方案以适应新的功能要求。因为这幢楼一开始设计时我们就考虑到它功能的不确定性，因此就应用开放建筑的设计理念，采取"以不变应万变"的设计策略对这幢楼进行设计，因此功能的三次变化都很快地适应了。三位领导人自然也都很满意。在这个大厦的设计过程中，我们也是把不能确定的空间视为可变空间，即被服务空间，尽量把它做大，做得开敞、连贯、完整，并选择能适应多种功能安排的开间和柱网，同时把服务空间作为高层建筑的"核心体"集中布置在被服务空间的一侧或边角，并在适当位置预留垂直的 管道井，在满足消防疏散的条件下确保被服务空间的完整性和连贯性，从而为建筑空间提供了最大的包容性和灵活性（ 图24、图25）。

二、三层平面　　　　　　　标准层平面

图24　开放的办公楼——南京
交通大厦

图25　南京交通大厦平面图

这幢大厦建好后进入市场，主要用作写字楼和银行办公，一部分作为培训之用，目前各使用单位都认为这幢楼很好用。

3.3　开放的学校建筑—— 也门大学科技学院综合楼

该工程设计条件不充分，只要求建筑面积35000 平方米，具体房间要求都不详。功能的不确定性是该工程设计的一个大挑战，我们采用开放建筑设计原理，以不变应万变，采用应用单元组合的设计方法，将一个个单元作为空间细胞，在每个空间细胞设计中将服务空间和被服务空间分开，创造一个开敞、连贯的灵活大空间，使它既能做教室、实验室，也可作办公用房。这个设计方案在六国参加的设计方案评选中被评为最佳方案（图26、图27）。

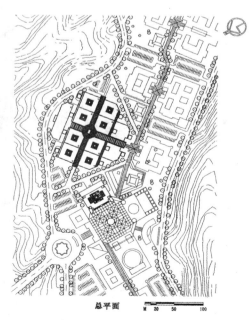

总平面

图26　也门塔夫兹大学科技学院鸟瞰图

图27　也门塔夫兹大学科技学院平面图

4　可持续发展建筑的探索

可持续发展建筑应遵循"3R"的原则，即"Reuse""Reduce""Recycle"。开放建筑的特征就是有利于"Reuse"，即功能的可持续性的应用。因此从 Open Building 到 Sustainable Development Architecture 是我们研究的第三阶段。在这个阶段，我们完成了一个生态住宅小区的研究和设计——扬州月苑小区规划与设计。

这个生态住宅小区是按照生态的原则规划与设计的，所有的住宅也是按开放住宅的理念进行设计的，有垂直自然通风的组织、地下水的利用、太阳能的应用、太阳能热水与建筑一体化等（图28、图29）。

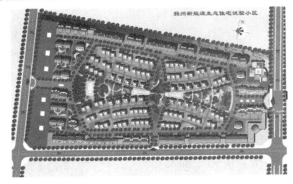

图28　扬州生态小区规划与设计总平面鸟瞰图

图29　扬州生态小区规划与设计总平面图

5　结论

（1）开放建筑具有巨大的生命力，它应是 21 世纪建筑发展的一个重要方向；它不仅适用于住宅，也能适应于任何类型的建筑；它不仅适用于低层、多层建筑，也能适用于高层建筑；它是最能表现个性化、人性化、民主化和多样化的建筑；开放建筑的发展、推广与应用必然会推动建筑的产业化，促进建筑业的发展。

（2）开放建筑是现实建筑可持续发展的最佳的建筑模式，它可以促进和保证建筑功能的可持续性的使用。在信息时代，生活方式将改变，家庭办公（SOHO）等新建筑形态产生，而开放建筑最精彩的创意和空间的构想是灵活和动态的，它可分可合、可大可小、可高可低，可作住家，也可作办公，可作商店，也可作工厂，生活、工作空间合二为一，可以说，开放建筑的高效空间建筑是适应这种理想空间形态的最佳建筑。同时开放建筑高效利用空间，使使用面积大于建筑面积，是一种集约、高效的空间，是节约土地的一种建筑形态。因此，它是实现可持续发展的一种最佳建筑形态。

（3）开放建筑特别是高效空间建筑可以成为旧城改造、旧房改造的一条可行途径。它不仅可以使老建筑获得新生命，同时也有利于保护建筑文化，使之延续和发展。

（4）发展开放建筑必须走多专业合作的道路，建筑师应与结构师共同积极探索新的结构体系，为支撑体创造新的结构形式；同时也要与产业家合作，开发生产新的各类可分体，努力为可分体的工业化、产业化、市场化、商业化创造条件，为用户参与创造条件，为开放建筑的发展和普及创造坚实的物质、技术基础。

（本篇为香港开放建筑国际会议上的主题发言）

第一篇　规划设计

13 建筑思考与探索
——我的建筑之路

1 认识与思考

今年是我涉足建筑整整第 50 个年头，从 1954 年考入当时的南京工学院至今年——2004 年，恰好半个世纪。50 年来，我对于建筑是一个不断认识的过程：首先，建筑是看得见摸得着的实体，其空间是可以"走进去"的；这也是建筑与其他那些可见、可触摸感知的艺术形式之间的差异。其次，建筑有其特定的建造目的，它是为人使用的。再次，由于建筑实体需要用一定的物质材料来建造，也就必然有建造技术的合理性及经济性。所以，作为一位建筑师要综合考虑影响建筑的各种要素。

我从 50 年前开始学习建筑时就知道建筑创作要关注其双重性——技术性和艺术性，从 20 世纪 90 年代开始，我对建筑的认识有了新的进展，那就是——建筑是人类文明的象征，也是破坏人类赖以生存的生态环境的主要元凶之一，因此不能忘记它的双刃性。当前，自然环境的破坏程度之深与人类所从事的建筑活动密切相关，但很多人对于这点的认识尚待提高。所以我们应该意识到，建筑行业对保护环境有着不可推卸的责任。这一点国外发展得较早，对于"可持续发展"问题意识得较早，并展开了相关研究，而我国则相对滞后。

我认为人类建筑观的发展大体可以分为三个阶段。第一个阶段就是建立在传统古典美学基础上的建筑观，即建筑是艺术。它强调构图原理、比例、韵律等，如希腊、罗马时期雕塑般的建筑。第二个阶段就是 20 世纪 20 年代以后的现代主义建筑观，它建立在适用、经济、技术的基础之上。现代建筑走向大量化、工业化，就必然带来标准化，要求建造简单而易于加工装配。至于后现代，它不能代表主流。那么到了 21 世纪，我认为建筑学应该有新的观点，那就是建立以生态理念为基础的建筑观，即建筑活动要有利于人类的可持续发展。如果忽视了建筑的双刃性，房子建得越多对环境的破坏就越严重，实际上就是人类在自掘坟墓。

但是以上三个阶段并不是截然分开的，建立在生态学观点上的建筑观不等于不要艺术。但"什么是美"现在应该有新的标准，因为建筑的美应该是建筑内在的各种要素（空间、物质等）之间及其与外部环境最美好的和谐的结合，符合一定的艺术规律，产生一种美感。在生态出现危机的现状下，美的要素在变，美的价值观也在变。许多生态建筑有用于通风的烟囱，有的还使用太阳能热水器以及太阳能光板等，这些新的要素都暴露在建筑的外面，一开始人们可能觉得它们不美，但它们符合生态的要求，那么它们就是生态美的要素。

这 50 年来我对建筑的学习认识过程可以总结为以下四个阶段。

1.1 画建筑

给我印象最深的是当初报考建筑系时要加试素描，直到现在好些学校依旧如此。以前好像学建筑就是学建筑画，老师评图时也主要看图面，图面好就是设计好，并常常以此来评鉴学生或教师。我出生在安徽的一个小县城，原来对各个专业都不了解，学建筑就算是一种缘分。由于我中学数理化比较好，就一直想学工科，所以当时就近填报了南京工学院。考建筑系要加试素描，时遇家乡大水高考后便先到南京避难。考试前我的姐姐带我去玄武湖玩，那里模仿杭州苏堤的桃柳相间，湖边有竹亭和竹子长廊，给我留下了很深的印象。恰巧素描考试的题目就是画一座亭子配上柳树并加上阴影，我就凭着对玄武湖的记忆画了，结果考上了。

1.2 设计建筑

随着对建筑认识的深入，我意识到学建筑重要的是要学设计，否则画得再好也没有用。画的好只能一开始吸引到人的眼球，但最后还是要设计好才能吸引人一直看下去。

因此，从学生时开始，尤其是参加工作、从事建筑设计教学以后，我就常常思考怎样才能做出好的设计。在杨老、童老及刘光华先生等老一辈建筑大师的熏陶下，我不断学习，分析前人的作品，逐渐悟出：一个好的设计应该是建筑内外各要素处理都比较恰当，首先设计建立在理性的基础上，即功能恰当适用；其次是与环境结合恰当和谐；再是结构恰当、经济合理；最后是形式恰当，既能忠于功能和结构又能有恰当的创意；此外，还要有恰当的表现。

1.3 建造建筑

"文化大革命"时期的一次工程体验让我极其深刻地体会到：建筑师在掌握了以上两点后还要懂得怎样建造建筑，这样设计才能得心应手。那时学生们不上课，要去劳动，这反而为我提供了亲自参与建造的机会。当时为南京市公交公司的车队设计一组综合用房，我负责全部的建筑与结构设计，并且最后全系师生都到工地劳动。我又负责整个施工工作，包括施工组织、施工方法和施工计划，建筑公司只给我们配三个人——吊装工、瓦工和木工，其他的活都由我们师生来干，包括挖土方、建地下室、扎钢筋、浇混凝土、吊装预制板等，我就成了"包工头"。在那种情况下，设计做得再好，如果没有适当的材料、技术或没有相应的技术工人，也没有用，所以在建造的过程中你要懂得用什么材料和结构，如何做才能达到设计要求。例如当时没有制作挑梁的木模板，我们就急中生智地在每个房间的地上挖土槽，当土模，夯实并在里面铺上报纸，最后放钢筋再浇混凝土，达到强度时就吊起来。从那时起我就认识到对建筑师来说，不仅要会画建筑、设计建筑还要懂得怎样建造建筑，注意各种结构和材料的有效应用，并注意施工方法。又如1976年，设计南京图书馆和南京医学院图书馆时，由于场地都很小，施工面展不开，因此研究采用升板法和升梁法施工，较好地完成了设计，并赋以建筑新的特点。

1.4 使"用"建筑

设计房子时，建筑师还要想着"人"会怎么去"用"它，建筑师要扮演不同的角色，去体验它；不仅要考虑现时的使用还要考虑到未来的使用。现在与将来的不同使用方式，将导致建筑功能的变化。建筑师要能使建筑更好地适应不同时期的使用要求，因为毕竟建筑建造是百年大计，最终目的都要为人能方便的使用。

因此，我就慢慢悟出了一个哲理，建筑要适应人的需要，而不是要人勉强地来适应建筑；同时，也意识到，建筑设计不应该是建筑师的专利，建筑师不是建筑的唯一设计者，建筑师的设计权力要再分配，将一部分的权力让给房子的使用者，让他们能为自己生活工作空间的再创造发挥他们的积极性。只有这样，建筑才能不断适应不同时期，不同使用者的需要。

2 探索与实践

我50年的建筑学习、教学、创作和研究逐渐形成了一根主线，20世纪80年代初，我在国内首创支撑体住宅理论并付诸实施，建成无锡支撑体住宅试验工程；80年代中期开始的开放建筑研究（即从支撑体住宅到开放建筑）则是我探索的第二历程；90 年代初又面临新的挑战，面临新的问题——"可持续发展"的问题，比如城市与建筑如何规划、如何设计和如何建设等等，因此我对建筑的思考与探索的方向也就与时俱进，开始了新的征途，即从开放建筑深入到可持续发展建筑。因此支撑体住宅—开放建筑—可持续发展建筑就构成了我对建筑思考与探索的轨迹，即 Support Housing—Open Building—Sustainable Development Architecture，成为我过去、现在和将来不断探索和追求的目标，三者相互关联、目标一致。

2.1 思考与探索——开放住宅

我从 1959 年毕业以来就一直从事建筑教学工作，同时也一直在关注公共建筑的发展和公共建筑设计的研究。

从 20 世纪 60 年代初我就主讲《公共建筑设计原理》。1981 年去美国 MIT 做访问学者，成为我学术研究的一个重要转折点。当时我原本想去好好研究一番美国的公共建筑，拍了近一万张幻灯片，但我在美国发现：MIT、哈佛、耶鲁大学等的很多知名教授都在研究住宅，包括研究第三世界发展中国家的住宅问题。在 MIT 听课时我接触了著名教授约翰·哈布瑞根的 SAR 体系理论，当时他是系主任，我经常同他交流。我在美国写了两篇英文文章，一篇题目是《我对 SAR 体系思想的理解》，第二篇题目是《怎样在中国应用 SAR 体系的设想》。我带着两篇文章与哈布瑞根教授交流，请他指导，他看后给予充分肯定，希望第一篇文章能在中国发表，以向中国介绍 SAR 体系思想，第二篇他表示由他推荐在国外发表，1983 年这篇文章就在英国 Open House 杂志得以发表。所以回国后我就开始研究怎样在我国住宅设计中应用 SAR 体系的理论。

SAR 体系的出现是因为在欧洲二次世界大战后需要建造大量的住宅，这与我国 20 世纪 70 年代的情况类似，工业化方法建造的大量住宅导致形式的千篇一律。这种结果在欧洲引起了很大的学术争议，大部分观点认为："千篇一律"是因为建筑工业化、标准化造成的。哈布瑞根教授的思想与众不同，他认为大量性的住宅肯定还是要用工业化的方法建造，而千篇一律的根源是住宅的建造忽视了居住者不同的使用要求，在住宅建设的过程中把使用者排斥在建设过程之外，居住者在房子的建造过程中没有任何知情权和发言权。房子只是按照建筑师想象的生活模式来建造。这种观点深深地影响了我，我也同意，因为每个人生活方式不同，生活方式又决定了空间形态，空间形态应该是随着生活形态和社会形态的改变而变化的。房子应该能不断地适应人的需要，要为使用者留下按自己的意愿设计自己家的机会，而不是让使用者来适应房子。

回国后正值我国改革开放初期，我意识到住房制度的改革势在必行。住宅将逐渐走向商品化，住房者将成为购房人，住宅应像任何商品一样，要能多样化，能供人们选择。因此 1983 年我开始了对支撑体住宅的研究，我希望能在中国以这种思路开辟一条新的住宅发展的路子。自此以后对住宅的研究成为我 20 多年来从未间断的课题。在研究和实践方面，我们坚持理论研究—设计研究（模型研究）—试验房研究（试验）—工程应用—理论提升—再反馈实验的完整过程；我带领研究团队进行了支撑体住宅、高效空间住宅、台阶式住宅、高层支撑体住宅及生态住宅等的探索，并建成了一批工程项目，在国内外产生了巨大的反响。

2.1.1 支撑体住宅

无锡支撑体住宅试验工程建成后，研究论文先后在北京召开的中法社会住宅设计国际研讨会，在德国魏玛（当时是东德）包豪斯学校召开的国际城市住宅规划设计研讨会以及我在南京举办的开放住宅国际研讨会上发表，收到与会者的热烈反响；在包毫斯学校召开的住宅国际会议上，被誉为 New

Bao House；在国内也受到高度的评价，荣获我国首届住宅设计创作奖和联合国人居中心荣誉奖，开创的这种设计理念受到广泛的认同并应用于国内的住宅设计中，如大开间住宅、菜单式住宅、灵活住宅等，都是这一理念的具体应用（图1）。

图1　建成后的无锡支撑体住宅组图

2.1.2　高效空间住宅——已被广泛称为"复式住宅"

改革开放前，我国实行福利性住宅，城市住宅面积标准很低，最小的一室户只有30余平方米，空间严重不足，因此我思考着如何在国家规定的住宅面积标准的范围内，扩大空间的使用效率，充分发挥每一立方米的使用效率，也可能受"穷则思变"的影响，我开始进行住宅空间利用的设计研究。首先对最小的单室户套型（每家36平方米）的平面进行研究，并重点研究如何开发房间内部的空间效率，特别是房间上部空间的使用效率，我们适当地加大层高，层高由2.8米提高到3.3米，虽然墙体高了50厘米增加了造价，但它的空间利用率却能提高60%以上，提高的造价自然是合情合理的。方案设计完成后，就进行模型研究（图2），做好模型后，把这个设想向当时主管南京市城市建设的副市长作了汇报，并结合模型进行讲解，得到市长认可，并指示南京市房管局主持召开了一次论证会，论证会上得到所有到会者的认同，于是开始筹建试验房。在南京木器厂的支持下，在厂内建造了一幢二层的试验房，把模型变成了现实（图3）。试验房建成后，参观的人络绎不绝，并建议投入建设。

单元模型研究　　　　　　　两层单元模型研究　　　　　　多层单元模型研究

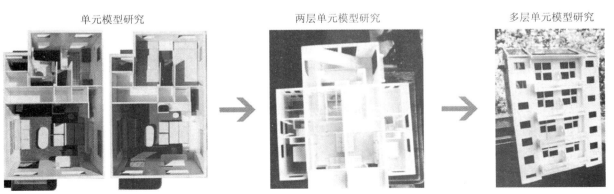

图2　高效空间住宅研究

按设计方案及模型建成的试验房将层高由 2.9 米提高到 3.3 米，采用空间穿插利用的方法，把房间上空充分地利用，使使用面积由 36 平方米提高至 65 平方米，即提高空间使用效率 60%，可以容纳 4 人居住，具有明显的经济效率。此项研究已得到国家自然科学基金的资助。试验房建成后，通过媒体报道，不少用户上门要求按此模式进行设计，因此开始将高效空间住宅推向实际工程应用，南京、天津、河南郑州、江西南昌等地都有应用。如南京日报社绒庄街高效空间住宅设计就是一例（图 4）。

图 3　南京木器厂高效空间住宅试验房　　　　图 4　南京时报绒庄街高效住宅空间

2.1.3　高层支撑体住宅

在多层支撑体住宅试验房建设的基础上，20 世纪 90 年代中期，我们又对高层支撑体住宅进行了探索，按照支撑体住宅的理念设计建成了一幢 26 层的高层支撑体住宅，它就是 1996 年建成于南京的"中南大厦"。该大楼一部分安排作为拆迁户的住房，一部分作为商品房出售。由于部分用房是提供给拆迁户的，所以每户单位面积大小相差很多，从 20～30 平方米/户到 60～80 平方米/户。因此，我们采用支撑体的设计理论和设计方法，并结合中国的实际情况，除了把卫生间、厨房相对固定，作为不变空间布置外，把其他使用空间结合剪力墙的布置都作为一个开敞、连贯的大空间，这样就创造了空间使用的较大灵活性。当时高层住宅在南京市场上并不被看好，但这幢高层住宅建好后半年内该卖的全都卖出了，这正体现了支撑体住宅在市场竞争中的优越性（图 5）。

图 5　南京中南大厦——高层支撑体住宅正面外观

在我设计的所有住宅中都坚持开放式住宅的设计观念，为住户按自己的心愿设计自己的家留下了充分的创造空间，这也深深影响了我的研究生，他们在应用这一思想进行设计时都取得很好的效果。最近建筑学报上发表的深圳华森设计公司设计总监岳子清先生的《高层支撑体住宅设计》一文就是一例。

2.2　思考与探索——开放建筑

我对公共建筑的设计与研究并没有因研究住宅而中断。我在东南大学讲授公共建筑设计原理前后三十余年，一直到 20 世纪 90 年代初才交班；1992 年卸任系主任后，我创立了东南大学开放建筑研究发展中心 COBRD（Center of Open Building Research and Development），更有机会接触不同类型工程的设计，这使我运用 SAR 的思想从研究支撑体住宅推向开放建筑（From Support Housing to Open Building）成为可能，并有机会用开放建筑的理念去探索各类公共建筑的设计。在研究支撑体住宅之后我同样认为，开放住宅的哲学思想也适合于任何类型的建筑，因为任何建筑都要适应人的需要，而不是要人来适应它。当今社会，开放、民主、参与走向普通人的生活，人的衣、食、住、行中，"衣"作为商品完全由自己挑选，甚至量体裁衣，商店完全改变了柜台式的服务，而采用超市的供货方式；"食"更是自选自挑，或自助式用餐方式；"行"也是根据自身的条件选择决定交通工具和交通方式；唯独建筑——可以说是使用者最大的一笔投资，一个重要的不动产，怎么能忽视使用者的个性化要求呢!? 因此，任何建筑一定要能使使用者有权或有机会按照自己的心愿设计安排自己生活和工作的空间环境。因此，可以认为开放建筑就是一种民主的建筑，更尊重人权的建筑，是真正体现以人为本的建筑模式。同时由于它能适应不同时期的功能需要，具有很大的空间包容性和使用的灵活性，也具有可变性和可增长性，因此，开放建筑也就是可持续发展（使用）的建筑。

这里选介的工程设计作品就是我们探索的足迹。它们有的建起来了，有的没有实现，只是一个方案，未能实现有多种原因，但方案中所要追求的目标和要表达的思想仍是清晰可见的。

2.2.1 开放图书馆的设计

20 世纪 70 年代中叶，我开始接触图书馆建筑设计。那是 1975 年，我带领八位工农兵大学生到江苏省建筑设计院做毕业设计，接受了两个图书馆的设计任务，一个是位于南京成贤街的南京图书馆；一个是南京医学院（现在的南京医科大学）图书馆。八位同学分成两组在设计院技术人员的共同指导下，完成了从方案设计到施工图设计的全过程工作，当时称作"一竿子到底"。在做这两个图书馆设计时，我们有意将教学、生产（设计）和科研三者紧密结合起来，通过具体工程项目的设计，完成毕业设计任务。并在此过程中，对国内图书馆进行广泛的调查，开展专题研究。最后，除了完成两个图书馆设计工作外，还完成了专题研究报告及国内图书馆建筑实例图集。学生毕业以后，我就在此基础上，继续这一课题的研究，最后完成了《图书馆建筑设计》一书的书稿，于 1978 年内部出版。这两个图书馆于 1977 年先后建成，成为当时我国比较早建成的图书馆。这两个图书馆的设计也成为我学习、研究图书馆建筑的开始，从此我与图书馆建筑结下了不解之缘。之后我又受邀参加了全国图书馆学会，成为全国图书馆学会学术委员会委员和图书馆建筑与设备分委会的成员。这使我有机会认识了许多图书馆学界的学者、专家们，并从他们那里学到了图书馆的相关知识及宝贵的图书馆工作经验。从那时起，图书馆建筑成为我研究的主要方向之一。20 多年来，基本上是设计、研究不间断。从 20 世纪 70 年代到 90 年代，每 5 年我都对我国图书馆的建设进行跟踪调查研究，对当时国内图书馆设计和建设进行系统的总结分析，并适时地提出我国图书馆建筑发展的趋势及设计的原则和对策。70 年代末、80 年代初我提出了开放式图书馆建筑设计理念，以适应图书馆建筑由传统闭架式管理走向开架式管理的发展趋势；此外，90 年代又提出了模块式图书馆的设计理念，并将这些设计理念应用于实际设计工作中。在这 30 多年中，我先后进行了近 40 余项图书馆工程设计，涉及 15 个省，30 余个城市，将研究与设计，理论与实践紧密结合起来。（图 6 ~ 图 13）

图 6　安徽铜陵市公共图书馆外观与内景　　　图 7　铜陵市公共图书馆内景

图 8　辽宁工业大学图书馆

图 9　安徽马鞍山图书馆

图 10　江苏社会主义学院图书馆

图 11　山东聊城师范学院图书馆

图 12　江西庐山图书馆

图 13　哈尔滨理工大学图书馆

2.2.2　开放的学校建筑——也门大学科技学院综合楼

　　这幢教学综合大楼有 35000 平方米，要求建一座多层的建筑，是国际设计竞赛的项目，我的一位也门博士生毕业后在该校工作，介绍我们参加了这次设计竞赛。这次竞赛共有六个国家的设计师参加，除我们以外，还有法国、英国、日本、埃及及也门本国的设计公司。这项设计任务要求非常笼统，具体的功能构成及空间要求都不具体，功能非常不确定，这个特点既是设计的难点，也提供了一个设计创新的机遇，这种不确定性正是开放建筑研究的对象。因此，我们就应用开放建筑的设计理论与方法，结合当地的气候条件，采用了单元式的组合方法，每一个单元就是一个基本的空间细胞，按照"变"与"不变"的思想，把每个单元以相应的服务空间配置好，创造一个连贯的开敞的可变空间，可适用做不同大小的教室或办公室，并且每个单元中部都是一个院子，这种单元组合，空间分配极其灵活、方便。加上设计又充分考虑了当地的气候条件及本土建筑的形式特征，故这

图 14　也门大学科技学院综合楼

个设计方案被评为最佳的方案，它又一次显示出开放建筑的生命力（图14）。

2.3　思考与探索——可持续发展建筑

开放建筑是实现建筑可持续发展的最佳的建筑模式，它可以促进和有效地保障建筑功能的可持续使用。尤其在信息时代，人们生活方式的改变，将带来如家庭办公（SOHO）等新的建筑形态的产生。而开放建筑的空间包容性和使用灵活性，将使之成为适应各种新型空间形态的最佳建筑。同时开放建筑具有集约、高效的空间特性，建筑的使用面积大于建筑面积，节约了建设用地。因此，它是可持续发展的一种最佳的建筑形态。在支撑体住宅和开放建筑的原理上，开放建筑更符合或更能利于满足可持续发展的要求。从20世纪90年代开始不论是住宅或其他任何建筑规划与设计我们都认真思考与探索它，可持续发展建筑成为我们设计创作的基本指导思想，并结合工程实践积极进行探索，以下是我们探索的一些足迹。

2.3.1　扬州生态住宅小区的规划与设计

结合国家自然科学基金资助的科研课题《住宅与生态技术集成化》，我带领研究团队进行了"生态住宅及生态住宅小区"的探索。在住宅设计中，遵循绿色建筑、可持续发展的原则，充分利用自然资源作为住宅设计的指导思想。在这个工程设计中，生态原则主要体现在：①节省土地，采用高效空间住宅的研究成果，立体地进行内部空间的设计；②充分利用自然阳光，最大限度地增大朝向好的采光面，在不能采光的空间（地下室、暗储藏室等）则利用国际先进的"光纤导光"技术或天窗等技术引进自然光线；③最大限度地利用自然通风，包括穿堂风和垂直通风系统；④充分利用日光热和地热，用其创造自循环的住宅供暖冷却系统，并使太阳能利用与住宅一体化；⑤垃圾分类处理，将有机垃圾处理产生沼气，供住房使用；⑥利用覆土技术建造覆土建筑，在覆土建筑顶上建造室外活动场地，一地多层次利用，达到节约土地的目的。

我们希望通过生态技术在住宅设计整合方面的研究，能够使生态住宅对自然生态环境和地区环境更具亲和力；使生态住宅对资源的利用具有更高效率；使生态住宅对使用者的舒适、安全更具健康性。我们认为，未来的理想的生态住宅应该是："六自住宅"，即：

——它是与自然环境共生共存的住宅；

——它应是能使住户自主参与设计的住宅；

——它应是能量消耗走向自给自足的住宅；

——它应是生活垃圾走向自生自灭的住宅；

——它应是废水自产自销的住宅；

——它也是走向自动化的智能住宅。

扬州生态住宅小区是按照生态的原则规划设计的，所有的住宅也是按支撑体住宅的理念完成的，包括我们探索过的支撑体住宅、高效空间住宅、台阶式住宅等理念，并结合了新的生态设计原则，其中包括垂直自然通风的组织、地下水的利用、太阳能的应用、太阳能热水器与建筑一体化等等（图15和图16）。

图15　扬州新能源生态住宅小区覆土建筑

图16　扬州新能源生态阳光房垂直自然通风住宅

2.3.2 大进深楼梯住宅——天光内楼梯住宅

住宅设计中自然采光与节省土地有一定矛盾，进深小、面宽大，容易创造较好的自然采光和自然通风条件，但土地利用率较低；进深大、面宽小，自然采光和自然通风则有一定的难度，但进深大对节约土地是有效的。"内楼梯"住宅设计（图17）探索就是为解决两者之间的矛盾，寻求两者兼顾的切实可行的设计途径。南京紫金城住宅设计就是采用了"内楼梯"的方案，它是三跑"门"字形的楼梯，"门"字形中间的上空开设屋顶天窗，使内楼梯仍然获得自然采光；利用它也增进了住宅的垂直自然通风，使住宅所有房间都能直接对外开窗，没有一个暗房间，同时增大了住宅的进深，节约了土地。建成后，楼梯间的自然采光效果很好（图18）。

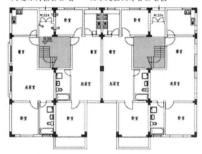

图17　大进深内楼梯住宅——南京鲢鱼头综合住宅楼

图18　内楼梯住宅中的天井

2.4　可持续发展建筑思想在公共建筑设计中的实践

可持续发展建筑思想不仅体现在住宅设计上，也应用于我们从事的其他各项工程的规划设计中，这里所介绍的两个工程的设计就是按可持续发展的理念进行规划设计的。

2.4.1　安徽六安市行政中心规划设计

该工程位于地势起伏的丘陵地上，地形复杂，高差在10米以上。在此项工程设计中，首要考虑的是如何使自然生态环境受建筑物损害最轻微，使人造建筑环境融合于地区的自然环境，创造人造环境与自然环境和谐之美。尊重自然、善待自然、回应自然是此项设计的基本出发点。只有在保护自然的基础上才能正确地回应自然，在回应自然的同时，建筑也自然能与环境有机地融为一体，并为环境注入生气。

基于这样的思想，我们对地形地貌采取亲和的态度，"轻轻地触碰它"。在认真分析了场地的基础上，建筑结合地形布局，保留原有水系，根据建筑物"四套班子"的功能组成，将其分为五个团块，分别布置在不同的标高上，利用地形高差，设置架空层，并利用架空层做停车场，同时又使所有的建筑都朝向南北，创造了最佳的自然采光和自然通风条件（图19～图21）。

图19　安徽六安市行政中心总体鸟瞰

图20　安徽六安市行政中心党委办公楼

图 21　安徽六安市行政中心政府办公楼　　　　图 22　浙江某市剧院设计方案

2.4.2　某市剧院设计

这是受朋友之托，创作的一个剧院设计方案。该剧场规划位于市中心广场的一侧，广场的另一侧是一个大公园，本方案的设计创意有两点：一是把整个剧院看作城市的舞台，剧院造型是叠落式面向广场，市民可以登到剧场的顶上；二是建筑占地还地，采取覆土的方法，把剧场屋顶变成空中的绿地，体现出生态的设计原则。此方案经五套班子审议，开始到会的领导都看好这个方案，却因另一位领导说了一句话，而被打入"冷宫"，这位迟迟而来的领导，绕着模型走了一圈后说：方案是有新意，但就是像个"坟"！我后来听说此情，我想这是多大的"坟"啊（图22）！

我学习建筑50年了，但对建筑的认识仍很肤浅，尤其是当今，有些建筑现象更把我搞糊涂了，使我感到迷惑，好像建筑师不是在设计建筑，而是在"玩建筑"了，谁玩的奇，谁玩的怪，谁就是"前卫"大师！不讲功能，不讲经济，看效果图定方案；投标的设计文本也越来越厚，越来越精美，但虚假的东西也越来越多；有些年轻学生建筑还没入门就大谈"非建筑"了……建筑设计这一行真的需要开展"求真务实"活动，建筑学也真的需要"回归本体"了！

我想建筑并不真的是那么神秘、奥妙，它是为人所需、供人所用、用材建造、立于特定地点的一个实实在在的巨大人类生活载体。它不是建筑师一人能玩出来的，它是由社会、经济、文化、技术和自然共同支撑起来的。由于它巨大的尺度和引人注目的形式，消耗大量资源，因此，它为人类的生存空间的创造既会有巨大的贡献，也可能造成巨大的破坏。作为建筑师我们要对社会有高度的责任感，应该使我们每一次设计工程对社会、对自然、对人类都不会造成损害，都有利于提高整个社会的生活质量。所以，我们不仅要关注建筑艺术的创造，更要关注能让整个社会长期持久生存的新的建筑模式的创造。这应是当代建筑工作者思考与探索的主题，现在是到了思考与探索一种新的建筑模式的时候了。

当今中国的建筑规模举世无双、空前绝后，伟大的建筑实践呼唤伟大的建筑理论，作为中国建筑师责无旁贷。努力思考和探索我们自己的理论，用以指导我们的实践，是极为重要的。在我有限的思考与探索中，也体会到建筑师要有自己的理念，并按照自己的理念去探索实践，有助于一步步地理解建筑的真知。在我的实践中，无论是支撑体住宅、开放建筑，还是可持续发展的建筑，我在设计中都坚持建筑"四为"的原则（Four For）即 Building for People，Building for Furture，Building for Change and Building for Sustainability，也就是坚持每一项设计不仅要是以人为本，也要善待自然，既能满足人的需要，又要不损害自然，归根到底是思考与探索建筑如何能适应人类可持续发展的根本要求。

建筑设计是一个动态的过程，建筑不是终极性产品，在某种程度上，它也不是"凝固的音乐"，而应是流动的诗篇，它在不断创作的过程中发展；它也不是建筑师的专利，它是团队成员（Team Work）共同创作的结果。因此，建筑设计是个恰当的设计，那么建筑师应该是一个恰当的人，在恰当的位置，起恰当的作用，充当恰当的角色。建筑师要从象牙塔上走下来，贴近群众，贴近生活，贴近实践，急社会所急、想人民所想，把自己有限之力投身于我们国家复兴强盛的伟大事业中。我曾想做个赤脚建筑师，以自己的知识为广大人民群众多做一点实实在在的有用之事；我也曾想过做中国的波特曼，自己投资，按照自己的思想建造，遗憾的是50年来只有一项工程真正做到了这一点，那就是我的东南大学开放建筑研究与发展中心工作室，它是自己设计，自行投资，和学生们一起参与建造起来的。

注：本文是天津大学《建筑与环境》杂志社派两位记者来南京对我进行专访时，我与他们的谈话，他们回校后根据记录整理成此文，以我的名义发表于该杂志个人专栏中。

第一篇　规划设计

14 观演建筑设计中的思考与体验

随着国家经济的发展，各项文化设施的建设已逐渐提上日程，继北京国家大剧院、上海歌剧院建成后，其他大中小城市也在筹划新建或扩建剧院。近几年，我们也先后参加了几项剧院的设计，在设计过程中，有些体验和感想，现总结出来与同行交流。

1 目的性是建筑物的基本原则

近几年，建筑创作市场日渐繁荣，各式新建筑如雨后春笋一般，遍布全国城乡，形式可谓千奇百怪，建筑业呈现一片"繁荣"景象。但冷静沉思后，却又让人喜忧参半，建筑设计一味追求形式，不讲功能、不讲经济、不讲环境、不讲科学的现象到处可见，甚至建筑不像建筑，"适用、经济、美观"的基本原则被抛至脑后，有的建筑物连最基本的功能适用问题都未能很好解决。例如宾馆设计超大中庭，虽显气派豪华，但旅客进入大厅后看不到总服务台，找不到垂直交通梯，宾馆平面像迷宫；博物馆、纪念馆设计只重视建筑造型，对基本功能及三线问题——参观路线问题、光线问题及视线问题都不屑一顾，以致造成参观序列组织混乱，"一次反射""二次反射"现象严重，影响参观和视觉效果；剧院建筑设计要求观众厅应该是"看得见，听得清，散得快"，观众厅的平面与剖面形式、楼座形式及建筑平面空间组织都和这些基本功能息息相关，然而设计方案的一些评判者和决策者却不是深究其平面、剖面空间设计的合理性，只凭所谓的"眼球"效应来决定采纳与否。对于文化类观演建筑来讲，建筑形式的美自不用说是极为重要的，但是建造建筑的目的首先是为了用，而不只是为了观赏外表。因此，建筑的目的性应是建筑设计不应遗忘的基本原则，不论是什么级别的"形象工程"都不应背离它，而应当忠实地遵循这一原则。在提倡建设和谐社会和节约社会的今天，决策者及设计工作者都应回归到建筑设计的基本原则上来。

这几年，我们参与了南京文化艺术中心、浙江某市大剧院、南京晓庄学院艺术楼、安徽池州市剧院改造等工程的设计。在这些方案设计中，我们都努力遵循上述基本原则，用心进行平面、剖面的设计使其达到合理、经济的效果，同时努力创造良好的室内外建筑视觉效果。在南京文化艺术中心和浙江某市大剧院的设计中，我们都采用了椭圆形或近似椭圆形的观众厅平面，因为实验证明这种形式的视觉效果和音响效果都是比较好的；我们采用两层楼座与门厅、休息厅相互叠加的剖面形式，以充分、高效地利用空间，达到空间经济高效的效果，同时也创造了有特色的空间环境；观众厅天棚剖面设计都是经过声线、光线和视线的分析确定的；观众厅的高度也是根据每一个观众所需的空间容量通过声学设计来决定的，观众厅的屋盖结构随内部空间形式和造型的需要而布置，尽量使结构空间与建筑内部空间相吻合，随观众厅天棚走向而叠落。

2 建筑综合化与空间布局立体化

建筑空间的综合化是20世纪下半叶国际建筑发展的一个趋势，它既是后工业社会发展的客观需要，也是各行业建筑自身生存和发展的需要。从社会发展角度看，竞争加剧，人们时间观念加强，希望在单位时间内办更多的事，以提高效率，"时间就是金钱"的观念反映了人们对社会生活方式高效率的要求。为了提高建筑空间的使用率，增加商业服务效率，满足人们在使用过程中多方位的需要，各种类型建筑的传统单一功能都已被突破，增加了与社会生活相关的功能用房和商业服务设施以及文化教育设施和文化休闲设施。

剧院建筑也是这样，除了具有传统的演出功能外，常常与满足公众的文化活动及娱乐消遣的需求相结合，衍生出会议中心、展览活动厅及休闲餐饮中心等。例如浙江某市大剧院的设计任务书就要求，除了要有传统的剧院观众厅、舞台、化妆室、排练场及相应的休息室等辅助空间外，还要有会议中心及各类大小会议室、电影厅等。南京文化艺术中心是一项大型建设项目，除了有集演出、展览、文娱演出于一体的观众厅外，还有展览陈列厅、美术画室及多种兴趣小组群众艺术中心的活动用房。

一些老的影剧院由于功能单一，不能适应当前文化市场的需要，经济效益不佳，也相继进行改造，增加新的综合性的功能。安徽池州市剧院改造工程即属此例。它建于20世纪70年代，有一个1000余座的单层观众厅和一个可以演地方戏的较大的舞台及少量的化妆用房，外设一间不大的门厅，设施简陋，不能满足公众多方面的要求。因此剧院决定进行改扩建，除了完善原有的演出功能外，还增加了群众性的文化娱乐设施和会议用房，被扩建成该市的文化活动中心，同时兼作大型会议中心。

正是由于剧院建筑功能由单一走向复合，建筑规模相应扩大，建筑空间也变得更加复杂。然而城市建筑用地越来越紧张，尤其在老城市老城区，由此剧院的空间布局必然要走立体化的布局之路，以求在有限的基地上，妥善安排好众多功能用房。小汽车进入中国家庭后，对交通空间的需求越来越大，除了少量停在地面层外，大多数停车场都设在地下层或半地下室，有的还放在地下二层，这就必然呈现立体化的空间布局。在南京文化艺术中心和浙江某大剧院的设计中我们就采用了这种布局。前者是将停车库放在地下层，一层为市民文化活动与娱乐消遣用房，包括展览厅、电影厅及音乐厅，传统的剧院功能用房布置在二层、三层上，顶层为办公和培训用房（图1）；浙江某市大剧院停车场及设备用房、升降舞台都设置在二层地下室中，会议、展览、培训、办公用房则放在剧院两侧，并呈台阶式布置，连屋顶也充分利用起来，作为绿化用地（图2）。由于观众厅空间大且无柱，因此在立体空间布局时，观众厅有时就会放在上层，即放在二层或三层以上（包括三层），以免在观众厅上再设置楼层；自动扶梯作为垂直交通已相当普遍，使用起来较为方便。

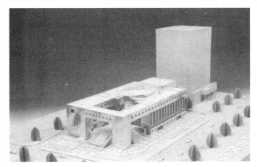
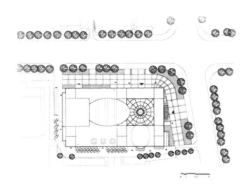
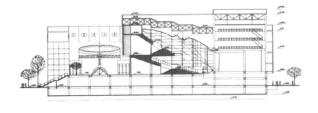
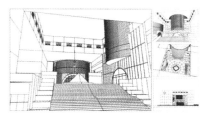

图1 南京文化艺术中心

a.模型照片

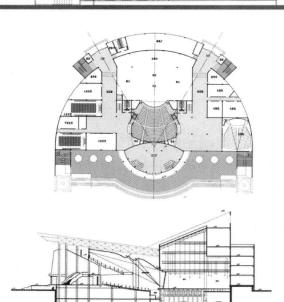

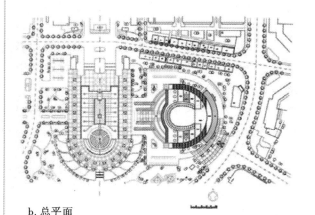

b.总平面

c.平面、剖面及立面图

图2　浙江某市大剧院

3　基地及基地环境是建筑生成的根据

　　建筑形体的生成，首先是因建筑内在功能的需要，而同一类型的建筑却有着迥然不同的形式，这是不同基地和环境造成的结果。严格地说，任何工程的规划设计都是被动的，都是在基地环境条件的限定下发挥建筑师创作的聪明才智。因此剧院基地的选址很重要，好的选址为规划设计的创作提供了充分发挥主观能动性的创作空间；反之，选址不好就会带来某些先天不足。建筑师的创作就是如何将可能产生的"不足"减少到最小程度。

　　上述我们设计的浙江某市大剧院，基地在新的市中心的一侧，坐落在西向次轴线的东端，正对西端的城市中心公园，基地条件比较宽松，为建筑方案设计提供了较有利的条件。因此我们的方案设计引入建筑与城市一体化的概念，从城市设计角度出发，打破以往建筑与城市生硬的隔阂，创造出一个新的城市客厅，使未来的剧场更具开放性，更加融入这个城市，融入这个城市中心的群体。我们把创造新的城市界面作为实现创意的切入点，剧院主体像一个巨大的露天剧场，它隐喻"城市的舞台"，市民就是这个舞台的表演者，故将屋盖设计成台阶式的，市民可以从广场直接到达屋顶上的每一层空中花园，这个空中花园也有意对应轴线西端的城市中心花园。

　　前述南京文化艺术中心的设计中，基地及基地环境都极为苛刻。它选址在南京文化一条街——长江路上，这条街上有很多重要的文化设施，但是文化艺术中心的基地条件却不是很好，甚至不适合建造剧院。因为它地处城市两条主要干道的十字路口处，西南角基地很小，四周无一点扩展余地，东、北两面紧邻城市干道，南、西两面都是建成建筑，西面是一座高层保险公司大厦，紧邻基地西侧。在这样的基地条件下进行创作，似乎有一点"巧妇难为无米之炊"的感觉。经过仔细思考，我们采取了立体化空间布局方法以解决建筑规模与基地大小的矛盾，把剧院、音乐厅放在二层楼，把大量性的群众文化活动用房布置在一层，把人流分开，让主要人流由临街的东面和北面进出，车流及演艺人流由基地的西端出入；为了缓解观演人流室外集散场地的压力，我们在长江路和洪武北路的交叉口位置的二层上设置了一个公众活动广场，它是一个跨越四层的高大"灰空间"，由东面和北面两部大台阶引导观众直到入口，形成了一个具有文化吸引力的场所，同时减轻街道层面上人流的压力，从而在南京城市环境中构筑出一个独特的视觉景象空间。为了设计这样一块室外空间，我们把剧院一层池座作成阶梯看台式，把门厅和休息厅集中在一层和二层楼座的下方，使室内空间也达到适用、高效的特点。

在设计安徽池州市剧院改造扩建工程时，我们在原有基地的基础上，注意充分开发土地价值，除了扩建文化活动中心和会议用房外，还在入口广场下设计了地下停车场，以解决停车问题（图3）。

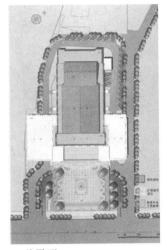 

a. 总平面　　　　　　　b. 改建外观

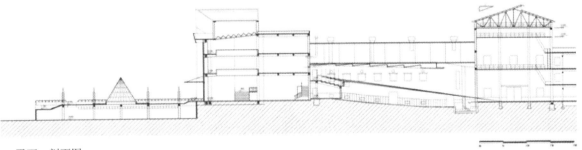

c. 平面、剖面图

图3　安徽池州市剧院

在南京市晓庄学院艺术楼的设计中，基地处在老校园入口广场的西北角，为长方形，东西方向长，南北进深小，设计时只能"量体裁衣"采取非常紧凑的集中式的布局，围绕观众厅三面布置用房（图4）。

4　纯朴心灵，纯朴建筑

建筑要用心去设计，用纯朴之心追求纯朴的建筑。在我们所做的影剧院建筑中，都力求坚持环境是建筑创作的依据，功能适用是建筑设计的基本原则，外在形式和内在空间要统一，建筑形式与建筑空间结构和构造等相互协调。我们摒弃虚假的装饰，更反对打造"时尚"的包装主义建筑。南京文化艺术中心的体量设计，除了合理安排六项使用功能空间外，建筑造型力求简洁、大方，从城市设计的角度（环境要素）出发，横向的长方形体量与基地西侧保险大厦的竖向体量形成"一横一竖"的鲜明对比，相互衬托，增强了长江路沿街的景观效果。浙江某市大剧院也是通过科学的规划布局、创造性的空间组合、精心的功能安排、合理的交通流线组织，形成融合于环境的现代化空间，成为该市标志性的文化设施，该建筑外在形式与内在空间都是完完全全吻合的，没有半点虚假！南京市晓庄学院艺术楼也是朴实无华，忠于学校建筑的精髓。

a. 建成后外观

d. 观众大厅

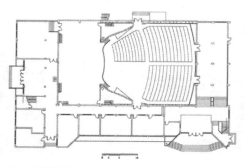

b. 一层平面

e. 休息廊

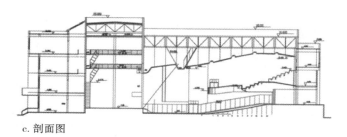

c. 剖面图

图4　南京晓庄学院艺术楼

5　创意与决策

创意是设计的灵魂，我们从事的任一工程设计不管大小都力求有所创新，追求恰到好处又有自身特色的设计理念，但是它能否实现却往往取决于决策者。贝聿铭先生曾讲过一句话："建筑师遇到好的工程不如遇到好的业主！"建筑师的职业永远留有遗憾，上述设计都有一个故事，一个留下遗憾的故事。关于南京文化艺术中心的设计，主办方在六七份设计方案中，选出两个推荐方案送交市领导审核，最后市领导选中了外形为曲线的方案，因为他们认为"曲线好像时尚一些"。这个方案建成后，市民褒贬不一。安徽池州市剧院改扩建工程在建造当中，由于资金不足，连门厅的改建都取消了。要说遗憾少一点的就是南京晓庄学院了，它基本上是按设计方案实施建成的！

（原载《城市建筑》2006 年第 2 期》）

15 建筑创作的回归

二十多年前在北京香山饭店旧楼，聚集了十几位中青年建筑工作者，他们彻夜热烈讨论着中国建筑创作问题，抱着共同的心愿，策划成立了"现代中国建筑创作研究小组"，即今天的中国当代建筑创作论坛（CCAF）。我有幸成为来自北京之外的少数参会者之一。当时正是我国改革开放之初，各方面社会发展的现实问题都在引起人们的深思。一方面改革开放的新时机让我们看到了中国建筑创作的春天即将来临；另一方面也使我们踌躇满怀，中国建筑创作应该走什么路？应该向何处发展？在热议中我们认识到并明确了未来的中国建筑创作应该走现代建筑发展之路！我们的责任，我们的任务就是把现代建筑的理论、原则和方法与中国实际结合起来，努力创作中国现代建筑，让中国现代建筑跨入世界建筑之林，小组的冠名正体现了与会者的共识。

建筑创作方向明确了，接下来是决定谁来担当这历史的重任。当时贝聿铭先生设计的北京香山饭店落成，让人耳目一新，这也似乎让人们看到了中国现代建筑的创作方向，有些人甚至把希望寄托在这些世界大师的身上。面对这样的形势，作为有责任的中国建筑师有何感想呢？我当时刚从美国 MIT 做访问学者回来，也有一股热情，试图将国外的 SAR 理论与中国实际结合，研究我国住宅设计和建设的新模式——让住户参与的支撑体住宅设计体系，以适应住房体制的改革。当时我也在想，中国的事还是要中国人自己解决，中国现代建筑的创作也同样要依靠生活在本土的中国建筑师来创造，他们应该是中国现代建筑创作的生力军和主力军。也就是在那个时期，时任建设部副部长的戴念慈老先生创立了建学建筑与工程设计所，以创作"少而精"的作品为指导思想，开始了中国现代建筑探索之路。

二十多年过去了，中国经历了翻天覆地的变化。中国建筑不仅迎来了春天，而且跨跃式地进入了"夏天"，全国到处是热火朝天的大工地，不只是造房子，而且是到处"造城"了；规划图纸不再是"墙上挂挂"，而是很快就变成了现实。这种"跨越"真的比"大跃进"还要"多"和"快"啊！真是一派盛世景象，但是回首看看，冷静想想，目前的建筑创作形势又是怎样的？中国的创作市场成了某些外国建筑师的灵感试验场，建筑创作变为某些建筑师的玩物，标新立异、求奇求怪的"作品"充斥市场；而另一方面又是"千城一面"，垃圾"作品"到处可见。我经常思考这些问题，对当前我国建筑创作中出现的各种现象也有了一些自己的想法，现与同仁共同商讨。我的中心思想就是两个字：回归，即建筑创作要回归理性、回归自然、回归本土和回归本体，最终回归到以人为本，人与自然共存，回归到现代中国建筑创作的道路上来。

回归一：回归理性——回归到基本的设计理论和设计原则上来

我国的设计市场一片繁荣，但在成就的背后，我们也可看到建筑设计创作中盲目求新求洋、好大喜功、铺张浪费、不重功能、忽视经济、损害环境的现象在全国各地上演。

在建筑形式创作上盲目崇尚非理性或超理性哲学，追求怪异，忽视设计对象的客观条件，无视因果逻辑关系的约束，热衷于主观意念的创造……这些现象越演越烈，正普遍影响着年轻一代，这将导致我国建筑创作走入误区，导致现阶段我国建筑设计市场走向混乱！建筑设计工作在国家经济建设和社会发展中具有举足轻重的作用，它直接关系着工程的质量、资源的节约、环境的保护和可持续发展思想的贯彻和执行。设计工作中指导思想是关键。早在 20 世纪 50 年代，我国政府就确立了"适用、经济、在可能条件下注意美观"的建筑设计方针，改革开放以后有人对此方针提出意见，认为不论建筑造价高低，建筑美观总是需要的，不必加以限定，因此，建议将原来的建筑设计方针改为"适用、经济、美观"；后来又有人提出"适用、安全、经济、美观"的方针，尽管新的历史时期建筑设计方针还未形成共识，也未正式发布，但是在上述各种对"方针"的阐述中，适用、经济都是不可缺少的要素，并且都应放在优先考虑的地位。

意大利著名建筑学家布鲁诺·高维在他的名著《现代建筑语言》一书中，就把功能原则列为现代建筑语言的第一原则，他指出"在所有的其他原则中，它起着提纲挈领的作用"，并告诫大家"在建筑学发展中，每一个错误，每一次历史的倒退，设计时每一次精神上和心理上的混沌，都可以毫无例外地归纳为没有遵从这个原则"。对照我国建筑设计市场的现实，回想一下我们常常碰到的一些设计现象：很多时候设计还未做，开发商和决策者就要求建筑师拿一张效果图来，不少项目就是凭着效果图来定方案的！显然他们是把"美观"放在最重要的位置！房子建起来要美观，这是天经地义的，但建造房子的目的首先不是为了"看"，而是为了"用"；如果为了美观，把适用、经济功能抛到九霄云外，这必然导致设计价值取向的扭曲，形形色色的所谓"前卫建筑"，各种各样玩弄建筑的游戏就将大有市场。

当然，在多元化的今天出现这些现象并不奇怪，特别是我国实现改革开放以来，国外的种种建筑思潮汹涌而来，可谓泥沙俱下，鱼龙混杂。进入市场经济后，一切都商品化，建筑也毫不例外需要包装，洋装成为时尚，"欧陆风"由南吹到北，盛极一时，暴发户式的建筑形象充斥着全国城乡。不管什么城市、什么环境，也不管是什么性质、什么功能的建筑都一味追求国外的某个式样。美国的国会大厦在中国城乡肆意被"克隆"，中央电视台天气预报节目中还常常看到"克隆"的国会大厦形象。在南京

图1　南京"克隆"的美国国会大厦

肃穆的雨花台烈士陵园的南大门口，几乎在烈士陵园的中轴线上，也出现了它（图1）！令人啼笑皆非的是这座宏伟的办公楼还是一个区委大楼。刮洋风、迷洋人一时成了建筑设计价值取向的原则，甚至成为挑选设计单位、选择设计方案的首要原则。南京新火车站、南京江苏美术馆就是遵循的这个原则。南京新火车站建成以后，我乘了两次车，发现它内部的"流线"可以说是"一塌糊涂"，室内空间高高低低，流线不清，很难找到你要去的候车室；候车空间小，长度不够，不适合我国排队候车的使用特点，节假日更是拥挤。总之，这座新火车站完全忽视了或者说根本不了解中国铁道旅客车站使用功能的基本要求，远不如28年前中国人自己设计的上海火车站（北站），人流组织得简洁明了，从大厅到候车厅，再到站台上车，几乎没有一点曲折行程，候车室长度足以满足80人座位长排的空间需要，排队秩序井然。可以说，上海车站的设计达到了国人常说的"20年不落后"要求了，而且它已成为今日国内很多大型车站设计借鉴的典范。因此，我们开放要向外国学习，但不能全信，尤其是决策层；也不要只看外观形式，而忽视建筑使用功能，而是要提倡、鼓励建筑创作回归到理性的设计原则上，回归到建筑设计的基本理论和基本原则上来。

回归二：回归自然——取于自然，归于自然，人与自然和谐

21世纪是人类回归自然的世纪。建筑作为人造环境，是人与自然的中介；作为人类改良自然气候和塑造人工环境的技术手段，满足人们各种要求，建筑与自然的关系实际上是人与自然的关系。在人类文明发展的长河中，人与自然的关系经历了依赖自然、服从自然→利用和有限地改造自然→意欲主宰自然、改造和破坏自然的三个阶段。在不断开发、"主宰"自然的过程中只会不断地损害自然，到头来损害人类自己。因为生态危机必然会危及人类的生存和发展。人类为了自身的生存发展，必须把自然作为人的自然生存环境来加以恢复和保护，以创造人与自然之间全面、协调的发展，否则，人类

将自掘坟墓。现在自然对人的报复已经开始，人类应该反思了！

人类最初的建筑活动大多是基于对自然巢穴的模仿。为了创造基本的生存、防卫空间，人们在自然中获取土石、竹木、毛草、树枝、兽皮搭造建筑，建筑从使用到废弃经历着"取于自然""归于自然"循环的过程，因而那时的建筑能够最大限度地与自然融为一体，建筑成为自然的有机组成部分。而今天的建筑活动却成了破坏自然环境、消耗能源和资源的大户。全球几乎50%的能源消耗于建筑业；近50%的资源使用于建筑业；近50%的垃圾源于建筑业……我们今天很多的建筑都是黑暗的建筑、黑暗的博物馆、黑暗的商场……全部靠人工照明与空调。有的小区将住宅设计成恒温住宅；有的小区甚至不允许安装太阳能设施等。在城市规划设计中，不尊重自然的地形、地貌，见山就开、见水就填、见树就砍，多少湿地被吞没，多少耕地被占用，多少水流被切断，多少个山丘被推平……这些都是反自然的，最终创造出来的都是人与自然隔绝的环境。建筑要回归自然，就是要顺应自然，尊重自然，充分利用自然的条件进行规划与设计，使建筑融于自然，使人与自然和谐，达到天人合一的境界。2003年"非典"时，首要的防疫措施是保证自然通风。流行病学专家认为，无论住家或办公的空间，保持室内自然通风比消毒更重要。面对"非典"，住宅自然通风因素在中国房产中很快得到了强烈反应。这对于提示人类要注意回归自然，和大自然和谐一致有着重要的启示，一般建筑都应该以自然通风为设计的基本原则。在规划设计中尊重自然的设计原则，顺应气候，顺应基地地形地貌，因地制宜，保护当地生态环境，充分利用自然的光、热、气、风、水及天然材料等自然要素和资源，并充分利用现代科技手段，使新建筑在高水准上尽可能多地"取之自然"，又能"归于自然"，从而进入高水平的循环建造活动中。

此外，我们还要向自然学习。我们知道，每一种生物所具有的特殊形态，都是由其内在的生存基因决定的。同样，各类建筑的建筑形式，也是由其构成因子生成、构成、演变、发展出来的，它们首先是"道法自然"。今天建筑创作也要求依循大自然的规律行事，而不是模仿自然，更不是毁坏自然，应该是回归自然。国外研究表明：自然采光能形成比人工照明系统更为健康和更为兴奋的工作环境，可以使工作效率提高15%，90%的人更喜欢在有窗户和可以看到外面风景的房间中工作。另外，人类的祖先在室外活动的时间较多，所接受的是全光谱的自然光的照射，这提高了人体免疫力；而现代生活中，许多人受到过多非自然光的照射，这也许是导致某些疾病的原因。因此，建筑设计要回归自然，尽可能利用自然采光，这不仅可以节省能源，还能为人创造更健康的生活环境。

回归三：回归本土——国际视野，乡土情怀，以我为主，创新而中

建筑的特点是与"地"相连，建于一个特定的场所，属于一定的地域，这个地域的自然条件（气候、地质、水文、地形、地貌及资源等）、社会、经济、文化背景等因素都对建筑的形成起着至关重要的作用，地域的条件建构了建筑的形态。就仅以地域气候条件而论，建筑是因气候而生，随气候而变的。建筑的原始功能就是为人类提供一个避风雨、避寒暑的庇护所。因而建筑与气候的关系是密不可分的。各地的气候条件是各地建筑形态形成与演进的主导因素。不同的气候条件有不同的"庇护"方式，构成不同的"庇护"形态，特定地区的气候条件是地域建筑形态形成最重要的决定因素。气候的多样化必然会造就建筑的多样性。我国的传统民居从南到北都有合院形态，但因地域气候差异，南方与北方的院落形态是不一样的。而目前中国的住宅东南西北中都是一样的，地域性特征没有了，也导致城市千城一面。

建筑原本就是地域性的。从全球来讲，历史上存在着四大独立的地域建筑体系，即以中国为首的东方建筑、以欧州为主的西方古典建筑、以两河流域为主的伊斯兰阿拉伯建筑及以印度为主的印度建筑，它们都各自有着鲜明的特点。现代主义建筑产生及流行以后，出现了国际式建筑，这给地域建筑带来冲击，依循世界经济发展全球一体化的发展趋势，这种建筑将越来越多。因此，建筑规划与设计回归本土，创造地域建筑就显得更为迫切，更为重要，时机也更为有利了。因为从20世纪60年代开始，以能源危机和环境污染的出现为契机，人们在反思经济发展的模式时，全球共同确认了可持续发展的战略思想，促使建筑界也反思建筑活动所走过的历程，重新审视人造环境与自然环境的关系，开

始探索有利于可持续发展的绿色建筑和生态城市，这大大有利于地域建筑的创造。因为生态建筑、绿色建筑都离不开特定的地域，它们都应该扎根于所在地域的土壤中，生存在所在地域的自然条件中，融合于所在地域的社会、经济及文化环境中，绝没有放之四海而皆准的国际式的绿色建筑——洋绿色建筑。此外，人们也越来越认识到，"越是民族的越是国际的"，原生态的文化和艺术特征也越来越受到世人的瞩目！

自然化和人文化是地域建筑两个本质的特征，也是今日现代建筑发展的方向。提倡建筑创作回归地域，就是强调在建筑创作中一方面要尊重本土的自然条件，顺应自然、适应自然，努力使我们创作的人造环境与自然环境相协调，并达到节约资源、有利健康的目的；另一方面在建筑创作中要尊重当地的人文历史、社会经济背景，努力了解、发掘、认识它们，并使之得到传承、延续，并在不断吸收外来文化的基础上，使其不断新生和发展。在我们的创作中应该既有现代国际的视野，又有深厚的乡土情怀，即放眼世界，立足本土，以我为主，创新而中，以此进行我们的现代建筑的创作。

提倡本土化，并不是排斥外来文化，闭关自守。相反的，我们应该努力学习外国先进的文化，先进的科学技术，来解决我们自身发展中的问题。但这绝不是照搬照抄，拿来就用，而是要经过消化、吸收，结合自己的肌体条件，有选择、有改进地应用，最终使其适合我们的国情、乡情、人情。这个过程就是创造新的本土文化的过程。譬如解决住的问题，我们不可能再采用四合院的办法，而是引进了"单元住宅"的理论和模式，基本采用多层甚至高层单元住宅的方式，但是它的平面布局、空间设置与安排，建筑材料和结构方式，甚至是建筑形式都不是简单地把国

图 2　具有地域特色的无锡惠峰山庄

外的搬来照用，而是设计要符合当地的自然条件，适合当地居民的经济条件和居住需求，采用适合当地的建筑材料技术、设备和结构方式，设计当地人喜闻乐见的建筑形式，那么这样的居住建筑理论虽源自国外，但已本土化了。因此，只要有这种意识，采取这样的设计态度，本土化的创作之路是非常广阔的。20 世纪 80 年代初，我们探索的无锡支撑体住宅就是基于这样的思想，它不仅将 SAR 理论应用于中国，而且也应用了"单元住宅"的模式，同时又继承了传统的四合院式的空间，把"大杂院"变成了"可防卫空间"和新的"交往空间"，又利用青瓦屋顶和马头墙的传统建筑语言，将其建成有地域特色又满足现代生活需要的新居住建筑（图 2）。

回归四：回归本体——回归建筑的本体

当前建筑创作存在着"玩化建筑""神化建筑"与"虚化建筑"的现象，把建筑纯艺术化、商品广告化、包装化和神秘化。他们的构思有时是挖空心思、别出心裁，叫人难以认知，以显示出其前卫和大师的"水平"。其实，建筑或建筑学（Architecture）一词，在拉丁语中就是指工匠主持人所从事的工作，包括艺术和技术两部分，是二者的综合。建筑虽然是综合的，包罗万象的，但它绝不是玄学，而是实实在在的物质形态，它是看得见、摸得着，并能走进去在其间生活、工作和享受的（除少数纪念碑建筑外）。它是按一定的目的（使用要求、功能），通过物质技术手段，在特定的地域场所中建造起来的，它是创造空间和环境的一门科学与艺术。狭义地说它是一门盖房子的艺术。广义来讲，它是塑造人类生活空间环境的艺术，它与一般的艺术如绘画、音乐、文学等姐妹艺术有相同的美感要素，但它们又有本质的区别，至少有三点可以说是建筑与其他艺术不同的本质特征：其一是建筑的物质性，它是用物质、技术手段建造的，受社会、经济、技术等各方面的制约。建筑师的创作远不如画家、音乐家和文学家那样自由。其二是建筑的空间性，建筑艺术是空间的艺术，创作的作品不只要好看，更重要的是要好用。建筑创作的内涵不仅是建筑的外部形式，更是空间造型的创造。其三是建筑的地域

性，任何建筑都建于一个固定的场所，始终与大地和周围环境联系在一起。因此不是纸上画画吸引眼球就行了，而是要建得起来，好看又好用，并与环境融合才是真正的美。因此，建筑就是建筑，不是绘画，不是雕塑，规划设计就是要按照建筑本体内在要求和外界的条件来进行设计，即按照建筑本体的规律进行设计。

当前设计工作中对建筑本身的研究是不够的，譬如说，建筑空间布局如何合理紧凑；结构如何有效经济；外部形式与内部空间、结构、构造如何表里一致，美观统一；如何以最少的材料获得最大的空间效益……建筑设计现在离集约化的设计还相距甚远，还停留在粗放的阶段，这往往导致建筑大而空，华而不实，高消耗，低效益。这种不重视平面、剖面设计，不重视技术设计，而只看重外观形式的倾向，不仅表现于设计工作本身，也表现于我们建筑出版业中，在不少建筑作品集、建筑书刊中，介绍的建筑基本上都只有照片，而缺少基本的平、剖面图，更少见有技术设计的图纸了！

在设计市场上，我们常会发现：在某些设计中（尤其是招标性的设计或竞赛性的设计），有的作品真是挖空心思进行"创新"构思，为了表现深厚的文化底蕴，他们模仿书法构思建筑的体和形，平面和体形都像某个汉字（图3），并表现出书法家的潇洒，建筑空间的大小高低是随草书笔画的宽窄而变化，建筑空间的连续或断开是依照书法笔画用墨的黑与白来布局……这种像字形的创作是创作巨型字还是在创作建筑？我们还看到一幢造型标新立异的新建筑，它位于一幢按正常原则设计和建造的建筑实体外，利用现代的钢和玻璃作成一个花外套，包装在该建筑实体外，它们既不是结构的要求，也不是功能的需要，更不是生态的作用，而完全是为了"造型"，为了让人"眼球一亮"。但是建成后"好看"却不好用！这恐怕也是"标志性"要求所导致的结果（图4）。

图3 某图书馆方案

因此，我们提倡回归本体，在建筑学建筑设计的内在规律上来研究建筑学，研究建筑设计，做好建筑设计，努力使建筑设计从粗放走向集约化。

最后，四个回归的最终目的是要使我们的建筑创作真正回到以人为本上来，回归到人与自然和谐、共存上来，回归到中国现代建筑创作道路

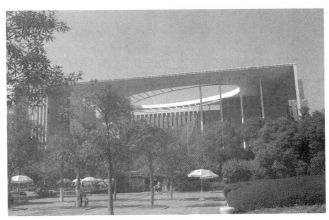

图4 南京图书馆

上来，这里特别要指出的是这里的"人"是谁。是设计者——建筑师，还是使用者——业主？我想应该是后者而不是前者，因为前者是为后者服务的。

（原载《建筑学报》2009年第6期）

16 建筑体系构想与实践

2008 年汶川大地震后，建设部制定了《地震灾区过渡安置房建设技术导则》（以下简称《导则》），《导则》规定要建 100 万套抗震安置房，全部建为一层，并都用彩钢板来建造。当年 5 月下旬江苏省建设厅召开了一次抗震救灾专家座谈会，我应邀参加会议。开场主持人第一个问题就是：灾区那么多建筑垃圾怎么办？

上述两件事值得我们反思。灾区都是山区，地震后地貌破坏严重，哪有那么多平地？全部采用彩钢板，冬天冷夏天热，要住三年，合适吗？彩钢板中的蕊板是否有二次污染？抗震救灾房是否可寻找另一条路，除保证快速、安全外，能否用其他更适合居住、不污染环境的材料？是否可以不全部建一层而提倡建二层以节省土地呢？抗震房，特别是抗震后的重建，除了加强抗震技术要求外，还应确定一条新的建设原则，即要求按可持续发展的原则进行规划、设计和建造，走抗震、节能、环保、健康的绿色建筑之路，因此震后重建是挑战也是机遇。至于建筑垃圾那么多怎么办，解决的办法总是有的，我们应作深层次的思考，建筑垃圾是怎么来的？它是现行的建设方式造成的。当今建筑行业都用高耗能、低效率，破坏环境又不可再生也不可再利用的建筑材料，如大量地采用黏土砖块和钢筋混凝土建造房屋，这种房屋毁后 95% 的材料都成了垃圾。我们能否应用一种可再生的自然生长的材料或工农业的废弃物作建筑原料，使建筑走上资源节约型的和环境友好型的低碳建筑的建造之路？建筑业现处在十字路口上，新的建筑材料是突破口。因此，应从改变现行的建设模式，革新建筑材料着手，探索一条可持续发展的低碳建筑之路。

1 构想的目标、策略和方法

1.1 目标

我从 20 世纪 90 年代初就认定了可持续发展建筑是未来发展的方向，从那时开始就致力于这方面的思考、研究和实践。1995 年在东南大学时，我就给研究生开设了"可持续发展的城市与建筑"这门新的选修课，申请了自然科学基金课题，进行了生态技术与建筑一体化的研究，并在扬州进行了生态住宅和生态住区规划和设计的试点工程，在实践探索中深感新材料和新技术在建筑变革中的重要性，建筑革命必须要从材料上突破。因此，我逐步明确了从材料着手探索中国可持续发展的绿色低碳建筑之路的目标，即建构一条轻型、框板、集成、环保、绿色的低碳建筑之路。

1.2 策略

为了建构一条资源节约型和环境友好型的低碳建筑的新的建设模式，我们提出的策略是：

（1）尽量利用天然、可再生的林木，以工业、农业、林业的废弃物作为主要的建筑原料，实现材料可再生和可循环利用。

（2）建筑材料的生产，建筑房屋的建造和使用都应是低能耗的、环保的，尽量减少使用高能耗、低效率的建筑材料，如钢筋混凝土和黏土砖砌体，以减少尘灰、气体、噪声及固体垃圾等。这有益于人类健康。

（3）建筑材料和建筑构件都实行工厂化、标准化、规范化生产，采用装配式集成的现场组装的产业化建造方式，可装可拆，可循环再利用，实现文明生产和清洁生产。

（4）充分利用工、农、林业高科技加工方法，改善和提高原材料的性能，变废为宝，变粗为精，变低效为高效，创建新的材料和建筑构件。

（5）在生产和建设中采用适当技术充分提高资源的利用率，充分利用人力资源优势，降低能耗率，以利于节能减排。

（6）走多学科交叉研究，产、学、研结合的道路，开展研究与实践，寻求用建筑学的办法应对环境危机，在建筑业中作出贡献。

1.3 原则

我们所构想的轻型、框板、集成、环保、绿色的低碳建筑具有创新性，它既不同于中国传统的木结构房屋体系，也不同于当今正在试图打入中国市场的北美或北欧的木构体系，这两种木构体系均采用生长期长的原木、实木或实木集成材。我们主要是应用再生的速生林木和非木质的工业及农业废弃物，通过近代林业、农业的加工技术，将其制造成各种不同性能的建筑构件来建造房屋。

1.4 方法

对应上述的设计策略，我们采用的方法是：

（1）原料。采用可再生速长的林木，如苏北地区最适合杨树生长，有大量杨树生产基地，杨树 8～10 年即可成材；江南有杉树（10 年）、松树（12 年），还有桉树（4～6 年）等。利用现代木业加工方法，改善和提高原料性能，生产成可用于建筑的材料；采用天然的可再生速长的毛竹（5～6 年）及工业的废弃物，如炉渣、石粉等；采用农作物的废弃物——秸秆、稻壳等，现在秸秆大多被烧掉，对空气造成污染，我们把它利用起来作建筑原材料；采用木质和非木质的人造材料，如人造板（尽量不含或少含甲醛）、秸秆板、多层胶合板、中空刨花板、竹制人造板、石膏板等；用少量实木、实木集成材或竹加工集成材作骨架，

图1　建筑基本材料

可用轻钢或型钢作骨架材（多层和高层中应用）（图1）。

（2）建筑基本构件。利用上述材料，在工厂制成房屋的三类基本建筑构件，即柱、梁、板。利用实木、实木集成材或竹加工集成材制成实心或空心的柱和梁；多层、高层可用轻钢或型钢作骨架；通过合理的构造设计，利用木龙骨、轻钢龙骨及各种人造板材建构成能标准化生产的一定规格的多功能空心板体，具备保温、隔音及防火防水的性能，可做外墙板、内墙板、楼面板及屋面板。

（3）结构。运用中国传统的木结构的体系及现代 SAR（支撑体体系）理论，采用骨架支撑体和多功能板体相结合的框板体系，利用梁和柱构建骨架体系，利用多功能板建构各类空间体系（图2）。

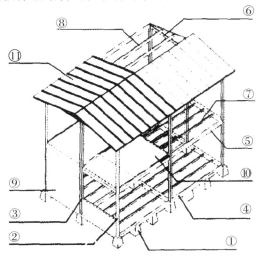

①柱础　②角立柱　③中立柱　④地面框架梁
⑤楼面框架梁　⑥屋面框架梁　⑦楼层桁条
⑧屋面层桁条　⑨复合空心墙板　⑩复合空心楼面板
⑪复合空心屋面板

图2　框架与板体整体示意图

（4）建筑标准。根据开放建筑的设计理论，建筑应因人、因时、因事变化，保证"因您而变"，使建筑体现"四为"的理念，即建筑要"为人、为着未来、为着改变和为着持续"（for People，for Future，for Change and for Sustainability）。因此，我们创造了用户参与设计和建造的新建筑模式。

我们设想的建筑由三部分构成，可分阶段来完成。①基本房体：它符合基本的使用要求，可适合一般标准或临时使用的建筑。如抗震救灾安置房，它就是由三种基本构件——柱、梁和板集成、装配

的空间体系，附以门窗，实际上是一个"毛坯房"。② 表皮外包：即对基本房体进行二次表皮装修，按照使用者的要求对屋面、外墙面进行高标准的加工装修，以适应长期使用，增强其耐久性。③ 可变的内装修：可按需量身定做，也可更新改造。

经过内外再装修就可达到使用者预定的标准要求，可以做成一般的住宅，也可做成豪华的别墅或度假村等，甚至可做成空中别墅，把大开间住宅的层高设定为 6 米或 6 米以上，在二层楼盖之间建造空中木构别墅。

因此，这种建构体系建成的房子，可以是短期的，也可以是永久的；可以一次建成，也可以分期建设，即先建基本房体，再进行内外表皮的包装。它可以根据经济条件确定标准，逐年加建内、外表皮工程；也可以根据不同的地域创建不同的建筑风貌。

（5）建造。所有建筑物构件——支撑体构件（柱、梁、板）和可分体构件（门、窗、隔墙等）都在工厂生产，通过物流运到施工现场，进行安装，实现文明施工、清洁施工。

2 实验房及其建造

2.1 实验房——抗震救灾安置房

根据上述构想和设计运用的策略和方法，2008 年我与南京林业大学、东南大学及南京工业大学教师合作，共筹资金，设计建造了一幢 80 平方米的二层抗震救灾安置实验房。它是根据抗震临时安置房的要求设计建造的，共 4 间，每间 20 平方米。未设室内厨卫设施（《导则》要求采用公共厨卫设施），全部构件总重量不到 10 吨，用一辆卡车装运到现场。5 名工人现场安装，7 天完成安装任务。除了柱基用预制混凝土外，整幢房屋没用一根钢筋、一斤水泥、一块黏土砖，房体总造价仅 7 万余元。

2.2 建造

工厂生产全部建筑构件（包括柱基）后，委托物流公司用集装箱或箱式汽车运往施工现场，由安装队人工组装，住户可以参与施工，不用或少用大型施工机械，采用活动脚手架，施工中不产生噪声，不产生垃圾，施工完毕，构件也都用完了，实现了清洁、文明的施工（图 3、图 4）。

a. 构件运到工地；d. 铺设楼面板；b. 挖柱基坑；e. 铺设屋面板；c. 立柱，安装墙板；
f. 安装完毕竣工.

图 3 建造过程

3 效益分析

3.1 环境效益

环境效益体现在以下几个方面。首先，减少高能耗的水泥、钢材和黏土砖的应用，直接实现节能减排。目前我国一般的多层框架建筑用钢量都在每平方米 40 千克左右，混凝土用量每平方米为 0. 33 ~ 0. 35 立方米，而 1 吨钢生产需烧煤 0. 566 吨，生产 1 吨水泥消耗煤 0. 24 吨，燃烧 1 吨煤则排放二氧化碳 2. 62 吨，如以 100 平方米框架建筑来计算，则需消耗钢材 4 吨，燃烧煤 56. 6 吨，排放碳 150 吨，需用混凝土 35 吨，燃烧煤 8. 4 吨，排碳 22. 008 吨，建造 100 平方米的建筑则排碳约 172 吨！其次，我们利用废弃农作物秸秆做原料制成板件。根据实验房的经验，平均 1 平方米的建筑面积至少消耗 60 千克秸秆，100 平方米的建筑面积则消耗 6000 千克秸秆。如果让秸秆露天燃烧，1 吨秸秆燃烧后排放二氧化碳 1. 506 吨。这就是说我们用它来建房

图 4   研究团队
由四所高等学校、一所设计公司和两家企业共同构成一个研究团队，实现产、学、研结合

屋，每 100 平方米的建筑可减少碳的排放 150. 6 吨！我们采用的是再生速长的林木，如杨树，它在生长的过程中产生大量的氧气，同时又吸收了大量的二氧化碳，对大气有益无害。我们采用工厂化生产，工地现场安装，没有噪声，没有灰尘，没有废气，没有建筑垃圾，实现了文明生产和清洁生产，是一种环境友好型的建设模式。最后，减轻自重有利于抗震，增强建筑的安全性。

3.2   经济效益

初步估算这种建造方法可降低建筑成本 10% ~ 15%，并可提高建筑的有效使用面积；建筑自重轻了，也省钱了；因采用节能环保的外墙，可不需再贴保温材料，甚至材料外表都可以免装修或仅作简化装修了；内外墙体厚度减少 50% 左右，使得有效建筑使用面积增加；采用工厂化生产，并形成一条新的生产链，带动农业、林业、材料加工业、回收业及建筑业的发展，可带动就业岗位的增加和农民收入的增长；同时，这种建设模式可以形成农—林—工—建筑协同的产业链，促进林业、农业和国民经济的发展；建筑营建方式的变革有利于改变当前全部依靠高能耗的钢铁、水泥、砖瓦构筑房屋的建设模式，代之或部分代之以天然的速生再长的木竹资源和非木质的农作物及工业的废弃物作为基本建筑原料，从而走向资源节约型和循环经济的低碳建筑之路。另外，标准化、规模化、工厂化生产可促进建筑走上现代工厂产业化的生产途径，实现集成建筑产业化的建造之路，而且这种规模化的生产还能确保建筑的质量。

4   发展前景与展望

4.1   前景

通过上述实验房的建设，可以认定我们提出的这个基本构想及设计策略是可行的，是符合当今节能减排、达到资源节约型建设和循环经济要求的，是实现建筑可持续发展战略的一条可行途径。建成后经媒体介绍，得到社会好评，从广东到东北、从东海岸到大西北都有开发商、企业家不断来电、来函，甚至有的贸易公司要把它推广到澳大利亚、日本等地。他们认为，木构房屋在国外更容易被接受，因为他们住的大多是低层木房子，这种木构房屋能工厂化生产，就地组装，适合国外劳动力紧张的情况。但是，我们研究这种建构体系主要目标还是立足国内，希望以下几方面能得到应用与发展。

其一，城乡低层建筑不仅包括居住建筑，也包括小型公共建筑、小型工业建筑等，在社会主义新农村建设中，可以应用产业化的途径，实现循环经济；提倡这种轻型、框板、集成、环保、绿色的低碳建筑及营建方式，为解决我国农村农民住房问题贡献一点本土建筑师的力量，是我最根本的追求目

标。其二，多层和高层的围护结构的楼面、屋面工程可以采用多功能复合空心体体系，它可以工厂化大批量生产，大大减轻建筑物自重，节省建筑投资，缩短建造周期，有利于建筑物的抗震，在城市建设中有非常广阔的前景。其三，可以作为今后旧建筑更新改造的主要应用构件，如平改坡、平屋顶加建及旧建筑内部更新改造等。其四，可以作为抗震、救灾临时性的应急房屋使用，因为它可以安全、快捷、成批量工厂制造，就地安装，而且可以适应不同的地形（平地、坡地、湿地等），架空建造，不会大范围地破坏地形地貌。最后，这种框板体系不仅能废物利用，而且具有很好的隔热、隔音性能。经过现代木业的高科技加工处理，也具有防火、防腐、防虫、防潮及良好的保温隔热性能，达到节能的要求。实验房外墙板厚 80 毫米，经东南大学物理实验室测定，其隔热性能相当于 490 毫米厚砖墙的隔热效果。

4.2　愿望——小房子，大文章

我们设计和建造这座 80 平方米的二层小木房时，有位年轻人问我："鲍老师，你现在怎么对小木房这样感兴趣?"我笑着说："小房子也可做点'大文章'!"

这篇"大文章"就是希望在以下几方面进行有益的探索：实现建筑业由粗放型走向集约型，走上文明生产和清洁生产之路，走上节能环保、生态健康的可持续发展之路，走上资源节约型和环境友好型的低碳建筑之路。

这篇"文章"的确是"大文章"，仅靠个人微薄之力是不够的，这还只是个开头。我认为这是 21 世纪的建筑师、建筑工作者、建设工作者都要做的"文章"，是需要一代代青年人去做的"文章"。

（原载《新建筑》2010 年第 2 期）

17 低碳经济时代的建筑之道

1 危机催生新的时代

21 世纪开始，人们谈论最多的恐怕就是气候变暖、地球环境恶化，以至于发出了"拯救地球"的呼声！"拯救地球只剩 7 年时间了！"这是世界著名的自然灾害专家、英国伦敦大学地球物理学教授比尔·麦克古尔（Bill McGuire）在其《7 年拯救地球》一书中宣称的。他说，人类只剩 7 年时间来拯救地球和人类自己，如果温室气体在这 7 年中无法得到控制，那么地球将在 2015 年进入不可逆转的恶性循环中，各种灾祸将席卷全球，使人类遭到种种前所未有的"末日劫难"。

2004 年，一部名为《后天》的影片在全球引起轰动，2009 年《后天》的导演罗兰德·艾默里奇又创作了《后天》升级版——《2012》，这部灾难片汇集了地震、海啸、火山爆发等十大震撼场景，其中世界新七大奇迹之一的巴西里约热内卢的耶稣雕像在奔涌的滔天洪水中倒塌；巨浪掀翻约翰·肯尼迪号航母，后者直撞白宫；夏威夷火山喷发，沦为一片岩浆；数千米高的海啸巨浪越过喜马拉雅山……这部影片借科学的幻想浪漫化地预现了"各种灾祸卷席全球"时的情景，以告诫人类，地球上人类的生存已面临着巨大的危机！

在环境恶化的同时，雪上加霜的是 2009 年又发生了近百年一遇的全球经济危机，它反映了全球经济的严重失衡。在环境危机和经济危机双冲击下的今日，世界促使人类反思自己曾经走过的工业文明时代的道路，尤其是近 100 多年经济发展的道路，促使人类寻求一条与自然共生共存、和谐相处的新道路。历史的经验提醒人类：经济危机预示着一次新的科技革命和发展机遇，催生一个新时代的诞生，这个新时代应该就是低碳经济时代。

低碳经济是以低能源、低污染和低排放为基础的经济发展模式，是人类社会继农业文明、工业文明之后又一次历史性的突破，是一个推动人类社会走向低碳经济、绿色文明的新时代。

2 低碳经济呼唤低碳建筑

低碳经济的实质是高效利用能源，开发清洁能源，追求绿色 GDP，它直接影响着建筑的发展。国际建筑师协会主席路易斯·考克斯（Lewis Cox）2009 年在世界建筑日（10 月 5 日）发表书面讲话说："今年建筑日的主题是以建筑师的能力应对全球危机。当今世界正经历着前所未有的环境危机、气候危机、金融危机和社会危机，这促使我们对一系列的问题进行紧急反思，并找到全新的解决办法。"

这个"全新的解决办法"意味着什么？这种"全新的办法"绝不是"权宜之计"的办法，而是一个全新的革命性的适应低碳经济发展时代的建筑发展的新方式、新道路，即一条可持续发展的建筑道路！但是我们的"全新的办法"在哪里呢？

世界未来学家 A. 马卡斯（Adijedy Bakas）针对当前的世界经济危机预言："金融业正朝着它的原始角色发展"，"金融的未来在于回到本源（Finance's Tomorrow：It's Origin），从人为设计、远离用户、非透明的虚拟经济发展到透明、可信、简单的经济实体。"建筑的未来在哪里？金融的未来在于回归本源，这对我们建筑业来说是否也是一个值得"紧急反思"的"启示"？我于 2009 年 6 月在《建筑学报》上发表了一篇文章，标题就是"建筑创作的回归"，即回归自然，回归基本理论，回归本体和回归本土，也就是要回归本源。建筑历史告诉我们，在建筑的形成和发展中，自然环境因素是建筑构成的最必要的基础条件，也是重要的制约因素。在自然环境因素中，对建筑来说最重要的是气候因素，也可以说是气候造就了建筑，不同的气候条件形成了不同的建筑形态。

但是今天，建筑却成为造成气候变化的一个重要因素，因为今日的建设模式所采用的都是高耗能的、不可再生的建筑材料——钢铁、水泥、黏土砖等，建成后的运行方式也都依赖人工照明、人工空调、机械通风……这些都是高耗能、高污染和高排放的。不难看出，建筑业是导致气候变暖，环境恶化的一个大户，因为：

第一，人类从自然界获取的资源中，50% 以上的物质原料用于建筑业；

第二，全球能源的 50% 左右消耗于建筑行业，包括它的建造和建成后的运行；

第三，全球垃圾的 50% 左右也源于建筑（建筑破坏后 95% 变为垃圾），可以说这种建造方式都是反自然的建造方式，与节能减排是背道而驰的。

因此，我们应该像国际建协主席所说的那样，紧急行动起来，进行紧急反思！我们建筑师如何能在建筑业中有效地为降低二氧化碳排放量和减少能源消耗作出自己的贡献？如何能够用更少的资源把建筑做得更多更好？我们应该抓住这次科技革命的机遇，用我们的智慧、技艺和思想为这场全球危机后的建筑探索一条可持续发展的低碳建筑之路。

3 低碳经济时代的建筑之道

低碳经济时代新建筑的开拓，首先要更新观念，大破大立，在传统建筑的基础上确立新的建筑观念。在历史上我们有以美学为基础的古典主义建筑观，工业革命时期确立了以功能经济、技术为基础的现代建筑观，当今就要转变为以低碳经济、环境、生态为基础的绿色建筑观。

为了创造全新的绿色建筑之路，从建筑学的层面来看我认为以下几方面是值得探索的。

3.1 走向集约型设计

我国当前的建筑行业都是粗放型的行业，它是高消耗（资金、能源）和低效率的行业，50% 的资源、能源都消耗于建筑行业。因此要创造低碳建筑，节约能源和减少污染是重要的，我们必须坚持勤俭持国的方针，节能减排，必须改变走粗放型建筑之路而走向集约型的建筑之路。

集约型的建筑之路首先是建筑的立项要真正按照科学发展观的要求实行科学决策，严格控制重复建设和扩大建设规模的倾向。根据实际需要控制好建筑规模，不攀比，不贪大。我们现在正好相反，什么都求大，大剧院、大图书馆、大办公楼、大场馆、大校园、大广场、大马路、大城市、特大城市等到处可见。这些超大、特大的规模意味着资源、能源的巨大消耗，意味着巨大的二氧化碳的排放！

其次要改变大手大脚、铺张浪费、追求奢侈、豪华的设计风格，走向简约、朴实的设计之道，在满足功能适用的前提下，尽量将平面布局做到紧凑，提高建筑面积的有效使用率，在住宅中提倡一户一宅，控制住宅套型面积标准，超标者以高税控制，从而确保土地资源的公平享用。在公共建筑物中提高 K 值，即提高有效使用的建筑面积与整个建筑面积之比率，减少过多的高拔共享空间，以节省空间、节省资源、节省能源，以更少的资源做更多的事。

建筑物（包括人类在建筑物中的活动）是碳排放的一个主要来源，因此成为减排的主要对象。目前减少建筑物碳排放的途径主要有两种：一是大力利用再生能源，进行零排放建筑的试点；二是通过建筑物的节能，减少常规能源的消耗，以大大有利于节能减排。但不管是哪种方式，集约建筑规模都是有重要意义的，因为建筑规模越大，建筑材料、能源消耗越多，二氧化碳排放也就越多。按照目前建筑用钢来计算，如果 1 平方米的建筑面积消耗钢材 40 千克，生产 1 吨钢材就需消耗煤碳 0.566 吨，而燃烧 1 吨煤可产生 2.43 吨二氧化碳！因此多用 1 吨钢就多排放 1.375 吨二氧化碳，那么多建 1 平方米建筑面积就多排放 0.055 吨二氧化碳！我国近年来每年的新建建筑面积在 20 亿平方米左右，如果紧缩 2 亿平方米，就可减少 1100 万吨碳的排放！

3.2　走向自然的设计

古罗马时期《建筑十书》的作者威特鲁威就提出："对自然的模仿和研究应为建筑师最重要的追求……自然法则可导致建筑专业基本的美感。"今天我们在寻找低碳经济时代的建筑之路时，这一观点仍是值得我们深思的。就建筑设计层面来讲，我们的建筑观念要转变，有两点是特别需要我们注意的，一是我们的建筑观念要从过去的"征服自然、改造自然"向"尊重自然和保护自然"转变；二是要由掠夺性的消耗自然资源向珍惜自然资源转变。

因此，低碳建筑要遵从 Rescue（保证自然和万物共存）的原则，为此，我们就要尊重自然，同时也要充分利用自然的资源进行设计，包括风、光、热、水、气、土、林等气象及天然资源。在建筑设计中一定要坚持立足于自然采光和自然通风为主的设计原则；建筑的总平面设计要有利于冬季日照，并避开冬季主导风向，夏季利于自然通风；场地总平面设计要尽量不破坏或少破坏当地的地形地貌、自然水系、湿地、森林、基本农田和其他保护区；根据当地气候和自然资源条件，充分利用太阳能、地热能等可再生资源；在方案设计、规划阶段统筹利用好各种水资源，通过技术、经济比较，充分回收利用雨水，用于绿化景观、洗车等，以达到节水的目的；结合建筑布局和当地的气候条件、地质地貌进行设计；根据不同地域气候的特点，根据不同的地形、地质、地貌顺应自然进行设计，不要见山就开，见水就填；尽量减少对地形地貌的破坏，要遵循"轻轻碰地球"的原则。

3.3　走向效率设计

从建筑师的角度讲，效益设计最重要的是空间效益的设计。建筑师是建筑空间的创造者，我们不仅要讲究每一平方米的效益，我们更要追求每一立方米的效益，因为建筑平面上的每一平方米只是个大小概念，与材料、资源、造价是没有关联的，只有每一立方米才能真正感受到利用了多少材料，花了多少人工，需要多少钱才能建设起来。平时讲的每一立方米的造价的高低实际上是计算在 1 平方米的水平面上用材料资源建造的空间所花费的金钱，因此提高建筑空间的有效率对节约总造价有着重大意义。节约每一立方米的空间就意味着节约了材料，节约了资源，节约了能源，从而也就减少了碳的排放量。例如歌剧院、体育场馆等观众厅、比赛厅的设计，要从实际功能要求出发，从音响的角度来讲，每个观众所占的空间体积是有一定限度的，一般在 4 立方米/人（电影院）～9 立方米/人（歌剧院），过大的空间不仅对声学处理不利，同时也造成更高的空调负荷量，造成更多能源的浪费，增加碳的排放。

我们通常讲，效益是社会效益、环境效益和经济效益的统一，其中社会效益是目的，环境效益是条件，经济效益是手段，而经济效益的核心是建筑的空间效益。因此空间效益不仅关系着经济效益，也同样关系着环境效益和社会效益。没有好的空间效益，就没有好的经济效益，也就谈不上环境效益和社会效益。

从结构工程师的角度谈效益设计，其重点就在于追求结构设计材料的有效利用，即优化材料的使用并最大程度地减轻结构自重，争取用更少的材料做出更多的产品。

从施工角度看效益设计，主要是追求简化设计，即标准设计，统一构件尺寸，减少产品的规格型号。

3.4　走向适应性设计

建筑物寿命应在 50～100 年或更多，但是现在有很多建筑物在它生命期未尽之时就早早地被拆了，其中一个原因就是不适用了。建筑物不到生命期终止就被拆，这无疑是很大的资源浪费，可持续性建筑应该具有 Reuse（再利用）的特点，因此提倡的适应性设计就是指要创造能适应时代变化且功能可发生变化的建筑物的设计方式，建造具有"适应性"的建筑。因为"变"是绝对的，建筑设计的不确定性是很多的，因此提倡适应性设计就是创造一种以"不变应万变"的设计模式来解决这个"变"的问题。我研究的开放建筑（Open Building）设计理论就是提供了建筑可持续使用的一种设计理论和设计模式。它不把建筑设计看做是一个"终极产品"，而是创造一个可因人、因时、因事而变的开放的空间系统，可以用一句广告语来说明它的本质特性，即"建筑因您而变"！这种适应性设计使建筑空间具有极大的开放性、包容性和灵活性。

适应性设计从结构设计的角度来讲，就是要在决策中，考虑结构系统是否具有"再使用"（Reuse）的可能，既要延长材料的服务期，也要考虑到结构系统和结构构件将来的再使用，或者未来可以在不做巨大修改、拆除或新建的条件下让结构物能够适应其他各种用途，甚至也可考虑建筑物拆除后结构构件仍然可以异地再利用，这无疑是有利于节能减排，符合可持续发展建筑原则的。像一般的奥运会建筑、世博会建筑本身大多都是临时性的，必须考虑到适应性设计，今后可以拆除异地再建，或建造成其他功能的建筑。

3.5　走向循环的设计

在上述适应性设计中要求设计考虑整个结构体系的再利用，循环设计则要求建筑选用的材料和采用的构件在其寿命结束时能够再循环（Recycle）和再利用（Reuse），这些材料或构件可被应用为再循环产品的原料。因此循环设计还涉及在材料或构件寿命结束时能把废弃物减少到最低。在此，结构工程师起着关键作用，在设计时就要考虑到结构最终是可以再循环和再使用的，所选择的材料对结构寿命终止时的处置方案起着重要作用。

循环设计对建筑师来讲也是很重要的。首先在总体规划时，建筑师要有意识地充分利用基地上原有的尚可使用的建筑、道路及其他设施，并纳入规划项目，让其重新发挥作用，不要简单化地把它们拆除。目前各地大拆大迁，建筑还不到使用寿命期就拆除，这不符合循环使用原则。正确的做法应该是合理地选用废弃场地进行建设，对已被污染的废弃地进行处理以变废为利，达到再利用；在选用填充材料和装饰材料时要考虑环保选购，而且除了要考虑选用清洁无污染的材料外，还要考虑材料的可循环使用的性能，也就是当它被拆除时可以再利用，或可再回收作原料再生产成建筑材料，以达到循环使用的目的，在保证性能的前提下，宜使用以废弃物为原料生产的建筑材料，以促进循环经济的发展。

在水、电、暖的设计中，也要增强循环设计的理念，如选用余热或废水利用等方式提供建筑所需的蒸汽或生活热水；利用排风对新风进行预热（或预冷）处理，降低新风负荷；生活污水经过处理再利用，以减少对传统自来水水源的消耗。

建筑在建设和运行过程中都产生大量的垃圾，坚持循环设计的理念，就要充分把产生的建筑垃圾和生活垃圾循环再利用。在垃圾回收和能量循环使用工作中，瑞典是做得很好的。据有关资料介绍，"目前，瑞典的能源需求结构中可再生能源比例占 40%，尤其是在交通领域可再生能源所占比例甚至超过 2/3"，其主要措施是"垃圾分类系统很发达，大部分垃圾被循环再利用了，不能再利用的垃圾焚烧用来发电或者满足区域供热。他们把垃圾分为 3 类：可燃的、有机的和废纸。可燃垃圾由热电厂焚烧后，一部分能量转化为电能，另一部分被水流吸收加热，作为热水供应住宅小区；有机垃圾被送到沼气池，产生的沼气一部分供居民使用，另一部分供小区动力车使用；废纸送造纸厂回收再生产"。我们在 20 世纪 90 年代末在扬州生态住宅小区规划设计时，曾研究将小区住户的生活有机垃圾，送到沼气池，产生的沼气可以解决小区 20% 住户的厨房燃气需要。这种循环利用在我国也是可行的。

3.6 走向智能化设计

为了高效、节能，在满足使用者对环境要求的前提下，应利用现代信息技术，使今后的建筑走向智能化，使办公楼变为智慧大厦，使住宅成为智能住宅，使每一幢建筑都成为智能建筑。智能建筑通过"智慧"尽可能利用气候能量（光、热）来调节室内物理环境，以最大限度减少能源消耗，按预先确定的程序区分"工作"和"非工作"时间，对室内环境实施不同标准的自动控制。下班后自动降低室内照度及温湿度，已成为智能建筑的基本功能；利用空调和计算机等行业的最新技术，最大限度地节省能源是智能建筑的主要特点之一。智能建筑以人体工程学为基础，以人为本，首先确保人的安全和健康，对室内温度、湿度、照度均实行自动调节，甚至控制室内色彩背景、噪声和味道，使人心情舒畅，从而大大提高人的工作效率。

3.7 走向适宜技术的设计

在绿色建筑设计中，应该提倡应用"适宜技术"解决人造环境中物理性能的舒适性问题，以达到健康、节能、舒适和经济的要求，促使建筑设计技术回归本源，发掘、传承并发扬各地乡土建筑中简易有效的、朴实的生态技术和方法，如制造阴影，避免日晒的大挑沿、利用组织穿堂风的小天井；就地取材的地方材料及其加工技艺，以及各种有利于自然采光和自然通风的平面及空间布局开窗方式等等。不盲目追求高科技的材料和技术，更不利用高科技"生态产品"来作秀。

3.8 走向跨学科的团队设计

探索绿色低碳建筑，建筑师的工作不能仅仅局限于在传统建设工程范围内与工程师的合作，而要跨出建设行业之外，与更广泛的专业人员合作，走多学科，产、学、研相结合的道路。因为建筑物聚焦着资源利用和保护问题，绿色低碳建筑要涉及更大范围的绿色问题。作为建筑师，在这个岗位上要了解和熟知绿色建筑所涉及的各种问题，并负责和参与整体设计过程，使各种相关的技术与成果综合融入建筑设计中，使它们与建筑成为一体化的有机运行体。

同样，绿色建筑也要求相关专业人士从建筑策划开始就要加入合作过程，并贯穿于绿色建筑设计的全过程，许多绿色建筑的成功就取决于多专业人士的积极参与。2008 年我们提出轻型、框板、集成、环保、绿色、低碳建筑构想时，就开始组建了南京 4 所高校相关专业师生的产、学、研相结合的研究设计团队，共同从事实验房的研制，最后取得了不错的成果。

4 绿色（低碳）建筑的探索

为了迎接全球气候变暖造成的地球环境危机的挑战，世界各国都在采取多种措施减少碳排放量，建筑行业也一样，有的建筑师在试建"零排放建筑"，有的建筑师在试建"低排放城市"，而更多的建筑师正在规划绿色城市和探索绿色建筑的设计。

我从 20 世纪 90 年代初就认定了可持续发展是建筑未来发展的方向，从那时起就致力于这方面的学习和研究。20 世纪 90 年代中期，我们进行了生态技术与建筑一体化研究，并在江苏扬州进行了生态住宅和生态小区的试点工程，在效益设计、适应性设计、循环设计、尊重自然设计等方面都进行过探索。当时主要是想探讨生态住宅，还未上升到"零排放"住宅层次。

2008 年的四川汶川大地震，引起了我们对建筑更深刻的反思，在探索中深感新材料和新技术在建筑变革中的重要性，认为建筑革命首先要从建筑材料上有所突破。因此，我们提出要尽量减少高能耗、低效率的建筑材料的应用，如钢、水泥和黏土砖，要采用可再生的、天然的材料作为建筑材料来建造房屋。从 2008 年起，我们开始研究利用天然的可再生的林、竹和工业、农业及林业的废弃物（如建筑垃圾粉灰、矿渣、农作物的秸秆及林业的废枝、干叶等）作建筑材料的基本原材料，生产人造板或构建建筑板材，并使它们具有保温、隔热、防水等功能，利用它们作建筑物的内、外墙板及楼面板和屋面板。

减少建筑业二氧化碳的排放，要从建筑的全过程中加以控制，它包括建筑的建设过程和建成后的运行过程两部分，二者不可偏废，我们研究绿色建筑也是从这两方面同时开展的。

5 探索实践

为了探索低碳建筑之路，十多年来，我们进行了4次工程实践的探索，不断深化了我们对低碳建筑的认识，并将继续探索它。

（1）扬州住宅生态小区 1997年结合国家自然科学基金资助的"住宅与生态技术集成化"科研课题，我们进行了"生态住宅"的探索（图1～图4）。

图1　扬州新能源生态住宅小区建成后照片

图2　扬州新能源生态住宅小区建成后的大门

图3　太阳能利用和建筑一体化

图4　建在公共绿地下的地下停车库，仍采用自然采光

（2）抗震救灾实验房

2008年我为四川汶川地震灾区研制了轻型、框板、集成、环保、绿色、低碳的灾区临时安置房。这幢2层2开间的木房，每间20平方米，共80平方米，按救灾房设计要求内不设水电设施。它采用木框架，内外墙墙板楼面板和屋面板均使用速长再生的杨树制作的木质人造板及农作物废弃物秸秆生产的秸秆板、保温隔热的功能复合板。柱、梁、板构件全部由工厂生产，运到工地现场安装，此实验房全部构件不到10吨，5位工人7天安装完成，总造价7万余元（图5～图7）。

图5　抗震救灾实验房采用的多功能空心复合板

图6　抗震救灾实验房建造过程：组装屋顶桁条，铺设屋面板

图7　抗震救灾实验房建成后外观

（3）浙江杭州天目山西谷客栈度假屋

西谷客栈工程是按轻型、框板、集成、环保、绿色、低碳试验房的要求设计建造的。该项目坐落在浙江天目山上，山坡朝南，较陡。结合山地，共规划了 8 幢位于不同标高上的度假屋，每座小屋为 72 平方米，可供一个小家庭假日度假之用，屋内设计有 1 个大起居室，1 个大卧室，1 个小卧室及 1 个卫生间，不设厨房，餐饮由客栈统一供应。

该小屋结合地形错层布置，上下两层，它也是用与前述实验房相同的木构体系及复合多功能板构筑而成，但与实验房不同的是，实验房因是抗震后的临时安置房，所以构筑了一个"基本房体"（也可称"毛坯房"），没有水电设施，没有做任何的装修；而度假屋标准较高，要求有水、电、卫生设施，还有壁炉等，因此，屋内外都做了装修，即在"基本房体"的基础上，进行"表皮包装"——屋面做了防水层，贴上了沥青瓦；外墙面贴了经防腐处理的杉木板，内墙面也同样贴了杉木板条。整座小屋就是一幢林间小别墅木屋。该木屋于 2009 年 10 月建成，每栋造价 13 万元（不含基础，基础由甲方自理）（图 8、图 9）。

图 8　浙江杭州天目山西谷客栈度假屋

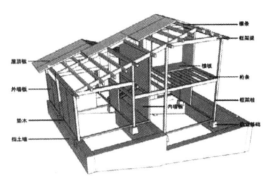

图 9　浙江杭州天目山西谷客栈度假屋框板整合示意图

（4）南京市江宁区秣陵社区周里村农民之家——江苏省建设厅示范工程

这是江苏省建设厅乡镇办为倡导城乡节约建设，生态发展，推动新技术、新材料的应用而组织建设的一个环保建筑示范工程，地点选在南京市江宁区秣陵社区周里村。它采用轻型、框板、集成、环保、绿色低碳建筑的建设模式建成，作为社会主义新农村建设的一个文化活动中心，取名为"农民之家"，内有图书阅览室、电子阅览室、棋牌室、茶室及乒乓球室等用房，共 208 平方米，2 层。采用木框架和环保生态板体构建而成，所有木框架构件（梁、柱）及板体都在异地工厂生产，由汽车运至建设场地，人工现场安装（基础预先做好），10 余位工人，一个半月完成建设，它是交钥匙工程，总建设费 45 万元。

这项示范工程采用与抗震救灾安置实验房相同的木构体系，与前两项实验房不同的是，它采用了两种板材，一种是深圳好城 HC 生态板，这是由工农业废弃物作原料，经过冷加工制成的环保墙板，我们把它用于一层的外墙；另一种是利用秸秆制作的鲍浩思（BHS）多功能复合空心板，它应用于 2 层外墙、内墙、楼面及屋面板。这个示范房"基本房体"（毛坯房）建成后，内外都进行了"外包皮"的装修工作，屋面做防水层，铺沥青瓦，做排水设施；楼面铺木地板，地面铺好城生态板；2 层外墙板钉防腐的杉木板；内墙和天花也都用杉木板条装饰。此工程除基础采用钢筋混凝土外，地上部分没有用一根钢筋、一斤水泥和一块黏土砖。建成后江苏省领导亲临现场考察，各方反映都良好，在小寒日实测，保温性能也良好（图 10~图 13）。

图10　南京市江宁区秣陵社区周里村农民之家

图11　农民之家内景——阅览室

图12　南京市江宁区秣陵社区周里村农民之家建设中

图13　南京市江宁区秣陵社区周里村农民之家建成后考察人群

结语

　　人们在经历了这次世界经济危机、气候危机、环境危机之后，有了新的觉醒，这促使全球走向绿色低碳经济时代，各行各业都在提倡低能源、低污染和低排放的产业发展模式，建筑行业也不例外，建筑也应发展绿色低碳建筑，作为建筑人（建设行业的合作者、管理者、经营者、设计者、建设者等），都要为此而努力学习、工作和探索。

（原载《建筑学报》2010年第7期）

第二篇　住宅研究

1 人民住宅人民建

—关于支撑体住宅建设的设想

为了开创我国住宅建设的新局面，充分发挥国家、集体和私人建房的积极性，适应商品化住宅建设的发展，创造具有多样化和适应性强的住宅建设模式，尝试探索一条住宅建设的新途径——人民住宅人民建的道路——让住户直接参与住宅的建设（投资与设计），实行开放性住宅的建设，本文提出进行支撑体住宅建设的设想。它是适应住宅建设新形势的要求以及借鉴国外的有关理论而产生的。

1 问题与症结

世界各国工业发展的道路有其共同遵循的客观规律，反映在住宅建设上也是如此。当今我国住宅所面临的形势及产生的问题与二三十年前欧洲乃至以后的苏联等国所遇到的情况相似。第二次世界大战后，欧洲很多国家（如荷兰等）都出现了房荒，为了解决当时这一突出的社会问题，住宅建设采取了工业化标准化的建设方式，到50年代末60年代初，人们又普遍感到工业化标准化的方式导致了大量住宅建设的单调、贫乏、千篇一律。苏联也因急于解决住房匮缺问题，大量采用预制装配方式而使市容变得呆滞刻板。今天，由于我国住宅建设量大，工业化程度不断提高，各地都采用定型的标准设计，也导致居住建筑过于单调，从南到北，从大都市到中小城镇几乎都一个模样。这就是目前议论纷纷的住宅建设工业化、标准化和多样化的矛盾。

缺乏使用的灵活性和发展的适应性是当前我国住宅建设中又一个突出的问题。70年代，曾经按每户35～40平方米进行设计，今天，住宅标准已提高到每户50平方米，不到十年，原来建造的住房就不适用了，而且很难甚至无法进行改造。这种适应性要求是多方面的，诸如人口结构的变化，经济条件的改变，生活方式的改变，家用设备和家具的添置，甚至冬夏两季不同的室内布置，都要求住宅具有一定的灵活性和适应性。

此外，在我国城市住宅建设问题上，采用了国家包建包分的全部包下来的办法。这几年，党和政府对住宅的建设给予极大的重视，投资逐年增长。为了改善住宅的建设，规划、设计、建设及管理部门作了很大的努力，但住房匮缺的问题仍然没有解决。实践证明，既包不了，也包不好，包袱越背越重。

缺乏多样性，没有适应性，国家包不了也包不好，症结在于三十多年来，我国城镇住宅的建设完全把居住者排斥在住宅建设的过程之外，没有发挥甚至根本否认居住者在住宅建设中的作用。反映在政策上就是，没有发挥住户对建设自己居住环境的极大的积极性。一切都是恩赐、包办，在技术上没有提供一套发挥国家、集体、个人三方面积极性的住宅建设的理论和方法，包括适应住户参与的工业化住宅建设的方法。住宅建设完全是与居住者背靠背地进行，建房者不住房，住房者管不了建房，致使人民群众多样化的生活要求得不到满足。

2 设想与途径

住宅是大量性的建筑，它是工程问题，也是经济问题，但更是个社会问题。过去总是重视它的工程和经济方面，而没有或很少从社会学的角度来研究住宅的建设。如何从社会学的观点出发在住宅设计和建造中考虑居住者——人的真实的要求，这是当今住宅建设未能接触和解决的一个本质性的问题。住宅的发展在历史上总是与居住者——个人的作用紧密结合的。因为居住环境是人生存和生活要求的一部分，这种本能的积极性是住宅建设创造过程的源泉，因为住宅——自下而上的居住环境是关系到人们终身乃至数辈子的事。三十多年来，这样的大事，居住者却无权参与或渗入任何影响自己居住环境的建设，而是完全由别人——建筑师或基建部门的人来安排。建筑师可以了解住宅的建设规律，尽管也搞调查、走访，但这只是了解一般的生活规律——即普遍性，而不能真正了解每一个居住者的特殊的生活规律——即特殊性，更难以了解处于动态变化中的生活规律，因此不能满足多样的住宅建筑的要求。

事实上，当今的建筑发展，已越来越表现出建筑的社会特性。由于大规模的基本建设，使人们越来越感觉到建筑在自己生活中的重要性，对周围工程的建设往往表现出极大的关注和兴趣，而建筑师通过自己创作的建筑作品产生的社会和环境效果，也更加领悟到他们的工作对社会、对环境和对人们的影响。因此，早在60年代初，世界上就出现了让人——使用者参与设计的主张，使各行专家和群众相互结合，以产生较理想的主张和建筑。住宅关联着千家万户，让住户参加住宅的建设是上述社会思潮发展的必然结果。

让居住者参加住宅建设过程的概念真正体现了建筑与人及建筑师与人民的关系。全心全意为人民服务是我们国家的宗旨，住宅建设应该切实地遵循宪法明确规定的这一点，住宅建筑与人的关系之密切是任何其他类型的建筑都无法比拟的。应该说，在我国实现让居民参与设计的主张既有需要也更有条件。我们应把人——居住者放入居住建设积极而中心的位置。给住户以发言权、选择权、决定权，而且要使它成为新住宅建设的出发点。这样，才可能使建造的住所适合人的需要，而不是让人去适应已建成的住所。

但是，如何实现让住户参与住宅建设这一设想？不能简单地重复过去"三结合"式的设计方法，也不能沿用几十年的住宅设计的一些原则和程序。新设想的建设应该首先确定两阶段的设计和两阶段建造的程序，让住户参与第二次设计和建造。新设想必须是专家与住户面对面地进行设计和建设，即实行开放性的住宅建设。其具体含义可以归纳为：

（1）在概念上把住宅的建设分为两个范畴：一是支撑体部分，包括承重墙、楼板、天花或屋顶及主要的设备管道。二是可分体部分，包括内部的轻质隔墙、门、窗、天花、各种壁柜、壁橱、厨房的装备及室内材料、色彩、装修等，二者分开设计和生产。

（2）在投资和决定权上，支撑体和可分体可分别由国家、集体和私人进行投资并具有各自的决定权（当然也可全部私人投资）。支撑体建设由国家或单位集体投资或补贴出售，它由管理部门、投资部门及设计建造部门共同讨论决策；而可分体可由私人投资，对其类型、标准、规格和布置方式，住户有自己的选择和决定权。这一含义说明，支撑体和可分体两种概念的差别不是在技术上，而是在于谁拥有决策权。可以说，凡是住户个人不能选择和决定的那一部分就叫做"支撑体"，反之，凡是住户个人能选择和决定的那一部分就称为"可分体"。因此，不能简单地理解支撑体就是结构的骨架，可分体就是填充的部件。支撑体是一个完成的建筑物，但又是一个"半成品"式的住宅。它不是骨架，也不是完全能使用的住宅，我把它称为"空壳子"或"毛坯子"。它由建筑师、工程师等各行专家共同讨论决定的，它是为一个社区生产的产品，可以说它是一件真正的房地产。可分体则是居住者能作出选择决定的一种工业产品。它由另外一些建筑师、工程师来设计，可以进行工厂化生产。它可以认为是一种经久耐用的消费品，犹如家用大橱、洗衣机及电冰箱等，也像生产砖瓦和门窗一样。

根据支撑体和可分体的住宅概念，一个住宅的建设可分为三个过程，一个是支撑体的设计和建造，一个是可分体的设计和生产，第三个就是把一定的可分体放入一定的支撑体中，最后构成住所的综合建设过程。如图1所示，三者是彼此分开而又有联系地建设。

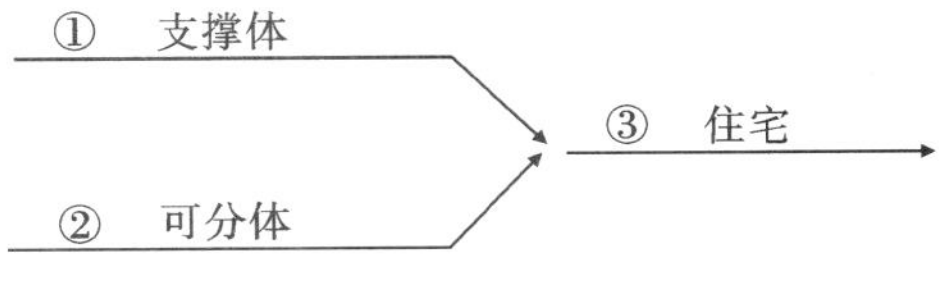

① 支撑体
② 可分体
③ 住宅

图1　住宅的建造过程

图中支撑体①和可分体②的生产是分开来进行的，但是两者必须协调，以保证任何可分体可适应任一支撑体，反之任一支撑体内也能适用任何可分体。

图中住宅③表示当支撑体完成以后，住户根据自己的需要，选择和决定合适的可分体，并用这些可分体在自己选定的支撑体中灵活安排自己的住宅，最终完成有适用价值的住所——住宅。

这种新的住宅设想是20多年前由荷兰一位教授哈布瑞根（后曾任美国麻省理工学院建筑系主任）提出来的。他称之为"骨架支撑体"理论。这一理论提出后，在欧洲及一些发展中国家的建筑师中不断得到回应，有的建造实验性的工程，以实现住宅的适应性，让使用者在住宅建设中有决定权。他的设想真正地实现是时隔17年以后，1977年建成的荷兰帕本德莱希特（Papendrecht）一组支撑体住宅工程。这个工程应用哈布瑞根教授首先提出的新的住宅概念，以居住者在设计中的发言权作为出发点，使每个居住者能够在支撑体提供的范围内利用他们选定的可分体——配套构件安排他的住所。整个工程计有123套住宅，住户自由地选择内隔墙的位置、立面形式、设备设计（水、电、煤气管道的安排和卫生设备及中心供热的装置），墙板的颜色和立面构件也可从提供的6种色彩中进行选择，结果123套住宅中没有两套是雷同的，它完全反映了居住者个人的愿望。之后在英国也是根据支撑体住宅的概念设计建造了名叫"基本的支撑体和成套装配的住宅"（简称PSSHAK，即Primary System Support and Housing Assembly Kits）。它把建筑物的主要结构（支撑体骨架）与住宅内部的填充体（装配式构件）分开，并使居住者在住宅建设中处于积极而中心的地位。用这样的方法，在伦敦建了两组住宅，分别于1976年和1977年建成，英国政府称之为划时代的住宅。

以上两例是按支撑体住宅概念建造的最好的例子，它们的共同点是：把住宅分为骨架和填充体（成套装配）两部分，分开设计和建造，广泛吸收居住者参与设计过程，并使他们有选择和决定权；这些住宅都有广泛的适应性和灵活性，并且每套住宅都各不相同。

实际上，所有的建筑都包含着支撑体和可分体两个方面，只是支撑体住宅理论赋予住宅一种新的含义：即让住户参与设计，并规定由设计者和使用者分别享有决定权。

传统的中国住宅也明确包含着这两个方面，由屋顶外墙、柱梁等所形成的结构空间就是一种支撑体，内隔断、楼梯、楼板、隔扇、门窗等可称为可分体，二者综合在一起就构成了有实用价值的住宅。

所以，支撑体住宅并不完全是陌生的事物，今天我们再提倡它，是在新的条件下对传统建筑经验的继承和发展，也可视为洋为中用、古为今用的一个尝试。

3 必要与可能

在我国采用"支撑体住宅"的建设究竟有没有必要和可能？对于这个问题一定会有不同的看法。一个脱口而出的结论就是：我国住宅当前的主要问题是解决有无问题，群众只要分到房子就好了，现在是要雪中送炭而不是锦上添花。因此认为在我国当前是不适用的。

事实上，情况正在发生变化。随着国家政策的调整、经济情况的好转，群众的生活要求越来越高，表现在建房问题上也颇为突出。仅就江苏的情况来看，无锡市私人建房占全市住宅建筑的10% ~ 15%，江苏全省亦基本如此。尤其是实行商品化住宅，提倡私人建房后，目前商品住宅已供不应求。江苏东台县计划在九亩约合6000平方米地上面盖60户一楼一底的住宅，每户先缴款5000元，后建房，通告一贴出，60套房就一购而空。自己买房、建房自然就会提出各种各样的要求，仅仅是"雪中送炭"就不够了。

同样，即使在目前申请分配住房的情况下，如果我们仔细观察、分析也会发现群众并不是"只要分到房子就好了"，而是需要有较理想的住房。例如：每当一个新村或新楼开始建设时，人们就关心住宅设计的标准和质量，诸如面积的大小、房间的数量、平面的布局、门窗的安排、有没有壁橱、吊柜等；在建设中，未来的住户都要多次踏看现场，心里琢磨哪一套房子最适合自己的家庭使用。当建成待分配时，申请住房的住户更是会深入细致地进行比较，甚至扶老携幼，现场比划，研究决策，如果他们非常不满意的话，则宁可"再苦一下"也不搬进去。就是那些决定要搬进去的人，也几乎都要在搬进新居之前，按照他们自己的心愿进行粉饰、装修，在可能的条件下小修小改，甚至破坏性地改动。据调查，一般要花1 ~ 2个月和100 ~ 200元以上来进行这些工作。

所有这些表明，人民需要有较理想的住房，人们需要有选择和对他们的住宅建设发挥作用的权利。可是人们的这种权利长期以来被排斥于住宅建设过程之外。人们只有等待着接受分配。1983 年 2 月 3 日《南京日报》刊登了一条消息，题目是"七十二家房客验收新房"，报道称，建设单位在未正式验收前，由房管部门按预定的分配方案，通知住户对自己未来的新居进行验收，欢迎"横挑鼻子竖挑眼"。住户高兴地说："我们住，我们验，看得仔细，住得放心。"我在阅读这些消息后，结合正着手进行的居住者参与住宅建设的研究，我颇受启示和鼓舞，虽然这是几家住户的心声，却代表了亿万人民的愿望，这是一件新事物，符合改革的潮流，但这仅仅是在住宅建设的最后一环——分配——太晚了。我们的工作应该是让住户从住宅建设（设计）一开始就参与规划和设计。

从上述初步分析来看，让居住者参与住宅建设的过程，不仅是必要的，而且也是可能的。我们在无锡看到一处农民住宅，它是由生产队集中规划建造的。整个工程分两步建造，生产队先建了一个外壳，卖给社员，再由社员根据自己的心愿和经济实力来分隔内部空间，进行内部装修、选用材料、色彩……最后完成住宅建设。该工程为每户一楼一底的一开间二层住宅，前面为一层的厨房，后部为两层楼的堂屋和卧室，前后之间有一中庭。这个工程比起那些城市住宅来是很不显眼的，但它却体现出一种新的住宅建设方向，实现了让居住者参与住宅设计，实行开放性住宅建设。它分给社员的外壳就是一种"支撑体"，社员完成的部分就是手工生产而非商品化的"可分体"。这就是我国支撑体住宅的雏体。它为我国大量住宅提出了一个新的值得探索的方向。据了解，这样的方式，在江南不少地方已自发地产生，这说明让居住者参与设计，进行"支撑体住宅"的建设是现实可行的。

4　特点与影响

支撑体住宅是一种新的住宅概念，一种新的住宅建设方式，因而具有新的特点，可归纳为以下几方面：

（1）在坚持住宅工业化方向的前提下提供了一条住宅多样化的建设途径。因为支撑体是固定的定型部分，完全可以采用工业化的生产方式。可分体是灵活多变的，构成了设计多样化住宅的具体内容，为住户提供了按自己的爱好和需要安排自己住所的可能性，造就不同的内部和外部的居住空间环境，从而避免了住宅建设的单调感。

（2）具有适应性和灵活性。支撑体住宅在基本结构固定的条件下，能够很灵活地分割内部的空间。同时，在支撑体上安排住户，可以适应不同的人口结构、不同经济水平家庭的要求，无需在设计之时考虑户型比。而且每一住户内部的装修、变动或拆换能独立自主地进行而不牵连左右邻居，这就提供了很大的适应性。

（3）住户参与设计，成为住宅建设中真正的主人，实现了住宅建设真正为住户服务，为住户着想的宗旨。自己参与设计的住宅也必然是合乎自己心意的，因而是满意的。

（4）实行一套新的建设程序，实行两阶段的设计和建设，使专家和住户密切合作，共同设计，从而改变了建成后再分配的建者和住者完全脱节的建设方式。两次设计程序如图 2 所示：

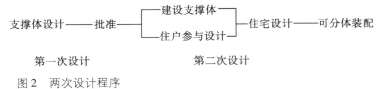

图 2　两次设计程序

第一次设计由建筑师和各专业工程师完成，第二次设计由住户和专家共同设计，而由住户作出最后的决定。

（5）支撑体可以采用不同的结构方式，图 3 ~ 图 6 就是不同结构方式的支撑体的设计。它可采用工业化的方法建造，也可采用传统手工方法，以适应不同的施工技术和机械设备水平，它能适应不同经济能力的住户。可分体的安装及室内装修可以分期进行，逐步完成，就像目前农民自己盖房子一样。

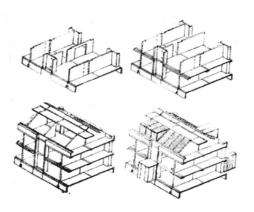

图3　砖石结构的支撑体住宅

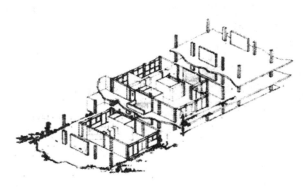

图4　钢筋混凝土结构的支撑体住宅

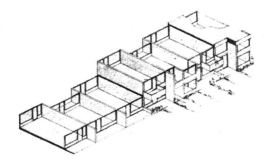

图5　纵墙承重的支撑体住宅之一

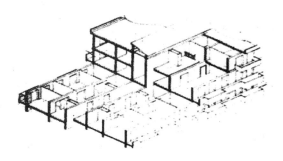

图6　纵墙承重的支撑体住宅之二

（6）支撑体可以应用于不同层数、不同平面类型的住宅，（见图7~图9）。

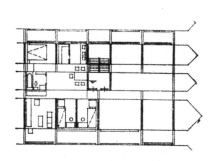

图7　单元式平面支撑体住宅之一

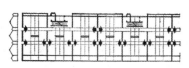

图8　单元式平面支撑体住宅之二

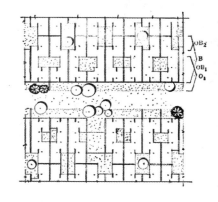

图9　院落式平面支撑体住宅

（7）将建房——住房——管房统一起来，提高了住宅建设的质量，也利于房屋的维护和管理，从而能延长房屋的寿命。

（8）适应住宅建设政策的改变，特别是适应目前推行的商品化的住宅。商品化住宅与现行的住宅形式应是不同的，不能将现行的住宅简单地标个价而成为商品住宅，因为现在的住宅在很大程度上是平均主义的产物，也可说是"统货"，作为商品的住宅就不能都是统货，它应能适应不同消费者——居住者的需要，支撑体住宅正能适应这种要求。当然，支撑体住宅绝不仅仅只适应于商品化住宅，对于现行的非商品化的住宅也是可以适应的。

采用支撑体住宅必然对住宅建设的各个方面产生很大的影响，在实施的过程中也将有很多的困难。

因为我们要让居住者在住宅建设中发挥他们的积极作用。原来得心应手的一套设计原则和逻辑就不一定都适用了，我们必须重新考虑每一件事情。我们必须创立新的原则、新的逻辑和新的过程。但是，其中的关键不是技术上的问题，而是人的思想和观念的问题，因为要改变人的传统观念及现行的一套规章、制度与程序。譬如说，实行两阶段的设计和建造程序，这个程序的改变，显然不是技术问题。但有人却会认为是很难办的事情，因为现实就是这样。所以要创立支撑体的住宅，首先还需要贯彻从上到下的改革精神，与其说支撑体住宅是一种新的理论和方法，不如说它是住宅建设的一项改革。只有以改革的精神，才有可能开创住宅建设的新局面。

采用支撑体住宅，对建筑事业可能产生的影响首先在于：让居住者参与设计意味着我们必须重新考虑在住宅建设中专家们的作用，首先是建筑师的作用。我们将面临的现实是各行业专家，包括建筑师、工程师、投资者就不能像现在这样决定一切了，必须尊重居住者的作用和他们的决策。严格地讲，这就意味着建筑师不能独立地完成住宅的设计，他们只能设计支撑体，并协助居住者完成在支撑体内安排住宅的设计。专家作用的变化，不意味着削弱了建筑师的作用，而是要求更高了。要求建筑师有更高的职业道德、更全心全意地为住户服务的精神，同时也要求具有更高的设计水平。因为支撑体住宅的关键是支撑体设计，要在现实的物质、技术条件下，设计出经济而具有极大灵活性的支撑体并不是简单的事。

其次，它将促使城镇住宅多渠道的投资，由目前单一的国家投资转变为国家、集体、个人共同投资。因为我们把住宅分为两部分以后，国家（或集体）可以提供投资建设支撑体，私人则可筹资建设可分体。如果采用这种方式，居住者甚至也可购买支撑体（实行分期付款）。这样国家可以把私人的资金吸引到住房的投资上来，国家就可以用原计划的投资建设更多的住宅，从而大大加速我国住宅的建设。如果以支撑体建设费用占目前住宅总造价的70%计，国家每年同样的投资则可多盖30%的住房。前面提到的无锡的一个生产队建房之例，生产队建的空盒子——实际上就是支撑体——卖给农民，每户2000多元，农民再投资2000多元进行内部可分体的建设。基本上是支撑体约占整个投资的50%，这是一个很有启发性的例证。

此外，采用支撑体住宅的建设可以促使我国基本建设队伍的发展，开拓新的建筑行业和劳动市场——室内设计、建筑装潢等行业和劳务人才市场，为城镇提供更多的技术和并不复杂的就业机会。

因为支撑体住宅建设包括三个彼此分开的建设过程，因此就可有三个不同的建筑生产组织，可以设想，支撑体由现行的建筑公司来承包，可分体则由专门化的工厂进行商品化的生产，而最后的安装工作则可由住户自己或由他们委托建筑装潢等社会劳动服务组织来完成。

自然，要实现这一住宅建设的设想，要遵循科学的客观规律，并从我国现实条件出发，通过试点实践使设想成为现实，并使它逐步完善，也就是由简单到复杂，由低级到高级及由点到面的做法。为了方便开展支撑体的住宅建设，可以按以下原则进行：

在支撑体结构上，先从砖混结构出发，逐步研究，采用钢筋混凝土结构。

在可分体生产上，可从手工操作开始，逐步发展为商品化的工厂生产。

在建设队伍方面，可从目前情况出发，先由一个队伍承包发展成三个分开的建筑生产组织。

在设计对象上，可从商品化住宅开始逐渐发展应用于一般非商品化住宅的建设。由低层向多层或向高层发展。

为了简明说清上述设想，试用图10表明这种住宅设想的概念和内容，图11表明这种住宅在投资和建设上的特点。

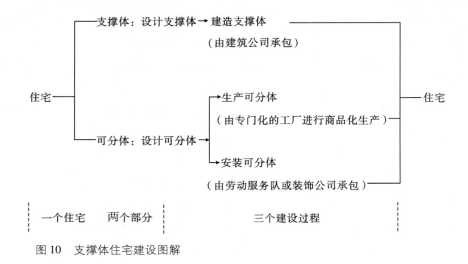

```
            ┌─ 支撑体：设计支撑体 → 建造支撑体 ──────────────────────┐
            │            （由建筑公司承包）                        │
住宅 ────────┤                        ┌→ 生产可分体              ├── 住宅
            │                        │  （由专门化的工厂进行商品化生产）│
            └─ 可分体：设计可分体 ──────┤                        │
                                     └→ 安装可分体              │
                                       （由劳动服务队或装饰公司承包）┘
```

一个住宅　　两个部分　　　　　　　三个建设过程

图 10　支撑体住宅建设图解

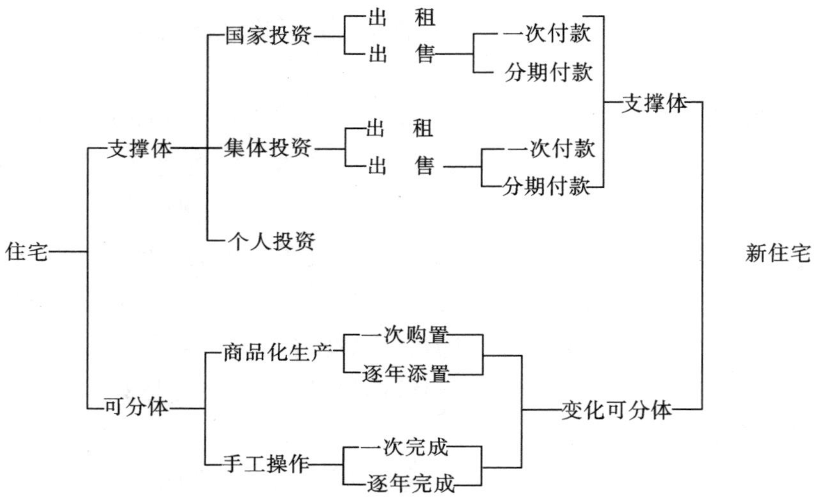

```
                            ┌─ 国家投资 ─┬ 出　租
                            │           └ 出　售 ─┬ 一次付款
                            │                    └ 分期付款  ┐
            ┌─ 支撑体 ──────┼─ 集体投资 ─┬ 出　租              ├ 支撑体 ─┐
            │              │           └ 出　售 ─┬ 一次付款  │        │
            │              │                    └ 分期付款  ┘        │
住宅 ────────┤              └─ 个人投资                              ├ 新住宅
            │              ┌─ 商品化生产 ─┬ 一次购置                 │
            │              │            └ 逐年添置 ┐               │
            └─ 可分体 ──────┤                      ├ 变化可分体 ──────┘
                           └─ 手工操作 ─┬ 一次完成  ┘
                                       └ 逐年完成
```

图 11　支撑体住宅投资、建设的特征

（原载《新建筑》1984 年第 3 期）

2 住宅建筑的新哲学和新方法
——SAR "支撑体" 的理论和实践

二十多年前，哈布瑞根（J. N. Habraken）教授提出了一个住宅建设的新概念，他称之为 "Support Housing" ——"骨架支撑体" 的理论。1961 年他出版了一本阐述这个理论的书，名为 *Support—An Alternative to Mass Housing*。不久，荷兰的几位建筑师筹集资金，开办了一个建筑师研究会（Stiching Architecten Research），全名简称为 SAR，开始专门从事 "支撑体" 设想的研究。1965 年哈布瑞根教授在荷兰建筑师协会上首次提出了将住宅设计和建造分为两部分——"支撑体"（Support）和可分体（Detachable Units）的设想。此后，这个研究会对此提出了一整套理论和方法，称之为 SAR 理论。这一理论至今已由住宅的理论发展为群体规划的理论和方法。

这一理论提出以后，在欧洲（联邦德国、法国、意大利、英国、瑞士等）和一些发展中国家的建筑师中不断地得到回应。他们研究 SAR 的设计方法，有的建造实验性的工程，以实现住宅的适应性和让使用者在住宅建设中有决定权。70 年代在意大利博洛尼亚（Bologna）的建筑博览会上展出了这一理论和实践的作品，系统地介绍了多年来研究所取得的丰硕成果，这个建筑博览会的主题是 "建筑的工业化"。但是 SAR 的展出并不是着力于工业化，而是向公众强烈表明住宅建设的骨架支撑体的新概念已卓有成效地得到了发展。至今很多国家仍在继续进行这方面的研究。在美国麻省理工学院建筑系大学部和研究院中都开设有 SAR 这门课，一些研究生用这一理论与本国的传统住宅相结合，探讨新的住宅设计途径。

1 哲学和思想

住宅是大量性的建筑，它既有工程问题也有经济问题。以前的人都很重视这两方面的问题，"支撑体" 的作者在此基础上却更深地想到了一些新的问题，即住宅设计和建造中如何考虑居住者——人的生活方式及其对住宅空间、环境变化的要求。这正是当今世界各地大量性住宅建设中未触及的一个本质性的问题。60 年代至今，人们普遍认为大量性住宅失败于应用工业化的方法。这是不客观的，也是不公正的。建筑的工业化仍然是个方向，如果我们真正以一种有效和通情达理的工业化方法来建设住宅，不仅可以解决住房短缺的问题，而且也可以排除单调划一的弊端。因为单调划一不是应用工业化方法的必然结果，SAR 的作者认为真正的原因是住户（使用者）完全被排除在住宅建设的过程之外。所以他们认为大量性住宅建设的单调划一是没有居住者参加，只有建筑师一人决定的结果。

SAR 包含两方面的内容，一是它的 "支撑体" 和 "可分体" 的概念，一是实现这一概念的设计方法。前者具有哲学的性质，它表现了一种信念，它认为人要求对他的环境发生作用是其生活要求的一部分，这种形式的人的能量——积极性是建筑不断创作的源泉。另一方面，人同样强烈而习惯地要求与周围的人彼此联系，共同活动，分享其环境。这两个同等重要的人的意向和要求构成了住宅所代表的两个领域：一个是公共的领域，另一个是私人的领域。每一项住宅建设都存在着这两个领域。是否承认这两个领域并持什么意见，取什么方式来对待这两个领域，是 SAR 理论和方法与以往的住宅建设的理论和方法的根本不同之处。SAR 提出的支撑体和可分体的住宅建设概念就是明确承认这两个不同的范畴，并确定前者由统一的社区规划来决定，后者则由居住者自己来决定（图 1 ~ 3）。

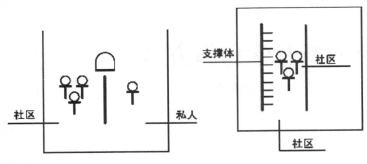

图1　住宅的两个范畴

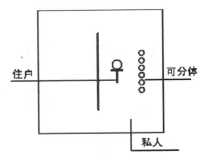

图2　支撑体的创作

图3　可分体的创作

必须指出，这两个双重概念——支撑体和可分体不是一个技术的词，也不是指技术上的区别，它是根据谁在设计中作决定的差异来定义的。如果住户个人能对他的住宅的某个部分作出决定，那么这个部分——按定义——它就是一个可分体，不管这个部分是如何生产的；反之，如果住户不能决定他的住宅的那个部分，那么这一部分就是支撑体的部分（图2、图3）。因此，它是根据住宅设计过程中决策能力的不同把住宅建设分为两个部分。谁决定什么，看起来这是一个普通的问题，但是它却是这两个概念最根本的区别点。一门新的住宅哲学就包括其中，随后形成的SAR的理论和方法也就是在此基础上建立的。

至今，在大量住宅建设的过程中，世界各地都没有住户的地位，住户没有参与设计过程，更没有决定的权利，只能租用它或购买它。SAR住宅哲学的出发点就是主张让居住者参与住宅的建设过程，对住宅的建设过程自己作出选择和决定。只有这样建设的住宅才有可能满足人在居住方面的生活意愿和要求。住宅建设如能适应不同的人的生活方式，必然就产生不同的建筑空间和环境，这样就将从根本上改变单调划一的疾症。

哲学是解释世界的方法学。"SAR住宅哲学"就是启示我们在住宅建设中应该做什么及如何做。依靠支撑体和可分体的哲学而产生的基本假设就是：住宅的实际创造是由三个彼此分开的设计和生产过程最终综合的结果。一个是创造支撑体的过程，一个是创造可分体的过程，第三个就是把一定的可分体放到一定的支撑体中而实际构成住所的过程（图4）。

图4　一个住宅的创造过程

图4中①支撑体是在公共范围内设计决策的，是由建筑师、工程师、投资者等各行专家共同讨论决定的。它是为社区生产的产品，可以说它是一件真正的房地产。它可用工业化方法生产，也能用传统的方式来建造。它是一个已完成的建筑物，而不是骨架，但它不是一个能使用的住宅。

图4中的②可分体是居住者能作出选择决定的一种工业产品。它由另外一些建筑师、工程师来设计，可以进行工厂化生产。

图4中③表示当支撑体完成后，住户可根据自己的需要，选择和决定合适的可分体，并用这些可分体在认定的支撑体中灵活地安排自己的住宅，最终完成有实用价值的住宅建设过程。这样的住宅才能体现出各种住户不同的生活方式，并易于改变、更新以适应新的要求。

按照以上哲理，可以认为支撑体是真正的房地产，可分体则是经久耐用的工业消费品，而住宅不是哪一个人能单独设计或生产的产品，它是居住者把固定的房地产（支撑体）和某些工业品（可分体）按照自己的生活方式综合在一起的结果。严格地说，建筑师不能设计住宅，他可设计支撑体和可分体；建筑工人建造支撑体，工厂生产可分体，住户选择并安排可分体最终完成住宅的建设过程(图5)。

所以，支撑体和可分体不仅仅是代表着两种设计责任的范围，它们也是两种生产的结果：房地产的生产和经久消耗品的生产。在此两种范围内，都能采用工业化的生产方法，也可采用传统的建造方式。我们已知简单的建筑材料如砖、砌块、板材、胶合板等对住户来讲使用起来是既好又省，就像出售的消耗品一样，它们也都是工业的产品。所以，在生产可分体时，这些产业要直接服务于住户，这就使生产者和使用者发生了一种直接的关系。这一关系对增进住宅的建设质量有着重大的意义，但这种关系只有生产经久耐用的消费品——可分体时，可分体才得到了解和发展。

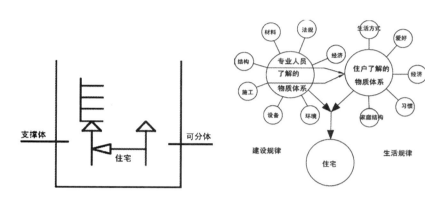

图5　住户最终完成住宅的建设过程　　　图6　住宅中两种不同的物质体系

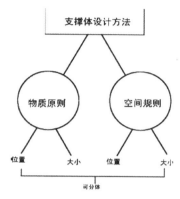

图7　支撑体设计的方法学

按照支撑体和可分体的哲理，在住宅建设过程中发挥住户的积极作用不仅是必要的而且也是可能的。确切地说，发挥住户的作用并不是技术上的问题，而是关系到人的问题。因为，假如我们想让住户在住宅建设中起到应有的作用，原来的一套设计原则和逻辑就不适用了。我们必须重新考虑每一件事情，我们必须创立新的逻辑和新的过程。譬如，我们必须重新考虑在住宅建设中专家们的作用。各种专业的行家将必须作出另外的决定，而不是他们今天习惯作的那些决定。只有这样，支撑体和可分体才可能成为现实。各行专家必须可以共同工作，协商讨论支撑体和可分体设计和生产的有关问题。所以，SAR已发展成为一门设计支撑体和可分体的方法学。它是协调和评价不同过程中各个部门、各行专家制定决策的手段。这种方法实际上是一个共同工作、协商交流的工具。

按照支撑体和可分体的概念，我们可以说它们代表了两种不同的物质体系，每一个体系是不同的决策者在不同的设计过程中工作的结果。各行专家（设计者、建造者及财经人员等）提供支撑体和可分体，使用者则按他们自己的意向把上述两种体系放在一起构成住所。从图4中，我们可以看到左边这两个体系是专业人员所做，右边则是住宅的使用者起主导作用，把二者组合在一起而构成住宅。因此，左边和右边的图代表着两重意义，左边代表着专业人员所了解的物质领域，右边则代表着居住者所了解的物质领域。它们代表着认识世界——住宅的两个方面，即住宅建设规律的认识和住宅生活规律的认识（图6）。二者是不可分的，缺一不可。

那么，支撑体和可分体又是什么样的关系呢？为了阐明这个问题，可以假定有两个称为A和B的不同体系：如果体系B改变而体系A并不改变，而体系A改变则必然要影响到B的改变，那么可以说，A是高于B一级的体系。假如有一所住宅，它是把一套可分体放入支撑体中而构成的，可分体可改变内部空间的分配而不改变支撑体，而支撑体如果改变的话（如改变成另一种结构外形），它将不可避免地要影响可分体外形的改变。这就说明了支撑体和可分体具有不同的层级，支撑体属较高一层级。

SAR支撑体设计的方法学是建立在两套规划的基础上，一套是关于物质实体的位置和大小的工作，一套则是关于空间的位置和大小的工作（图7）。因为创造一个人为的空间环境离不开物质实体和空间这两个方面，它们是相互依存，互相补充的。在设计过程中，有时着重考虑物质实体的位置、大小和它们的特性，如墙、柱子等；有时则更集中考虑空间的大小、位置及其特性。一些行家可能侧重于物质方面，另一些行家则可能侧重于空间方面。

如何考虑物质实体和空间这两个基本要素的设计呢？支撑体设计的方法学是采用动态设计的方法，它们建立在设计过程中各行业专家进行共同讨论的基础上。整个设计过程是一个不断评论的过程，不断地明确我们要做什么的过程。这一过程具有明显的两个特征：

第一，它是一个从无形变为有形的过程。幻想和概念是设计的出发点：一切人的需求抱负、社会的习俗、各自的爱好等都由无形转变为一种清楚的有形信息，最终变为一份该做什么的详细的设计任务书。

第二，它是从一般到特殊的设计过程。一开始是笼统的，而后则变为一步步详细的工作。一般是先制草图，标示物质和空间这两个要素一般的安排，然后再作出正确的平面和详图。例如，首先考虑开间的大小，决定承重构件的位置，继而再决定承重构件的精确尺寸。在空间设计方面，首先是指定某种空间的区域，然后再决定一个个特定空间的位置和大小。

2 语言和工具

为了有效地进行支撑体设计，SAR 有一套特定的语言作为设计过程中表述和协调的工具。这种语言不仅要进行特殊的陈述，而且必须就各部门的位置和大小进行一般的陈述。画图仍是重要的交流工具，所有参与的人要能够通过图上标明的物质构件和空间的位置大小互相进行讨论。

首先，SAR 把模数关系看作是一种有用的交流和协调的手段。模数一直被人们看作是构件标准化的一种方法。然而，SAR 的研究者认为，构件的标准化不能成为设计的最终目标，必须把它看作是交流、协调的工具和标记设计的手段。

SAR 使用 10 厘米和 20 厘米模数格网（图 8），它提供了确定物质要素（墙、柱等）位置规则的可能性。它规定物质构件将终止于 10 厘米的格状内。这个规定便于在知道构件精确尺寸以前就能决定它的一般位置，并能知道它们范围的大小（图 9）。

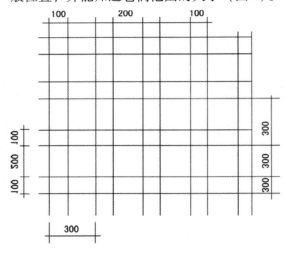

图 8　确定物质构件位置的规则

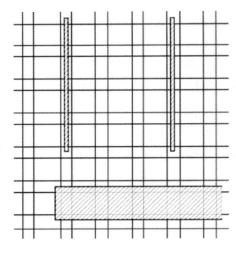

图 9　物质构件位置大小的确定

与此规则相应，SAR 又引进另一规则，即适应尺寸（Fitting Dimention），它使得支撑体和可分体的设计得以协同工作。按上述规则，物质要素终止于 10 厘米之内，那么适应尺寸一定就在 0 和 1 厘米之间（图 10）。

其次，SAR 利用区和界的概念作为支撑体设计时陈述空间分布可能性的手段。当设计者要决定物质构件位置和大小时，他并不知道建筑平面，也就是说，设计者不能根据楼层平面来决定支撑的物质构件。他必须根据可能的平面来工作，为此他必须有陈述支撑体中空间分布的语言。

区是支撑体中的一个区域，它被用以陈述支撑体中不同功能空间的位置和大小。区就是一种交流协调的语言。首先是确定空间和功能的类型，再根据空间的要求确定空间的区域，最后确定空间的位置。

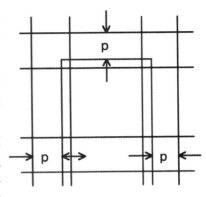

图10　适应尺寸

在任何住宅中，都有三种类型的空间：一般性的生活空间、特定的生活空间（卧室、工作室、厨房）以及实用的空间（贮藏室、卫生间）（图11），这三种空间的分布都有一定的规则，实用空间是服务于特定生活空间的。特定生活空间则是决定住宅平面的主要空间要素，其分布方式反映了居住者的生活方式。SAR研究者把住宅的空间分布按进深方向分为四个区，两区之间称为界（图12）。α区为私人的室内空间，与室外空间有联系；β区为私人室内空间，与室外空间无联系；δ区为私人用的室外空间；γ区为公共使用空间（交通），既有室内也有室外。

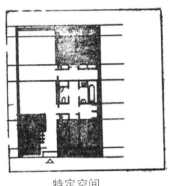
特定空间

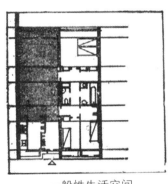
一般性生活空间

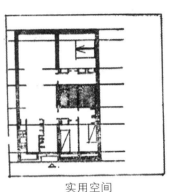
实用空间

图11　住宅中三种类型空间

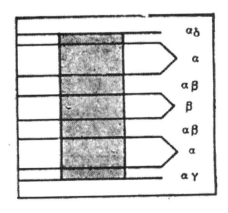

图12　支撑体中区及界的划分
α区：一般规定布置天然采光的居室、厨房、入口等
β区：一般规定布置卫生间、储藏室等
γ区：一般规定布置阳台、凉廊等
δ区：一般布置内部交通走廊

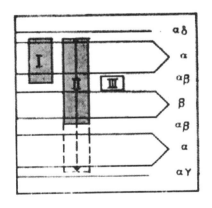

图13　支撑体中空间位置大小确定规则

第二篇　住宅研究

然而，设计者可以自由地处理功能和区的关系。任何功能原则上都能置于任何区中。

事实上，任何类型的住宅都能用它特定的区的安排来明确的表示。因此，区的安排可以认为是住宅平面类型的标志，是讨论时的一种交流工具。SAR 规定，特定的生活空间要终止在两个连接的界内（图13）。这个规定意味着特定生活空间的大小是与区和界的宽度相关的。特定生活空间最小的深度就是区的宽度（如果它就布置在区内的话）。区的宽度加上两个相邻的宽度就是特定生活空间的最大的深度，它们可用来陈述特定生活空间的大小。

设计者利用区的安排可画出支撑体设计过程中的结论。区的安排可使设计者发现管道、承重构件、卫生间等的最佳位置（图14）。

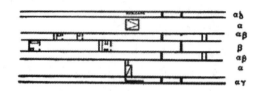

图14 支撑体中物质要素和空间要素的分布

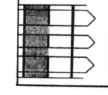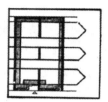

图15 段和段群

区和界是进深方向分布空间的标志，只是一个方向上的。

段则给我们两个方向的尺寸，它是区和其相邻的界的某种自由的长度。因此，支撑体中两道承重墙之间的空间就叫做段（Sector）。相邻的段称为段群，在段内设置隔墙便成为特定的住宅，也可以说支撑体中住宅是一组段群（图15）。

在一个段群（住宅）内可用代号标明可能的空间分布。它只表达这类空间的位置，而不表明空间的大小。但是它表达了特定生活空间和一般生活空间的功能位置，从而形成一个基本方案。在同一支撑体段群中可以作出许多不同的空间布置方式，画出许多不同的平面。这些不同的空间布置方式即不同的平面就反映并代表了不同的生活方式。用代号标记的基本方案如图16所示。

图16 基本方案的表述

这种住宅的设计方法，使得在同一支撑体中，能有许多不同的平面，从而能从根本上改变千篇一律的弊病。况且每一个基本方案还因空间大小的不同而构成更多不同的新方案，SAR 称它为子方案（Sub-Variants）。

3 理论与实践

1961 年哈布瑞根教授提出："支撑体是房屋的基本结构，住宅就建在其中。每一家住房内部的装修、变动或拆除能独立自如地进行而不牵连别人。"事隔 17 年，他的理想实现了。1977 年设计的荷兰帕本德莱希特（Papendrecht）一组支撑体住宅工程的建成可视为这一理论发展的一个重要的里程碑。

这个设计包括 123 套住宅，由建筑师弗兰斯·凡·德·威尔夫（Frans van der Werf）设计。他与哈布瑞根教授在荷兰共事三年，也从事 SAR 理论的研究工作，又与建筑师汉克·凯恩加（Henk Keyanga）一起从事 SAR 都市基本组织（Urban Tissue）的研究。此后便开始进行这一实验性的工程。这个设计把由哈布瑞根教授首先提出的，继而 SAR 研究的许多新概念融合应用于这个工程中。居住者在设计中的发言权是这个设计的出发点。每个居住者能够在支撑体提供的范围内安排他所需要的配套构件。

这个工程的住宅是按支撑体和填充体（可分体）建造的。支撑体由钢筋混凝土骨架和间隔墙组成，整个系统采用 4.8 米的网格（图 17）。根据住宅的朝向，设计了两种支撑体结构。进深分别为 11.30 米和 9.6 米，每个住宅中部的垂直管道也是支撑体的一部分。为了设置住宅内部的楼梯，在楼板上预设了洞孔的位置。

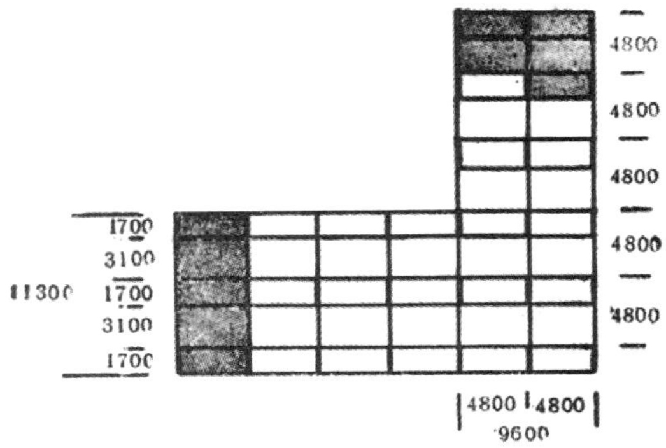

在这个工程的设计过程中，住户自由地选择内隔墙的位置、立面的形式、服务设施（电、煤气管道）的安排和卫生设备及中心供热的装置。墙板的颜色和立面构件也可从所提供的六种色彩中进行选择。

支撑体的划分导致许多不同的住宅类型出现。有的是单层的，有的是二层或二层以上。每一住户都有一个私人的室外空间（20 平方米左右的平台），它们位于一层或二层。每一个住宅都是不同的。它反映了居住者个人的愿望（图 18 ~ 图 21）。

图 17　支撑体网格

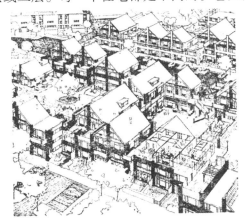

图 18　住宅区鸟瞰图

图 19　支撑体住宅

图 20　住宅外貌

图 21　支撑体平面

此项工程设计过程大致如图22：

支撑体的设计 → 批准 ⟶ 建设支撑体 / 与居者讨论 ⟶ 画设计草图 ⟶ 施工单位（电、煤气、水、热）⟶ 填充体装修开始

图22　设计过程

支撑体的概念不仅在荷兰变成为现实，在欧洲其他国家也得到了发展。英国 PSSHAK 研究组织就是一个代表。PSSHAK 的意思就是基本的支撑体和成套装配的住宅（Primary System Support and Housing Assembly Kits）。它试图创作一个选择的标准住宅形式，并使它具有适应性和灵活性。

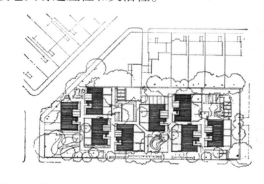

图23　伦敦某支撑体住宅工程总平面

PSSHAK 的工程是由建筑师纳比尔·哈默德（Nabeel Hamdi）和尼古拉斯·威尔克松（Nicholos Wilkinson）设计的。他们根据哈布瑞根教授创立的理论，把建筑物的主要结构——支撑结构与住宅内部的填充体（装配式构件）分开。按照这样的概念，将 PSSHAK 的方法应用于两个工程的实践。两个工程都建于伦敦，分别于 1976 和 1977 年建成。第二个工程建于 5650 平方米的基地上，最多能住 64 户（1～2 人的公寓），最少住 32 户，共有 8 幢 3 层楼的住户（图23）。

为了更确切地满足居住者的需要，确立住户在住宅建设中积极而中心的地位，PSSHAK 采用问卷调查的方式，征求用户意见，为住户提供说话的机会，以陈述他们的生活需要及对空间的要求。

问卷调查表要住户考虑和回答的问题有：

①每个房间你要放多少家具？

②在大人卧室里是否需要放儿童摇床？

③是否需要一间隔开放婴儿摇床的空间？

④如果婴儿间要隔开的话，它是否要与大人卧室直接相通？

⑤是否需要有单人卧室也可兼作书房？

⑥如果两个儿童住一间卧室，是否要大一些，以便兼作游戏室或学习室？

⑦你的儿童是否喜欢卧室像起居室那样大小的房间？

⑧是否喜欢在底层设置卧室（这将影响起居室的位置）？

此外，还向住户发放有关资料图纸，画出基本空间的平面，有门窗位置，帮助居民了解平面，以便设计自己的家，甚至在图上画出 1 英尺（1 英尺≈0.3048 米）见方的格子，以帮助住户了解房间的大小，便于设计（图24、图25）。

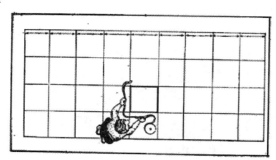

图24　向住户发出的"基本空间平面"资料图之一

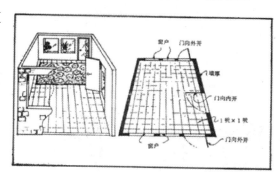

图25　向住户发出的资料图之二

采用 PSSHAK 方法，住宅建设的第一步也是建设支撑体结构。包括承重墙、横墙和钢筋混凝土的楼板。楼板预留洞位，以便安装机械和电气设备（图26）。一旦支撑体结构完成，就详细了解住户的要求，第二阶段工作就开始按照住户的意愿画出设计的草图（图27），再交回给建筑师画出最后的住宅平面图（图28），以便按它来安装填充体——装配的构件。结构支撑体和装配填充构件二者是分开

生产的。装配填充构件包括隔墙、门、碗橱、浴室，所有的隔墙都是用轻型框架，外贴 16 毫米厚的板构成。

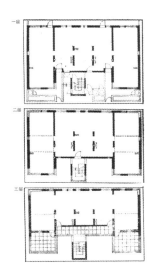

图 26　支撑体平面

图 27　住户自行设计的草图

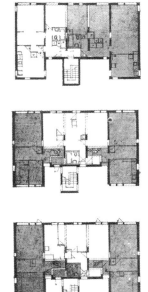

图 28　填充体安装平面

以上两例是哈布瑞根教授认为到目前为止按照 SAR 概念建造的最好的两个实例。这两个实例的共同点是：把住宅分为骨架和填充体（成套装配）两部分，分开设计和建造；广泛吸收居住者参与设计过程，并使他们有选择和决定权；这些住宅都具有广泛的适应性和灵活性，并且每个住宅几乎都是不相同的，每家住宅都有自己的可识别性，创造了一个丰富多彩、富有生活气息的、舒适的居住环境。

（1982 年 9 月写于 MIT，原载《建筑师》1984 年第 12 期）

注：原文为英文，该文是作者与哈布瑞根教授讨论的两篇文章之一，他要作者在中国发表，故回国后译成中文投送《建筑师》发表，另一篇英文文章由哈布瑞根教授推荐，于 1983 年在英国 Open House 杂志上发表。

第二篇　住宅研究

3 住宅建设的一种新设想

　　住宅紧张是我国当前主要的社会问题之一。党的十一届三中全会以来，城镇住宅建设速度显著加快，但仍不能满足我国人民的生活要求。从房屋质量上看，外型设计单调贫乏，千篇一律，从南方到北方，从大中城市到小城镇，样式几乎相同，缺少地方特色。至于说住房状况要随家庭人口、经济条件、生活方式、季节更替等条件的变化而变化，就更谈不上了。

　　存在这些问题的原因之一，是多年来国家对住宅建设采取了包投资、包设计、包建造、包分配和包管理的一揽子办法，把居住者排斥于住宅建设的过程之外。这反映在政策上，是把住宅完全看作是福利产品，包建房、低房租，结果是：一方面国家的包袱越背越重，另一方面又出现了建房者不管分房，分房者不管修房的复杂局面。

　　住宅的兴建不仅是个经济问题，而且是个社会问题。我们过去一直忽视从社会学的角度来研究住宅的建设。在历史上，住宅的发展总是与居住者的作用紧密结合在一起的，因为对居住环境的要求，是人类生存和生活要求的一部分。这种本能的积极性是住宅建设发展的源泉。我认为，在住宅建设中应该充分发挥居住者的作用，考虑居住者的要求。要做到这一点，就应实行灵活开放的设计方针，即建设支撑体住宅的方针。

　　建设支撑体住宅的意思是：在概念上把住宅分为两部分，一是支撑体部分，包括承重墙、楼板、屋顶及主要的设备、管道等；二是可分体部分，包括内部的轻质隔墙、各种壁柜、隔板、厨房的装备及室内装修等。二者分开设计和生产。前者由国家、地方或企业投资，建成后出售或补贴出售，它由主管部门、投资部门及设计部门共同讨论设计和建筑方案。后者则由私人购买和安装，住户可根据自己的经济条件、生活方式、家庭人口等情况作出不同的选择。前者由建筑师、工程师、建筑工人共同创造，是一种建筑产品；而后者则可以进行工厂化生产，是一种工业产品，或者说是一种耐用消费品，同家具、洗衣机和电冰箱等一样。最后，还要有一个将可分体安装于支撑体的过程，这将由专门的装修服务队承担。

　　这样做有些什么好处呢？

　　第一，它将增加城镇住宅投资的渠道，变目前单一的国家投资为国家、地方、企业和个人多层次的投资，并可将居民的个人消费支出引导到住宅消费上来。它体现了社会主义制度下，住宅既是福利产品又是商品的双重属性，国家就可以用原计划的投资建设更多的住宅，加速住宅建设的发展。

　　第二，可以让住户参与设计，使住户"量体裁衣"，根据自己的愿望，在基本结构固定的"外壳"中较灵活地安排内部空间和装修。这就为住宅的多样化创造了有利的条件。对住宅的多样化的要求必将随住宅的商品化而日益增多，因为商品化的住宅与目前的住宅应有不同，不能将现行的千篇一律的住宅简单地标个价格就成为商品住宅。住宅作为商品就应该有商品的特点，要讲究花色品种，以适应不同的消费者——居住者的需要。支撑体住宅就能适应这样的要求，它能在建筑面积大小上，在内部空间分隔方式以及装修材料、形式、质量标准等方面为住户的选择提供条件。

　　第三，方便了住户。由于支撑体中厨房和厕所已随支撑体外壳建成，这样支撑体外壳建成后就可满足最基本的居住要求，内部的分隔、装修可以在支撑体建成后一次投资，安装好内部的可分体，再迁入居住；也可先搬进支撑体外壳内居住，再根据自己的经济条件逐年投资，逐年添置可分体。如果若干年后，经济水平提高，家庭人口有变化，可以根据新的需要，更换或重新安装可分体。

　　第四，这样可以促进建筑业的发展。让居住者参与设计，就给设计人员提出了更高的要求，因为要设计出经济实用而又具有较大灵活性的支撑体并不是一件容易的事。同时，新的设计也就给施工带来了新的课题。另外，随着可分体生产的发展，必然要出现新的专业化生产工厂，使可分体的生产进入商品经济的行列。而可分体的安装又可带动城市装修服务队这一新行业的发展。

（原载《经济日报》1985 年 1 月 5 日）

4 一条住宅建设的新途径

——关于应用 SAR 理论和方法的一些设想

SAR——一个工业化的大量性住宅建设的理论和方法自 60 年代问世以来，已在世界很多国家得到发展和运用。这一理论和方法能否应用于我国的住宅建设？或者是根据这一基本理论，如何结合我国的具体情况，开拓一条新的途径以改进当前的住宅建设呢？本文就试图围绕这一问题，提出一点看法，以供讨论。

1 SAR 的基本要点

SAR 的基本出发点是改变传统的住宅建设程序，使居住者对他们的居住环境有决定权。在这个哲学思想的指导下，所形成的 SAR 住宅建设的理论和方法至少在理论和实践中为下列问题的解决提供了一些新的途径。

首先是在坚持住宅工业化建设的原则下，开辟了一条住宅建设多样化的道路。不仅在住宅外观方面，而且重要的是在使用方面，满足了不同居住者多样化的要求。

SAR 的创立者极力主张让居住者参与到住宅建设的过程中去，使他们享有决定的权利，而且在技术上又为居住者参与设计提供了可能。SAR 将住宅分为支撑体和可分体两个不同的范畴。后者就是由居住者个人选择决定的。事实上，支撑体是固定定型的部分，它可采用标准化、工业化的方式生产。可分体是灵活可变的，它是构成设计多样化的具体内容，它可根据居住者的要求来选择和安排。这就保证使居住者在支撑体构成的结构空间中能有效地二次划分他所需要的实际使用空间，并根据自己的爱好决定内部的装修，从而形成不同类型的平面形式，产生不同的内部和外部的居住空间环境，避免了住宅建设的单调感，从根本上提出了一条解决标准化和多样化矛盾的新途径。

与此同时，SAR 为住宅建设的灵活性提供了条件。在住宅建设中，要求住宅有较高的灵活性和适应性，已成为今日住宅设计的一个重要问题。SAR 提出的住宅分为支撑体和可分体的概念，使得在基本结构固定的条件下，内部空间的分隔具有很大的灵活性。它采用了区、界、段的设计方法，在支撑体上安排住户，并可按每户要求的面积大小分配数目不等的段，以适应不同人口结构、不同经济水平家庭的要求，无需为户型的变化而担忧；同时，SAR 采用动态的设计方法，整个住宅建设的过程就是住宅建设的有关各方，投资者、规划者、设计者、建造者及居住者等，不断交换意见、不断作出决定的过程，这样能充分发挥各方面的积极性，并为将来的发展提供方便。

此外，SAR 体系也为住宅建设的科学化提供了可能。按照区、界、段的划分，可以将这些术语转换为计算机语言，根据要求，编制一定的程序，就可作为设计的辅助，分析多种方案，而后找出最佳方案，这也为居住者参加设计提供了方便。

2 我国当前住宅建设的问题

近几年来，由于住宅建设量大，工业化建设程度不断提高，住宅设计忙于赶任务，甚至简单地套用图纸，致使居住建设过于单调，没有地方特点，完全忽视传统建筑存在的历史现实。

住宅建设的工业化是其发展的必然趋势，但必须既工业化也多样化，多样化不能仅仅理解为是住宅的外观问题，即不仅是为了满足人们精神要求的问题。事实上，它首先是为了满足居住者因不同的经济条件、不同的生活方式、不同的习惯和爱好而产生的对不同居住环境的要求，包括内部和外部的空间和环境。为此，只有多样化的住宅——多样化的居住空间和环境才能满足人们这种物质生活的要求。只靠几种定型的标准图纸，住宅内部空间和构件固定不变的住宅类型，是远不能解决这一问题的。尽管近几年来，住宅设计有一定的改进，但仅在立面处理、层数变化、阳台设置、材料色彩上有所变化，这只是外观方面有限的变化，而谈不上住宅的多样化。

住宅建设中另一个重要问题是住宅缺乏使用的灵活性。住宅内部所有空间都是固定的。甚至各个房间的大小各户也彼此雷同，居住者不可能按自己的心愿来灵活地安排他的居住环境。

缺乏灵活性的另一方面是住宅设计不能适应远期的发展，现在已经发现这样的例子：前几年建的住宅因为当时每户的建筑面积规定较少，现在明显地感到小了，但是没有办法来改变它。因为住宅的设计只考虑了当时的要求，而没有考虑到未来的发展变化。现在随着国家经济条件的好转，住宅的标准在逐步提高。仅以上海为例，70 年代每户建筑面积标准由 33 平方米增加到 38 平方米，后又增加到42～45 平方米，1980 年达 50 平方米，十年之内每户面积提高达 17 平方米之多！此外，现代家具和家用电器设备正在进入我国家庭，这为住宅设计带来了一些新的功能因素，现有的住宅因为缺乏伸缩性，住户常为此苦恼，买了洗衣机无处放置，有时不得不把它放在卧室里。

当然，居住建筑的建设不能脱离现实的可能去适应未来。事实上也不可能精确地预计未来可能发生的一切；但是又必须从现实出发，尽可能地考虑到未来可能的变化及其对住宅的要求。建筑师只要认真总结、分析本国及国外的经验，就有可能为远期的发展、改造提供有利的条件。否则，只看眼前，丝毫不考虑远期发展，势必造成今后的被动局面。

我国住宅建设中另一个突出的问题是完全忽视我国传统民居的继承和发展，一味效仿外国方盒式的住宅，似乎中国的民居完全不能适应今日我国人民的生活需要，不能适应建筑工业化和标准化的要求了。

事实上，传统的中国住宅不仅能充分适应中国人民的传统生活方式，而且在设计和技术上仍然有许多是值得今日借鉴、继承和发扬的，我们决不能简单地否定之。

众所周知，我国的民居，因地制宜，就地取材，既适应当地生产和生活条件，又富有浓厚的地方特点。

我国的民居平面类型多样，组合形式灵活。千变万化的住宅群体，却使用着一个基本"间"的形式作为基本单元，利用单元组合成多院式的住宅。它可向纵横方向延伸发展，串联或并联成庞大的宅院群，构成成片的院落组。可以说，现代单元组合的概念早已存在于我国传统的住宅中。但是这种传统住宅群的核心，即家用或公共社交的中心——院落已完全被排除在我国当代的住宅外，人们只能生活在有限的室内空间里。

中国传统的住宅多数是木构架体系，它为住户提供一至二层高的较大的结构空间，人们可以根据自己的需要，采用灵活轻质隔墙二次划分适用的有功能意义的建筑空间。这就显示了住宅内部空间灵活分隔的可能性。这些不都是今日现代住宅建设急需解决的问题吗？

目前，对传统建筑，包括传统的住宅已在进行研究，但较多地侧重于它的现状和历史。这一点是重要的。但是如何从设计的角度出发，研究中国传统住宅形成和发展的一般规律，结合今日的现代物质技术条件，继承和发展它的科学部分，为今日的住宅设计服务，则是更有意义的课题。如果说，中国现代住宅缺乏多样化，那么就可以说，没有认真继承和发扬中国住宅的传统，吸取它的精髓，没有去发掘中国丰富的民居建筑宝库，则是一个重要的原因。

3　探讨我国住宅的新途径

在分析了我国住宅设计的若干问题和 SAR 的基本要点后，可以发现 SAR 所研究并解决了的问题正是今天我们在住宅建设中期求解决的一些问题，同时也不难看出 SAR 的基本概念和我国传统住宅有着相同之处。因此，它将可以给我们一些有益的启示，有助于我们探索一条住宅建设的新途径。

首先 SAR 是科学地进行住宅研究的方法。SAR 学者从本国实际情况出发，经过大量的调查分析，总结过去的经验，找出基本规律，将研究成果上升为指导设计的理论，他们又根据当时的技术条件和要求，制定了一套科学的设计方法。

　　SAR 组织产生于荷兰，荷兰是一个人口密度很高的国家，19 世纪就建设了城市型的联排式公寓住宅区，而旧街区将逐步更新改造。SAR 研究者调查分析了 19 世纪发展起来的城市住宅及住宅区，推演出存在于旧区中典型的基地划分的方式，典型的建筑物形态以及典型的住宅平面等。在此基础上，他们进行分析，从中找出"规律"。他们从 19 世纪住宅中研究它们的支撑结构及立面、屋顶各部分的特征。例如，在支撑结构中，他们总结出 19 世纪住宅有以下特征：①层数：最多四层；②层高：底层为 2.8～4.2 米；③直接从街道上进入楼层的住宅；④有私人室外空间，后面有屋顶平台；⑤开间：起居室为 3.9～6.6 米，入口卧室为 2.4～3.0 米；⑥建筑物进深：一般是 α-β-α 区；⑦内部楼梯是开敞的，一般在 β 区或 α-β 界内；⑧墙中留有开口，在区中开口为 2.0 米，在界中是 1.1 米；⑨管道都在 β 区或 α 区界内（图 1）。这些规律并不是简单地反复再应用于新的设计，而是从中引出新的规律，以适应人们现代的生活和现代技术的变化——工业化和标准化的要求。SAR 设计理论和方法就是在分析 19 世纪荷兰城市住宅的基础上，引出了支撑体和可分体的概念（图 2、图 3），并且又从典型的旧街区中引出了"基本组织"（Tissue）的概念。这种科学的研究方法，既是对过去传统建筑的科学总结，又创立了指导今日住宅设计和住宅区规划的理论和方法。而这种新的理论和方法是在继承传统的基础上发展形成的。它保持了历史、文化的连续性，又开创了新的天地。

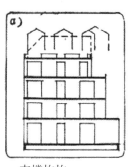

a. 支撑构构

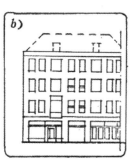

b. 立面

图 1　19 世纪住宅研究规律

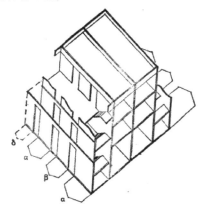

图 2　荷兰传统住宅的支撑体系统

　　今日我们要开创住宅建设的新局面，为人民创造更好的生活环境，我们应该学习 SAR 科学的研究方法，认真研究我国传统民居，总结它们的规律，以创立大量性住宅建设的新理论和新方法。

　　SAR 关于居住者参与住宅建设过程的新概念也会有益于我们去改进我国当前大量性住宅的建设。这个概念真正体现了建筑与人及建筑师与人民的关系。住宅建设应服务于人民，住宅设计让居住者参加并有选择和决定权就能更好地体现出住宅建设为人民服务的宗旨。它意味着居住者应参加住宅建设的全过程，而不只是盖好以后决定要不要租和买的问题。

　　对于这个问题很多人一定持不同的看法，认为这在我国是不适用的，因为当前的主要问题是解决有无问题，只要分到房子就好了。

　　不错，缺房仍然是现实的问题。但解决缺房问题和改进住宅建设的质量并不矛盾。只求数量不讲质量的住宅建设是

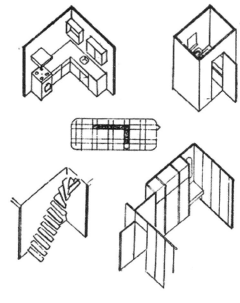

图 3　荷兰传统住宅的填充体系——可分体

不足取的；而要真正提高住宅建设的质量，单靠建筑师去体验生活是不够的，他们只能认识一般的生活规律而不可能认识居住者各不相同的生活规律；只有居住者参加并与建筑师合作才能创造出居住者满意的居住环境。

事实上，我们仔细地观察并思索一下也会发现情况并不是像我们想象的那样——"只要分到房子就好了"。现在，人民不仅需要住房，而且需要较理想的住房，每当一个新村或一幢住宅楼建成待分时，那些未来的新住户关心考虑的是什么呢？他们关心的是面积的大小、房间的数量、平面的布局、门和窗子的安排，有没有壁橱、吊柜等，他们都要几次实踏现场，观看、分析、比较，如果他们非常不满意的话，他们宁可"再等一下"也不搬进去。就是那些将要搬进去的人，我们也能发现，许多人在他们搬进新居之前，都要按照他们自己的心愿粉饰、装修。一般要花 100～200 元及 1～2 个月的时间，迫不得已时还会进行"破坏性"地改造，把某一部分拆掉重新按自己的心愿来安排。所有这些表明，人们需要有选择和对他们的住宅建设发挥影响的权利。目前的问题是人民的这种权利被排斥在住宅建设过程之外，我们应该提倡人民住宅人民建设的原则。

让居住者参加住宅建设过程，不仅是必要的，而且也是可能的。一方面，居住者本身蕴藏着极大的积极性，他们关心未来新居的规划、设计和建设，这是显而易见的；另一方面，我们也有一些这方面的经验，让设计、使用、建造几方面很好地结合起来。

自然，要让居住者参加住宅建设，我们必须改变住宅建设的程序，要在住宅设计之前就决定谁将住进这些住宅中。这与现在的建设过程完全相反。但是现在有些单位（如机关、学校、工厂）采用一种新的方法，在住宅建设之前就发房票，实行预分，这样就有可能让住户参与住宅的建设过程。

SAR 的另一个重要的概念是把住宅分为支撑体和可分体两部分，这对我们也是有用的，正如上面所说，它提供了一个解决灵活性和多样化问题的途径。实际上，所有的建筑物都包括这两部分，SAR 把住宅分为两部分，其含义主要不是技术上的，其本质在于这两部分由谁作出决策。凡是住户不能决定的部分称为支撑体，相反，凡是由住户决定的部分就称为可分体。

我国传统的民居也包括这两个方面。屋顶、构架和外墙所形成的结构空间就是支撑体，内填隔墙、各种隔断、楼梯、木楼板等可称为可分体，住户把各种可分体按自己家庭的生活需要布置于外壳型的支撑体中，有机地把二者结合在一起，就构成了有实用价值的住宅。在这方面，我们传统的民居与 SAR 有着有趣的共同点。

如果我们今日的住宅建设也像传统的民居和 SAR 所主张的那样，把住宅分为支撑体和可分体两部分，我们将发现它有很多的优点：

它可能有利于我国现行住房政策的修改，适应今日改革的要求。现在，差不多所有的城市住宅都是由政府部门投资开发，并且实行低房租的政策。这些政策意味着住宅投资既不能回收，也不能支付维修费用，这样将缩短房屋的使用寿命。

同时，目前我国住宅投资的主要来源是由政府提供，这也是不尽合理的。世界各国尽管社会制度不同，但有一个普遍的趋向，即住宅的主要投资者是住户自己，约 50% 的住宅投资是采用这样的形式。

假如我们把住宅分为支撑体和可分体两部分，那么投资也可分为两部分：政府可以提供投资建设支撑体。单位（从自己的提成中）或有条件的个人则可筹资购置经久耐用的消耗品——可分体；如果采用这种方式，居住者可以租用甚至可以购买（实行分期付款）支撑体，并根据自己的愿望，来最终建成自己的理想住所。这样，住宅将随住户不同的经济条件和爱好而千变万化。

支撑体和可分体可由建筑公司和建筑工厂来分别生产，前者建造支撑体，后者生产可分体，就像木器厂生产家具一样。而最终把二者综合在一起构成住宅的工作则由住户自己或找合同工来安装完成。所以，采用这种住宅建造方式将可促进住房建设组织的发展，开拓新的建筑行业和劳动市场，提供更多的技术并不复杂的就业机会，同时也必将加速我国住宅建设的发展。

为了创造一个舒适的居住环境，SAR 注重低层的住宅，并重视传统住宅，每一住户都有自己支配的室外空间——院子，而建筑密度往往是较高的。这种低层高密度住宅不仅经济而且实用，同时也能节约用地。所以它也能应用于大城市大量性住宅发展中。这正是我们需要研究和解决的一个重要问题。

我国传统的院落式住宅遍布全国，而且也是低层高密度的。房间围绕着院落布置，与邻居紧接相连。传统住宅中的院落是人们室外活动的中心。

遗憾的是，传统的院落住宅已从新的大量性住宅建设中消失了。取而代之的是标准单元式的公寓。这表明我们对我国传统建筑的轻视。SAR 的研究途径以事实启示我们，各国现代的住宅是可以而且应该从本国传统住宅中找到灵感的。

当然，传统的住宅也有缺陷，不能完全适应人们现代生活的要求。过去，一个院落式的住宅是一个大家庭居住的，而且等级森严。现在大量性住宅则是以小家庭为基本的单位。我们要探索院落式住宅新的设计原则和平面，为每户提供阳光充足、朝向合理、自然通风良好及每户都有独用院子的居住环境。传统住宅多数是一层的，为了提高建筑密度，节约土地，层数可增加至 2~4 层，每户可以占有一或二层，部分屋顶可以作为院子为住在二层以上的住户使用。

以上仅仅是一些设想，关键还在于实践，在此只是提出供大家讨论。至于 SAR 理论和方法的应用，关键还是它的哲理部分，方法是完全可以根据我国的实际情况再创造的。

（原载《建筑师》1985 年第 3 期）

注：该文写于 1982 年 7 月，是作者在 MIT 做访问学者时所写，原文为英文，是提供给哈布瑞根教授与之讨论的两篇文章之一，原文经他推荐于 1983 年发表于英国 *Open House* 杂志上，作者回国后译成中文投送《建筑师》杂志发表。

第二篇 住宅研究

5 支撑体住宅规划与设计（上）

为了开创我国住宅建设的新局面，我们自1984年开始着手进行了一次住宅设计和建设的新尝试，以探索一种让住户参与住宅建设的新的住宅建设方式，同时探讨了灵活性和多样化的住宅设计途径、住宅群体布局的新的原则和方法，以及探讨了传统民居和现代住宅建设的结合。试点工程位于无锡惠山之北，占地8500平方米。目前正在建设中。

这是一次综合性的住宅建设试验，这里介绍的是我们完成设计研究后的初步总结。共四份研究报告，真正的成效尚待试点建成使用后，让实践来检验。

1 人民住宅人民建设——一次支撑体住宅的试验

为了改革现行的住宅建设体制，城市住宅应该采取多种建设形式。逐步改变城市住宅全由国家投资的单一化的公有制形式，建立多层次的住宅投资结构，逐步将居民的个人消费支出引导到住宅消费上来，实行住宅全价出售或补贴出售。这是住宅建设的一个新方向，也是新形势向住宅建设者们（投资者、规划者、设计者和建造者们）提出的一个新的研究课题。

住宅出售，意味着住宅的属性由福利品变为商品。它既是商品就应像商品那样有不同的型号和花色品种，让顾客随意挑选，所以商品住宅应与现行住宅有所不同，不能将千篇一律的现行住宅简单地标个价码就成为商品住宅，为适应新的形势就需要在技术上提供一条与之相适应的新的建设方式，新的设计理论和方法。而这种建设方式与现行的是根本不同的，原则的区别在于把人——居住者放入住宅建设的中心位置，让住户在住宅建设上有投资权，在设计上有选择权和决定权，改变住户只有租用或购买而不能参与设计过程，更没有选择决定权的现象，这就是我们探讨的基本出发点。

2 基本设想

在这次试验性住宅建设中，基本的设想包括以下几个方面：

（1）把住宅建设分为两个范畴，即支撑体部分和可分体部分。前者包括承重墙、楼板、屋顶及设备管道（井）；后者包括内部轻质隔断、各种组合家具、厕所及厨房的设备。两个部分分开设计和建造，这就为住户参与住宅建设提供了具体的设计理论和方法。

（2）根据"变由国家包为国家（包括企业）与个人共同负担"的住宅体制的改革精神，我们设想支撑体由国家或企业负担投资，或补贴出售，可分体部分由住户个人进行投资。这为住宅开辟了一条多渠道的公私合作的建设途径，它使住户也成为住宅的投资者。

（3）支撑体部分由投资、管理部门和设计建造单位共同讨论决策，可分体部分由住户投资，住户拥有对其类型、标准、规格和布置方式的选择权和决定权，使住户成为真正的住宅设计者、建造者。

（4）住宅的建设分三阶段进行。第一步是设计建造支撑体；第二步是设计生产可分体；第三步是把住户选定的可分体按照住户的意愿布置安装于他们所选定的支撑体中，最后构成一个适用的完整的住宅。三个阶段分别由三个不同的建筑生产组织生产；支撑体由现行的建筑公司来承包，可分体则由专门化的工厂进行商品化生产，最后的安装工作则由住户自己或委托社会劳动服务组织来完成，江苏无锡工程拟专门组织一个安装的班子，进行第三阶段的工作。

3 基本做法

无锡住宅试点工程实行了一套把支撑体和可分体分为二次设计二次建造的新程序。

首先是设计支撑体，它又分为"单位支撑体"及"组合支撑体"设计，它由建筑师和有关部门共同讨论决定，以确定建筑设计、建筑面积标准、结构及施工；然后报请有关部门批准，待批准后开始建设支撑体；与此同时，设计可分体，并与住户讨论，进行住宅内部的设计，它由建筑师协助住户，由住户选择和决定；最后进行可分体的装配及装修。

　　在开始进行试点前，专门召开了江苏省五市两县房管局领导和设计人员参加的支撑体住宅设想可行性论证会。与会者一致认为这种设想是可行的，有利于开创住宅建设的新局面，可以进行试点。但是不少人也提出几个难以解决的问题。

　　①难以首先确定住户；

　　②难以找到经济理想的轻质隔墙材料；

　　③难以有这么多时间进行两次设计并和住户一个个进行讨论。

　　这都是非常现实的问题，的确是比较"难"的。然而真正的"难"还不在于技术，而是在于传统的概念和习惯。与其说支撑体住宅是一种新的理论和方法，不如说这是住宅建设和设计的一次改革。当然，在具体问题上，我们又必须采取积极慎重的科学态度。所以，在选择设计对象时，我们先从商品住宅开始。因为商品住宅需要事先登记、申请，这样就可先确定住户了。

　　为了摸清住户实际的需要，在支撑体平面设计过程中，我们召开了登记购房代表座谈会。我们将支撑体平面内各套型可能的内部布置方式画成不同的方案，公开陈列，征求买户意见，结果80%以上方案都有人选。这说明，住户根据自己的经济条件、家庭情况，对住宅要求很不一样。由此得到启发，二次设计（住宅室内平面设计）也可采用这种方式，在同一套套型平面中，做出几种不同的布置方式，让住户自己去决定，这样可以节省时间，也为住户创造了挑选的条件，少数或个别住户如有特殊要求，可以单独处理。

　　内部轻质材料只能够从现实出发，选用半砖墙、空心砖墙、木隔墙、石膏板墙和组合家具等；试点可促进可分体商品化的生产。

4　支撑体设计

　　支撑体设计是全部工程设计的关键。

　　①支撑体内的每一套单元必须有许多不同的布置方式，而不能仅仅是1~2种可能。

　　②支撑体面积和支撑体内每套单元的大小可以通过调整支撑体进深尺寸或改变套型平面的分户墙位置实现。

　　③支撑体或部分支撑体必须能适合非居住的功能，尤其是底层可以做商店或安排住宅区内其他的公共设施用房。

　　在设计支撑体时，要特别注意研究两方面的问题，首先是支撑体本身使用的多种可能性，通过不断地分析比较，确定一种最好的支撑体。其基本的特征应该是具有最大的内部使用变化的灵活性。其次就是研究支撑体和可分体相互协调的关系，即对支撑体可分体要进行系统的探讨，以模数做协调的工具，促使两者工业化、标准化生产。此外，还要便于灵活拼接，为多样化的外形创造条件。

　　确定住宅建筑的结构体系，还必须考虑我国的国情。就试验工程所在城市无锡来讲，主要建筑材料仍是砖瓦和钢筋混凝土小型构件，住宅建筑施工力量主要依靠地方和社队建筑企业，机械化程度不高。因此绝大部分住宅仍以砖混结构为主要体系。

　　支撑体设计中首先是研究一个细胞，即近似于套型平面，作为基本的组合单位，我们称之为"单位支撑体"。由"单位支撑体"根据地形利用连接体拼接成不同形式的组合平面，我们称它为"组合支撑体"，即基本方案。

　　单位支撑体基本上是一户的领域，也可不是一户的领域。

　　我们设计的单位支撑体如图1所示，它表达了空间的分布与外形，而不表示空间的大小。它们的大小在开间（X）和进深（Y）两个轴向都是可变的。它可参考每户面积标准，内部家具布置及空间的功能分析来确定。一般来讲，房间的开间大，其使用灵活性也大。根据无锡的物质技术条件，我们采用了 3600 和 4200 两种开间。

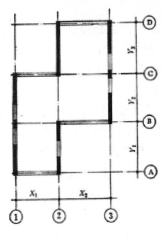

图1　单位支撑体

单位支撑体系采用砖混结构。完全利用现行的构件，纵墙承重，仅在轴线 Z 上的 B～C 之间采用一根混凝土梁，这样以争得三个方向的灵活性。它比大空间结构现实合理，而灵活性也不少，又有着小开间结构的现实合理性，因而它具有更大的灵活性。这种单位支撑体的外形采用曲折式，目的在于拼接自由，能争取最好的朝向、采光和自然通风条件。不管以任何方式组合拼接，都不会有暗房间出现，每户均有南向房间。

在"单位支撑体"中，设计者可以自由地处理空间和功能的关系，任何功能原则上都能置单位支撑体于任何区域中。因此，在同一单位支撑体中可以作出许多不同的空间布置方式，画出许多不同的平面，图2只是几例。这些不同的空间布置方式，就反映了不同的家庭生活习惯和要求。

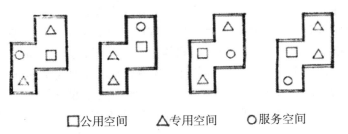

□公用空间　△专用空间　○服务空间

图2　单位支撑体功能和空间的关系

组合支撑体是由单位支撑体、公共交通体（楼梯）和插入体相互拼接组合而成，如图3所示。它像单位支撑体一样，一个组合支撑体（基本方案）也能有许多不同的平面，以适应不同的地形、朝向、户型及面积大小，因而可以改变千篇一律的住宅弊端。无锡试点工程采用了四种平面类型，基本上同一个单元支撑体组合而成。

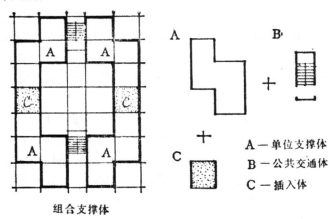

组合支撑体

A—单位支撑体
B—公共交通体
C—插入体

图3　组合支撑体的构成

运用这个组合支撑体——基本方案，有它明显区别于目前流行的城市住宅的特点：

（1）采用了单位支撑体做基本细胞的住宅平面组合设计方法，将定型化的单位改小，以争取组合灵活、方便。

（2）支撑体的设计是以单位支撑体作为细胞着手设计，将公共交通空间（楼梯、走道）和插入体拼连组合。

（3）住宅单体采用以院落为中心的组团式平面布局，提供了室外公共交流的场所，这个院子平面尺寸为 10.8 米×10.8 米，前排建筑檐高与院子进深之比为 1：1.2，而且前后、左右四面均通，创造了较好的日照、自然通风条件。

（4）这种组合支撑体的组合方式具有随意性，但是不论南北东西纵横布置，每一户都有朝向南北的房间，这就为总体布局带来了极大的方便，也为总体布局的多样化创造了非常有利的条件。

（5）这种组合支撑体具有极大的适应性和灵活性，在组合支撑体内，户型和户数可根据不同时期的实际需要进行调整。

5 住宅建设标准与多样化——一次多样化住宅的试验

目前住宅缺乏多样化的原因是多方面的，最根本的一条是缺乏住宅建设创作的积极性，建筑师的创作积极性及住户建设自己居住环境的积极性都没有得到发挥。住宅要多样化必须要有这两个积极性，后者是不可忽视的。我们探讨住宅建设的多样化也是要从这点出发。在无锡试点工程中我们主要从以下几个方面探索住宅建设的多样化（图4）。

5.1 多样化的户型

根据住户的要求，尽可能地提供多样化的户型。在无锡支撑体住宅试点工程中，利用一个母体——单位支撑体拼接成不同的组合支撑体平面（也就是基本方案），我们根据一个基本方案设计了几种不同的子方案，以适应不同的地形、面积标准及户型大小。每一种类型平面都提供了多样化的户型。无锡支撑体住宅试点工程中，不同的户型所占比例达 65％ 以上。这个住宅组团预计可住 214 户，其中不相同的户型达 139 户。

5.2 多样化的内部空间组织

除多样化的户型之外，还需要有多样化的住宅内部空间。也就是说，即使相同的户型平面，也要能有不同的内部空间组织方式。

在无锡试点工程中，同一户型入口及厨房、厕所的位置是已定的，处于相同位置；生活居住空间的分隔是可变的，可根据不同家庭人口数、人口结构及生活方式进行不同的室内空间分隔。

5.3 多样化的单元拼装方法

工业化的住宅建设要实现多样化，创造单元之间多样化的灵活拼接方法是重要的途径。如果我们把住宅设计中的基本空间单元和基本拼接体比喻为"字"和"词"的话，那么按照一定的规则拼连成

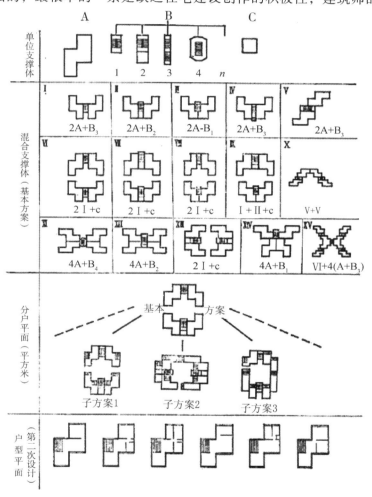

图4　支撑体住宅多样化设计途径

的组合体就比喻为"句子",建筑师设计的一个住宅组团或一个小区就似运用"字"和"句子"创作"文章"。

基于上述看法，我们在设计中着力设计"字"、"词"，力图以最少的"字"、"词"创作出一篇篇文采各异、风格不同的"文章"。"单位支撑体"就是我们设计的一个"字"，一个"词"，"组合支撑体"就是"句子"。在这个工程中，总共设计了三个基本的"字"，恰如 A、B、C，一个是"单位支撑体"（可视为 A），一个是楼梯单元（可视为 B），另一个就是用于连接的"插入体"（可视为 C）。运用 A、B、C 遵循一定的规则创作了这个住宅组团篇章。

多样化的拼接在这个设计中主要取决于以下几方面的因素：

（1）我们在设计中，不按现行办法以楼梯为核心组织基本单元，而是明确以"单位支撑体"为主体，让楼梯交通空间服从于"拼连"，这就将设计中被动的拼连变为积极主动的拼连。楼梯的位置我们根据拼连需求，哪里需要就在哪里安置。它可服务两户，也可服务三户、四户或者只服务一户。

（2）把基本拼连单元小型化，俗话说"船小好调头"。拼连单位小自然也就灵活，地形的适应性必然增强。现行住宅是以楼梯服务的户数为基本拼连单元，一般尺度较大，就以普通的一梯两户的单元为例，面宽要长达 15～16 米，而我们设计的单位支撑体的面宽只有 7.8 米。

（3）创造一个能"朝向自由"、"纵横拼接"灵活组合的基本拼接体——"单位支撑体"。不论将它如何拼接或组合都不会出现暗的房间；每户都能保证有良好的朝向及自然通风条件。

总之，这个支撑体设计的拼连方法比现行的单元式平面的拼接要灵活自由得多，形式丰富得多，地形的适应性要强得多。这种拼连的多样化就为建筑物内部和外部的多样化创造了先天条件。

5.4　多样化的住宅平面

灵活的拼接产生了众多形式的组合支撑体。而同一组合支撑体，即基本方案，又可安排不同的户数，采用不同划分的内部空间，因而又形成更多的不同的住宅平面，必然又提供了更多样化的内部空间和外部空间形式。（图5）

5.5　多样化的群体组合方法

我们设计的每一幢单体既能独立，也可互相毗邻；可以纵向布置，也可横向排列；而且各幢单体可以采用不同形式的组合支撑体，也可采用相同的组合支撑体，二者都可获得多样化的外形；单体可以采用四合院的形式，也可采用开敞院落形式；可以采用两个或两个以上的"单体支撑体"拼连成"组合支撑体"，甚至也可就采用一个"单位支撑体"做成住宅……总之提供了群体组合极大的灵活性。图6为群体组合的几种方式，试点工程中仅采用了其中的一二种。

这种多样化的群体组合方法，必然也就产生了多种多样的外部空间组织方式及空间环境效果，但必须提出，所有这些变化组合都是由一个基本的母体——单位支撑体和两个辅助"连接体"——楼梯间和插入体构成的。不论外部形式如何变化，都能保证群体基调的统一性。

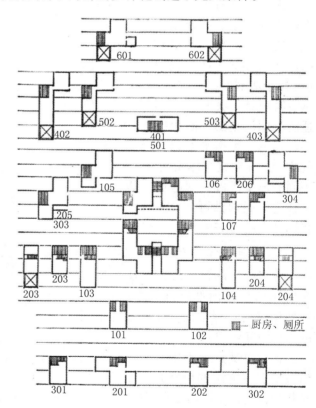

图5　多样化户型例析

5.6 多样化的层次

现在建设的一些住宅区大多数是"一刀切"的层次，并且成行排列，近看似一道道墙垣，远视如一堆堆的盒子，没有起伏，单调乏味。

我们设计的无锡支撑体住宅组团采用了台阶式的住宅单体，并以此为基调进行总体布局，可称之为台阶式住宅组团。这样就从根本上突破了现有住宅区层次的概念。对"一刀切"的层次概念来讲，我们是反其道而行之。每一幢单独的住宅都有几种层次，一般从2层到5层，或2层至6层，层层向后收退，形成向阳的台阶形，个别的采用3层。这样，不论在住宅组团内任何地方，都有不同的层次；在人们经常出入、活动的地域（如住宅组团中的主要通路及组团的中心广场处）基本上都是低层部分（2层、3层），层数越高离人视线越远。这样就会增加居住环境的亲切感。

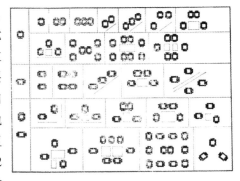

图6　多样化的群体组合形式

5.7 多样化的立面

要真正解决住宅立面多样化问题，首先要着眼于大体形的创造。我们的试点也就是从这里出发，在以下几个方面进行思考、创造。

（1）首先注意打破现行住宅条状板式的体积感，努力创造一种新的住宅体积的概念。它是一种多变的团簇式体积，采用台阶形的四合院组合平面，以取得这样的造型效果。这种体积高高低低，纵横交替，对比强烈。

（2）注意每一个面的创造，我们设计的四合院式的组合体，外部四个面，院内四个面。我们注意让每个面都有自己的特征。

（3）注意建筑群体轮廓线的创造，改变方盒子住宅所形成的轮廓线贫乏、单调的状况，我们在设计中，利用不同的组合产生不同的外轮廓线，甚至同样的平面组合，利用台阶式住宅高低的变化产生两种截然不同的立面和外轮廓线（图7、图8）。一个是中间低，两边高，一个是轮廓线由两边逐渐向中间升高。

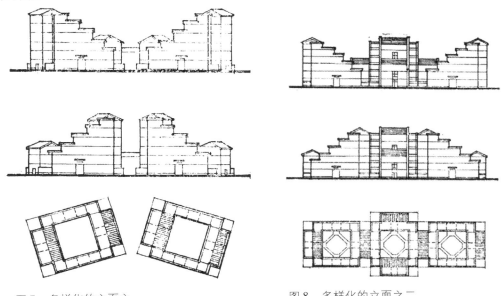

图7　多样化的立面之一　　　　　　图8　多样化的立面之二

5.8 多样化的室内装修

在支撑体住宅建设中，体现让住户参与设计的一个方面，是可分体的材料、规格、质量标准及色彩等可由住户自己选择决定（当然要控制在一定的规格范围内）。我们注意到目前住宅建设中，住户分到房子后都需要进行一番"再加工"，所以我们把住宅内部的表面材料（包括支撑体的内墙面、地面等）和做法都留给住户自己选择和决定即做成毛坯房，墙面在支撑体的施工中不要求刷白，让住户按自己需求和经济条件选用材料、做法及色彩，可做成油漆或刷胶白，也可以贴墙纸；地面面层也让住户有"再加工"的余地；油漆或贴面层材料，如厨房、厕所地面我们把标高有意降低5厘米，以适应住户贴马赛克的需要；卫生间的浴缸也只预先将管道安装而将浴缸留给住户自己去选择。门窗的色彩是由设计者统一决定，实际上也是可以留给住户自己来完成的。室内照明设计，本来设想把电源通到分户电表，室内灯具布置和电线走向由住户自己选定，但由于现行供电局的某些规定，这一设想一时难以实施，最后只得按通常习惯安装好一般照明，工作照明和装饰照明由住户自己设计安排。

以上各点特征，都是这种支撑体内部空间结构的外在表现。这种外部形式的多样性是内部空间组织灵活性的必然反映。这也正是我们所追求的。

此外，这些多样化的特征也说明住宅建设能够在工业化、标准化的前提下实现多样化。多样化并不意味着样样要异化。在我们这个试点工程中，只有一个母体——单位支撑体在重复使用着，然而所取得的外形却是比较丰富的。

（原载《建筑学报》1985年第2期）

6　支撑体住宅规划与设计（下）

1　为居民创造一个活泼、亲切、优美、安全的居住环境——一次住宅组团新布局的尝试

建设新的住宅区（或住宅组团）必须充分考虑当前人民对居住环境的新要求，努力为居民创造一个活泼、亲切、优美、安全的居住生活环境。

针对近年新建住宅区的一些问题，我们想突破"标准"布局模式，力求探讨一些新的布局原则和方法（图1）。

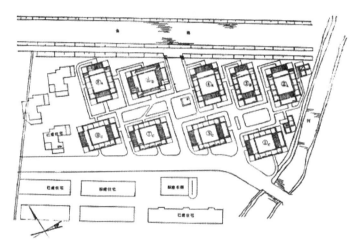

图1　无锡支撑体住宅总平面

首先，破行列式，探索聚合式。现行住宅区几乎都是行列式布置，犹如兵营，空间单调，环境呆板。我们采用聚合式，将九幢住宅分为两组群。每组四幢或五幢，彼此纵横参差布置，组成既封闭又开敞的空间。两组群又以更大公共空间相连，使之成为一个有机的整体。

住宅区的总体设计主要是组织居民外部生活的空间环境，它是居民生活不可缺少的一部分。外部生活是室内生活的补充，室外空间是室内空间的延伸。群体的布局应以创造室外生活空间为首任，而不仅以布置几幢房子为唯一目标。所以住宅区的设计要努力创造供居民，包括儿童、老人的各种活动空间的休息社交处所。

其次，破单一层次，探讨多变的层次。现有的住宅区为什么单调、呆板？原因之一就是统一的层数，大多采用6层，缺乏层次的变化。我们采用变化的台阶形。每幢单体由2层变化到6层，或由2层逐渐升到5层，个别的就采用3层。整个住宅组团就是由九幢台阶形单体构成，也可说这是一次台阶形住宅组团的实验。

破单一化的层次采用台阶形是我们探讨的出发点之一，更重要的是探讨以新的住宅空间布局形式来满足居住功能的新要求，或者说是探讨长期以来没有解决或根本忽视的一些功能问题。

人们居住的层数越高，下楼活动的机会越少，然而户外生活是必不可少的，加上养鸟种花已成为很多家庭的爱好，尤其在南方，夏天炎热，人们习惯在户外乘凉、露宿，小小的阳台是无法满足这些

功能要求的。这些实际上是人生活的基本要求之一，可是，长期以来住宅建设一直没有解决这个问题。我们采用台阶式住宅最主要的目的就是试图为居住在上层的住户创造较优越的户外生活条件。

采用台阶式也是为了创造一个活泼亲切的居住环境。现在的住宅区都是高楼林立，"面孔"死板，人们总感觉没有旧街坊那样亲切和浓厚的生活气息。我们利用台阶形住宅有低有高的特点，有意将低层的部分布置于人们经常活动的区域，而将高的部分远离人经常活动的区域，这样的尺度会让人感到亲切些。加上公共庭院（或广场）四周建筑立面都不尽相同、各具特色，这样会显得活泼些。

再次，破单纯地追求密度，重视环境效益。住宅建设的目的在于为住户创造舒适的室内外空间环境，片面强调节约用地，一味提高建筑密度，势必恶化环境。

无锡支撑体住宅试点工程总占地面积 8500 平方米，总建筑面积为 12100 平方米，相对每公顷建造 14200 平方米的建筑面积，二者之比为 1:1.42。而它的平均层数在 C 型只有 2.7 层，A 型、B 型平均层数也只有 3.3 层。这样，大多数的住户就在 3 层以下，详见表 1。

表 1　居住层次分析

| 层次 | 住宅类型 | | | | | | 各层
总户数 | 各层各户
百分比数 |
	A	B	C	D	甲	乙		
一层	12	5	28	6	1	1	53	24.4%
二层	18	6	28	6	1	1	60	27.6%
三层	12	4	20	6	1	1	44	20.3%
四层	6	2	12	4	——		24	11.1%
五层	6	2	12	4	——		24	11.1%
六层	6	2	——	4			12	5.5%
总户数	60	21	100	30	3	3	217	100%

由表可知 72.3% 的住户住在 3 层，83.4% 的住户在 4 层以下，4 层以上的住户仅占 16.6%，实际仅为 36 户。而一般 6 层的单位，住在 5、6 层不受欢迎的层的住户要占 1/3，在 7 层的住宅这个比例将达到 40%。这是改善居住环境的一个重要指标，而它的建筑密度和建筑容积率也达到了 5 至 6 层的标准。

改善居住环境的另一重要标准是为绝大多数住户提供 15 平方米以上的私家户外生活空间，底层住宅有院落，有的还有前后小院。3 层以上 61.5% 的住户都有自家天台三面临空向阳。各户拥有私人外部空间资料详见表 2。

表 2　私家室外分析

| 室外空间 | 住宅类型 | | | | | | 总户数 | 所占百分比 |
	A	B	C	D	甲	乙		
院子	12	5	28	6	1	1	53	24.4%
天台	24	8	24	8	2	2	68	31.3%
阳台	24	8	48	16	——		96	44.3%
总户数	60	21	100	30	3	3	217	100%

此外，这个住宅组团利用建筑本身的体形聚合成大小不同的建筑空间，而每个空间又能相互联系和通透，并统一于组团中心的较大的园林空间。这个空间将延伸到基地的河边，利用自然环境并与它有机结合起来，这为住宅组团开辟了更多的绿地，可进行庭院布置。还可利用天台，组织垂直绿化，为生活增添乐趣。

最后，在这个住宅组团规划中，我们不仅考虑了人的生理需要，而且考虑到人的心理和社会等方面的需要，并努力探讨适应这一需要的多层次的外部空间结构。

现在建设的住宅区，把注意力局限于各家各户之间的独立、安全和舒适上，强调独门独户，这是无可非议的。但是人的生活包括两个方面，一是它的私密性，一是它的公共性。人除了要求生活是独门独户以外，还强烈、本能地要求与周围人有联系，互相交往，共同活动，分享其环境。这两个同等重要的人的心理和社会要求构成了住宅建设的两个领域，一个是公共的领域，一个是私人的领域，对前者往往不够重视。为了改变目前住宅仅仅把人们的生活限制在小家庭的环境之中的状况，我们探讨了多层次的室外空间结构的组团规划，以创造一个融洽的、更加富有生活气息的、有利于社会主义精神文明建设的居住环境。

这种多层次的外部空间结构包括三种层次的外部空间，各有不同的用途。

Ⅰ——公共室外空间，它是为各组群或全社区服务的室外公共活动用地，供各种社交之用，可称为社区的"客厅"，通过它可增进人们的相互了解，增进友谊。在这个试点工程中，共有三个公共室外空间，两个是分组的，一个是全区性的。

Ⅱ——半公共室外空间。它是为每一幢住宅楼提供的一块综合的活动场地，它就是每幢楼中的四合院的空间，它仅是为这一幢楼的住户服务的。它保留了传统"大院"式住宅公共性的优点，利于邻里相熟相助又兼有单元式住宅独门独户私密性的特点，避免了"大院式"生活的相互干扰。以迁就人们既生活在安静舒适的小家庭的环境中，又使人感到生活在一个集体之中，使人与人的关系更加亲近融洽。在这个试点工程中共有九个这样的半公共空间。

Ⅲ——私人室外空间。即为每户提供的室外生活空间，底层私家小院，上层屋顶天台。

上述三类室外空间都有明确的领域性、安全性，并都充满生活的气息，这一切都使它们共同组成一个完整的"可防卫的空间"系统。

2 创造具有地方特点的现代住宅建筑——一次现代住宅与传统民居相结合的尝试

建筑的现代化和民族传统、地方传统之间的矛盾是当前我国建筑界所面临的几个主要问题之一，也是住宅建设中一个突出而普遍的问题。

无锡是我国著名的江南水乡之一，传统建筑很有地方特色。

探讨现代化建筑与传统民居相结合要从以下几方面进行思考、探索。

2.1 建设方式上的思考与探索——传统民居建设经验的再利用

新中国成立以来，我国在城市住宅建设问题上，采取了国家全部包下来的办法，即包投资、包设计、包建造、包分配及包管理等一揽子"包"的方针。今日，要改革住宅的经济体制，注意发挥个人建房的积极性，无疑将为我国城市住宅的建设开辟一条新的路径。

在第一部分已谈到，传统的中国民居在建设方式上有两条基本的经验。一条是居民既是居住者，又是投资者、设计者和建造者；二是传统民居一般都由两部分组成：结构外壳和内部的装修，二者可以分开建造，可以根据需要和经济实力逐步建成或改变。尽管当时的生产力落后，但这种建设原则今日仍是先进的。国内许多住宅建设的新理论都离不开这两条。

所以，我们在无锡开展的这种支撑体住宅建设的实验实际上也是在探索传统民居建设方式在现行条件下的运用。

现在商品化住宅正在试点，各地都有自己的实施办法。就我所了解的信息，有两种基本的方式，一是以常州、沈阳为代表，建好成套住房出售给居民，实行一定的单位补贴；一种是河南省安阳市的经验，市拨规划土地，居民自己建房。这两种方式，各有特点。无锡支撑体住宅建设方式可以说是上述两种方式的综合，它兼有两者的优点，又避免了两者的不足，它是由传统的建设方式"蜕变"而来的一种适应现代住宅规划和建设的新方式。

2.2 总体布局上的思考与探索——"大街小巷"再利用

我国新建的住宅区都是沿用国外居住区规划和方法建设的。结合旧城改造新建的住宅区或住宅组团也采用同样的规划原则和方法。总之，一切都是推倒重来，中国居民已习惯的、传统街区的布局格调也随着一幢幢旧房的解体而在城市建设中消失，各地不同特点的旧街区传统风貌也统遭摒弃。

像传统建筑一样，传统的城市住宅区的规划布局也有许多有益的东西值得我们去分析、总结、提炼，以"蜕变"出新的形式为今天的生活内容服务。

现在的住宅区空间单调、呆板，传统的住宅区都是空间穿插错落；现在的住宅区大同小异，互相雷同，而传统的住宅区却带有浓厚的"方言"特征；新建的住宅区人情淡薄，各户泾渭分明，而传统的住宅区常常是你来我往，邻里融洽……今日住宅区的弱点往往是摒弃了传统住宅区的特点而造成的。当然，传统的住宅区也有很多不足之处，如设备少，房屋质量不高，日照不足，卫生条件差。因此应该探讨一种新的住宅群体系，它应是上述二者的结合，是一种新的真正中国式的住宅群的布局体系。

分析传统街区的特点，可以发现传统住宅区的空间结构有一定的规律，遵循一定的空间序列。大多数住户由城市空间进入小家庭空间经历的是这样的程序：街→巷（里弄或胡同）→院→家（图2）。

这种空间程序具有明显的几个特点：

（1）它是一条由闹的城市空间向静的家庭空间过渡的序列，利于创造安静的居住环境。

（2）它是一条由公共空间，通过半公共空间、半私有空间向私有空间过渡的序列。街是公共的空间，巷（弄、里或胡同）是半公共空间，院子则是半私有空间，家庭及私家小院就是私有空间。它有利于形成良好相熟的邻里关系（图3）。

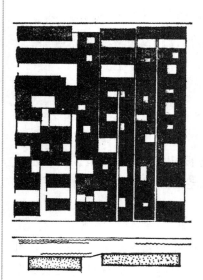
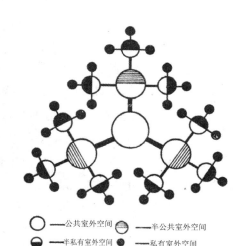
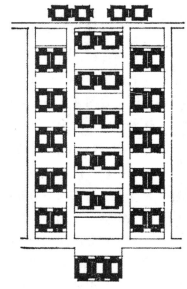

○——公共室外空间　⬭——半公共室外空间
⬗——半私有室外空间　●——私有室外空间

图2　江南老街坊典型格局　　　　图3　多层次外部空间结构　　　　图4　住宅街坊规划设想方案

（3）它是一条可防卫的空间系列，形成一个"内外有别"的环境气氛来影响人们的心理和行为，特别是有的里弄、胡同是尽端式的袋形空间，这样限制穿行，利于管理和监视，增加了人的安全感。

（4）它是一种"成组成团"的住宅群体系，以院落为中心纵横拼连地组织多户的家庭生活，又以巷（里弄或胡同）为纽带把一组组院落住宅组成一个有机的整体。这种"成组成团"的住宅群体，把户门以外、建筑以外的空间有机又有效地组织利用起来，为人的生活和人与人之间的交往，提供了有利的条件。

然而，新建的住宅区多是不成组团的行列式多层单元住宅群，没有明确的组团划分，室外空间乱。住户对建筑前后地带无力控制，外人可任意乱闯，轻易靠近门前，没有形成不同层次的公、私空间领域。

基于上述分析，在无锡支撑体住宅工程规划中，我们吸取了传统住宅群体系的空间结构，并按照现代生活要求做现在的设计（图4）。我们借鉴了街—巷—院—家的空间组织程序进行总体布局，使人获得一种由传统方式进入住宅的印象。由大街小巷进院到家和由南面（或侧面入院进家）进入家门，而不是目前广为流传的绕到房子背后由北面进入的方式，前者是人们习惯的传统方式。

但是，又根据新生活的要求加以发展，我们将住宅群体系的空间结构改为：街—场—巷—院—家的方式，这里加进一个"场"字，场是一个公共的活动场地或绿化场地，它使居民由城市空间（街道）进入这个居住空间的"前厅"或"客厅"，并以它为中心，组织更多的建筑群体。我们用4~5幢住宅围绕一个小"场"布置，以形成两个"聚合式"的组团，并用一个大"场"将两组团连成总体，形成院落相套、空间穿插的有机体。

传统住宅区通常是"小街狭巷"，我们重新启用"巷道"的概念又不拘泥于原型。一方面我们尽量缩小建筑间距，另一方面又考虑到铺设管道、组织绿化、自行车进出和消防等现代化住宅建设的要求，适当放宽"巷"的宽度，结合基地具体情况放到6.5米。每一个"巷道"都是"尽端式"的，因此北面就是河了。

由于基地南北进深较浅（60米左右），设计的"巷道"并非很长（近30米），效果可能不会太明显。如果小区的规模更大，完全可以按这一"模式"向北延伸布置，构成一个个新组群，从而发展为小区布置的一种新"模式"，即在传统大街小巷城市道路结构形态的基础上，创造一种低层与多层结合的新的院落式平面的住宅群体系。与拥挤的传统街区不同，我们开拓了较多较集中的绿化空间。

2.3 院落平面的思考与探索——"四合院"的再利用

以"四合院"为代表的院落式住宅平面形式是我国传统住宅一个明显的特征，它遍及祖国的天南海北，可是30多年的城市住宅建设基本上却抛弃了它，代之以单元式的条形住宅。

"四合院"真的过时了吗？它长期沿用于祖国南北，必有其自身的生命力，为此，我们在无锡支撑体住宅试验工程中进行了"四合院"住宅再生的探讨。

"四合院"是传统的半公共的综合性的外部活动空间，这种"大院式"的住户虽然相互干扰很大，但它却能增进邻里之间的相互了解和交流，可以使人感到生活在一个集体之中。

"四合院"也是传统的可防卫的空间，它是半公共的空间，有明确的公、私空间领域界线，外人不便随意进出，邻里可以相互看管照料，有利于创造安全的居住环境。

同时，"四合院"也是由基本而简单的三开间为主体，前后左右灵活拼连，上下错落，具有体系化的特点，它可以适应工业化建设而又能创造出具有个性的民居。

此外，"四合院"式的平面，进深较大，内外四面临空，便于拼连组合，这为总体的布局提供了灵活、方便的条件。

当然，不能简单地照搬"四合院"，必须从传统的模式中蜕变，按照新的功能要求，运用新的物质技术手段，创造一种新型的"四合院"式的城市住宅。正如鲁迅先生所说："旧形式有采取必有所删除，既有删除必有增益，这结果是新形式的出现，也就是变革。"

我们设计的"四合院"形住宅是从旧四合院蜕变出来的一种新形式。它是低层和多层相结合的、"大天井"式的台阶形住宅，它又是以基本单元（单位支撑体）灵活拼连而成的一种体系化的住宅。它能适应住宅区要重视人的活动，加强人与人相互交往的新功能要求，也能适应建筑工业化、标准化的要求。

当然，大院式住宅容易相互干扰，我们是利用"大院"作为室外综合活动空间的公共性的特点，同时又吸收单元式住宅独门独户的优点，保证住宅的私密性，因而可以减少甚至避免相互间的干扰。

我们在设计中充分发挥这种大院的防卫空间的功能特点。住宅楼入口、楼梯都通过大院，并且楼梯都是向大院开敞布置。上上下下均可在邻里视野之中。大院可供绿化、停车、彼此交往、召开住户会议等之用，每个大院各具特色，以增强大院的可识别性。

2.4 建筑形式的思考与探索——传统建筑语言的再利用

随着高科技的发展，人们越来越要求"高情感"的建筑。对住宅建设更是这样。千篇一律的"方盒子"人们已感到乏味，具有浓厚的生活气息和具有地方特点的建筑越来越受到建筑界和全社会的重视。

我们在无锡住宅试点工程中，试图创造一种具有无锡地方特点的现代住宅建筑。它应在地方传统的建筑的基础上继承与发展。

就形式而言，无锡传统建筑造型语言主要有以下几点。

2.4.1 屋顶

屋顶是中国建筑形式的主要特征，无锡也是如此。无锡传统建筑一般是2至3层，个别4层，都为坡屋顶，"深灰色，小青瓦"屋面。屋顶结合自由灵活，常有阁楼及各种坡檐等附加屋面，使屋顶高低错落，相互穿插，造型极为丰富。

2.4.2 挑楼

沿街建筑，为了争取更大的使用空间常常自2层或3层向外挑出，沿河建筑也自一层向水面挑出，形成凹廊、凹阳台或扩大成室内空间的一部分。

2.4.3 马头墙

无锡传统建筑常为硬山屋顶，以高出屋面具有防火功能的马头墙结束。它随屋面坡度分级建造，形成踏步形的山墙面，一般为1~3级，墙檐玲珑轻巧，生动活泼。

2.4.4 入口门头

无锡传统建筑平、立面都比较严谨、简单。

但入口处常为重点装饰之处。通常做成各种各样的"门头"，引人入胜，识别性强。

这些是无锡传统建筑外部形象构成的主要部件，也可称为传统的外部"建筑语言"。它们按照一定的组合规则创造了丰富多姿的建筑风貌。其主要外部特征是：构图灵活自由，外形高低错落，体量小巧玲珑，墙面进退凹凸，比例亲切宜人，色彩基调灰白。

然而，上述传统的"建筑语言"在现代的住宅中都被取代了，方盒子代替了坡屋顶，阳台代替了挑楼，女儿墙代替了马头墙，雨棚代替了"门头"。结果，原来的传统风貌就销声匿迹了。我们不反对这种现代建筑语言，但我们不赞成摒弃全部的传统"建筑语言"。传统建筑形式语言（构建）本身具有其功能作用，今天我们仍然需要它。并且它也能适应建筑工业化生产，况且我们还应该利用它发展、创新。所以我们在无锡工程中就探讨这些传统语言的再利用，并努力用现代材料技术，满足新的功能要求，赋予新的建筑形式。

我们再利用坡屋顶这一主要的建筑形式语言，但与现代建筑语言"平屋顶"并用，分别设在3层和6层之上，以造成高低错落的传统特征。在群体上，这一点将会更充分地表现出来。我们采用的坡屋顶形式，但没有用小青瓦，而是用工业化生产的青平机瓦。

我们再用了"挑楼"这一传统建筑语言，以改变阳台清一色的式样，以取得构图灵活自由，墙面进退凹凸的立体感效果。它与现代建筑语言"阳台"并用，但它用于主要的立面位置，如C型住宅的南立面。此外，也在前3层和后6层上采用"挑楼"，一方面扩大内部空间，另一方面也为了增加凹凸，减少体量感。

我们再用了"马头墙"这一传统建筑语言，但赋予它新的建筑功能。它不再是防火山墙，而是另一形式的女儿墙。它也不再是随屋顶分阶，而是台阶形楼层的天然分级的表现。我们在它的外侧面用了少量的传统小青瓦，只是为了画龙点睛。

我们也用了"门头"这一传统建筑语言，以加强现代住宅区所要求的"可识别性"。但它也仅用于每幢的外侧主要入口，内院的分幢入口仍然采用现代建筑语言——雨棚。

采用传统民居形式最困难的设计问题是体量和尺度的处理。传统建筑层数低，体量小，而现代城市住宅大多5~6层。为了解决这一矛盾，我们采用了低层和多层相结合的方法，并用台阶形体量使低层和多层自然连成一整体。5、6层部分的背面，由于没有台阶形过渡，可能感到过高过大，我们将体量化整为零，做成多体量处理。墙体在平面上大幅度地前进后退，缩短了体量的长度，顶层采用"挑楼"形式向外出挑……通过这些处理，努力将大体量、大尺度分解为小体量、小尺度。此外还在总体布置上，利用近大远小的透视原理，将多层部分置于人视线的远方，而在人来人往的主要进路、广场、庭院四周布置低层部分，这样以创造传统建筑固有的亲切的尺度感。

建筑群外部色彩上，效仿民居，采用白墙灰瓦，配之以栗色的门窗，使其颜色雅致，对比分明。在青山绿水的陪衬下，收到"朱栏、粉墙、素瓦、蓝天、碧树、繁花"的环境效果。

（原载《建筑学报》1985年第3期）

7　大量性住宅建设的目的和手段

　　大规模的住宅开发与建设是我国普遍采用的住宅建设的一种手段，这个方法初看起来显然是个解决办法，近十年来似乎尝到点甜头，但它并非唯一和绝对的方法。我们应着眼于住宅建设过程的整体，以便看清采用这种手段隐藏的后患！

　　建设住房的任何具体方法都是建设过程中各种力量作用的结果，包括制定目标的主管者、投资者、设计者、规划者、建造者、使用者、管理者及服务者等。某些力量起着统治作用，某些力量受到很大的限制，某些力量则被完全排除，比如真正关心住宅建设的广大住户就被完全排除在外。因为只有当居民没有参与，不了解他们的居住行为时，这种大规模的建设方式才能实现。

　　现行大量性住宅建设方式对居民主动权的否定是显而易见的，居民虽然住进了以这种方式建造的住房，但并未拥有它。他们是住在一个不属于自己的环境中，他们只有作出种种让步以与环境相融洽。除此以外，别无他法。为什么北京人说"投资三百亿，群众不满意"？为什么南京拆迁户不愿意搬进新房子？问题就在于居住者的主动权被否定，他们被排斥在住宅建设过程之外。这种建房手段与建房目的是背道而驰的。

　　人的行为在住房中就是人的居住行为，它是住宅的决定因素，这一决定因素在现行的大量性住宅建设中几乎完全丧失了意义。

　　人与住宅的关系依赖于居者行为，住宅首先是行为，是在一定构架中的行为，是在由人创造的保护性环境中的行为。人的这些行为影响着环境本身。由于人想拥有环境，因此他就想装饰墙面，布置家具，悬挂窗帘，铺饰地板，改装灯具等。住宅与建造密切联系在一起，与防护环境的形成不可分开。它是一个不断建造的过程，是一个动态的过程，而目前沿用的大规模的住宅建设方式完全是静态的，一成不变的。

　　现在采用的这种大规模的住宅建设方式的另一个致命弱点是对环境的否定，这导致城市和居住区环境质量明显恶化。有的连最起码的日照条件都不能保证，连最基本的室外生活和停车空间都不能保证，甚至连最基本的工程基础设施和公共设施都不健全。人们有理由担心，今日建成的小区有可能变成今后改造和推倒的对象，发生在美国、英国等国炸平新的住宅区的事例将在我国重演！

　　到了现在我们不得不重新考察一下我们有关住宅建设和住宅本身的思维方式。产生以上两个致命点的主要原因是否是我们采用了一种过于集权的建设方式？在新中国成立以来的40多年中，前30年采用了全部"国家包"的办法，近10年则主要以各种类型的开发公司来"开发"。它仍然是"包"的办法，只是由"国家包"改为"公司包"，实际上是穿新鞋走老路，由生产"福利品"变成生产"商品"，人与住宅相互依赖的本质关系依然如故，不予重视，居者仍被排除在住宅建设过程之外。相反的，由于"商品观念"增长，"开"与"发"的关系永远超过了人与住宅的关系。

　　目前人与住宅关系的发展方向表明，人与住宅的本质关系比以前任何时候都更加重要。要让住房的主人在整个建房过程中享有他自己的权利，即住宅建设要充分发挥居者个人的积极性。早在1985年联合国人居中心就声明，"必须更普遍认识到，政府在人居计划领域中是有能力的实施者，但仅靠现有的资力是不足以解决人居问题的，解决人居问题的根本出路是动员民众自己和他们在当地的社区的资力"。因此，"动员民众"和发挥"当地社区"的力量应该是我国住宅建设应予以特别重视的主要问题。它不仅是为了解决投资问题，而且有利于建立住宅建设过程中各种力量的协调关系。可以说它是解决我国城镇住宅问题的根本出路，也是探索住宅建设新理论新方法的一个基本出发点。

问题不仅涉及居民的权利，也涉及居民的责任。但目前我国社会是否允许住房的责任由个人来承担还是很成问题的。由于长期推行住宅福利品的政策，住宅是福利品的观念根深蒂固。既得利益者，对住房的责任由个人来承担自然不感兴趣，缺房者认为应解决积压的分房不合理的问题，对此也缺乏热情。加之目前商品房价格如此高昂，一般居民也实在无力承担。另外，租售比价格差如此之大，必然会助长"买房不如租房"的观念。因此，从整个社会环境来讲尚不具备这一条件，但这种条件必须通过理顺政策来创造，否则我们将陷于困境而不能自拔。

实际上群众对建设自己的住房蕴藏着极大的积极性，这种积极性是解决我国住房问题最基本的力量。只要看看广大农村住房建设的发展就足以说明，群众是住房建设过程中真正的主人！在城镇住宅建设中居民应是引力的中心，人和住宅的关系应更加直截了当，它不能成为少数人独占的权惠，而应让民众享受他们自己的权利。目前，由于退休制度实行，人们有越来越多的休闲时间，有越来越高的生活水平，这将促使居民生活活动和兴趣的发展，使家庭生活中多方向多层次的居住行动成为发展趋势，这对住房建设直接发生重大影响。一方面促使居民在住房建设中实现参与的愿望更加迫切，通过参与建设实现在住房建设中的自我表现，这不仅要表现在住宅使用过程中，而且也要表现在建造过程中；另一方面对住宅建设和设计提出了新要求，促使住宅建设的手段与目的走向协调，使住房建设真正适应人的需要，而不是让人来适应住宅。为此，就很难以一种特定的行为方式来建造住房。

那么怎么办呢？我认为未来的住宅不在于竭力地预测今后，而应该为预测不到的情况留有余地，作好准备。当前住宅建设决策的基础应是未来的不确定性。不采用这种方法，所有的预言都会变得毫无价值。因为未来最主要的特征不是现实的直接延伸，而是我们所看不到的东西，现在的住宅还未能满足现实的需要，又怎么可能有效地适应未来呢！

为此，我们必须采用动态的规划、设计和建设方式，寻求一种"应变"的方式来满足住房建设的要求。形象地说，在住宅建设中有两种方式，一是像"游戏比赛"，一是像"检阅操练"。前者有一定的比赛规则，这个规则一般是不变的，但它能充分地发挥比赛者的变化的潜力；后者相反，它几乎把一切都规定得死死的，如人的体形高低、服装的式样、行为举止、活动位置等。住房建设应该像前者一样，但目前大量性住宅建设方式却更像后者。

如果我们的住宅建设像开展"游戏比赛"那样，通过制定明确的"游戏规则"，并根据这些规则而行动，那么住宅建设就可能从僵局中走出来，至今仍被人忽视的人与住宅的本质关系才有可能得到恢复，使住宅更易适应生活变化的需要。因此，今后住房建设成功的起步所必须的条件不是建筑图和规划图，首要的是使创造性成为可能的"游戏规则"，即研究在住宅建设中各种力量如何作用的规则。

根据我国传统民居及目前农村住房建设的经验，并借鉴国外有关住房建设新理论和实践，在我国采用支撑体住宅建设理论和方法可为协调各种力量的作用创造有利的条件，为住房建设过程中各部分的权利和责任的明确和划分确定一定的规则。

支撑体理论是把住宅乃至街区、城市分为骨架部分和填充部分，这些不同级别的部分设计可分别由国家、地方、单位和个人四方面分别投资和决策，实行开放式地共同合作建设城镇住宅和住宅区。具体设想是：国家、地方负责投资，决策建设城市或街区内的骨架部分，即道路、市政工程管网及公用设施。单位负责投资、决策设计和建设住宅骨架支撑体部分，即设计和建设住宅的"外壳"，这个"外壳"是一个"半成品"，通过住者的"加工"，把它变成真正的产品——住宅。个人（居住者）负责在支撑体的"外壳"内投资和决策，他可根据自己的经济条件、生活方式及爱好在一定空间范围内设计、安排自己的家。这样就把四个方面的积极性统一于住宅建设的过程之中。在目前工资制度下这个理论更具有它的现实性。

人与住宅的本质关系是制定住房建设"游戏规则"必不可少的因素。例如，支撑体先生产一个"外壳"，再让居民进行"加工"。可分体生产可以采用工业化方式生产各种标准化的构件，重新组合成各种变化体，以适应不同类型家庭和人的需要，住户能按自己的选择和购买去实现自己的愿望。这种方法行之有效的前提是开发利用人的创造潜能，并把消费者——居住者当作变化的催化剂，从而促使企业家与使用者直接打交道，并在很大程度上以使用者的反应和兴趣来生产有效的产品。所以这种方法使住宅建设真正转向对市场的研究。当我们创造了让住户用构件式的可分体来装配自己的住宅时，住宅建设中的本质关系——人和住宅相互依赖的关系必然会进入到住房建设中来。这样，传统的人与住宅的关系就会恢复，现有力量中的任何一方都不会被取消，而且是相互协调共同作用，并保证居者在住宅建设过程中的主导作用，最终达到大规模住宅建设目的与手段的一致。

（原载《建筑学报》1990 年第 2 期）

8 大量性住宅新探索
——无锡支撑体住宅建设

住宅问题是各国都十分重视的一个社会问题，也是关系到国计民生的一个战略性的问题。住宅建设不仅对塑造人的生活环境至关重要，它对国民经济的发展也有着巨大而深远的影响，一个城镇的形象，一个社会的面貌，乃至一个国家经济发展的水平，都能在住宅建设上表现出来。

新中国成立以来，尽管我国政府花了很大的气力来解决住宅问题，但是，由于把住宅当作福利品，实行了国家全面包下来——包投资、包设计、包建造、包分配和包管理的办法，结果因财力有限，包不了也包不好，导致包袱越背越重。这就是30余年我们遵循的"一揽子包"的住宅建设模式。其主要特征是"一包办，二排除，三平均"，即住宅建设公家包办，排除居住者在住宅建设中的作用，实行平均每个人多少平方米的大锅饭、低租金的供给制。实践证明它不是解决我国城镇住宅的有效途径。

1 旧的住宅建设模式受冲击

近几年来，随着改革开放政策的贯彻实施，住宅建设中单一、封闭型的建设模式受到冲击，它不可能解决住宅建设中供求之间在数量上和质量上的矛盾。为了寻找新的出路，住宅建设正在冲破传统住宅建设模式观念，由住宅单一公有制的观念向多种住宅所有制的观念转化，由福利品住宅观念向商品化住宅观念转化，由"国家包"向充分发挥国家、地方、集体和个人诸方面的积极性的观念转化。在目前深化改革的过程中，国家和地方的有关部门及学术界正在从理论上和实践上努力探索一条具有中国特色的社会主义住宅建设道路，那就是要建立一套城镇住宅建设的新模式。这种模式必须打破"一包办，二排除，三平均"为特征的旧模式，必须以充分发挥居住者个人的积极性和主动性为出发点，这是解决城镇住宅问题的根本出路，也是城镇住房体制改革的中心课题。新的城镇住宅建设模式应该是创造条件使居住者个人能广泛地参与住宅的建设过程，并使他们有一定的选择权和决定权，也就是使居民不仅是居住者，而且也能是投资者、设计者，甚至是建设者。

新、旧住宅建设模式的本质区别就在于在住宅建设中究竟把居住者放在什么地位。是让他们被动地租赁、买房、住房，还是让他们主动积极地参与到住房的建设过程中，参与建设自己的居住环境？这个问题关系到对"什么是住宅"这一最基本问题的认识。所谓住宅，只有当有人住时才叫住宅。"住"者，顾名思义，人是房的主人，住宅是人生活、居住的地方，可以说住宅是由人的存在定义的。因此，住宅建设必须研究居民与住宅之间的依赖关系。这种依靠关系不仅表现在住宅的使用过程中，而且更重要地表现在住宅的建设过程中。然而，至今人们只看到前者的依赖关系，而看不到或完全忽视后者的依赖关系，这一点正是我国城镇住宅建设中存在的一个重要问题。如果居民与住宅建设过程全然无关，也就不可能在住宅的使用过程中建立居民与住宅之间的良好关系。为什么"建房几亿，群众还不满意"呢？原因也就在这里。因为这样建设住宅，不是把住户作为住宅建设的主体，不是让住宅的建设适应人的需要，而是要人去适应分给他的住宅。

最近几年，全国各地纷纷建立名目繁多的房屋开发公司，以各种方式集资建造住宅，经营商品住宅。但是这些开发公司实际上仍然是产品生产和分配机关，实行的仍然是以"包"为特征的单一、封闭、静态型的住宅建设方式，采用的仍然是"福利品"观念的住宅设计理论和方法，仍然把居住者排除于住宅建设过程之外，致使居住者不能获得称心如意的住房。而在商品房经营活动中，大部分是由企事业单位购买，然后再进行分配。因此，目前这种住宅建设的模式与国家一揽子包的建设模式在

"把居住者放在住宅建设的什么位置"的问题上完全是一样的，没有本质的区别。相反，由于实行开发公司统建，过分地追求经济效益，又将一些非住宅成本纳入商品住宅成本之中，致使商品住宅的价格严重失控。这样，不仅影响住宅建设的环境效益和社会效益，而且导致住宅商品化的政策难以进行。加之，工资改革与住房体制改革尚未配套，依靠目前的低工资的收入，私人要购买商品房是很困难的。因此，新的城镇住宅建设模式还需要通过深化改革来不断地摸索。

住宅建设模式的改革，首先，在理论上应把住宅看作商品而非福利品，或不完全是福利品；其次，在政策上要开辟多渠道的住宅建设之路，实行多种所有制并存的住宅体制，在住宅建设中必须建立新的适应新住宅政策的住宅设计理论和方法。

2 开辟支撑体住宅建设方式

这里值得提出的是，在我国农村采用着另一种与城镇住宅完全不同的建设方式，虽然农村社会经济和技术条件远不如城市，但是住房建设国家从未包下来，那里的住房建设情况却比城镇好得多。我国农村的住宅建设模式及经验在某些方面是值得城镇住宅建设借鉴的，这是因为农村住宅建设方式包含着某些先进的思想观念。他们完全靠自己的力量建设自己的住宅，从来不依赖于别人的恩赐，宁可平时省吃俭用，把钱积累起来投资于建设住房，并把住宅当作自己的私有品。因此，农民本能地对建设自己的居住环境有着极大的积极性，愿终身为之奋斗。农民不仅是住宅的居住者，而且也是住宅建设的投资者、设计者和建设者。农民根据自己的条件，按照自己的意愿投资建房，他们参加住宅建设的全过程。人和住宅的依赖关系不仅体现在住宅的使用过程中，而且直接体现在住宅的建设过程中。此外，农民建房采用动态的建设过程，他们在建房时根据自己的经济条件，首先满足当前的需要，另一方面又顾及未来的发展，逐步或逐年实施、完善住房。

当然，城市与农村毕竟不同，不可能简单地把它搬用到城市中来。根据对我国传统民居及目前农村住宅建设的思考，并借鉴国外有关住宅建设的理论和实际经验，在我国采用支撑体住宅建设方式有可能开辟一条住宅建设的新途径，有助于建立城镇住宅建设的新模式。

支撑体理论是把住宅、街区、城市分为骨架部分和填充部分，这个不同层级的部分分别由国家、集体（单位）和个人三方面投资和决策，共同合作建设城镇住宅和住宅区。具体设想是：国家（各地方政府）负责投资、决策建设城市街区内的骨架部分，即道路、市政工程管网及公用设施；集体（各个单位）负责投资、决策设计和建设住宅骨架支撑体部分，即设计和建设住宅的"外壳"，俗称毛坯房；个人（居住者）负责在支撑体的"外壳"内，根据自己的经济条件、生活方式及爱好来设计、安排自己的家。这样就把三方面的积极性统一于住宅建设的过程之中，创造了让用户参与住宅建设的条件，在目前工资制度尚未改革的情况下更具有它的现实性。建成的可支撑体就是不动产，它可以出售或租赁。

3 支撑体住宅好比一个核桃

何谓支撑体住宅？形象地说，住宅好比一个核桃，分为"壳"与"仁"两部分。住宅的"壳"就是骨架，我们称之为"支撑体"；住宅的"仁"就是在住宅骨架空间内用以分隔内部空间的物质构件，我们称之为"可分体"或"填充体"。在住宅的建设过程中分为三个过程：首先是设计、建造支撑体——"壳"；其次是设计、生产可分体——"仁"；最后是住户在选定的支撑体中按照自己的意愿来设计自己的家，决定内部空间如何分隔，选用何种填充体，何种标准，何种颜色……最后安装、装修，完成完善适用的住宅。按照这种模式建设的住宅即为支撑体住宅，它是一种具开放性的、可多渠道投资的、多方面参与的住宅建设模式。

这种支撑体住宅在坚持住宅工业化方向的前提下，提供了一条住宅多样化的建设途径。因为支撑体是固定的定型部分，完全可以采用工业化的生产方式。可分体是灵活多变的，构成了住宅内部设计多样化的具体内容，为住户提供了按自己的爱好和需要安排决策自己住所的可能性，造就了不同的内部和外部的居住空间环境，从而避免了住宅建设的单调感。它具有很强的适应性和灵活性。在支撑体内安排住户，可以适应不同家庭的人口结构、不同经济水平和文化素养的要求；无需在设计前考虑户室比，内部空间可以灵活分隔，内部装修可拆可换，而不牵连左邻右舍。它为住户参与住宅建设提供了可能。住户参与设计，成为住宅建设的真正主人，体现了住宅建设真正为住户服务，为住户着想的宗旨。这样建设的住宅符合住户的心愿，因而住户必然是满意的。同时，它能适应住宅政策的改革，特别是能适应商品化住宅的推行。商品化住宅与福利品住宅是不同的，不能将现行的住宅简单地标个价就成为商品住宅。因为现在的住宅在很大程度上是平均主义的产物，也可以说是"统货"，作为商品化住宅就不能都是"统货"，它应能适应不同层次的消费者——居住者的需要，支撑体住宅正能适应这种要求。当然，支撑体住宅绝不仅仅只适应于商品化住宅，它对于现行的非商品化住宅也是适应的。

4　新模式多方面的影响

采用支撑体住宅建设模式将对我国建筑事业产生多方面的影响。首先它将促进城镇住宅多渠道的投资，把私人的消费资金吸引到住房建设上来。这对目前出现的超前消费可以起到抑制作用，对减少市场的冲击，稳定国民经济是有益的。因为这种方式，使居住者可以筹金建设可分体，也可购买支撑体。此外，实行支撑体住宅建设，让居住者参与设计，意味着我们必须重新考虑在住宅建设中的专家作用，尤其是建筑师的作用，各行专家，包括建筑师、工程师和投资者就不能像现在这样决定一切了，他们必须尊重居住者的作用和决策。严格地讲，这就意味着建筑师不能独立地完成住宅的设计，他们只能设计、决定支撑体，并协助居住者完成在支撑体内安排住宅的设计。专家作用的变化，不是削弱建筑师的作用，而是对他们的要求更高了，即要求他们有更高的职业道德，有更全心全意地为住户服务的精神，同时也要求具有更高的设计水平。因为支撑体住宅的关键是支撑体的设计，要在现实的条件下，设计出经济、适用而又具有很大灵活性的支撑体不是简单的事。同时，采用这种住宅建设方式（图1），将促进建筑行业的发展，有利于开拓新的建筑行业和劳动市场。因

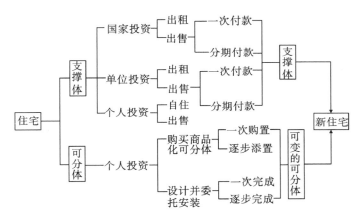

图1　支撑体住宅投资建设的特点

为支撑体住宅分三阶段建设，分别由不同的建筑力量承建，支撑体由现行的建筑公司来承建，可分体由专门化的工厂进行商品化生产；经流通市场供应，最终把二者综合在一起构成住宅的工作则由住户自己或由他委托的专门的室内装修公司来完成。这能为社会提供更多的就业机会，也必将加速我国住宅建设的发展。

当然，在实施支撑体住宅建设的过程中必将有很多困难，原来得心应手的一套设计原则和逻辑就不一定适用了，而必须重新考虑创立新的原则、新的逻辑和新的程序。但是，真正的困难不是技术，而是人的思想和观念，因为要改变人的传统观念有时更困难。支撑体住宅与其说是一种新的设计理论和方法，不如说是住宅建设的一项改革，要建立支撑体住宅必须要有改革的精神。

5　无锡实验支撑体住宅建设

根据上述基本思想，我们于1983—1985年在无锡进行了支撑体住宅建设的实验，并于1985年底完成。

该工程实验得到江苏省建设厅的支持，被列为 1984 年科研项目。我们决定与无锡市房管局合作，在无锡进行试点工程建设，试点工程位于江苏省无锡市惠山之北、盛岸二村和盛岸三村之间，建成后取名为"惠峰新村"。

试点工程占地 8500 平方米，坐北朝南，东西长 140 米，南北深度 50 米，东、南、西三面均为已建成的 6 层的住宅区，北面为养鱼池，东临一条小溪。试点工程为一个规模不大的住宅组团，公共生活服务设施都利用东面和南面现有的公共服务设施，步行约 10 分钟，仅在路南面建了一座两层的自行车公共停车库。

无锡支撑体住宅是一次综合性的住宅建设实验。我们设想通过这一工程，探索一种让住户参与住宅建设的新方法，以改变目前单一、封闭、静态的住宅建设模式；探讨在建筑工业化的前提下，创造一条具有灵活性和多样性的住宅设计的新途径，以改变目前国内新建住宅单位单调划一、千篇一律的局面；探讨一种住宅群体布局的新原则和新方法，改变目前"排排坐、一般高、兵营式"的住宅区的面貌；同时努力探讨传统民居和现代住宅建设的结合方式，以使各地住宅有自己的特征。总之，是想通过这一试点工程的设计与建设，探讨一种与目前流行的住宅建设完全不同的形式。

无锡支撑体住宅试点工程实行一套新的设计、建设程序，它把住宅建设分为两个范畴，即支撑体部分和可分体部分，前者包括承重墙、楼板、屋顶、楼梯及设备管道等；后者包括内部轻质隔墙、组合家具、厨卫设备及管道等，并将两部分分别设计和建造，具体程序如图 2 所示。首先是设计支撑体，包括"单位支撑体"和"组合支撑体"的平面，单位支撑体如同一个"细胞"，或称为一个"单元"，以一定的条件与垂直交通空间——楼梯相互组合，从而构成"组合支撑体"。它们都由建筑师设计，并与各有关部门和专家共同讨论决策，以确定建筑面积标准、结构和施工方式，然后报请有关部门批

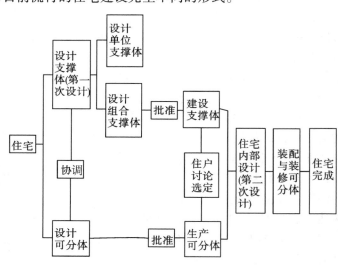

图 2　支撑体住宅设计、建设程序

准，待批准后开始建设支撑体。与此同时，设计可分体，并与住户讨论进行住户内部的设计（也可称为第二次设计），它由建筑师协助住户完成，但由住户最终选择与决定；最后，按照住户的意愿进行可分体的选定、安装及装修，成为完善的住宅。

试点住宅组团共建设支撑体住宅 11 幢，其中包括 9 幢四合院台阶型的住宅楼和 2 幢三层小楼。9 幢四合院住宅楼分 A、B、C、D 四种平面类型，加上 2 幢小楼共有 6 种平面形式，但是它们都是由同一个细胞——单元支撑体组合构成的。整个住宅组团共建住宅面积 12083 平方米，可居住 216 户，每户面积约 56 平方米。

住宅楼的层数一般为 2~5 层和 2~6 层，整个住宅组团平均层数为 2.7~3.3 层，83.4% 的住户住在 2 层以下，72.3% 的住户住在 3 层以下，只有 16.6% 的住户住在 5 层以上，实际上住在 6 层的只有 12 户。

这个住宅组团探讨了多层次的室外空间结构规划体系。9 幢住宅楼分为两组，每组 4~5 幢围以一个公共室外空间——10.5 米×10.8 米见方的四面通敞的四合院，成为利于邻居相熟相助、邻里交往之场所；此外，还为绝大多数住宅提供了 15 平方米以上的私家室外生活空间，底层住户均有院落，有的还有前后小院，3 层以上的住户 61.5% 以上的家庭都有屋顶平台。

该工程采用最普通的砖混结构，考虑到建筑构件的标准化，楼板大多采用了 3.6 米和 4.2 米长的定型多孔板，虽然各幢房屋平面不同，外型不一，但都重复使用了这些构件，以求在建筑工业化的前

提下创造建筑多样化的效果。

整个住宅组团各幢建筑均采用青瓦屋面，局部用小青瓦装饰，并运用传统的挑楼、马头墙等地方建筑语言，以创造一种具有无锡特点的现代住宅建筑。

6 无锡实验的效果可观

试点工程于1985年底竣工以后，投入使用已两年多，我们多次回访调查，听取各方面意见后，认为试点工程的几点设想基本上达到了预期的效果，引起了国内外学术界的广泛重视。

试点工程有6幢建成后应急分配给拆迁户，室内分隔用半砖墙，由于室内采用多种不同的平面，让住户有选择的余地；其余为商品房，出售时仅是一个"空壳子"，出售以后住户根据各自的需要划分内部空间，进行内部装修。一些年轻的住户非常喜欢自己动手，精心设计自己的家。实验表明：让住户参与住宅建设的观念，不仅符合当前住房制度改革的方向，而且也符合住户的需要，不仅有必要，而且也是可行的。

建成后的无锡支撑体住宅无论从内部空间、室内装饰上，还是从外部空间组成方式、建筑造型及整个建筑环境来讲，都取得了较好的效果（图3）。住宅组团外貌富有变化，造型丰富多样，空间组成层次清晰，这些都是重复运用同一单元支撑体在垂直和水平方向采用不同的组合而获得的。实践表明，大量性的城市住宅建设在工业化、标准化的前提下，是能够做到多样化的，"千篇一律"的局面是可以改变的。正如美国MIT建筑系教授约翰·哈布瑞根在参观后评价说："单元支撑体是一个很成功的设计，它能在不同的层次上达到规划和设计的多样变化。该设计证明按一个理性的和系列的途径达到设计多样化是可能的。"

在无锡支撑体住宅试点工程中采用了传统住宅街区的空间结构，即由街→巷→院→家的空间序列，并按照现代生活要求进行规划设计；采用了四合院式的住宅平面，这种被认为是过时了的住宅形式，不过我们设计的四合院是从旧四合院蜕变出来的一种新形式。它是低层和多层相结合的住宅，是大天井式的台阶式住宅；它是以基本单元（单元支撑体）灵活拼连而成的一种体系化的住宅；它是独门独户又能彼此交往的住宅。我们还采用了传统的建筑语言，并努力用现代材料技术，满足其新的功能要求，赋予其新的建筑形式。该项目建成后，参观者络绎不绝，大家对其

图3 无锡支撑体住宅建成后外观

新型的平面形式和具有地方民居特点的建筑造型都非常赞赏。这表明，传统形式经过删除、变革能够适应新的功能要求，产生新的形式。

这个试点工程建成后，自然会有各种不同的声音。有人认为这种建设住宅的模式目前还为时过早，只适合标准高的或商品化住宅；有人对设计本身有不同的看法，集中一点就是四合院的问题，及因此带来的干扰、日照、通风诸问题。前者是由于对新的建设模式不甚了解，后者是对传统四合院可能抱有某些先入为主的成见。作为试点，这仅仅是开始，不少问题还有待改进。我们将继续进行试点，以努力探讨大量性城镇住宅建设的新模式。

（原载《香港建设》1987年）

第二篇 住宅研究

9　城镇住宅建设新模式

　　三十多年来，我国形成了一套城镇住宅建设模式，那就是国家包投资，专家包设计，公司包建造，单位包分配，后勤包维修的一揽子"包"的建设模式。它的主要特征是一包、二排、三平均。即一是国家包，二是排除居住者在住宅建设中的作用，三是实行大锅饭低租供给制。实际证明，它不是解决我国城镇住宅的有效途径。

　　近几年来，随着改革开放、搞活方针的贯彻执行，住宅建设中长期以来僵化、单一、封闭型的旧建设模式正受到挑战，住宅商品化已引起各方面的重视，住宅建设正在冲破"福利品"的传统观念，向"商品化"住宅观念过渡。各地纷纷建立的房屋开发公司或综合开发公司，以各种方式集资建造住宅出售。但是，有些开发公司实际上依旧是产品生产和分配机关，执行的仍然是以"包"为主要特征的单一、封闭、静态型的住宅建设模式。大部分情况还是单位买房，再行分配，与旧的建设模式没有两样。更有甚者，由于实行开发公司统建，结果将非住宅成本强行纳入商品住宅的成本中，致使商品房价格严重失控，在南京竟达到每平方米要价1000元以上，是最初住宅售价的十倍！一味追求经济效益，势必大大影响社会效益和环境效益，照此下去，恶性循性，住宅商品化的推行将陷入无法解脱的困境。

　　我们必须重视城镇住宅建设新模式的研讨，打破"一包、二排、三平均"的旧模式，把充分发挥居住者个人的积极性和主动性作为新住宅建设模式的出发点。这是解决城镇住宅体制改革的中心问题。新的城镇住宅建设模式应该使居住者个人能广泛地参与住宅的建设过程，并使他们有一定的决定权，也就是使居民不仅是居住者，而且也是投资者、设计者甚至是建设者。考虑到我国还是一个低收入水平的国家，城镇住宅问题的解决由国家包完全转入个人自理是不现实的，应该考虑发挥国家、集体和个人三方面的积极性，探讨一条多渠道投资，多种建设方式，多方面参与和多层次的开放、灵活、动态的住宅建设新模式。具体说，目前在我国实行公私合建的住宅建设方式不是简单的集资合股，而是要让住户真正参与住宅建设的过程。要为开放、灵活、动态的住宅建设创造方便的条件。显然，这就要求采用新的住宅建设理论和方法。

　　我认为，根据对我国住宅建设的观察和思考，并借鉴国外有关住宅建设的理论与实践，在我国采用"支撑体"住宅建设方式有可能开辟一条住宅建设的新途径，有助于建立城镇住宅建设新模式。支撑体理论把住宅乃至街区、城市分为支撑体和可分体（或称填充体）两部分。根据我国实际情况，这两部分可以分别由国家、集体和个人三方面分别投资和决策，共同建设。具体来讲，国家（各地政府）负责投资、决策建设城市或街区骨架，即道路、市政工程和公共设施，集体（各个单位）负责投资、决策设计和建设住宅支撑体部分，即住宅的"外壳"，个人（居住者）负责投资、决策如何在支撑体的外壳内设计自己的家，根据自己的经济条件、生活方式及爱好选用可分体并组合安装。这样就可把三方面的积极性统一于住宅建设的过程之中，实现多渠道投资、多方面参与、多层次建设，形成开放、灵活、动态的住宅建设的新局面。建成的支撑体（空壳子或毛坯房）可作为房地产出售或租赁。

　　近两年来，我们在无锡进行了"支撑体"住宅试点工程。它是为探索上述新住宅建设模式而进行的一次社会实践，现已全部建成，实践表明它是可行的，群众是欢迎的。

　　当然，住宅问题是一个复杂的社会问题，单靠专业人员的力量是难以解决的，必须在整体上，即在政策上、体制上对现行的住宅建设模式理性地、自觉地加以改革，它需要有关部门作出新的决策，为居住者参与住宅的建设过程创造条件、提供方便。

（原载《世界建筑》1987年第3期）

10 高效空间住宅设计效益谈

效益问题是我国国民经济建设中极为重要而至今并未很好解决的问题，基本建设也是如此，建筑设计中也存在很多效益问题值得研究。尤其在住宅问题上，近几年我国每年新建上亿平方米的城市住宅，城市民用建筑设计几乎 50% 以上是住宅建设，但是各地经济效益、环境效益和社会效益较好的小区建设并不多，原因是多方面的，就住宅设计来讲，缺乏效益观念，不重视住宅的研究是一个主要的原因。

1 住宅设计综合效益观

住宅建设面广量大，节省每一平方米每一元钱都会产生很大的经济效益。当然，设计效益的内涵是广而深的，应该从建设过程的整体效益出发，不只是单项目标，而应该是综合性的；不仅是建设的效益，还有建成后的使用效益；不仅是眼前效益，还将蕴涵着未来发展的效益；不仅看到局部的微观效益，还要看到整体的宏观效益。它们都是设计效益的内涵，因此研究住宅设计必须从以上基本观点出发。

节约就社会住宅而论，设计和建设的效益除了节省投资以外，还要从更广更深的内涵来看。节约用地，省材、节能和延长房屋使用寿命具有更重要的战略意义。

从宏观来讲，生存与发展的矛盾是当今人类生活中面临的重大矛盾，"人满为患"又构成潜在的威胁，科学家已在预测要把人类赶到地下或推向空中去生活，人多地少的矛盾在一些人口集聚地区的城市更为突出。随着城市的快速发展，土地资源被城市建设蚕食而逐渐减少，这造成城市空间（用地）的紧张和生活环境的恶化，未来十年城市化的进程将使近 2 亿人口进入城市，这就使得问题变得更为严重。如果按合理的城市用地标准，以每人 100 平方米计，净增的城市人口就需要 2 万平方千米的新的城市用地，因此，开发新的生存空间、寻找节约土地的人类生存之路已成当务之急，建筑师——人类生活空间的创造者肩负着不可推卸的历史责任。

建筑中的节能也同样关系着人类的生存问题。据有关资料称，现储藏的常规能源（煤、石油、天然气以至铀矿）在不久的将来就将采尽。何况在建筑节能问题上，我国起步较晚，目前我们的能耗比发达国家要大好几倍。加上未来的建筑对于居住者来说将要求内部环境更为舒适，所以建设中的能源消耗将大大增加。因此，建筑设计就应该认真研究节能型建筑，争取以最少的能源，建筑适宜的居住环境，从而保护有益于人类生存的大环境。目前有的建筑"建得起，用不起"，就是因为能源消耗大，这就是设计缺乏使用效益产生的后果。

建筑物的寿命是设计效益的长期效益。目前我们有不少建筑物（包括住宅）是"短命"的，这些"短命"建筑生存期只有几年、一二十年。除了规划不当、建筑存在质量问题外，一个重要的原因是这些建筑在建设的时候就被"近视"的决策所左右，没有充分预见未来发展的需要。最明显的是我国70 年代初建设的住宅每户只有 37 平方米，致使不到二十年的寿命就只能拆掉。

建筑的灵活性是建筑物的生命，只有能适应时间的推移而能继续生存的建筑才能具有长期的良好效益，建筑物的灵活性要求当今建筑设计必须走向开放，走向弹性设计，要由终极性产品的建筑设计生产观念走向半成品的设计生产观念，使设计的建筑空间具有最大的包容性和可变性。任何建筑都是在很多不确定的因素下进行设计的，这种不确定的因素是绝对的，始终不变的，建筑的设计要以弹性的设计来适应千变万化的不确定使用因素，因此住宅的建设模式必然关系着住宅设计的综合效益。

2　高效空间住宅

2.1　问题的提出

在进行了近10年的支撑体住宅研究过程中，我深深感到：由于我国人多、地少、底子薄，国家规定的城镇住宅的面积是很有限的，一般是50~55平方米，在这样的建筑面积限定下，住宅室内空间的使用灵活性也是很有限的。实际上，这样的面积标准对大多数人来说，仍然是不敷使用，更难适应现代化享受型小康之家的要求，但是国情又不允许扩大每户建筑面积，这个矛盾如何解决呢？它促使我们思考如何去开发空间。

如前所说，生存与发展的矛盾是当今人类共同关心的问题，地球上人满为患的潜在危机日益被人们察觉，尤其是城市化加速的今天，城市人口越来越多，因此开发空间是探讨人类生存空间的新途径。

在解决人居住的问题上，人们都只是讲究建筑面积及其使用率，而忽视了空间的利用及其效益。因此，在我们研究住宅问题时，我们要更加注意开发建筑空间的使用率。从1988年开始，我们着手研究开发一种高效空间住宅。它是支撑体住宅理论和实践在我国孕育和发展近十年中，支撑体住宅家族中的新一代成员。

高效空间住宅，顾名思义，空间利用的高效率是其追求的主要目标之一。任何建筑物真正使用有效的不只是面积，更重要的是空间，前几年为了追求每户面积大一点，一味压低住宅层高，如压到2.7~2.8米，可以为每户增加3~5平方米的建筑面积，但是它却很大程度上降低了空间的有效利用率。

目前住宅虽然面积小，但内部空间开发的潜力还是有的，甚至是大的，可开发的有：

——厨房、厕所的上空，它们不一定与居室同高，卫生间低一点，对冬天采暖、供热洗澡还更有利，可以使之宾馆化。

——一些家具（床、橱、沙发等）上部空间未加利用，每家床上的上空都是空着的，其实用不着这么高，我国南方一些老式床都是由木床架子支撑着，挂一顶大帐，人睡在里面十分安宁、亲切，这就是说，床上的空间有帐顶那么高就行了，因为人一般不需要站在床上。

——室内隔墙占有空间较大，可以以轻质墙或家具代替，使内墙和橱柜二者空间合二为一。既节省材料，又节约空间。

目前，住宅基本上无贮藏空间，造成物品无处可放，室内堆放紊乱，既占面积，环境又不雅，因此在不增加建筑面积的条件下，开发空间贮藏是一条途径。

现行住宅层高一般来说，如果适当提高一点层高（50~60厘米），可以换来更多空间的利用，一般可以提高50%以上利用率，应该说这是合理的。因此我们研究高效空间住宅，进行了大比例模型模拟研究，并在南京召开了论证会，最后自己集资盖了一座二层的试验楼，又结合实际工程的建设完成了几项设计工作，有的已建成，有的即将开工，有的还在设计。

2.2　高效空间住宅类型

高效空间住宅研究的基本目的是在每户有限的物质空间内（50~55平方米/户，按2.8米层高计，每户占有空间为132.5~145.75立方米），为住户创造适应小康人家的要求，即有较充裕的空间，使各种不同功能的空间各得其所，并有一个较大的能适应现代化社会生活需要的家庭公共空间——起居室（或客厅），有能安置现代设备的厨房和卫生间，并有足够的贮藏空间。一句话，可使每户住宅在不增加投资、不多占用土地的情况下，能将其居住水平提高一个档次。

在研究高效空间住宅的过程中，如何利用空间并使各部分空间均能方便、经济、合理、高效地使用，是我们探索的基本出发点。看到香港建筑师李鸿仁先生的复式住宅的设计得到有关部门的重视，我们也受到了鼓舞。我们所进行的高效空间住宅与复式住宅在构思上是有相同之处的，即希望建筑在现行住宅有限的空间中，尽量多利用空间。但我们也注意到它所利用的空间并不都是合理而有效的，有的空间使用起来是不方便的。我们追求的是空间的高效，既能充分利用，又能合理而有效地使用，不仅要充分高效地利用内部空间，而且要能有效地节约用地，节约能源，因此达到空间高效利用的设计目的。在最近几年的研究中，结合试点工程的设计，我们探讨了三种高效空间的类型。

2.2.1 单开间的高效空间住宅

每户占有一个开间，开间为 3.3 ~ 4.8 米，它就是一个以套型为单位的单元支撑体，它相当于普通的一室户的建筑面积。如高效空间住宅实验房，建筑面积为 34.56 平方米（不含公共交通），住宅层高由 2.8 米增至 3.4 米，厨房、卫生间及部分家具（床、柜子等）上空设计为二层阁楼，可谓"楼中楼"，这种设计使用面积可增加 50% 以上。卧室放在二层，均直接向南北开窗，有很好的穿堂风，室内座椅、壁柜、梳妆台齐全，过道行走活动自如，床上空高度有 1.4 米，这样楼上可住 4 人，楼下有一个 18 平方米的大起居室。节日来客，起居室还可住 2 人（图 1 ~ 图 3）。

  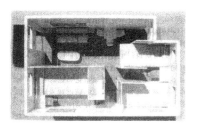

图 1　高效空间住宅实验房模型展示下层空间布置：起居室、厨房、卫生间，上层橱柜

图 2　实验房模型下层：起居室、小餐室、厨房、卫生间，上层南卧室

图 3　实验房模型上层：两个卧室、橱柜

这种单开间的单元支撑体可以通过公共交通——楼梯的组合，做到一梯二户、一梯三户和一梯四户，并可利用楼梯平台两端进户的错层式布局，在部分单元底层设自行车库。我们为上海、天津设计的高效空间住宅也都用了这种组合平面。

2.2.2 双开间的高效空间住宅

每户占有两个开间，每户总面宽为 5.1 ~ 6.6 米，它也是一个以套型为单位的单元支撑体，它相当于普通二室户的建筑面积（图 4）。在既定的支撑体框架内，住户可自行分隔。每户建筑面积 50 平方米（含楼梯），使用面积提高了 50%，达 75 平方米。

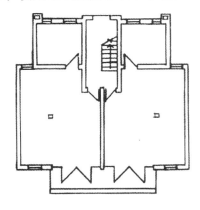 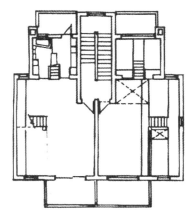

a. 底层平面　　　　　　　　　　　　　　　b. 二层平面

图 4　双开间高效空间住宅试验房（淮南）

2.2.3 错层式高效住宅空间

根据住宅的生活空间和服务空间层高不一定同高的观点，并结合实际的需要，该高的高一点，可

低的低一点，面积大的高一点，面积小的低一点，利用错层的方式把不同高度的空间有机地组织起来。在我们设计的方案中（图5、图6），错层高效空间住宅每户包含主次两种开间，主开间与次开间的层高比为2:3，即主开间做二层，次开间做三层，主开间层高最低为3.3米，次开间层高最低为2.2米。在主开间内还可再使用上述高效空间的办法充分利用空间，主次开间可以采用不同的参数，以获得不同的面积，满足不同户型的要求。错层方式可有两种，一是按开间方向高低错层，像上例那样；另一种是按进深方向高低错层，可南向三层，北向二层，或反之，南向二层，北向三层，两者均是可以的（图7）。

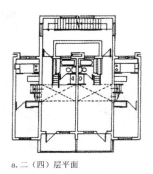
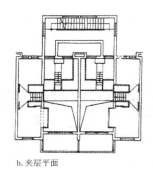

a. 二（四）层平面　　　　　　　　b. 夹层平面

图5　错层式高效空间住宅（南京）

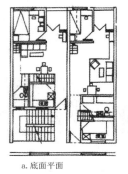
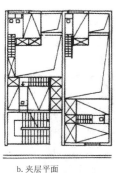

a. 底面平面　　　　　　　　b. 夹层平面

图6　《南京日报》社绒庄街住宅

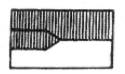
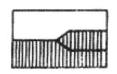
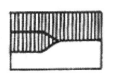

开间方向　　　　南—进深方向—北　　　　南—进深方向—北

图7　高效空间住宅错层方式

2.3　高效空间住宅的特点

综上所述，高效空间住宅是在支撑体住宅理论的基础上产生的新发展，可以说是我们研究的第二代支撑体住宅，但这只是表明我们研究的进程，并不说明它们之优劣。

高效空间住宅在设计上的新进展主要表现在以下几方面：

（1）支撑体的设计为室内空间的二次再创造带来了更大的灵活性，使室内空间的可变性突破二维平面的框框而进入三维空间的层次。

（2）可分体突破了仅仅作为分隔媒介的单一功能的局限而和室内家具设计融为一体，在充分利用空间的同时，亦在很大程度上节省了材料、人工和投资。

（3）高效空间住宅体系的发展必然促使住宅建设更加全面地走向工业化和标准化，促进建筑工业的发展，同时也促使相关企业生产面向住宅体系的部件，并直接面向使用者。各种可分体的定型设计使其生产加工可以实现标准化，可具有不同款式、不同风格、不同档次，并且可随着家庭状况的变化而更新换代。

（4）在空间设计中，把现行住宅室内的非有效空间积累起来，积零散为整体，按照使用者不同的居住行为对空间位置、形式和空间的不同要求，划分室内空间。起居室是家的中心，是家庭成员休息、交谈、娱乐、社交和会客的场所，是家庭内的"公共空间"，它的功能包容性最大，因此应该具有最好的空间质量和最大的空间容量。故设计它是朝南的，面积在18平方米以上，并与餐室相连，层高最低达3.4米。卧室的使用功能以睡眠为主兼学习，其功能较单一，空间尺度宜人、安静是其主要要求，故设在第二层，空间低一点，直接朝南和北，并组织了直接的穿堂风。厨房、卫生间功能更单一，还

鲍家声文集

152

要求面积大一些，因此我们把二者面积都加大了，但空间高度降低了，卫生间均可放置四件设备，并可分开使用。贮藏空间以柜的形式分布在它所服务的空间相邻的一侧，并兼作隔"墙"。如此，使得各级空间各得其所，动静分明，这是其空间高效率的表现。与此同时，这种灵活高效的分隔方式亦给室内环境带来高低错落、生动有趣的空间效果。

（5）为住宅的增长留有一定的空间发展余地。住宅的增长是不可避免的，而现行的住宅建设根本就不考虑这一问题，事实上，在集合式的多层住宅中也很难解决这一问题，但这个问题是回避不了的。目前，到处可看到阳台被封闭起来，退台式的住宅不少人扩建了自己的空间，住在顶层的人甚至在屋顶加建了房屋，这些违章建筑是不被允许的，但它毕竟反映了居民的居住空间扩展的要求，这是人类共同的要求，不是地区性的，而是全国性的、国际性的。面对这个问题，我们通过高效空间住宅为它留有增长的余地，这必然增强住宅的适应性和生命力。

（6）高效空间住宅每户面宽小，每户所占面宽为 3.6～5.7 米，在同样的用地上，可多建房 25%～30%，这对节省城市用地有显著的效益。此外每户住宅除了"户界"为墙体外，住户内部不再有任何砖墙和混凝土墙，内部空间分隔全部用家具或轻质墙，这样墙和家具的材料和空间合二为一，既节省材料缩短了工期，又减轻了建筑物的总重量，同时空间紧凑，对节约能源也是很有利的。

（7）这种支撑式的高效空间住宅也同样符合今日住房体制改革所推行的三级住房基金的政策，内部的家具式隔墙等装备可由住户投资、建设，单位投资建造外壳。

应该说明，高效空间住宅是我国城镇住宅的一个品种，尤其对大城市人多地少、建筑面积小的住宅来讲是适用的，特别对解决人均 4 平方米以下的困难户来讲是可以"解困"的，作为住房也有它的有利之处，即住户以较少的钱来使用面积较大的房子，作为鸳鸯楼或中等住宅来讲仍然是为它们提高了一个档次。

3 高效空间住宅的实践

在研究高效空间住宅的过程中，我们进行了 1∶20 模型模拟研究，把每个空间的使用地带直观地表现出来，在南京市房管局召开了论证会，又与厂家联合，建造了一座二层的实验楼，并在南京、苏州、安徽和上海等地完成了几项试点工程的设计和建造，有的已建成（南京、安徽、苏州），有的在建或即将开始建设，下面介绍几例。

3.1 高效空间住宅实验房

每户单元面宽 4.8 米，进深 7.6 米，内设一隔墙，采用普通的空心板，层高 3.4 米。按照二次设计建设程序，每户先建一个 7.6 米×4.8 米×3.4 米的立方体空壳子，内部空间根据需要，灵活分隔。在实验房中，设计有起居室、小餐厅、厨房和卫生间；利用厨房、卫生间的上空做一卧室，可住人，相当于三床位的小型旅馆客房；起居室的一部分为楼中楼，设一南向的主卧室。每间卧室有桌椅和衣橱及适当的柜架。每户建筑面积 34 平方米，而使用面积达 56.36 平方米，K 值为 82.1%。原来是一室户的单间小套，却变成能住 4 至 6 人的并有完整的 18 平方米的大会客室，比一般的一厅二室的中套还要好一点。它的造价却是低廉的，二层楼的试点房，不含土地费，建筑的直接费用每套为 1.1 万元，加上填充体含家具式的隔墙、楼中楼的楼面等 0.8 万元，每套总计为 2.0 万元（图 8）。

建成以后，参观者对高效空间住宅内部空间的实际使用效果都认为是可接受的，而且是满意的，原来担心的压抑感和通风不好的问题，看到实物后都打消了。

图 8 高效空间住宅试验房

3.2 淮南高效空间住宅

本工程是一个商店和住宅的综合体，底层为营业空间，可分可合。二层是住宅部分，在有限的建筑面积内创造出更多的有效使用面积。本方案提供了一种下店上宅或前店后宅的传统的商居综合体的形式，也体现了支撑体住宅具有很大的包容性，除了适用于住宅，也适用于开敞空间的商店或办公室等。此外，本方案在造型设计上吸收当地的传统建筑风格，既有时代风韵，又不失地方传统特色。这种方式可适应个体经营者需要，在同一幢楼内，既可有较大的营业空间，又可住家，实现传统的上宅下店的方式（图9）。

图9 淮南高效空间住宅模型

3.3 南京市玄武区高效空间住宅

本方案采用错层式高效空间住宅体系，每户占有主次两个开间（2.4米和3.0米），主开间二层，次开间三层，层高分别为3.4米、2.2~2.4米，主开间设计为起居室、餐厅及厨房，次开间设计为卧室和卫生间。厨房上部再做成"楼中楼"，作为次卧室，这种错层空间每户房间都能灵活分配，易满足不同户室比的要求如图10所示。

3.4 南京日报社绒庄街高效空间住宅

南京日报社的住宅楼是在报社所购买的旧厂房的基础上进行的。在基本保持原有建筑结构的前提下，对其内部进行改建。本方案采用高效空间住宅理论，根据原有结构的开间和进深，灵活设置可分体，为住户提供了最大的使用面积，在空间分隔上采用大起居、小卧室的方式，房屋自然通风和自然采光条件好，使用合理如图11所示。

图10 南京玄武区高效空间住宅   图11 南京日报社绒庄街高效空间住宅

在保留原有厂房基本结构的前提下，进行内部改造，其经济效益是不言而喻的。经初步估算，原拟拆除旧厂房，重建新楼，由于各种条件制约，只能建一幢28套的住宅楼。而运用高效空间住宅的理论，原车间一幢不拆，利用它层高大的统间的特点，则能建造65套住房。这一实例的研究和设计说明了高效空间住宅在旧房改建中有强大的生命力及广阔的前景。此工程即将全部建成。

（原载《建筑学报》1992年第11期）

11 更新观念，扩大视野，着眼未来，精雕细刻

——2000 年城乡小康住宅示范工程规划设计思考

2000 年小康型城乡住宅科技产业工程是跨世纪、标志性的工程，做好这一重要科技产业工程规划设计是龙头，在三次全国规划方案评审会上，充分表明了各地都非常重视示范小区规划和设计工作。但是，它与以往一般的小区规划和设计又有着重大的区别，不能等闲视之，这是因为：

（1）它不是一般房地产开发计划，也不是一般试验小区的规划和建设工程，而是一个科技产业工程，通过研究开发住宅建设的新技术、新结构、新材料和新产品以推动住宅产品和整个建筑业的发展。

（2）它是以科技促进改革的一个庞大的系统工程，以形成科技——企业——金融三位一体的新的运行机制。因此，牵涉的面非常广。从小区示范的五项硬指标就可看出：它要求："房屋直接卖给住户"，就关系到住房制度改革要一步到位；它要求"科技含量高"，就关系到新技术的开发生产和应用，关系到新的规划思想和新的住宅设计方法等；它要求"解决二次装修问题"，就关系到我国住宅建设的新模式；它要求"厨房、卫生间及相关设备要成套系列化"，就关系到这些产品部件要达到规格化、系列化的设计和规模化的生产及供应；它要求"搞好物业管理"，就关系到小区管理体制的改革，使其走向社会化，走向市场。

（3）它是一项超前性、示范性和引导性的小康示范工程小区，从策划、规划、设计和建设到管理都应思想超前，科技领先，成为我国 21 世纪初叶（2010 年）大众住宅的示范窗口样板。

上述特点构成了该示范小区规划设计与以往任何小区规划设计的质的区别，从而构成了该示范小区特有的新要求。面对这些新特点、新要求，作为把握"龙头"的规划设计工作者要做好示范小区的规划设计工作也必须采取新的态度、新的观念、新的视野和新的方法去探索工作。以我个人的浅见，规划设计工作必须增强超前意识、人为主体意识、住宅产业意识、效益意识和可持续发展的意识，而所有这些又都要贯穿着规划设计中的研究意识。

1 增强超前意识

规划设计要增强超前意识，建立新的视野，即要从以往立足于现实的规划设计视野转向"着眼未来"的新的视野来考虑规划设计问题。长期以来，由于受到过去客观经济条件的限制，住宅建设主要是解决有无问题，小区规划和住宅建设仅局限于眼前的实际，超前意识往往被视为脱离实际，背离国情，致使规划设计因循守旧，几十年一个面孔，一种模式。其实尊重实际，尊重国情是无可厚非的，它仍是小康住宅示范小区规划设计的指导思想。问题是示范小区的目标是 2010 年使我国城乡大众住宅水平达到中等发达国家的水平，这就是新的"实际"，新的"国情"，而且这些指导思想仍然在发展，因此规划设计的一些指标，应充分考虑未来发展的需要，留有足够的余地。如每人每日用水标准、耗电指标、小汽车容有率指标、绿化指标、活动场地、公共设计指标等；有的设备也不宜按目前的现状来考虑，如多层住宅电梯设置问题标准都普遍偏低。台湾地区目前 4 层以上的多层住宅都要设置电梯，而大陆 6 层甚至 7 层都未设电梯，甚至连预留的位置也未考虑，以这样的标准进入 21 世纪可能就称不上先导和示范了！在我参加评审的一些小区规划设计方案和初步设计中，以上指标往往偏低，应该考虑适当提高，尤其在经济已较发达的地区。

2　增强人为主体的意识

人为主体的思想在规划设计中要由抽象化、概念化转为具体化、实际化。我注意到"人为主体"的思想是我们的领导和我们的规划设计者们都认同的指导思想。问题是"人为主体"是抽象的还是具体的，是概念的还是实际要兑现的？我想它应该是具体的、实际的，在规划设计中应能充分地体现出来。在"人为主体"的思想中，居民参与意识是其主要内容之一，如何体现居民参与，在我国还完全是新的课题。其实，每个人都有把自己的生活环境建设好的强烈愿望和热情，规划设计乃至小区今后的建设、管理都应把人的这种潜在的积极性充分调动起来，激发他们的创造性。规划中可以将一些"填充体"式的空间留给居民，让他们发挥其再创造的积极性。譬如说，在底层和屋顶让住户自己再创造一些绿色空间；小区的公共绿地和设计要真正让所有的住户共享，这种共享不只是可视，更重要的是可达、可用。居民要能身临其境，而且方便、舒适、优美、安全，不能像有些城市建设那样，把城市绿地仅仅作为一种"摆设"，可视而不可达，否则就要"违者罚款"了；也不宜将小区的公共大片绿地仅供少数住户享有，而把大多数住户排除在外。我们曾经评审过一个方案，这个小区采用的"四道圈圈"的布置方案，最中心一圈是该小区的中心绿地，环境优美，靠近它的一圈是别墅，在它的外圈则是多层住宅和高层住宅圈，它四周都面临城市干道。该方案有其自身的特点和构思独到之处，但中心绿地显然只能给低层别墅区住户使用，而居住在多层和高层的大多数住户都只是可视而不可达，这点是不可取的。

以人为主体在规划上还应体现在尊重人的行为、心理和生理的要求上，一切公用设计，如幼儿园、商店、菜场、停车场、垃圾站及步行道等都要依据人的行为轨迹来设置，一般不应要人走"冤枉路"，道路设置要自然直接，不要过分追求几何图案。小学校的入口要考虑到目前家长的接送情况，一定要规划出足够的面积，供接送时的小汽车、摩托车及自行车的停放和人的等候，以免阻塞交通。

以人为主体同样也应体现在交通问题的处理上，交通问题实际上就是人、车、路、管四个方面相关的问题，在这四方面中人是主体因素。在人和车的矛盾中，以人为主体的规划就应该是车让人而不应该是人让车，应把方便留给人而不是让给车，这是一个非常简单明白的道理。但是实际上，在现在很多城市建设中，却反其道而行之，处理交通问题往往是以牺牲人的利益为代价，即要人让车。我生活的城市南京，很多重要马路两旁的人行道都被自行车道代替，行人无路可走，其中北京东路就是如此，真希望给当地的住户一条步行路！南京城一年中建了20多座行人天桥，可是有多少行人走呢？有一个星期天（秋季，下午二三点钟，多云天气），我在一座靠近新街口市中心的中山东路天桥旁实地作了观察，并实测了这座天桥的运行情况，半个小时内上下行人一共仅27人！而绕道或穿行马路的人却远远多于这个数字！人们图的是方便！更何况老人、残疾人、体弱者如何上下天桥呢？这两个例子都说明在解决交通问题时往往是见物不见人。实际证明它只是一时的权宜之计。在我们的小区规划中，汽车交通问题也是个大问题，是以往小区规划中从未遇到的，因为过去的小区规划设计都是以步行和自行车为主的，汽车交通基本上在小区范围之外，小区内的交通问题要简单多了。而今天的小康住宅示范小区保守地考虑也要20%～50%的住户拥有自己的小汽车，这意味着需要有庞大的场地、空间供自行车和车辆停放，而且仍要保证小区内的安静和安全。这就带来了汽车和人矛盾及其相关的一系列的问题。譬如说，人要汽车是以车代步，自然要方便地通到自己的住处门前，但这样不仅小区内的三级道路要适当加宽，转弯半径要适应行车的要求，而且小区内人、车混行，影响小区内的安全和宁静，如何解决这一矛盾呢？把停车集中在小区的外缘，不让小汽车进入小区内，避免对小区的干扰，但住户用车不便，不是上策，应该让停车尽可能接近住户。为达此目的，规划体系可能要作某些改变，即改变目前以人行为主的规划格局，甚至采取立体空间的规划方法，通过开发地下空间以求解决这一矛盾。一时的投资代价是大一点，但它提高了土地的利用率，综合来说应该是合算的，可以争得社会效益、环境效益和经济效益三者的统一。

自行车的存放一直是困扰小区环境的实际问题，在没有合理规划的情况下，往往占用了绿地或活动场地，使小区环境质量明显下降。有的设置集中的停车场，对环境有一定的改进，但毕竟不方便。如何就近存放，方便用户，又不占用绿地、空地也是值得研究的。可以在住宅楼下采用架空层、半架空层、错层或适当提高底层层高，利用高效空间的办法获取存车空间可以达到这一目的，或者把存车空间放在组团绿地下或半地下也是一条出路。

人为主体的思想体现在住宅设计中就宜提倡支撑体住宅的设计模式，厨房、卫生间因受上下管道对位的限制而固定外，其余的使用空间就采用大空间的方式，这就为住户提供了按自己的心愿安排自己家的可能性。这种住宅思想经过十余年国内许多专家的共同探索和实践，已逐渐被社会和学者所接受，诸如"大开间住宅""灵活住宅""空壳子住宅"及"菜单子住宅"等都是这一住宅哲学的思想体系。它不仅是为了解决二次装修问题，更重要、更本质的是提供了住户参与住宅设计和建设自己家的有效途径，提供了一个崭新的住宅建设新模式，它充分地体现了"以人为主体"的住宅设计思想。但是在参加前四次全国 2000 年小康住宅示范小区规范方案评审中，采用这种方式设计的住宅其覆盖面还是不大的，有待进一步开发。

3 增强住宅设计科技产业意识

示范小区规划和住宅设计水平的高低，除了传统的标准外，是由最终开发的成果决定的。因此规划设计都要更加自觉地尽力将成果转化为住宅产品，促进住宅产业的优化和发展，这就要在设计中努力应用新的结构体系、新的墙体材料、保温隔热材料、防水材料、节能门窗和供热采暖节能及安全防范的新技术等，而且这种应用不是试验性，做做样子的，而应该是较普遍地大量采用，即具有一定的"覆盖面"。

为了促进住宅产业规模化的生产，在我们规划设计中必须处理好多样化与标准化、规模化的关系。小区规划设计应该追求多样化，追求各自的个性。但是，应该在构件规格化、标准化的基础上，形成系列化，从而达到多样化。因此设计的住宅类型、开间大小、构件种类，以及厨房、卫生间的平面形状和几何尺寸都应该有利于设备的规格化、标准化和系列化，以求用较少的类型取得最大的多样化。

为此，小区规划和设计不仅要成为一件优秀的创作作品，还要设计成优秀的住宅产品，使建筑设计面向产品生产，使新材料、新技术、新产品一一在设计中落实，这样才能保证示范小区"科技含金量"的落实，才能防止重小区规划轻科技产业的偏向，从而使示范小区成为一项名符其实的科技项目，一项以科技为手段提高居住环境质量的项目。

4 增强效益意识

我国经济将实行两个重大转变，即由计划经济向市场经济转变，由粗放型经济向集约型经济转变，这是为了取得更好的效益。这对我们建筑行业无论是设计还是施工都是同样重要的。所谓效益，就是用最少的劳动消耗和劳动占用，获得社会需要同样程度的满足，或者用同样的劳动消耗，达到社会需要最高程度的满足。通俗地说，效益就是投入和产出之比。一个小区要做到投入与产出走上良性循环，小区的规划和设计无疑是最关键的工作，要使社会效益、环境效益和经济效益达到统一，经济效益是物质基础，是最基本的条件。三个效益统一的核心则是空间效益，也就是小区开发的效益。为此，要努力提高土地的开发价值，在同样的地块，通过科学、合理、精心的规划和设计开发出更多可使用的空间，也就是说，我们的规划设计不仅要研究平方米的效益，更要研究立方米的效益。

开发空间首先要重视地下空间的开发，提高环境质量，开发地下空间是势在必行，应该尽可能把停车空间放在地下或半地下，而将地面留做绿地，留给居民活动；同时，也可考虑同一块土地不同功能的同时使用，或不同时间的供不同功能使用；此外，住宅设计中不要一味追求建筑面积的扩大，追求大户型，而要以中小户型为主，着重发挥每一平方米空间的使用效益，发挥室内空间的高效率，提高室内空间的功能质量，在这方面住宅内部空间的开发是大有潜力的。

5 增强可持续发展的意识

小康示范小区是面向未来的，必须尽可能考虑可持续发展的问题，它应该在这方面起先导和示范作用。可持续发展虽然是更大领域范围的问题，但是小区作为一个社会生活环境的基本细胞，其本身也有可持续发展问题，从观念上说，小区的规划和设计应该更加自觉地尊重自然、爱护自然，从人与自然的对立（人老想着改造自然）走向人与自然的和谐，对基地地貌、水系、树木、古文物等都注意尊重和保护。我们曾经参加过上海一个小区的规划，它地处江南水乡，水系发达，我们出于保护环境、创造小区特色的目的，将水系作了适当保留，出于可持续发展的考虑，将基地上的旧厂房保留利用，但是评选时这个方案被否定了，这不是方案好坏问题，而是观念问题，我们希望在今后的规划设计中，对一切自然的要素和基地上可再利用的建成环境的各要素都要加倍爱护。

可持续发展问题的提出是为了解决人类生存与发展的问题，它关系人类生存的各个方面，但就小区范围来讲，我认为充分地考虑节地、节能、节水和节省资源是非常重要的，应充分利用自然的光、风、太阳能、树木、绿化等来改善和提高小区的生活质量。因此有条件的地区应该努力探索生态住宅、节能住宅、太阳能住宅及高效空间住宅等新型的住宅，同时要多开发地下空间和屋顶空间，增加垂直绿化，开发屋顶花园。此外要提高住宅围护结构水平，改善住宅建筑热环境，采用高效、新型复合保温隔热墙体和屋面材料及节能门窗等。

上述各点都要贯穿一个共同的意识，即研究意识。规划设计的过程都是不断研究的过程，只有这样，精心设计、精雕细刻才能把小区规划设计工作搞好，只有这样，研究出的内容、范围和深度才是一般小区规划设计不能比拟的。

（原载《小康住宅通讯》）

注：作者为《小康住宅示范工程》建设部专家组成员，也应邀参加小康住宅示范工程之西安大名宫花园小区规划设计，所提西安大名宫花园小区规划设计方案在全国评审中获规划与建筑设计双优，名列榜首，应邀写此文，发表于《小康住宅通讯》1995年

12　走向适应市场的开放住宅
——商品住宅的特点及其设计理念

从明年起，我国住房分配将由货币分配代替实物分配，这标志着我国住宅改革已进入实质性实施阶段，意味着住宅将真正进入商品化进程，住宅的商品属性将真正得到确认。

正确认识住宅的商品属性是城镇住宅体制改革与建立社会主义市场经济下商品住宅建设新模式的理论基础，同时也是住宅设计的基本理念。

住宅的商品属性是住宅自身固有的本质属性，它是客观存在不以人的主观意志为转移的。马克思主义政治经济学的定义："凡是一切为了交换，不是为了满足自己的需要生产并出售的产品都是商品。"城镇住宅在客观上是为了交换而生产的劳动产品，它不仅具有使用价值，同时也是价值的承担者，客观上具有价值。它与其他商品一样具有使用价值和商业价值。在社会主义条件下，城镇住宅具有的经济性质，其属性本质是商品，但也要考虑福利性的一面。

1　商品住宅特点

住宅是一种商品，但这种商品与其他商品相比有其特殊性，即固定耐久性、市场特殊性、价值昂贵性和社会参与性。

1.1　住宅商品特点之一——固定耐久性

住宅是建于固定地点，占用一定土地和空间资源，为人们生活提供物质空间的实体——建筑物，它具有不可移动性。

住宅耐久性一方面是指住宅有效使用期限长，一般是几十年甚至上百年，是一种耐久性的消费品，同时它也是一种有很长生命周期的不动产投资品，它随着经济的发展、环境的改善、土地的增值，为住户或投资者带来资本效益。

1.2　住宅商品特点之二——市场特殊性

英国经济学家 K. J. 巴顿在《城市经济学》中说："自由市场中一切商品包括耐久消费品在内，价值都决定于供求双方力量的消长。住房市场符合自由市场的某些标准，但具有很多特殊性。"这些特殊性表现在：首先，住宅是不同质的弹性产品，它有不同类型（如公寓、别墅等），有不同的地域位置环境（如市区、郊区、环境好或环境不好），有不同的年限、不同的面积等；其次，住宅生产周期长，是短期内难以增加供应总量的产品；最后，住宅所有制度多样，有私有、公有及公私共有等。

1.3　住宅商品特点之三——价值昂贵性

住宅是利用大量的物质材料建于一定的地段上，并由各种设施装备起来的，因此它投资大，造价高，形成了住宅的昂贵性，住宅开支成为家庭开支中最大的单项开支。根据国际经验，平均每套住宅价值与城镇居民平均年收入之比一般在 3：1 与 6：1 之间浮动，即每套住宅的价值大约为住户家庭年收入的 3~6 倍。它直接与家庭成员的就业人数和就业人员的工资收入水平密切相关，也与社会的金融政策和社会保险政策相关。一个家庭的总收入中，住房消费仅是其中之一，此外还有教育投资、健康保障及其他开支，这就决定了住房市场的大小、住宅品种及价位。

1.4 住宅商品特点之四——社会参与性

住宅的社会参与性源于住宅的社会属性，住宅是社会劳动产品，它体现着一定的社会关系和经济关系。住宅的社会属性除了表现在住宅生产和再生产之外，还表现于其他的特殊形式或表现出某些特定的内容。例如：住房短缺与社会稳定，居住环境与社会交往，这都是关系到社会治安等方面的社会问题，住宅的社会性更集中表现在家庭内部的人际关系，也就是社会细胞组织的社会关系上。正是由于住宅涉及社会生活的各个方面，因此要解决好住宅问题就必须通过社会各个方面、各个层次的广泛参与才能得以综合解决，即个人、家庭、社会组织、开发商和政府的共同参与和努力。

2 商品住宅设计理念

正是上述商品住宅的特点，构成了商品住宅设计的一些新概念，它同以前福利品住宅理念有着重大差别，表现在以下几方面。

2.1 住宅定位的层次性

商品住宅作为产品开发的定位要像任何产品开发定位那样，一定要面向市场，根据营销的需求来确定。不能像过去福利房那样由国家统一制定住房标准，按每人行政级别和工龄来分配。

住宅作为商品需充分考虑个人（家庭）经济收入及住房消费的支付能力，考虑家庭需求、居住对象和地区性差别，确定多种层次的住房标准、价位和类型，居住层次就是要承认不同家庭在居住水平上的高低差异。

居住层次是一个动态的概念，作为产业，由企业生产出来的各种类型和档次的住宅只能通过市场交换和分配进入消费领域，完成生产和消费过程，进而总结出市场的真实需求，真正了解居民消费水平和需要的合理的住宅类型、档次及比例关系，即合理的住宅消费结构，之后再反馈于生产，以调整住宅生产结构。

目前在我国低工资条件下，一般城镇居民实际消费能力是不高的，近年来一部分人是富起来了，但两极分化已较明显，因而消费能力也存在较大差异，住宅消费层次由低到高可分四个层次，即最低消费层次住宅→低档消费层次住宅→中档消费层次住宅→高档消费层次住宅。其中宜以中低档消费层次住宅为主，辅以少量的高档消费层次住宅，呈现出一种"菱形"（◇）的消费结构。城市住宅以中低档为主，同时辅以部分高档或最低消费层次住宅，应是理想的住宅消费模式。

居民消费水平的高低决定了住宅面积标准的多层次性，由于我国当前整体经济水平还不高，住宅生产的定位就应以中低档住宅为主，每套建筑面积 60~90 平方米，面向广大工薪阶层。前一阶段，一些开发商热衷于开发面积大的高档住宅，认为面积越大越好卖。这种情况在某个特定的时空可能是存在的，的确有这样的消费层次，那就是"一部分先富起来的人"和那些效益好的企事业单位。但这必竟是少数，不是住宅市场的主流。现在住房政策即将改变，这意味着今后住宅市场面临的不再是单位集团消费而都变为个人消费，住宅市场将由"零售营销"取代集团购买的"批发销售"，住宅消费的主体将由单位转为个人，住房需求的一切决策都由消费者自己决定，这样必然会出现住宅需求的多层次性和多样性，以让住房消费者有最大的选择余地。

2.2 住宅设计的效益性

住宅是昂贵的消费品，消费者在有限的收入里投入很大份额买一套房子总希望其价廉物美，花较少的钱能买到较大面积，特别是较多的好用的有效面积，并且要买得起也能住得起。不仅如此，住宅商品面广量大，住宅建设还要以整体观念来综合考虑效益问题——即住宅建设要考虑对社会资源的最佳综合利用。目前住宅开发建设中较普遍的现象是追求大面积高标准，到处推销豪华住宅，实际上设计、建造和使用是低效益的，这种"高标准、低效益"比过去"低标准、低效益"危害更大。因此，今后的住宅设计和建设既不能搞过去的"低标准、低效益"，也不能流行"高标准、低效益"，而是要探索适合不同层次的合理标准，并研究用最少的劳动力和最低的资源消耗来达到最大的效能。在设计中要节约土地、能源，合理利用材料、资金和劳力，合理开发和利用空间，建设高效能住宅；同时要对发展相关住宅产业起到良好的导向作用，以提高住宅建设的整体效益；要精心设计使住宅建设从粗放型走向集约化，住宅规划设计要力求合理、经济、高效地创造空间；要研究一个立方米的空间效益和空间的使用质量。

2.3 适用性和舒适性

住宅建设适用性是第一位的，它是住宅建设的基本要求。然而现在的住宅开发却有些偏差，有的人为追求高容积率，获取最大的利润，就以牺牲住房的适用性为代价，不少楼层高达 8～10 层仍无电梯；有的追求"欧陆风"，不惜工本，只顾外观而不注重功能的研究；现在提出"经济适用房"是针对那些大面积、高标准豪宅来说的，即建设中低档次的住宅。严格地说，这种说法不够严密，不够科学。因为任何类型的住宅设计建设都要适用经济。就各地在建的适用经济房来说，有的虽经济但不适用。如南京的百姓就呼唤，经济适用房"除了经济，更应适用"，因为居民看到一批建成或在建的经济适用房，多远离市区，相当一部分小区在环境、网点、交通等配套设施上不完善，子女就学、社区服务等也未能很好解决，因而这些经济适用房的房价虽低，但不适用，难以受到百姓青睐。加上一些套型设计追求大，缺少小套、单室，套型单一，内部面积大而空，动静不分，私密性不强，无效面积多，因而居民不愿购买。这就说明消费者把住宅是否适用放在首位。

2.4 商品住宅设计的灵活性、永续性

我们正处于世纪之交，未来 21 世纪社会生活结构的变化和科技进步将对住宅产生巨大影响。美国社会学家约翰·奈斯比特就提出了大趋势——改变我们生活的十个新方向，可以说这十个新方向没有一个不和我们未来住宅建设相关。就以工业社会向信息社会转变这第一个新方向而言，未来信息社会随着多媒体技术的日益完善，将极大地改变居民的家庭生活。多媒体技术在家庭中的应用将使人们在家工作的愿望变为现实。目前有的发达国家已开始探索将居住环境与工作环境融于一体，并把"Home"和"Office"两词结合在一起创造出一个新词"Hoffice"。可以预料，未来社会发展变化频率将越来越快，人们的生活方式和价值观念也将随之发生变化，因此住宅设计灵活性就显得越来越重要。

此外，住宅作为商品，规格品种要适应市场多样的要求，门类齐全，利于挑选，甚至可以提供"代客加工"或"专门定制"的服务方式，这就要求住宅设计要提供最大的灵活性。它包括套型大小可以改变，上下层空间可以分或合，内部空间可以自主安排，在不破坏结构不影响左邻右舍的情况下方便地改旧还新，内外门窗色彩都可改变等。具有这种灵活性、可变性才能适应消费者多样化的需求，真正体现以人为本的住宅设计思想，真正让住房适应于人，而不是要人来适应房子。只要有灵活性，就为住宅的可持续性提供了可能，即实现"Reuse"的可持续性发展的目标。

2.5 参与性

社会参与性是住宅商品的特点之一，已如前所述。相应的，在住宅设计面向市场经济的情况下，消费者——住户参与意识必将大大增强，希望真正能按自己的心愿建设自己的家。这种积极性是人之本性，不可忽视。建筑师和开发者都应该主动自觉地为消费者的参与创造条件，人的衣食行都是消费

者自己决策的，唯独住，在此之前相当长的时期内，住户都没有自决权，都被排斥在住宅建设过程之外。而今，住户自己花钱购房，其参与性的要求应予以真正满足。另一方面，市场经济对建筑师的职业要求也将促使建筑师主动参与房地产开发的过程，尽可能参与市场调查，深入了解市场需求和社会消费水平，并与开发商联合起来，真正起到"建筑师也是发展者（Developer）"的作用。

2.6　品牌性

消费市场是产品竞争的市场，而产品的竞争也就是设计的竞争。日本夏普公司坂下董事长说过：在当前的消费品中设计第一。住宅也是消费品，而且是经久耐用的消费品，对品牌的要求自然更高。住宅进入消费市场，住宅的规划和设计就起着至关重要的作用。从目前建成住宅大面积滞销的情况看，除了造价高、脱离消费水平等多方面因素外，一个很重要的原因就是规划设计水平不尽人意。开发者应从中反思，建立住宅生产的"品牌"精品意识，与建筑师一道共同建立住宅设计的研究意识，改变那种认为住宅设计简单，谁都能设计的观念；不要不断压低设计费，挫伤建筑师创建品牌的积极性，也不宜抱有"肥水不外流"的观念。要生产出品质高的产品，就要找名家设计，不要因小失大而丧失开发产品的竞争力；应吸收国外经验，走产研结合的道路，只有这样才能创造品牌，才能不断创造新的产品，提高自己的竞争能力，在竞争激烈的市场中立于不败之地。

3　走向开放住宅

住宅设计是个过程，而非终极产品，住宅要以人为主，房子要适应人，而非要人适应房子；住宅建设不能将住户排斥于住宅建设过程之外，打破现有的住宅建设过程中的专家决策体系和开发者的决策体系，把决策权力让一部分给住房消费者，实行住宅建设决策权力的再分配；要使住宅适应不断变化的需求，不仅要满足现时的需要，还要适应未来的需要……实现这些目标，可行的出路就是走向开放住宅，建立一套开放住宅的设计模式和建设模式。近几年的实践证明，开放住宅理念具有强大的生命力，今天更显示出它的无限魅力，它对推动我国住宅产业必将起到越来越大的作用。

（1998 年 10 月 26 日为全国住宅和房地产年会而作）

13 生态住宅小区规划设计探讨

生态住宅是以可持续发展为指导思想的设计，是针对与地球环境直接相关的能源问题、资源问题尽量减少消耗的设计；生态住宅也是从生态学角度对人类生活模式和居住模式进行重新建构的设计，是能够更直观、更感性地表达与生态环境共生共存，与社会、经济、文化相协调的设计。

建筑业正处于人类聚居环境发展的关键时期，住宅建设是我国国民经济新的生产增长点，迫切需要从可持续发展的高度来研究其开发建设，特别是生态住宅的开发建设。生态住宅同时是我国 21 世纪住宅建设的重要发展趋势。

扬州新能源生态住宅小区是我们进行可持续发展住宅和生态技术集成化研究的承载实体。我们希望通过研究将生态学的观念和原则有选择地、因地制宜地引入城市及住宅小区建设实践，将可持续发展与人居环境紧密结合起来，以此为建筑业实现人类可持续发展探索可行之路。

扬州新能源生态住宅小区位于中国东南部城市之一扬州，属湿热地区气候，素有烟花三月扬州城的美誉，有良好的城市生态环境。小区占地约 10.34 万平方米，总建筑面积 12 万平方米，居住人数 3220 人。

生态住宅规划有别于一般住宅规划设计，它应遵循绿色建筑、可持续发展的原则，体现生态特色。对自然资源的充分利用是可持续发展的核心，扬州新能源生态住宅小区把自然资源的利用作为自己的指导思想和突出特征，主要体现在以下几方面。

（1）充分利用土地：采用高效住宅研究成果，立体地、三维地进行内部空间设计和整体环境设计，努力使土地节约 10% ~15% 。

（2）充分利用自然光：最大限度地增大采光面，在不能采光的空间利用国际先进的"光纤导光"技术引进自然光线，同时有利于日光浴和室内植物的光合作用。

（3）最大限度地利用自然通风：利用建筑布局产生自然风压，增进空气对流，创造舒适的小区生活环境。

（4）充分利用日光热和地热：利用地热潜能创造自循环的小区供暖冷却系统。

（5）充分利用自然水资源：雨水收集和利用，废水、污水处理和循环利用。

（6）有效利用其他自然资源：慎重使用对环境无害的材料，减少能源和资源的消耗，以求人与自然的和谐和自然生态的平衡。

生态建筑发展从对环境的被动适应转向自身的主动调节，从注重单个建筑与所处环境的协调到建筑作为整体的系统协同发展，从最初由生态观念出发寻找与建筑的契合点到建筑自身发展对生态技术提出更高的要求，可见技术发展在生态建筑研究中占有越来越重要的地位。技术发展是可持续发展的基础和保障，它有效地为生态建筑的决策提供依据，加深了建筑对自然规律的理解。科学技术发展在很大程度上改变着人的生产和生活方式，推动建筑社会功能的根本变化，技术发展引导和推动着建筑可持续发展，可持续发展的需求又给建筑技术以新的刺激力和推动力。扬州新能源小区规划中采用的生态关键技术和体现生态原则的设计主要包括以下几点。

1 集约化土地利用

生态学（Ecology）和经济学（Economy）两词的英文词根都是"eco"，它们源于同一个希腊词根

"oikos"，即住所的意思。生态学是研究住所的学问，经济学则是管理住所的学问，两者的最大共同点就是要追求高的资源利用效率。"生态"一词包含着节约自然资源的经济性原则。从长远来看，生态的住宅必定是经济的住宅，经济的住宅就要坚持集约化设计原则。

集约化设计首先体现在它的高效性，要求尽量减少建筑活动过程中的能量消耗，如建筑应尽可能结合气候设计，使用更为尊重环境的建筑材料。

高效性的另一方面是寻求空间的高效性，有利于土地节约。所谓经济效益、社会效益和环境效益的统一，其核心是空间效益。在同一块土地上，在满足同样环境限定的条件下，开发的空间越多越有效，开发的效益就越好。规划设计的覆土建筑，该建筑为小区的社区活动中心，在它的地下设计有停车场，该建筑覆土后堆土成山，构筑自然景观，又在覆土层上布置了一个网球场，做到一地多用，达到集约化土地利用的目的。此外，空间的高效性要求设计从追求平方米转向追求立方米的效益，从追求面积的效益转向追求立体空间的效益。新能源小区规划就采用了集约化空间设计观念和效益设计观念，创造高效的空间效益，使土地利用率提高10%。这种高效空间是通过人体工程学的分析，合理分配空间，该高的高，该低的低，如起居室空间可以高一些，层高3.9～4.2米，卧室、厨房、卫生间空间可以低一些，层高2.6～2.7米，将低空间上节余的空间立体利用，可以多出一层，提高空间的利用效率，从而达到节约材料、降低造价、节约投资和节省土地的作用。

2 太阳能、地热能利用

建筑消耗世界能源的50%左右，在人类面临严重的能源危机、资源短缺、环境日益恶化的严峻形势下，建筑能源子系统成为建筑整体系统中最关键的子系统。对能源的开发利用决定着建筑系统的整体水平，开发能源系统成为生态建筑研究的主流。目前能源利用走向开发新的替代能源和对环境无污染的绿色能源过程。新能源小区规划中希望通过充分利用太阳能、地热能和生物质能，使生态住宅小区的新能源利用率（常规能源节省率）达到10%。主要技术内容包括4个方面。

太阳能热水系统：集中设置太阳能热水器，常年提供每户住宅生活热水（30℃～60℃），每户投资费用约为2500元。

太阳能热风供暖和通风系统：为小区主要公共建筑用房提供冬季采暖而设计的一种自然资源利用系统，其原理是在朝南向屋顶采用金属薄板结构，室外空气通过薄板下的空气隙流流过整个屋顶，进入储热空气室，然后引入所需的房间与地下储热室对室内供暖。

太阳能、地热能热水供暖空调系统：在生态小区的别墅区和1～2层楼住宅，设计一种新型的充分利用太阳能、地热能和地下水资源的太阳能——地热能复合系统。该系统将为住户提供常年生活用水，并提供夏季每户约3千瓦的制冷功率和冬季的1千瓦的采暖功率。

太阳能路灯：采用太阳能电池——蓄电池系统，可以将白天的太阳能转换成电能并输出、储存在蓄电池中使用。目前从技术上来说，太阳能路灯已基本成熟，推广的困难主要是成本较高。本小区拟在主要景观大道上部分安装太阳能路灯，经试点后逐步推广，一个可以考虑的技术方案为：50盏20瓦节能荧光灯（相当于100瓦白炽灯亮度）需太阳能电池容量约1000瓦，采用36瓦太阳能电池组件30个及10只2伏、1000安铅酸蓄电池组，标称电压20伏，总容量20千瓦时，经一正弦波逆变器后接入路灯使用。

3 太阳光的利用

相对于地球系统，太阳能是取之不尽用之不竭的能源。太阳同时赋予人类另一大财富——太阳光。建筑从诞生之日就与光结下不解之缘。对太阳光的利用也是我们在生态住宅规划中努力追求的目标。

太阳光镜面反射技术：新能源地下停车场拟采用太阳光镜面反射系统和光导纤维传光技术作为白

天采光的辅助。太阳光采集镜面直径约 400 毫米，利用一个光敏传感器，使镜面跟踪太阳光入射到所需屋内区域。

太阳房技术：新能源小区中独立式别墅和高效住宅朝南的阳台做成大面积玻璃窗，利用光线直接入射。阳台上种植低矮的草本植物，既美化环境又利用植物的光合作用产生氧气，调节室内空气环境，即所谓的"太阳房"（Green House）（图1）。

太阳光自动聚光输送装置：将自然阳光在不进行热、电和机械等能量转换的情况下，把日光聚到屋顶或阳台上的光线采集器，光线穿过光导纤维传导到装在天花板上的光线发散器，可以使没有日照的场所也享受到日光的照耀，使人有身处大自然中的感觉。这种自然光线可以用于康复治疗，对植物进行光合作用，也可用于太阳能加热和海底照明。

图1　太阳房设计效果图

规划布局有利于自然通风：整个小区以别墅为主位居基地中部，并沿绿地及水系延展，多层住宅置于四周由外向中心逐渐退层，形成中心低、四周高的空间结构形态，同时四周多层建筑布置也有分别，基地南边布置较低的建筑，北面多布置长条形的较高住宅，基地东南和西南角敞开，不布置建筑，有利于夏季将东南风引入小区并减少冬天北风的侵袭。

地下室烟道通风系统：利用地下室较恒定的空气温度，夏季低于地面温度，而冬季高于地面温度的特性，在多层住宅每单元设置竖向烟道，通过屋顶通风口的拨风机将地下室空气引入每户住宅，同时在地下室空气进入每户前进行空气过滤和净化（图2）。

4　墙体与屋顶保温、隔热技术

墙体保温结构采用多孔复合墙体结构，由 KPI 型黏土多孔砖和充气混凝土砌块构成。在传热量多的东、西山墙体内预留一定距离的夹缝，其中充以膨胀珍珠岩等散装颗粒保温材料，形成夹心复合墙体，可使传热量减少70%。

屋顶保温结构，为了有效地防止热量从屋面进入，屋面可采用类似墙体的复合结构，采用一种设计合理的岩棉水泥板作屋面隔热结构，可使顶屋房间的室内温度在夏季同比下降2℃~2.5℃。

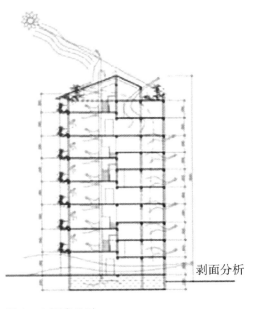

剖面分析

图2　太阳房设计

5　水的利用

新能源生态小区是高级住宅区，集中当代较先进的生态技术，水的利用包括地下水、雨水、污水及中水回用技术。

地下水的利用：主要是对地下水温的利用，转化成地热能应用于供暖空调系统，也应用于地下室自然通风中。

雨水的收集和分制截留系统：系统满管重力流，初期雨水进入截流井汇入污水管道系统进入处理站处理，后期雨水越过截流井进入小区河道。该系统比完全分流制处理完善，污水处理站负担不重，对水体保护有很大优越性。

污水系统非满管重力流，污水全部进入地下处理站，处理后进入小区河道作稳定塘处理。过滤后分别回用于浇灌绿地、喷洒道路、冲洗厕所等。

地下污水处理站采用厌氧/好氧（A/O）+稳定塘+过滤系统处理。厌氧池采用升流式压氧颗粒污泥床（UASB），并采用三相分离器使污水中有机物酸化水解以提高可生化性，部分降解 COD，达到四烷发酵段。该步产生一定量的沼气（供少数居民使用），同时去除病原菌及寄生虫卵。厌氧出水上清液进入生物接触氧化池，内装纤维布填料易于挂膜，曝气充氧降解 COD，出水基本达到排放要求。该 A/O 工艺设施均在地下以免占地并影响环境。

A/O 出水进入小区河道，在碱性条件下进一步降解有机物，使该小区河道成为生物稳定塘，封闭循环，历时 4～6 天，可进一步改善水质。河道内可培养水莲花等水生植物，并放养观赏性鱼类，形成良好的食物链，使河道成为景观河。该河道做毛石驳岸或做钢筋混凝土剪壁墙，堆砌假山，建观赏亭，设置散步保护栏杆等视资金及需要由开发公司确定。稳定塘出水部分用泵打到小区喷泉池，既美化环境又节省用水，并且还可进一步充氧改善水质（图3）。

图3　建成后基地内水渠的环境效应

6　整体绿化系统

绿化系统在建筑中是和人共存的生命系统，与人具有伙伴关系。传统的居住区规划将绿地按等级分块布置，导致中心绿地不好用，宅间绿地又形不成气候，不易维持。新能源生态住宅小区采用开放式纵横交叉的绿地系统，由东、西两端连续大面积的形似银杏叶片的完整中心绿地和南北向玉兰花瓣似的带形绿地共同组成。

中心绿地与东南、西南、东北、西北四方的组团绿地相通，同时与环形体荫道共同形成点、线、面结合的小区整体绿化系统。为所有居民共享，体现出公平性原则。这样的绿地系统考虑，也源于下列原因。

（1）基地长近 500 米，集中设置一个中心绿地离多数居民较远。

（2）基地中部为别墅区，东西两端是多层区，绝大多数居民居住在东、西两部分，十字交叉的中心绿地两端放射状更易接近多数居民，使居民产生亲切感。

（3）中心绿地极力营造自然山水环境，中心绿地、组团绿地、宅间绿地除种植草坪外，尽量多种高大乔木，因为树的生态效率比草地大几十倍，有利于水土保持。

（4）中心绿地边缘做环形水系，与别墅区形成自然分隔又可方便通达，环形水系两侧种植高大乔木，东端绿地中心种植一棵具象征意义的银杏树，铺以琼花树和草皮。

整个绿地系统恰似"两堤花柳全依水，一路楼台直到山"。绿化作为整体考虑和设计，才能增强自身的调控能力，具有生机和活力，才能起到净化空气、改善整体环境舒适度的作用。一个整体连贯而有效的自然开敞绿地系统，才能使人工环境与自然环境有机结合起来，才能使整个小区成为可以与环境进行物质和能量交换的活性系统，走向可持续发展（图4）。

图4　小区里的中心绿地

7 智能化小区管理系统

小区智能化管理系统分三大块：计算机化物业管理系统、公用设备管理系统、家庭管理系统。

计算机化物业管理系统包括：房产管理子系统、收费管理子系统、房屋信息查询子系统、办公自动化子系统；小区公用设施维修管理子系统。

公用设备管理系统包括：配电、水、气、水箱等公用设施的状态信号采集，实现公用设备情况的集中显示，分散控制。

家庭管理系统包括：信息采集、烟雾报警、医疗、匪警求助、社区服务及可视对讲系统。

新能源生态住宅规划从可持续发展的观念和生态学的观点研究城市住宅及小区开发建设者的新模式。规划充分利用自然资源，创建良好的小区生态环境，同时促进建筑学与其他学科广泛交叉。此外，通过生态技术与建筑集成化研究，将促进建筑产业和环保、节能、生态等产业共同发展，使建筑走向与生态环境相协调的可持续发展道路。

扬州新能源生态住宅小区是科学化、技术化、生态化和人性化的住宅小区，是适应 21 世纪的新型住宅。我们希望通过规划研究及实施，使生态住宅对自然生态环境和地区环境更具亲和性；使生态住宅对资源的利用有更高效率；使生态住宅对使用者的舒适、安全更具健康。经过研究开发，我们认为未来理想的生态住宅是：

——与自然环境共生共存的住宅；

——住户自由自主参与设计的住宅；

——能量消耗走向自给自足的住宅；

——生活垃圾走向自生自灭的住宅；

——雨水自留，废水自理的住宅；

——走向自动化的智能住宅。

（合作者：博士生张彧 1999 年南非可持续发展国际会议论文）

14　合理、开放、高效、超前

——南京月牙湖小区获奖套型设计兼谈住宅套型设计

由南京栖霞建设集团开发的月牙湖花园小区为全国 2000 年小康型城乡住宅科技产业工程示范小区。1999 年 11 月通过科技部和建设部的验收，被授予"全国小康住宅示范小区"金牌，并获得规则设计、室内装修、科学进步、施工质量、物业管理及环境质量等六项单项金奖，同时被评为南京城建十大标志性工程之一。在 1999 年 7 月参加建设部举办的全国百龙杯"新户型时代"精品户型设计竞赛评比中，其 C 型住宅套型获得套型设计金奖。该户型住宅楼竣工验收交付使用后，社会影响较大，参观的人络绎不绝，购买者踊跃，短期内全部销完，产生了一定的社会效益和经济效益。在对该获奖套型的设计中，我有许多心得和体会，这里与大家探讨交流。

对于住宅套型重要性的认识，现在越来越多地被开发商们重视了，这应该是一个很大的进步，这是住宅由福利分房转入商品房住宅建设观念真正发生变化的一个重要标志，是住宅由集团批发购买转变为个人零售市场销售的必然要求，是"以人为本"的住宅建设思想开始走向具体落实的良好开端，也是对大量积压空置房现象冷静、认真反思的结果。这比一些开发商、主管者热衷于追求"欧陆风格"、"南亚风情"要高明得多。根据《深圳商报》1999 年 5 月 8 日发表的一篇题为《买家最关心什么——来自 1999 深圳春季房地产交易会的调查报告之一》的文章，买家最关心"一是价格，二是户型，三是交通"，调查结果的得票率分别是 90%，83% 和 77%。从该项调查可以看出：在同一环境中，买家的经济实力是前提，在此前提下，买家最重视的就是住宅"套型结构"问题，它是买家最关心，最挑剔的售点。

"套型结构"就是单元式住宅分户门内每户独家拥有的空间组成、大小及其平面的布局形式。长期以来，习惯以"大套"、"中套"和"小套"来描述。如一室一厅、一厅二室、二厅三室一卫、二厅三室二卫等，这些描述说清了房间的组成及多少，它关系着套型的面积、标准及总的卖价，但是不管房间组成多少及房间多大，都存在一个合理的平面和空间布局的问题，即老百姓所称的"套型结构"问题，这才是套型结构真正的核心。布局的合理与否真正直接关系着住宅设计的品牌问题。因此可以说套型设计是住宅设计的核心。

套型设计实际上是人的一种生活方式的设计。建筑师的职责就是为住户创造适合于他们生活方式所需要的各种空间形状、大小及设计各房间之间空间的相互关系。因此又可以说套型内的平面和空间的布局是住宅套型设计的灵魂。买家（住户）所需要的理想住房最主要的是看套型的空间组成、大小及其空间布局关系是否能满足他们各自生活方式的需要。而生活方式则反映了住户的社会地位、职业特点、经济条件、家庭人口结构及生活习惯等各方面的综合要求。因此，套型设计是一种看起来简单实际却是相当复杂的设计。这一点往往被忽视，这就是为什么我国住宅设计长期以来很少有突破的原因，也是为什么空置房如此多的一条重要原因。目前，住宅套型设计都比较单一化，这种单一化的套型必然与多样化的人的要求相抵触，必然不能适应多样化的消费者的需要。我们几乎每天都可看到充斥于各种媒体的房地产商的销售广告，但大多数房地产商推出的套型平面设计基本上大同小异，不但没有新的理念，有的甚至缺乏功能的基本合理性。如何创造一个良好的住宅套型设计，如何解决单一化设计和多样化要求的矛盾？首先要改变对住宅设计的认识，它是一项复杂而且要求极其仔细的设计，是真正的以人为本、为人服务的设计。其次要端正对住宅设计的态度，建筑师要像设计自己的家一样认真地、体察入微地进行设计，多为住户着想。再者，就是要改变我们的设计观念，住宅设计单靠建筑师是设计不好的，建筑师的设计必须为住户再设计自己的家创造可能。建筑设计的套型不是一个终结的平面，而是能让住户可改变、可创造、可再设计的套型平面。我们的宗旨是：让住宅能适应不同人的需要，而不是人来适应房子或让不同的人来适应同一种房子。以下结合月牙湖 C 型住宅的设计具体介绍（图1）。

a.标准层平面

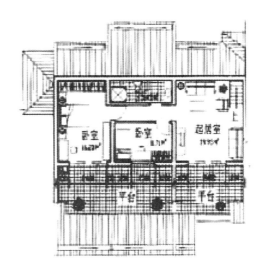
b.跃层平面

图1　C 套型建筑平面图

（1）合理的房间尺度。住宅的设计首先要建立在合理的空间尺度上，这要求建筑师仔细地研究各个不同功能房间的最起码的尺寸要求。住宅的面积不可能一味增大，如何分配好各个不同功能的房间的面积，使得这个房间达到居住最合理、最舒适的尺度，所谓"增之一分嫌多，减之一分嫌少"？作为小康型的 C 型套型，我们从小康方面着手，设置不同的功能房间尺度。如客厅设计根据现在小康住户喜用大屏幕彩电和音响组成的家庭影院和真皮沙发，我们结合人体尺度和视觉适应尺寸，认为起居室开间4.5 米为宜。餐厅设计根据小康家庭吃饭宴客的需要，3.3 米×3.3 米的空间能较好地满足要求。厨房和卫生间的长度，更需要根据成品的尺寸和人们的行为过程，设置经济合理的尺度。

（2）合理的功能分区。作为代表未来居住方向的小康型平面，最大的特点是公私分区明确。要塑造家庭的舒适环境，必须加强对公私分区的理解，恰当的空间划分使居住生活空间和生活行为适得其所，进而获得最佳的居住空间环境。C 套型由客厅、餐厅、厨房组成的公共区和由卧室、卫生间组成的私密区，互不干扰，简洁方便，满足各层次人们行为的居住性、适用性和私密性。住户装修时通过在过厅上加一扇门，可更明确公私界线。而南向阳台为介于公共区和私密区的过渡空间，并通过扩大南向阳台至1.8 米，提高阳台的使用功能，让居民活动真正接触外界的阳光、空气。

（3）开放的空间体系。虽然结构仍为砖混结构，但由于采用了 KP 砖承重异形柱、大开间现浇结构体系，从而实现了住宅的可变性和灵活性，可让住户参与再设计。如起居室可以设计成为一个大的活动空间，满足一部分喜欢社交家庭的要求，也可以划分为一室一厅，满足人口较多的家庭。而厨房的封闭和开敞，也可由用户参与设计、自由选择。

（4）有效的组织设备管网。"住宅要小康，关键在两房"，对于房屋的核心部分——厨厕的整体设计，是要着重探讨的课题。C 套型设计采用整体设计并考虑模数化、系列化与套型面积相适应。厨房设计考虑洗、切、烧的顺序来安排设备，配置相应的台案，如灶台、调理台、搁置台、上柜、下柜等，均采用成套设备，同时装置平衡式热水器，可将一氧化碳废气排出室内，脱排油烟机吸出的油烟由垂直烟道排出，保证厨房不受污染，保持良好的的室内环境。卫生间设计运用四维空间设计理论，将洗浴、便溺、盥洗、洗衣功能加以组合，分割成两个空间：洗浴与便溺，盥洗与洗衣，这样一来提高了晨间高峰期的利用频率。室内设置机械排风井，排出臭气和潮气。厨房和卫生间管道采用集中管道井布置，竖向管道设在其中，水平管理在操作台后部设 100 毫米宽的水平管线区，卫生设备的管件采用吊顶将其隐蔽，当结构布置有条件时采用楼板下沉的方式，将本户的所有管件均在同层布置，维修时不需到下一层，减少用户间的矛盾。

（5）有效的空间利用。住宅设计不仅要求最合理地解决二维平面的尺度和功能关系，同时也要求最有效地利用三维空间。C 套型住宅虽为四层住宅，但在空间上我们利用"天上"和"地下"空间，外观四层实为六层，四层向上利用屋顶成为跃层，屋顶利用为家庭起居空间和卧室。底层向下和地下室成为跃层，地下室利用为健身房、音乐室或卧室，其余地下室利用为自行车车库（图2、图3）。而楼房间距仍为四层的间距，空间利用提高了 30% 的效益，最大程度地利用了空间和节约了土地。顶层楼梯间上空的空间较高，过去此空间一直没能很好利用。C 套型设计中，在四层通往屋顶的跃层中，巧妙地将室内楼梯设在此空间，既解决了该空间的浪费问题，也解决了室内楼梯占用户内面积的矛盾，可谓"一举两得"（图4，图5）。

C套型剖面图

北立面

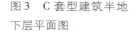
半地下层平面

图 2　C 套型建筑剖面图、立面图

图 3　C 套型建筑半地下层平面图

图 4　跃层室内空间

图 5　跃层平台空间

（6）重视室内、室外空间的组织。如何将室外优美的环境组织到室内来，在住宅设计中易被忽视。在南向起居室，我们采用大面积的落地中空玻璃窗，形成了阳光室，与南向 1.8 米宽的大阳台和透空的铸铁栏杆，形成了内外交融的效果。而南向屋顶突破了老虎窗的做法，采用了屋顶天台，拥有了良好的视野和融入自然的感觉。而屋顶天台的绿化和每层南面的花池，构成了住宅的垂直绿化，成为室外绿化的立体延伸。

（7）精心的立面设计。住宅的立面设计要符合内部的空间要求，使住宅带有居住建筑的性格，但又不可避免地受到平面的限制。在立面设计中，我们着重解决以下几点：①表现出空间关系，利用坡顶和地下室的处理，使其具有不同的气质；②立面采用三段式构图，通过材质、色彩的对比，在视觉上减少立面的尺度，不觉其高；③加强细部的处理，如窗户的窗套、腰线、栏杆的花饰等，住宅是与人们密切联系的建筑物，细部的处理有利于建立亲切感，树立家的形象，同时也利于不同组团外观的区分；④采用坡、平顶结合，营造丰富的第五立面（图6）。

图6　C型住宅外景

（8）运用超前的"四新"科技成果。通过对"新技术、新工艺、新产品、新设备"成果的运用，提高住宅的使用功能和居民的生活质量。①除结构中采用KP砖承重异形柱、大开间现浇结构体系外，墙体材料采用ALC板材和QHB板，由于墙体薄，同等建筑面积可增加3%～5%；②建筑节能中，外墙体采用KP1、KM1型多孔砖，墙体粉刷材料为水泥珍珠岩保温砂浆，窗户采用中空玻璃塑钢窗户，屋面采用水泥彩色英红瓦，而现浇板下设30毫米厚聚乙烯保温板，朝北屋顶采用威克卢斯窗；③设备上每户设有管道井，自来水、煤气、下水管道、IC水表和煤气表集中设置，并采用UPVC上下管道。

月牙湖花园C套型设计，是东南大学开放建筑研究中心和南京市栖霞建设集团建筑设计有限公司合作的有益尝试，我们将套型设计经验归纳为"合理、开放、高效、超前"，虽然获得金奖，但也有不足和遗憾，在下一个世纪的住宅康居工程设计中，我们会进一步探索。

（合作者：章政，原载《建筑学报》2000年第8期）

第二篇　住宅研究

15　60年走向世界的中国住宅研究

住宅建设问题是量大面广的社会问题，随着城市化的推进，大量农村人口涌入城市，城镇住宅的建设与发展更加引人关注。一般来讲，一个国家正常的住宅建设每年投资要占该国基本建设投资的30%～50%，城市建筑中几乎一半以上是住宅建筑，因此，各国政府都重视住宅建设问题。我国政府对城乡住宅建设也十分关心，早在20世纪50年代末，当时的国家建筑工程部和中国建筑学会在上海举办了"住宅设计标准及建筑艺术座谈会"，提出了"实用、经济、在可能条件下注意美观"的建设方针；1960年初又在广东省湛江市召开了中国建筑学会第三届全国代表大会，会上就以住宅建设问题为中心议题，对住宅区规划、住宅经济、住宅类型以及住宅的标准化和装配化等问题进行了专题研究；1961年后又专门讨论了农村住宅建设的技术问题；同年又在江苏无锡年会上讨论了住区规划、城市住宅和农村住宅等问题；1966年在延安召开的中国建筑学会第四届代表大会及学术年会上，讨论了"低标准、低造价、高质量"的住宅设计和建设问题……特别是20世纪70年代末及改革开放以后，我国政府对住宅建设更加高度重视，在探索住宅体制改革的同时，投入了大量的人力、物力和财力进行城乡住宅的建设，在此良好的大环境下，我国住宅研究也进入了春天。

1　第一次住宅设计被列为建设部建筑工程勘察设计评奖项目

在我国建筑界，过去都是重视公共建筑设计，在国家组织的建筑工程设计最高级的评奖活动中，也都是以大工程大项目的公共建筑为主，很少涉及普通住宅建筑，建筑设计人员、研究人员、教学人员乃至建筑的主管部门几乎都是轻住宅重公共建筑，直到1986年，在建设部全国优秀建筑工程勘察设计评奖工作中，第一次把城市住宅设计列入了国家最高级的评奖范围，并评选出首届"城市住宅设计创作奖"。我主持的无锡支撑体试验住宅规划设计与其他项目住宅设计工程有幸获得了首届中国"城市住宅设计创作奖"。

从此以后，住宅的研究越来越得到更多人的关注，当时建设部住宅局还专门组建了全国城市住宅研究网这个群众性的学术组织，每年召开年会，也进行住宅设计的评奖活动。1986年，全国城市住宅设计研究网还和建设部城市住宅局联合在全国范围内表彰了两位对城市住宅有突出贡献的研究人、设计者，并颁发荣誉证书和奖品，以表彰对我国城市住宅设计研究事业作出的创造性贡献，有幸我是获奖并受表彰的两位之中的一位。

2　第一次科技部与建设部合作投资立项国家重大项目——2000年小康住宅示范工程

20世纪90年代中，随着住宅体制的改革，住宅商品化已普遍开始实行，各级政府和开发商都以巨大的热情投资开发房地产事业。为了积极、健康地引导我国城市人居环境的建设，建设部和科技部联合制定了2000年小康住宅示范工程建设计划，在全国范围内开展小康住宅示范工程活动，这是新中国成立后两部委对住宅问题首次联合作出的决策。为此，专门成立了专家组，制定小康住宅示范工程规划设计导则，在全国开展试点申报评审活动。这一计划得到全国范围的热烈响应，各地都积极选点，认真组织力量进行规划和设计，将申报材料报送建设部科技司，建设部和科技部联合组成的专家组分期分批进行评审，从小区规划和住宅单体设计两方面进行严格评审，不仅规划设计要优良，而且要求试点工程在新材料、新技术、新工艺方面要有较高的含金量。评审时，首先由申报单位及规划设计方案的设计人进行介绍，回答评委们的提问后，评委们再进行认真讨论，最后通过民主投票的方式，评选出优良者，经修改调整后报送批准立项，然后才能进行实施，实施建成后再回访评审。在此项活动中，我有幸成为两部委联合组织的专家组成员，参加了2000年小康住宅示范工程的专家组工作，包括该计划立项可行性的讨论、规划设计导则的制定和历次申报规划设计方案的评审工作。此外，我也应邀主持或参与了西安、南京及苏州三地的小康住宅示范工程方案规划和设计工作，并取得了好成绩。其中，应邀主持规划设计的西安大明宫小康住宅示范工程规划设计方案的规划和住宅单体设计双双被评为优秀，名列榜首，成为提交评审的 20 多个方案中的佼佼者；我主持的南京月牙湖花园规划设计方案建成后也获得了 2000 年小康住宅示范工程规划和设计的多项奖励，成为南京的品牌地产项目；参与的苏州市桐芳巷小区的规划设计方案也被评为 2000 年小康住宅示范工程，建成后也成为古城历史街区改造的一项经典工程。

3　第一次研究和设计住宅

我研究住宅是伴随着改革开放而开始的。20 世纪 80 年代初，我国政府决定选派一批学者到国外进修访问，我有幸被选派到美国麻省理工学院做访问学者一年。在此期间我走访了美国东部的一些名校，如哈佛大学、哥伦比亚大学、耶鲁大学等，了解并看到这些名校的很多著名建筑学教授都在研究住宅问题，甚至研究发展中国家的住宅问题，我对此颇有感慨，这个现象与国内相比有明显的差异。在出国前，我主要关注公共建筑如博物馆、图书馆、医院、火车站等的设计研究，并且在 20 世纪 60 年代初，在童寯教授的指导下，编写了我国首部《公共建筑设计原理》，因此希望在美国多看看这些建筑。当时我国开始酝酿住宅体制改革，国家包投资、包建设、包分配的"三包"福利房的体制必须进行改革，千篇一律的住宅建设模式应该得到改变，因此激发了我研究住宅的热情。趁在国外访问期间，我就有心关注他们的住宅研究状况，关注住宅研究的新思想、新观念、新方法和新模式。

当时著名的 SAR 住宅理论的创立者、原麻省理工学院建筑系主任约翰·哈布瑞根教授正在为研究生开讲 SAR 体系的课，我就听他的课，查阅他在这方面的研究成果，认真细读，并将其都翻译成中文，以便能更好理解，并不时地在课后面对面和他进行讨论交流，从中我受益匪浅。在我回国之前，我带着在美国写完的两篇论文去见他，向他介绍了两篇论文的主要内容，一篇是我对 SAR 住宅理论的理解和认识，另一篇是 SAR 住宅理论如何在中国应用的一些思考。哈布瑞根教授拿着我的两篇英文稿的文章看了一遍，并不时地提出一些问题和我一起讨论，最后他说，两篇文章都很好，第一篇建议我回国后争取在国内学术刊物上发表，以让国内了解 SAR 住宅理论和方法；另一篇建议我在国外发表，并问我如在国外发表有没有问题。在此这前，我从来没有在国外杂志上发表过文章，听说国外有些杂志要收取版面费的，也不知要收多少，我就说在国外发表没有什么问题，只是不知要不要收费，要收多少。哈布瑞根教授听我回答后就说，这些都不是问题，第二篇文章就被他推荐在国外杂志上发表了。回国后不久，我的第一篇文章，题为"住宅建设的新哲学和新方法——SAR 支撑体的理论和实践"就在《建筑师》1984 年第 12 期上发表了，我的第二篇文章 "Some Thoughts on the Application of SAR in China" 在英国 *Open House* 杂志上发表了，从此我也就成了 *Open House* 杂志的一名编委。

回国以后，我就开始研究将 SAR 住宅理论与方法应用到我国住宅建设实践中，探讨我国住宅建设的设计新理论、新方法和新的建设模式。因此，结合我国国情提出了"支撑体住宅"设计理论和方法，针对当时我国住宅建设和设计中的一些问题，应用 SAR 的理论进行了支撑体住宅方案设计的研究，并在江苏省建设厅的支持下，在无锡房管局的直接帮助下，进行了无锡支撑体住宅试验工程。对该试验工程制定了四项目标：

（1）探讨让住户参与住宅设计和建设的新的开放住宅的设计和建设模式，它把住宅分为两个部分，即支撑体部分和可分体部分，前者由专家们设计建造，后者由用户参与设计和建造，以使住宅能适应不同住户的需要，创造多样化的住宅建筑。

（2）打破当时住区规划中的行列式或兵营式的单调的规划布局方式。

（3）改变全国东南西北千篇一律的没有地域特色的方盒式住宅形式。

（4）探讨传统住宅建筑与现代住宅建筑的结合，以创建现代的中国住宅新形式。

为此，在不到 10000 平方米的试验工程基地上，我们应用现代 SAR 理论和单元式住宅方法，进行平面空间设计，同时采用我国传统的四合院的方式来组织住宅空间的布局，创建了多层退台式的类四合院式的平面空间设计模式。在总平面规划中，改变行列式布局，采用了多层次的室外空间的组织方式，按其公共性的大小分为四级室外空间，即公共（全区）室外空间——半公共室外空间（组团）——半封闭室外空间（住房内的四合院空间）——私家室外空间（每户的屋顶花园）；在建筑造型上，吸收江南地区传统民居的建筑元素，让老形式为新功能服务，将马头墙与屋顶退台结合起来，即将女儿墙变成了马头墙，同时采用坡屋顶、灰青瓦和白粉墙的传统色调，打破了千篇一律方盒子的"现代形式"，创造了有江南地域特色的现代住宅建筑新形象。

新试验工程建成了，1987 年我时任东南大学建筑系主任，主持召开了城镇住宅规划设计国际会议——作为联合国"住房年"中国活动的一个重要内容，来自国内外的 200 多位专家学者参加了这次盛会，会议期间与会代表专程赴无锡参观了无锡支撑体住宅试验工程，该工程得到了与会者的一致好评。他们说 SAR 理论是荷兰人提出来的，没有想到在中国做得也这么好。哈布瑞根教授也应邀参加了这次会议，并参观了该工程，回国后，他专门写了一篇书面意见，对此试验工程给予了高度评价。

4　第一次中国住宅设计研究走入世界

无锡支撑体试验住宅工程建成后得到国内外学术界广泛的赞许和认可。令我没有想到的是，在国外产生的影响比国内强烈，省外比省内强烈，校外比校内强烈，系外比系内强烈。事后想想，这也是可以理解的，正因为此，国外学者对这次研究成果的历次反应仍久久地留在我美好的记忆中。

20 世纪 80 年代末，建设部在北京召开了中法社会住宅国际研讨会，法国来了近 20 位学者，在学术交流大会上，每位发言人约定是 20 分钟，我有幸也是大会指定的中国发言人之一，自然也要遵守会议的规则，发言要控制在 20 分钟之内。作为长期从事教学的教师，控制时间是有经验的，不难做到，但在这次发言时却没有控制好，前后共花了 40 分钟，占用了两个人的时间，为什么？因为在我用幻灯片介绍我的研究成果时，本来每一张彩色幻灯片放映出来，简单介绍就过去了，但是这次行不通，因为每放映讲解一张，几乎每一位参会的法国代表都要站起来，拿着他们的照相机一张张地都要拍下来，就这样，每一张都要等他们拍完照坐下来我再介绍第二张……就这样占用了时间，我担心占用别人的时间，就请示会议主持人，他看到会场这样的热烈场面似乎也高兴，就说不要紧，让他们拍好啦！会后一群法国学者都主动走上来，同我握手，打招呼，讲一些赞美的话。

也可能是这些法国人回国后，谈到了这次北京会议的情况，隔了半年光景，法国建筑科学院特地派了一名法国《现代建筑》杂志的记者，名叫赫禾夫·查朋，专程来南京采访我，回国后他专门写了一篇访问记，发表在 1988 年的法国《现代建筑》杂志上，题目是"Bao - Jia - Sheng - et la tradition chinoise"，通过法国的杂志又扩大了国际上的宣传和影响。

1985 年德国还未统一，由联邦德国人组织的城市住宅规划与设计国际研讨会在民主德国的魏玛原包豪斯学校召开，我应邀参加了这次会议，并由联邦德国汉堡乘火车去民主德国。火车在柏林墙两边换车，趁换车之际我好奇地看了一眼东西柏林墙的情况，两边荷枪实弹的武装人员都警惕地站守在自己的岗位。参加这次会议的中国学者还有同济大学冯纪忠教授，我有幸和他同住在当年包豪斯学校的学生宿舍，两人一间，像宾馆一样，清洁、明快、简朴、适用。参加这次会议的有来自五大洲的 200 多位代表，原会议安排都是分专题自选分组进行交流讨论，会议第一天晚上，我带着作为会议专题交流的资料（幻灯片），去拜访参加此次会议的最长者——交谈中我才知道他在美国读书时与杨廷宝先生是同学，看了我的无锡支撑体住宅试验工程的幻灯片后，他说，这份材料太好了，建议作为大会发言。当时他就给会议主持人打了电话，建议安排时间让我在大会上介绍。第二天早餐时，会议主持人就宣布："今天晚上安排一次大会，由中国的 Professor Bao 作主题报告。"晚上就按计划进行，我就在这天晚上在大会上向全体代表作了"无锡支撑体试验住宅"的研究报告，结合幻灯片前后讲了近一个半小时，讲完后，很多代表都涌向前面，争着和我打招呼，他们有来自发达国家的，如美国、加拿大、英国、日本等的学者，也有来自发展中国家的学者，如印度、马来西亚等一些国家的代表；有来自资本主义国家的，也有来自当时还是社会主义国家的，如波兰、民主德国、苏联等的学者，那时我心中感到作为社会主义的中国学者很自豪。当时一位民主德国学者就有趣地对我说："This is new Bao House!"因为我们是在包豪斯（Bauhous）学校开的会，Bao House 与 Bauhous 谐音，这就是"鲍氏房子"的由来。他说了以后，周围听到的人都呵呵全笑了起来，表示认同。

开放住宅理论自哈布瑞根教授20世纪60年代首次提出以后，在国际上已形成一个新的学派，成立了专门的学术组织——开放建筑研究会，每年都召开学术交流会。1996年，我还在东南大学时就组织主持召开过一次开放建筑国际研讨会，国外来了40多位学者。在开放住宅研究方面，亚洲的日本也是走在开放住宅研究前列的国家之一。他们提出了"二阶段住宅"的理论，并在大阪建造了"21世纪"实验性住宅。这些学者也都纷纷来中国和我共同交流，参观无锡支撑体住宅。20世纪80年代末，我继支撑体住宅后又推出了开放住宅的新研究成果——高效空间住宅，并在南京、苏州、天津、郑州、南昌等地建起示范住宅。我记得东京大学高田教授曾带着他的一批研究生专门来南京进行调研，最后安排一名女研究生留下来，在南京进行"Case Study"，作为她硕士研究生研究的课题；为了加强合作，我也派了一位女研究生和她一起进行调查研究。此外，加拿大、美国以及我国港台地区的学者和研究生也不断来访，并邀请我参加他们举办的学术会议，进行互相交流，也有的希望来我这里读研究生。我在东南大学和南京大学一共招收的博士生约有30位，其中有10位分别来自德国、叙利亚、也门共和国以及我国台湾地区。记得在20世纪80年代中期，一位来自利比亚国家的学者，专程来到南京，专访我以后，希望跟我读博士研究生，但那时我还不是博士生导师，只好婉言谢绝了。

5 第一次感到自己的研究成果为国家住宅建设发挥了直接的积极的作用

前面说了学术界对我从事的住宅研究成果的积极反应，国外比国内高，但不是说国内学术界不重视，实际上，在我发表了研究成果以后，校外的一批高端学者都给予热情的支持和鼓励。我国科学院和工程院双院士、清华大学吴良镛教授多次见面都问我支撑体住宅研究最近有什么新进展，当我告诉他我又进行了高效空间住宅研究，它是开放住宅在三维空间方面的新探索，他听了很高兴，并给予热情鼓励；把SAR理论首先介绍到我国的著名住宅研究学者——清华大学张守仪教授曾说，能把SAR理论应用于中国，并把试验房建造起来，就是成功；我国著名的建筑理论家——经常活跃于国内外学术界的同济大学罗小味教授，在给我申报高级职称的评定意见书中就明确写到："无锡支撑体住宅研究与设计是洋为中用、古为今用的典范"。

我的开放住宅研究始于20世纪80年代初，当时正在求学建筑学的一些年轻人现在都成长为栋梁，成为高等学校、设计研究单位或政府机构的骨干力量。他们在青年时代学习时，正是我的支撑体住宅研究成果出来之时，青年学生对它都感兴趣。今天他们已步入中年，一二十年后再见到我时，经常听他们说，"你当时的支撑体研究使我们印象深刻，影响了我们这一代人。"

我的开放住宅研究不仅在国内外学术界产生较大影响，对国内的住宅建设也产生了积极的推动作用。除了国外报刊媒体报道外，国内的《人民日报（海外版）》《光明日报》《经济日报》《扬子晚报》及中央人民广播电台的早间新闻都对此作了报道，因此在国内也很受重视，并直接影响到我国房地产行业。如国内一直沿用的"毛坯房"就是我在支撑体住宅研究中提出的，住宅好比一个核桃，分"壳"与"仁"两部分，先建"壳"再造"仁"两阶段建造的理念，即先建"空壳子"，卖"空壳子"，再进行壳内"仁"的设计和建造——室内空间的设计和装修。这种"空壳子"的概念就变为更通俗的"毛坯房"。同样的"大开间住宅"和"菜单式住宅"也是由"支撑体住宅"的理念引申而来的，因为支撑体住宅本质就是为住户创造参与设计和建造为目的的，要求空间开敞、可变，大空间自然创造了开敞的室内空间，有利于灵活分隔空间，有利于灵活使用，故简称为"大开间住宅"。为了方便住户参与支撑体住宅在一个住户基本套型的"空壳子"式的空间内，可以二次设计成不同的空间布局方式和不同的室内设计方案，即提供多种方式供住户选择，故称为"菜单式"住宅，由住户自由点选，这种住宅建设的新模式影响了全国房地产事业，各地房地产开发商卖的都是"空壳子住宅"——"毛坯房"。

我20世纪80年代末研究设计的"高效空间住宅"也被房地产开发商应用，提出了"跃层住宅"的概念，并将它作为销售的亮点（图1）。南京一开发商首先在南京河西开发"跃层住宅"，拿到南京市规划局审批，当时时任规划局局长的教授级高级规划师陈润祥局长就告诉他："东大鲍教授是跃层住宅的鼻祖，你要请他看看。"事后开发商就找到我，邀请我去看了。

当然，近两年有人提出一次装修到位，以避免和解决二次装修产生新建小区不安宁、建筑垃圾不断而影响居住环境的问题，上级部门的这一想法得到部分开发商的欢迎和支持，并带头先行，大做广告，说明是未来的方向。但我认为这个方法是不可取的，是住宅建设方向上的一个误区，开发商热衷一次装修到位，是看中了二次赚钱的商机。为什么我说此风不可长呢？因为"变"是不可变的，住宅内部的更新变动是不可避免的，业主换了，它就要改变，家庭人口变了，它也会改变，时间长了它也要改变，新的生活方式，家庭用的新产品出现了，也会产生引发家庭内部空间的改变的需求……因此住宅在其使用的全生命过程中，随变化而适应不同时间、不同人的需要是其本质的持续的需求，开放住宅倡导的就是建筑要能因人而变，因时而变，那种"一次性装修到位"的设想是不适应持续发展的新时代的建筑要求的。要解决装修带来的不安宁、建筑垃圾多、影响小区环境的问题，出路不在于提倡"一次装修到位"，而是应该提倡装修构件规格化、工厂化生产，采取组装的方式，全部实行"干作业"，就像瑞典"宜家家居"一样，鼓励用户自行组装，厂商提供必要的组装说明和工具，让用户享受自己组装的乐趣。同时，实行"DIY"也可提供有偿专业的上门组装服务。我

图1　高效空间住宅内景

认为这才是住宅建筑发展的方向，我从20世纪80年代就提倡这一理论，现在条件更成熟，更有条件将住宅内的"可分构件"实行工业化的生产。

　　我研究城市住宅前后分三阶段，即从20世纪80年代初研究支撑体住宅（多层住宅和高层住宅）——80年代中后期开始研究高效空间住宅——90年代中期开始研究可持续发展的生态住宅，三者是相互区别又相互联系的。1998年我在扬州进行的扬州新能源生态住宅小区规划和设计就是可持续发展建筑研究的一项试验工程，得到科技部、国家自然科学基金会、建设部科技司和江苏省科技厅的大力支持和资助；它是我国最早按可持续发展的原则规划设计的住宅小区之一。太阳能热水器与建筑一体化设计在此小区就实现了，并有意使它成为一个亮点。当时开发商在扬州媒体广为宣传，使房价由原来的1000多元每平方米飙升到3000多元每平方米。但遗憾的是，总体规划是大体实现了，但住宅单体建筑的生态策略大部分没有实施，因为出于狭隘的经济利益考虑，单体设计不要我们做了，致使我研究的生态住宅设计策略未能实施。而以低设计费获取设计权的设计者根本不了解生态住宅的理念，也没有生态设计的知识和技能，最后倒霉的还是开发商。听说，建成后他要报奖，参加评审的评委就说，你根本未按鲍教授的生态设计去做，报什么奖！他只好吃闷棍！

　　尽管生态住宅研究中途夭折，但是支撑体住宅研究和高效空间住宅研究的确在国内外产生了广泛的影响，都成为国家自然科学基金的研究成果，也得到不少殊荣，正如前面已说，无锡支撑体住宅试验工程荣获我国建设部首届"城市住宅设计创作奖"；获得由建设部住宅局与全国城市住宅设计研究网共同颁发的首届"荣誉证书"，表彰我为推动我国城市住宅研究事业所作出的创造性贡献；在国际上，也荣获联合国人居中心的"利古里亚"国际荣誉奖，这是中国住宅设计第一次获此殊荣。高效空间住宅研究1999年也得到了世界华人重大科学技术成果评审委员会评定授予的"世界华人重大科学技术成果证书"荣誉，认为这是20世纪90年代世界华人作出的重大科研成果，对节约土地有积极意义。

　　正是基于支撑体住宅和高效空间住宅研究的成果及其所作出的贡献，1999年联合国技术信息促进系统（中国国家分部）（TIPS）授予我"发明创新，科技之星"奖，以表彰我"在科学技术发明创新方面取得的卓越成就"。

（此文发表于《中国住房60年（1949—2009）往事回眸》，中国建筑工业出版社出版）

第三篇　图书馆建筑研究

1 江苏新医学院图书馆设计

遵循毛主席"教育要革命"的教导，1975年3月到6月我在江苏省建筑设计院开门办学，接受了两个图书馆的设计工程作为工农兵学员毕业实践的选题。

在整个设计过程中，我们坚持"实践第一"的观点。接受任务后，我们到南京图书馆参加劳动，体验生活，努力掌握第一手设计资料；之后，会同设计院及建设单位的同志赴外地进行调查研究，向实际工作人员学习；在方案设计阶段，反复带着图纸到建设单位广泛听取意见，共同讨论方案；在进行技术设计阶段，结合工程设计特点，到升板建筑施工工地与工人共同劳动，共同研究两个图书馆工程将采用的升板和升梁结构施工的有关技术问题；在完成全部生产任务后，进一步把教学、生产、科研结合起来，对图书馆建筑设计进行专题研究，完成了《图书馆建筑设计》专题集，并将调查的资料汇编成《国内图书馆建筑实例图集》。

现将两个图书馆工程设计中的一个介绍一下：江苏新医学院图书馆，为该校1975年计划新建的工程，建筑面积3200平方米。

1 馆址选择及总平面布置

图书馆馆址选在教学大楼东端的高地上，这里距城市干道较远，环境安静，又靠近学生生活区及教学大楼，方便读者，且地势高爽，也利于散水防潮（图1）。

在总平面布置中，根据读者人流的来向，将馆的主要入口置于西边，工作人员和图书的入口置于南面，二者互相分开。并将主要入口后退，形成馆前小广场，在平面布局中，建筑物避开基地中的暗塘，各部分有良好的朝向，考虑了今后发展的余地。

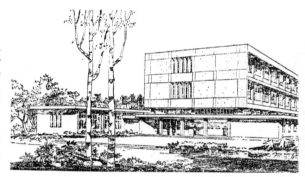

图1 图书馆外观图

2 建筑布局与平面设计

图书馆的建筑布局，主要取决于阅览室与书库的相对位置。一般多取水平方式的布局，即阅览在前，书库在后，或者是二者左右相连。这种布局交通面积大，路线长。而该馆设计采用垂直布局，阅览室在上，书库在下（图2）。整个建筑物主体为三层，其中二、三层为阅览室，底层为书库，中设一夹层书库。目录、出纳及办公采编用房就置于底层。这种布局的优点是：

（1）布置紧凑，节约用地。

（2）书库在下而且只有两层，减少了书籍的垂直运输，利于简化和加速图书的出纳运转；书库在下，也简化结构，使很重的书籍荷载直接由书架传到地上。

（3）阅览室在上，为读者创造了更安静的学习环境。借书部分设于底层，既邻书库又紧靠入口，适于高校读者利用课间休息借还图书，进出方便。

（4）阅览室、书库、出纳及办公采编用房各部分都能朝向南北，为读者及工作人员创造了较好的工作、学习条件。

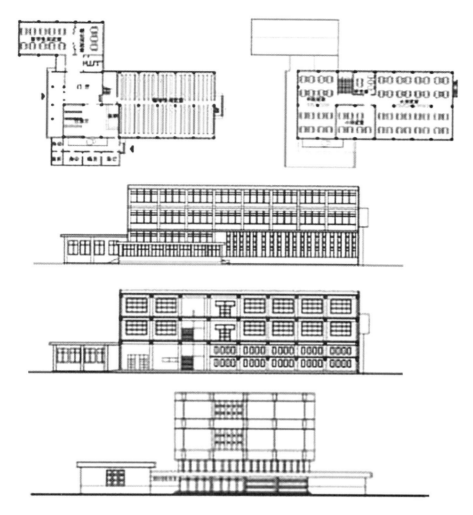

图2　图书馆平、立、剖面图

各阅览室分层布置，期刊、阅报及留学生阅览室置于平房，学生阅览室置于二层，教师阅览室置于三层，减少相互间的干扰。大阅览室考虑作开架阅览室，辅助书库置于阅览室东端。此部分楼面荷载较大。

书库采用二层堆架书库，使用薄壁钢书架（图3），可藏书40万~50万册。

3　结构与施工

一层平房采用混合结构，三层主体部分采用钢筋混凝土结构。由于书库与阅览室垂直相叠，因此开间的大小必须要能满足阅览室及书库布置的要求。调查表明：一般书库的书架布置，中距为1250毫米，而阅览桌布置的中距为2500~2600毫米，因此采用5米的开间就可布置四排书架或两排阅览桌。进深采用9米的双跨共18米，柱子布置在中部，不影响使用。

考虑阅览室在上，楼层荷载不大，主体部分采用升梁结构的施工方式，它比升板经济。柱网为5米×9米，柱子和梁就地现浇，上铺预制空心板。节点采用齿榫式另加承重销（图4）。屋面采用预制空心板上铺架空层，以利隔热。这种升梁结构的施工方法，将减少高空作业，以小机具代替大型起吊设备，可加快施工进度。

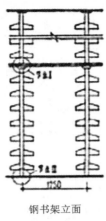
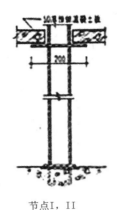

钢书架立面

节点I，II

图3　薄壁钢书架　　　　　图4　梁柱结合节点

4　立面造型

由于三层主体为一字形，主要入口面向西边，为了避免产生从山墙面进口的感觉，故采用了高低层相结合的处理手法，在入口处设计了柱廊（兼作图片陈列廊），将两侧一层的体量连接起来，构成横向水平的低体量，使它与三层的主体形成体形和虚实的对比，以取得丰富活泼的立面造型（图5）。

升梁结构施工的主要技术要求是：起吊、安放吊点、梁都要伸出柱子，因此，主体部分的立面造型采用了悬挑的外形处理。它既与施工技术相一致，同时也符合阅览室的功能，使南边的悬挑部分起到遮阳的作用，以减少直射光和眩光。

图5　图书馆外馆

（原载《建筑学报》1976年第1期）

2 图书馆建筑调查与设计探讨

1975年上半年，我们在江苏省建筑设计院开门办学，进行毕业设计实践。在学校和设计院的领导下，在教师和设计人员的具体指导下，我们深入实际，参加劳动，调查研究，认真实行"三结合"，完成了两个图书馆的设计任务，同时，把教学、生产和科研结合起来，对图书馆建筑设计进行了专门研究。下面，就图书馆建筑设计问题谈谈我们的体会和看法。

1 图书馆的功能与布局

图书馆是功能要求较为严格的建筑物。它包括藏书、借书、阅览和采编业务管理四个部分，有的还设有陈列室和讲演厅（图1）。根据调查和工程设计体会，我们感到图书馆建筑设计必须较好地解决以下几个基本的功能问题。

1.1 合理处理藏、借、阅三部分的关系

目前，我国图书馆一般以闭架管理方式为主，读者通过借书处借阅图书，这在建筑上就分成功能固定的藏、借、阅三个部分。在建筑布局中，首先要使书籍流线、读者流线和服务流线畅通直接，不交叉干扰，简化和加速图书的出纳运转，缩短工作人员的取书距离，使读者能迅速、方便地借到书籍，并方便地进出阅览室。

在藏、借、阅三部分中，书库和阅览室的相互位置，在布局中是关键。借书部分通常是依附于它们而布置，其他用房则比较灵活。

我们认为中小型图书馆可以采用书库和阅览室彼此毗邻的布局，使其紧凑集中（图2、图3及文章后附表）；规模较大的图书馆，综合考虑自然采光和自然通风等要求，采用单元式布局较为合适。在这种布局中，书库与阅览部分分别为独立的单元，其间以借书部分连接。这种布局通常又多以阅览室在前，书库在后，出纳台扼守书库总入口，形成"T"、"工"及"山"等平面形式（附表）为主。这种布局分区明确，较易满足藏、借、阅三方面的要求，而且房屋结构简单，自然采光通风条件较好，能适应不同基地条

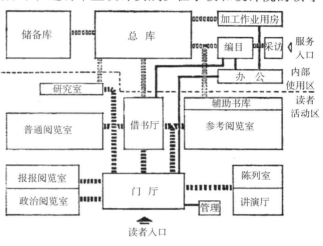

图1 公共图书馆功能关系及基本流线图

█████—书籍流线 ███████—读者流线 ———服务流线

图2 苏州医学院图书馆夹层平面

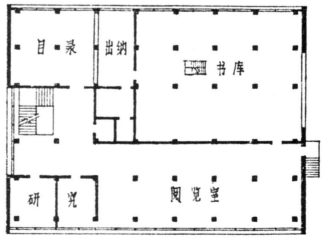

图3 南京铁道医学院图书馆二层平面图

件而灵活布置，并可统一规划分期建造。最近建成的北京大学图书馆（图4）和云南省图书馆（图5）就属于这种布局。

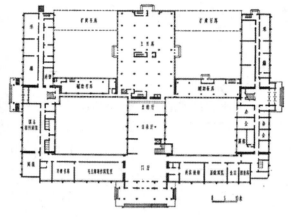

图4　北京大学图书馆底层平面　　　　　　图5　云南省图书馆底层平面

此外，采用垂直式布局，若书库与阅览室取垂直方向联系，对于合理安排藏、借、阅三者关系亦有不少优点，尽管目前实例不多，今后还是值得探索的。中小型图书馆如将书库布置在下，阅览室布置在上则更为合理。书库工作人员反映：在无升降设备的条件下，宁可水平距离多跑一点也不要多跑一层楼。采用书库在下的垂直布局，借书厅紧挨书库，可以减少书籍垂直运输。同时，简化了结构，布局紧凑，节约用地，可为图书馆各个部分创造较好的采光通风条件，阅览室也更为安静。正因如此，我们在江苏新医学院（现改名为江苏医科大学）图书馆设计中采用了这种布局（图6）。

1.2　分区布置和分层布置问题

为了创造安静的学习环境和方便的管理条件，图书馆建筑布局必须有明确的功能分区。一般应将对外用房和对内用房分开，不够安静区和安静区分开。前者是将读者活动用房、书库和办公采编业务等用房分开，后者是将阅览区和公共活动区（如陈列厅、讲演厅等）分开。同时也要将对象不同的阅览室分开布置，因为有的阅览室人多嘈杂，进出频繁，甚至产生噪声，如儿童阅览室、报刊阅览室和有声阅读室等。

分区方式可采用水平分区、垂直分区或二者兼用，使不同要求的各个部分置于不同的平面区域或不同层上。

垂直分区即分层布置。它首先是主层的设计。主层是全馆的服务中心，目录厅、总出纳台以及主要的阅览室一般都设在这一层。根据地形、建筑物层数和方便读者的要求，决定它设在哪一层。中小型图书馆可设在底层或二层，较大型图书馆可将二、三层都作为主层。新建天津纺织工学院图书馆2层阅览室、4层书库，主层

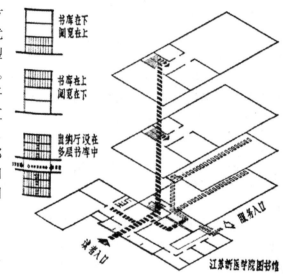

图6　垂直式布局基本形式及实例

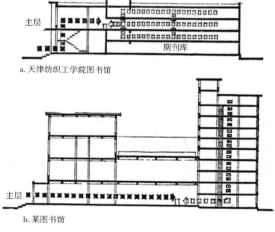

a. 天津纺织工学院图书馆

b. 某图书馆

图7　主层设计实例分析

设在二层，书库层高为阅览室层高的一半，主层也就等于设计在第三层书库标高，这样书库工作人员上下只跑一层楼。有的图书馆设计有3层阅览室、8层书库，将总目录厅、出纳台设于底层，这就增加了上下取书的距离（图7）。

其次是按不同服务对象分层布置，读者一般可分为浏览读者、阅览读者和研究读者三类，因此可以将无一定借阅目的、逗留时间较短的浏览读者阅览区（如阅报室、期刊室等）布置在底层；将大量阅览读者所使用的目录厅、出纳台及普通阅览室、参考阅览室设在二、三层；至于使用人数少、工作时间长，专心研究的阅览室（珍藏阅览室及专家研究室等）则可布置到楼上更安静的区域。

1.3 关于层数及层高差的调整

图书馆的层数应根据它的规模、场地大小、机械设备条件及总体规划的要求来决定。据调查，国内图书馆阅览都在2~4层，书库多在4~6层，少数达8~10层，低层书库较少（附表）。中小型图书馆可以采用2~3层堆架式书库，这对简化结构、方便出纳都有好处。大型书库有条件设置机械设备时，可以采用多层或高层。

由于书库、阅览室和办公用房的使用要求不同，层高不一，必然产生层高差。层高差的调整是图书馆建筑设计中一个较独特的问题，它既要使书库及阅览室等各有适用而经济的层高，同时又要使书库与出纳台、阅览室楼面相平，不因层高差而出现上下错层，带来工作上的不便和安装传送机械的困难。从我国的实践情况看，解决层高差有以下几种办法（图8及附表）：

（1）阅览室与书库的层高相同，二者层高比为1:1。这种方式的书库空间较高，仅用于小型图书馆或开架阅览室。

（2）1层阅览室等于2层书库的高度，二者层高比为2:1。它使各层阅览室都能与书库直接水平相连，使用方便，但对小阅览室来说空间偏高。

（3）2层阅览室等于3层书库的高度，二者层高比为3:2。这种方式空间高度均较合适，但不是每层阅览室都能与书库直接水平相连；

（4）仅保证主层与书库某一层楼面相平，主层以上阅览室与书库各自按实际需要确定层高。这种方式空间经济，但对图书运输增加困难。

目前第二、三种方式运用得较多，其中又以第二种方式更适用一些。此外，层高差的调整还需结合地形统一考虑。

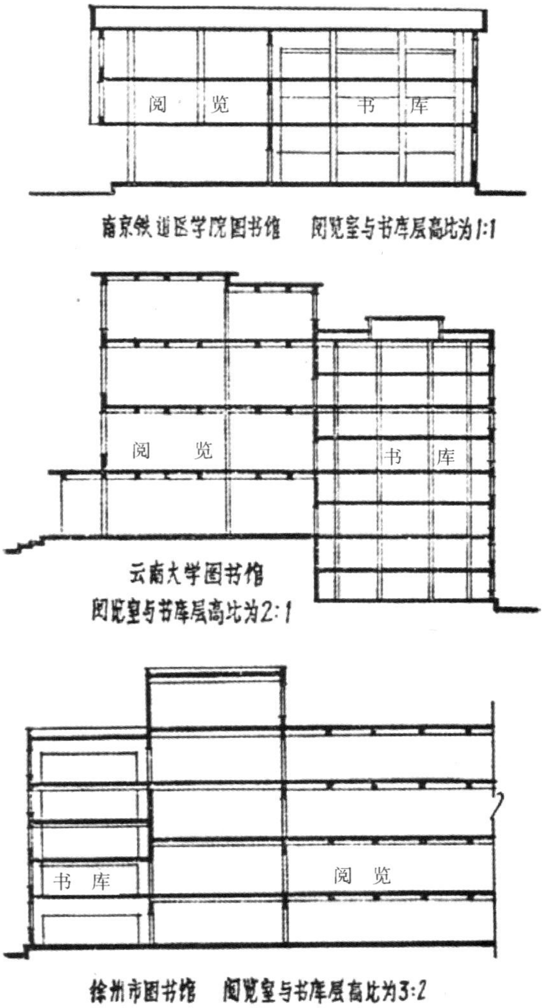

1.4 关于使用的灵活性和发展扩建问题

一个好的图书馆设计，不仅应满足目前的使用要求，而且要能适应今后一定时期的变化。如随着图书的增加，业务扩大，借书处要求较多；在阅览室内组织辅助书库，闭架阅览室改为开架阅览室等，这就要求房间使用有一定的灵活性，便于调整。我

南京铁道医学院图书馆 阅览室与书库层高比为1:1

云南大学图书馆 阅览室与书库层高比为2:1

徐州市图书馆 阅览室与书库层高比为3:2

图8 层高调整实例

们认为较可行的方案是房间不要分割太小、太固定，在结构允许的范围内适当增加轻质隔墙或玻璃隔断，适当（或局部）加强楼板承载能力，以使稍加改动即可满足新的要求。此外，使用的灵活性还应考虑既能全馆开放又可局部开放。为此，适当多设出入口是有益的。如北京大学图书馆设有3个出入口，合肥工业大学图书馆设有2个出入口，这样可以满足假期局部开放的要求。但入口增多会给管理带来困难，设计时必须考虑管理问题。

调查表明，图书馆的扩建比较普遍。我国综合性大学图书馆的图书年增长量一般都在5万册左右，多者达15万~20万册，就按每年增书5万册计，意味着每年需补充100平方米左右的书库面积，因此在建馆时就要对今后图书馆的发展有个较长远的设想。

1.5 朝向、采光与通风

目前，阅览室的朝向、采光与通风问题，在设计中都得到优先考虑，具有较好的条件，而书库则容易因为布局不当而朝向东西，或者虽朝向南北但位置封闭，夏闷冬寒。尤其是借书部分常被布置在朝向通风较不利的位置，工作条件较差。我们认为中小型图书馆应努力争取各个部分都有良好的朝向、自然采光和自然通风条件，实际上这也是可以办到的。这就要求打破老一套的严整对称的格局，从功能出发而不是追求形式，采用较为灵活的布局（图9、图10）。一般讲，不对称的平面布局较对称的布局更容易满足功能要求。在大型图书馆中，平面形式比较复杂，要求各部分用房都有较好的朝向、自然采光和通风条件确有困难时，可辅以人工照明和机械通风。

2 关于书库的设计

在目前闭架管理方式下，书库基本上是收藏、保管书籍的仓库。它的面积在图书馆建筑中占的比重很大。书库设计要充分提高收藏能力，并使书籍取用方便，为书籍保护和工作人员工作创造较好的条件。

2.1 提高书库的收藏能力

书库收藏能力取决于书库平面设计、结构、书架形式及其排列的方式。这里着重谈一下书库平面设计及结构对书库收藏能力的影响。

书库的平面设计要充分利用有效建筑面积，提高单位面积的藏书能力。它与书架形式、排列方式密切相关。据调查（附表），目前书架一般多为7格，双面搁板深度为440~480毫米，单面为200~220毫米，

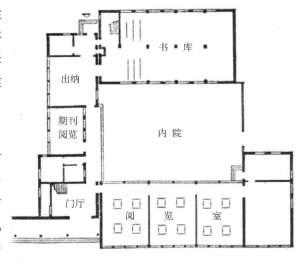

图9　某大学图书馆底层平面

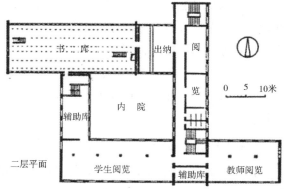

图10　合肥工业大学图书馆

搁板长度一般为 900 ~ 1200 毫米，而以 900 ~ 1000 毫米较多。书架排列中心距离为 1200 ~ 1300 毫米，而以 1250 毫米为多。在书架相同的条件下，以下几个方面对收藏能力有影响。

（1）开间。书库开间应是书架排列中心距的倍数。目前国内书库开间一般为书架排列中心距的 3 ~ 6 倍，但多以 3 ~ 4 倍为主。一般是开间越大，收藏能力越高。在不增加造价不需把柱子加得很大（如 450 毫米×450 毫米以内）的情况下，根据目前的技术条件，取开间为书架排列中心距的 5 ~ 6 倍（即开间为 6000 ~ 7500 毫米）是较合适的（图 11）。目前一些新建书库采用升板法施工，增大了开间，使柱网的开间与进深趋于接近，这对结构施工也是有利的。

（2）进深。它取决于自然采光通风及书架排列长度。据调查，单面采光的书库进深不大于 7 ~ 9 米，双面采光时一般为 16 ~ 18 米。书架联排数，在两边有通道时为 6 ~ 8 档，一边有通道时在 4 档以内。书架联排数越多，收藏能力越大，但联排过长交通路线也就增长。我们认为可以适当增加排列行数，扩大进探，这样交通面积相对缩小，收藏能力也相应提高。图 12 为书库内书架采用单行、双行和三行布置的比较。单行布置时交通面积约占 20%，而三行布置时交通面积仅为 12% 左右。当然这还要综合考虑采光、通风条件。

（3）平面形状。从提高收藏能力来说，正方形或接近正方形是较经济的，布置也较灵活。缩小长宽比可以减少交通面积，缩短取书距离，同时有利于增加结构的刚性和升板法施工时的稳定性。

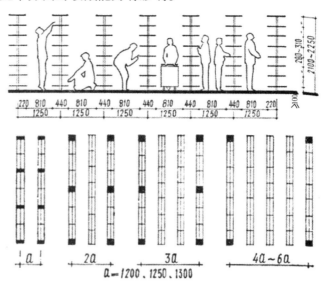

图 11　书架布置与书库开间分析

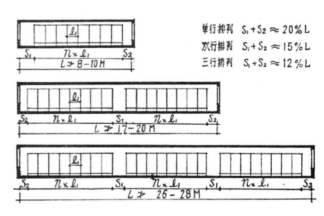

图 12　书库进深的分析

（4）缩小交通辅助面积。除了上述因素外，就要合理布置楼梯、垂直升降设备及库内通道。采用开敞式单跑楼梯是较经济的，因而采用也较多。有的书库采用三跑坡道，便于推车运书，但所占面积大。库内主要通道一般为 1200 ~ 1300 毫米，次要通道供一人通行，其宽 600 ~ 700 毫米即可（附表）。主次通道所占面积约在 1/7 ~ 1/8 时是较为经济的。

此外，从结构上考虑，就是要尽量减少结构所占的空间，降低层高，提高单位空间的藏书能力。目前国内有下述几种多层书库的形式。

（1）堆架式书库（图 13）。

库内书架层层堆叠，最下一层书架的支柱支承上层所有书架的荷载，并直接传到地上。书库只是一个空盒子，支承书架的水平力。每层架高以人站立时能方便拿到最上一层书为宜，层高可在 2.2 ~ 2.5 米。因此，结构空间小，提高了书库单位空间的收藏能力。至今，国内一般都堆到 5 ~ 6 层，有的可达 8 ~ 10 层。

（2）层架式书库（图14）。

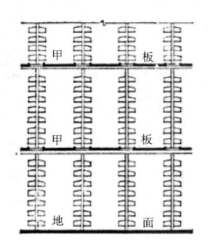

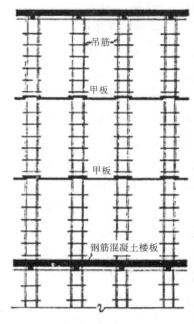

图13　堆架式多层书库　　　　　　图14　层架式多层书库　　　　　　图15　悬挂式多层书库

书架放在各层钢筋混凝土楼板上，由梁柱承受书架及楼板的重量。这样，柱、梁就占有一定的空间，每层层高较堆架式高250～400毫米，多层积累的高度就很大，6层层架式书库的总高度相当于7层堆架式书库的总高度，单位空间的收藏能力也相应减少。如利用书架上部结构空间存放非常用书，尚可提高收藏能力15%左右。目前梁柱排列有两种办法，一是柱少而梁大，另一是柱多而梁小（柱子开间为N个书架排列中心距）。前者减少了结构面积，增加了结构空间高度，后者减小了结构空间高度却增加了结构面积，库内柱子林立，二者都不是理想的办法。我们认为层架式书库采用无梁楼盖和升板结构是较合适的。升板结构无梁、柱少，占有空间小，唯有较大的后浇柱帽尚有待进一步改进。

（3）悬挂式多层书库。

书架各层结构不是靠自下而上的梁柱支撑，而是靠悬挂在上层结构上，因此，可以做到室内无柱（图15）。陕西省中医学院图书馆即属此例。书库6层，书架及楼层用钢筋悬挂于屋盖及中间结构层的井字梁上，各悬3层。由于悬挂筋体积小，占面积少，能大大提高收藏能力，而用钢量较薄壁型钢柱和混凝土柱要少得多。我们认为这是一种值得进一步实践的书库结构，如果能增加悬挂层数并做到在一般不大的跨度内，库内不加或少加柱子就更理想。

目前较多采用的是一、二两种形式的混合，即2架层或3架层加一层钢筋混凝土楼板。其中又以前者为多，它们较堆架式多层书库更有利于防火（附表）。在决定书库形式时，要充分考虑防火、抗震的要求。

2.2　取用方便

书库水平交通和垂直交通必须相互衔接，垂直交通系统宜置于书库适中位置，并靠近出纳台，与出纳台布置在同一轴线上，以便采用水平机械传送书籍，缩短取书距离。每层面积大的书库须设辅助书梯，据调查，其服务距离约在20～26米左右。

2.3　书籍的保护

书库设计要注意防晒、防潮、防火及防尘等问题。朝向东西的书库要考虑遮阳，一般用毛玻璃、百叶窗或遮阳板。朝南的书库也要尽可能注意冬天阳光直射的问题。天津纺织工学院图书馆书库在"山"形中部，但不放在中轴线上而向南移成"凵凵"形，其间距仅为二层阅览室檐高的0.58倍。这样缩小了间距，利用阅览室遮挡阳光对书库的直射。苏州医学院图书馆结合库内设置活动阅览席，增大南面通道宽度，也避免阳光直射到书上。

书库防尘在多风沙的北方尤为重要。一方面要防止外部灰尘侵入，另一方面要避免室内地面起灰。因此窗户要严密，甚至加塞橡皮条，设置双层窗。地面宜用水磨石或在水泥地面上刷过氯乙烯等涂料，上海、苏州等地采用这种地面效果较好，既较清洁，又略有弹性。

防潮首先要注意选址，地势要高爽。此外，各地不少新建馆都将底层地面架空，并设通气孔，有的在书库下做地下室，这些都是有效、可取的。此外防潮与通风直接相关，自然通风组织得好的图书馆，每天开窗 1~2 小时即可减少书籍发霉。因此要双面开窗，组织对流，并使进风不被遮挡。有的书库设置专门的拔风井，上装排风扇，也有助于换气。

防火是书库设计中要解决好的一个问题。由于书籍本身是易燃的，除了严加管理外，从设计上考虑主要是一旦发生火情时要能尽量缩小火势，防止蔓延，控制在一个局部范围内。除了选用不燃的建筑材料、设防火门和封闭式楼梯外，还应该在平面和空间上利用楼板和防火墙组织防火单元，一旦发生火警，可以把它控制在一个有限的区域内。这种防火单元越小，对防火越有利。原中国人民大学图书馆和陕西省图书馆的书库就是利用防火墙组织 2~3 个防火单元（图16）。如果书库设计为通长大间，长达 50~60 米，又不设防火墙，有的还上下各层彼此相通，万一失火，就很危险。因此，从防火角度看，堆架式（且上下相通）对防火是不利的；层架式书库因有楼板相隔，就较有利。我们设想，是否可以采用钢筋混凝土薄壁结构的多层书库（薄壁厚度可控制在 100 毫米左右），利用薄壁作书架和楼层的支承，同时兼作防火墙（图17），其间距可为 1~2 个书架排列中心距，为 1300~2600 毫米。这样做，既节省材料，空间经济，又对防火抗震有利。

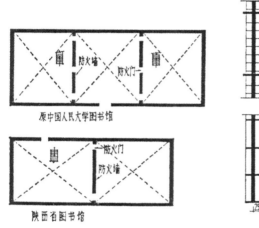

图16　书库防火单元设计实例

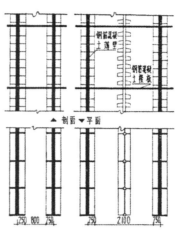

图17　薄壁钢筋混凝土书库

3　关于阅览及借书部分的设计

3.1　关于阅览室的设计

在我们调查的各馆中，阅览室基本上都具有较好的使用条件，但也有一些问题值得进一步研究。

3.1.1　阅览室面积和阅览室大小问题

据调查，目前大学图书馆的阅览面积一般占全馆建筑面积的 30%~40%，阅览与书库的面积比较接近。公共图书馆中，书库的面积一般大于阅览的面积（附表）。大学图书馆目前阅览室一般有富裕，而书库偏小，这一方面是因为书籍不断增长，另一方面也是由于教育革命深入发展，开门办学，学农、学军、学工等一系列新的教学体制的建立，同一时期学生全部在校的情况较少。我们认为大学图书馆设计应考虑适当增大书库的比重。

一个图书馆内的阅览室，宜有大、中、小不同的类型，且能分能合，以便灵活安排，便于管理。调查表明，阅览室太大（如 1000 平方米左右），人多嘈杂，相互干扰，不便管理。我们认为大型阅览室面积最好为 300~400 平方米，中型阅览室可为 100~200 平方米，小型阅览室可考虑 30~50 平方米，供一个专题小组使用。

3.1.2　开架和半开架阅览室的布置

这两种阅览室都有固定的工作人员，因此，必须考虑管理工作的要求。工作台宜放在入口处，这样路线通顺，有助于工作人员照看。开放书架以布置在阅览室的一侧或一端为较好，以使工作人员视线不受遮挡。如果将开放书架置于夹层，不好管理，需增加工作人员。

3.1.3 阅览室的开间与跨度

阅览室开间应是阅览桌排列中心距的倍数（图18）。目前多为双面阅览桌，其排列中心距一般为2.3～2.6米，开间为排距的2倍，即4.5～5.2米。我们认为排距2.5米，开间5.0米较为适用，也较经济，它与1250毫米的书架排列中心距成模数。大型公共图书馆（如国家图书馆）可以大一些。如果阅览室开间考虑空心板的长度，采用3.3米和4米等，结果不是面积使用不经济，就是阅览桌和天花灯具不好布置，在室内有柱子时更是如此。

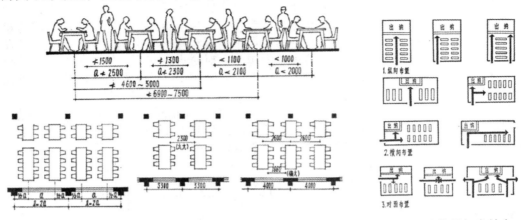

图18　阅览室布置与开间大小的分析　　　　　　　图19　目录厅与出纳台的组合

阅览室的跨度，单面采光时一般为7～9米，双面采光时为14～18米。在结构允许的条件下，室内应少设和不设柱子。如不可避免时，柱子的位置应以不影响阅览桌布置和不妨碍交通为原则。

3.2 借书部分的设计

3.2.1 借书部分组成及位置

借书部分包括目录厅、出纳台及少数工作间、咨询台等。一般组织在一个借书厅中，少数是将目录厅与出纳台分开设置，但二者必须靠近。

借书厅的位置首先是根据藏、借、阅的关系，把它置于书库与阅览室之间，一般设在图书馆的中心部位（附表）；同时要方便读者，靠近门厅又能方便地通到阅览室。也有少数把它布置在门厅内，但人多嘈杂，不够安静又不便管理。借书部分的位置还应考虑与采编部门联系方便，以便查阅和增补卡片，同时要有一定的发展扩充余地。

3.2.2 目录厅与出纳台的组合

它应符合读者借书路线，有足够的面积陈放目录柜，又不被交通面积所占用。目录厅的大小取决于卡片的数量和目录柜形式及布置方式，一般可按10万张卡片需要5～10平方米的面积来考虑。出纳台前应有一定的等候面积和适当长度的工作面（1300～1500毫米/工作工员）。出纳台进深不应小于4米。据调查，借书厅（包括目录厅及出纳台等）的面积一般占全馆建筑面积的3%～5%（见附表）。

目录厅与出纳台目前有三种组合方式（图19）。一是目录厅在前，出纳台在后的纵向布置，这是常用的；二是出纳台靠近借书厅的入口目录厅成袋形，这种布置方式要防止出纳台前过于拥挤及自然采光的不足，因出纳台紧贴书库，开窗受限。有的就在出纳台开设天窗，解决采光问题；三是目录厅与出纳台分别置于借书厅入口的两侧，目录厅也成袋形，不被穿行。

出纳台的设置，在小型图书馆可以集中一处，大、中型图书馆一般可按不同的科目分设几处，若设一处则太拥挤。在北京大学图书馆水平方向就分设几处，正在建造的合肥工业大学图书馆则在垂直方向于一、二、三层都设置了出纳台。

此外，在调查中我还深深感到，馆址的选择也是极为重要的。为了充分发挥图书馆的作用，我们体会到，选择馆址要考虑以下几点：地位适中，方便读者；环境安静、清洁；地势高爽，以利防潮，便于保护图书；有发展余地，便于扩建，并符合总体规划的要求。

以上是我们在开门办学，进行毕业实践做调查和工程设计的一些体会和看法，有些问题尚待进一步深入探讨，不妥之处希望各位批评指正。

（原载《建筑学报》，1976年第2期）

附表:

この表は回転した一覧表（図書館建築の各種データ）であり、判読困難な数値が多い。以下は判読可能な範囲での転記である。

序号	馆名	建筑面积(m²)	布局方式(平面式/单元式)	层数
1	苏州医学院图书馆	2775		3
2	安徽省图书馆	13500		3
3	上海科技大学图书馆	3600		3
4	黄农化工学院图书馆	3000		2
5	绍兴市图书馆	2830		4
6	同济大学图书馆	6400		2
7	北京大学图书馆	24000		4
8	新疆交通学院图书馆	3106		3
9	云南省图书馆	8406		3
10	北京师范大学图书馆	3300		3
11	江苏新医学院图书馆	3220		3
12	合肥工业大学图书馆	6720		3
13	无锡轻工学院图书馆	3000		3
14	西安冶金学院图书馆	4400		3
15	广东矿冶学院图书馆	2900		3

注:
1. 图例: ■ 截面部分　□ 观望反井地
2. ……
3. ……
4. 全部尺寸单位均以毫米计

3　县级图书馆规模调查与探讨

五届人大政府工作报告中指出："发展各种类型的图书馆，组成为科学研究和广大群众服务的图书馆网"，这为我国图书馆事业的发展指明了方向。从目前的情况来看，各种类型的图书馆无论相对数量或绝对数字都远不能满足日益发展的四个现代化的需要和广大人民群众的迫切要求。公共图书馆的建设尤其如此。我国是一个拥有 9 亿多人口的文化古国，而公共图书馆至今只有 1651 个，全国有 2000 多个县的建制，建馆的只有 900 多个，即使建了馆，有的也只是挂个牌子没有馆舍；有的虽有馆舍也是简陋不堪，不敷使用；就是近年来新建的一些馆舍，也因为规划不周，受到经济条件及设计水平的限制，建成的效果并不理想，甚至很不理想。因此，县级图书馆网的规划和建设乃是一项面广量大的重要任务，必须引起有关部门、领导及专业人员的重视，以加快图书馆网的建设，争取较好的建成效果。本文先就规划和规模问题谈一点意见，以供讨论。

1　关于地方图书馆网及县级图书馆的分级

就全国而论，应有一个从中央到地方的包括公共图书馆、学校图书馆、专业图书馆及保存图书馆等各种类型的图书馆网。就地方而言，除了省级图书馆外应组成一个县（市）图书馆及其基层馆（室），地方公共图书馆网可用图 1 表示。

县级图书馆在地方公共图书馆网中占有重要位置，肩负着普及与提高的双重任务，它应该成为全县文化、科技情报的中心，在最近的将来一定将得到较大的发展。

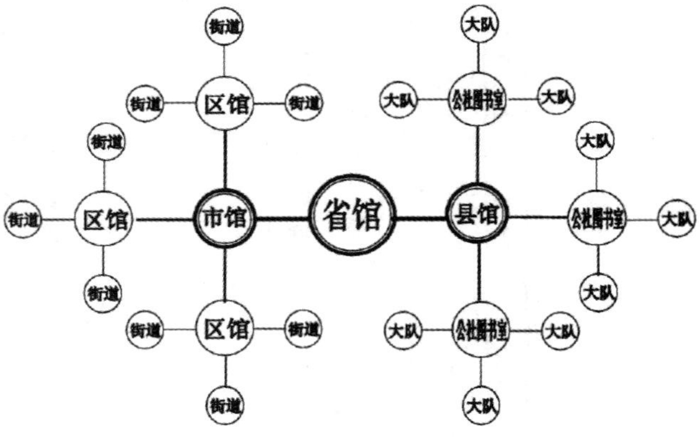

县级图书馆的规划根据各县人口的多少划分一定的级别，以区别对待。一般划分为甲、乙、丙三级。1957 年当时的国家城市建设部曾编制了一个"图书馆建筑设计规范（修正草案）"。它确定：

　甲级馆——50 万人口以上

　乙级馆——30 万～50 万人口

　丙级馆——30 万人口以下

图 1　地方公共图书馆网示意图

由于人口的增加，这一分级标准与目前实际情况已不相符。根据最近对江苏省若干县馆的初步调查表明，在江苏 100 万人口以上的县较多，而 50 万人口以下的县并不多，因此建议分类标准改为：

　甲级馆——100 万人口以上的县

　乙级馆——50 万～100 万人口的县

　丙级馆——50 万人口以下的县

这一建议可能只适合于人口稠密的省或自治区，如湖南省 1978 年所制定的"全省县（市）级公共图书馆、文化馆通用设计方案技术条件"的文件中基本上也是按这一人口数字划分甲、乙、丙三级的。对于人口稀疏的地区，要根据具体情况确定。

2　关于县图书馆的容量

我国尚无图书馆法，确定各馆的容量也无正式的规范可循。因此，近年来建造的一些县（市）图书馆常常根据主管部门的意见，批多少钱办多大事，没有一定的科学依据，没有完善的事业规划，因而建设常常带有一定的盲目性。

影响图书馆规模的因素有很多，包括地区人口、地区性质、历史条件以及文化经济发展情况等，规划时都应通盘考虑。但在这诸因素中，最主要的因素应是服务人口，它是决定图书馆规模最基本的依据，也是较合理、较科学的依据。因为建设图书馆的目的，不仅是为了藏书，最根本的是要为人服务。因此各级图书馆应根据其服务人口的多少确定馆的大小、面积及投资，而不能平均对待。那种统一投资、统一面积及统一编制的规划显然是不科学的。

图书馆基本的工作是藏书、阅读及外借，这三方面都与服务人口的多少密切相关。因此应该研究服务人口与它们的关系，从而根据服务人口确定各部分的大小及全馆的建筑规模。以下分别进行研究。

2.1 服务人口与藏书的关系

世界上很多研究公共图书馆的学者都把服务人口作为确定图书馆容量的依据。研究服务人口与藏书的关系在国外一般有以下几种方法。

（1）按职务人口的总数确定应有多少藏书，如日本一般就用这种方法（表1），其中1万~8万人口为市町村立图书馆分馆的标准，8万以上者为市町村立图书馆标准。这一人口服务范围与我国县级图书馆县城人口服务范围大致相符。

表2 开架藏书和服务人口的关系（IFLA）

服务人口	开架藏书		所需面积（米²）15 米²/1000 册
	册/1000 人	藏书总量	
3000	1333	4000	100
5000	800	4000	100
10000	600	6000	100
20000	600	12000	180
40000	600	24000	360
60000	600	36000	540
80000	550	44000	660
100000	550	50000	750

表1 日本图书馆藏书与服务人口的关系表

服务人口（人）	藏书（册）
10000 ~ 30000	20000
50000	30000
70000	40000
100000	55000
150000	70000

（2）按人头计算藏书，这方面的建议有：在40000人以上的图书馆，按每人不少于1.5册计算；1959年有人建议按每人1.5~3.0册计算；苏联农村图书馆按每人1~2册计算。

（3）按每户计算藏书：建议者推荐每户藏书的幅度为1~3册，服务人口少的图书馆取上值，服务人口多的图书馆可取下值。

（4）按每1000人计算藏书：1972年修订的国际图书馆协会联合会（International Federation of Library Association，简称IFLA）的标准就提出按每1000人计算开架书的数量（表2）。

以上指标虽然很多数值是有益的，但是各个国家、各个地区的情况和条件不一，实际上不可能按一个统一的标准。因此，对我们来讲，也只能参考。我们应该从我国各地区的实际情况出发，求其合适的关系。

分析了国外的计算方法，可以看出按服务人口的多少来计算是合理的，我们也应遵行这一原则，但是，考虑到我国县级图书馆的特点，它是服务于全县的，但因坐落在县城，因而实际上主要是县城人口所用。因此，服务人口数宜考虑全县服务人口和县城服务人口两个方面，并且分别按不同的方法计算。前者可按每1000人计，后者可按每人计。根据调查资料分析，目前江苏省县图书馆藏书若按全县服务人口计算为40~60册/1000人，按城镇服务人口计算则为1~2册/人（表3）。

表3　江苏省县级图书馆藏书与服务人口关系调查资料表（1980年）

馆名	藏书量（册）	按全县服务人口计		按县城服务人口计	
		人口（万）	册/1000	人口（万）	册/人
泰兴县图书馆	57000	136	41.90	4.30	1.33
如皋县图书馆	50000	130	38.46	5.00	1.00
武进县图书馆	90000	130	69.23	2.50	3.60
东台县图书馆	64000	110	58.27	6.00	1.06
盐城县图书馆	159000	110	144.50	11.00	1.45
常熟县图书馆	380000	100以上	380.00	10.40	3.65
赣榆县图书馆	40000	70	57.10	4.00	1.00
沛县图书馆	45000	80	56.25	2.50	1.80
海门县图书馆	38000	98	38.77	1.60	2.38
句容县图书馆	42000	55	76.36	2.00	2.10
灌云县图书馆	25000	80	31.25	5.00	0.50
江阴县图书馆	45000	80	56.25	8.00	0.56
昆山县图书馆	48000	52	92.30	5.00	0.96
丹阳县图书馆	115000	72	159.72	5.00	2.30

　　从表中可知，各县图书馆藏书量的绝对数字是不小的，但以全县人口的相对数字看则是很小的，与国外有关标准相距甚大。但是如按县城人口计算，则与国外标准相仿（只从数量看，不包括质量）。因此，建议县级图书馆藏书量的计算可以城县人口数为主要依据，全县人口数也应适当考虑而不宜完全排除不计。因为它要为全县服务，而且有的县城虽小但全县人口较多。具体计算建议70%的藏书按城镇人口计，并按2~3册/人计算；30%的藏书按全县人口每1000人应有150~200册计算。甲级馆可取下限，丙级馆可取上限（表4及图2）。

表4　县级图书馆藏书计算标准

级别	按全县人口计（A）			按县城人口计（B）			总藏书量（万册）A+B 30%+70%
	人口（万）	150册/1000人（万册）	30%计（万册）	人口（万）	3册/人（万册）	70%计（万册）	
甲	100以上	15	4.5	2.0	6	4.2	8.7
				3.0	9	6.3	10.8
				4.0	12	8.4	12.9
				5.0	15	10.5	15.0
				6.0	18	12.6	17.1
				8.0	24	16.8	21.3
				10.0	30	21.0	25.5
乙	60~80	9~12	2.7~3.6	2.0	6	4.2	6.8~7.8
				3.0	9	6.3	9.0~9.9
				4.0	12	8.4	11.1~12.0
				5.0	15	10.5	13.2~14.1
				6.0	18	12.6	15.3~16.2
				8.0	24	16.8	19.4~20.4
丙	30~50	6.0~10	1.8~3.0	1.5	4.5	3.2	5.0~6.2
				2.0	6.0	4.2	6.0~7.2
				2.5	7.5	5.3	7.0~8.3
				3.0	9.0	6.8	8.1~9.8

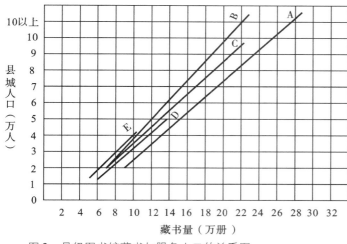

A：全县人口100万以上时，藏书量与服务人口的关系；

B：全县人口为80万时，藏书量与服务人口的关系；

C：全县人口为60万时，藏书量与服务人口的关系；

D：全县人口为50万时，藏书量与服务人口的关系；

E：全县人口为30万时，藏书量与服务人口的关系。

图2　县级图书馆藏书与服务人口的关系图

2.2　服务人口与读者座位数的关系

图书馆读者座位一般也以服务人口为基本依据来计算，在国外是按每1000个服务人口来计算。例如国际图书馆协会联合会出版的公共图书馆参考部的标准指出，图书馆需要为每500个服务人口提供一个参考座位，即每1000人提供两个参考座位。美国巴西莱特（Bassenet）在研究了大量中心图书馆后，也按每1000人为单位提出了他的建议（表5）。

表5　读者座位与服务人口关系的建议（1980年）

服务人口	位/1000人
100000～200000	3～4
200001～400000	2～3
400001～700000	2～2.5
700000以上	1.5～2.0

对于县级图书馆来说，计算读者座位数也应像计算藏书一样，主要按县城人口为基本依据，同时参考全县人口来计算。

根据对江苏省的调查，县级图书馆按城镇人口每千人为单位计算（表6）：

表6　江苏省县级图书馆读者座位数与服务人口关系调查资料表（1980年）

馆名	现有座位（个）	按全县人口计		按县城人口计	
		人口（万人）	座/1000人	人口（万人）	座/1000人
太仓县图书馆	200	44	0.460	2.0	10.00
泰兴县图书馆	130	145	0.090	13.0	1.00
武进县图书馆	150	130	0.120	2.5	6.00
金坛县图书馆	70	50	0.140	3.2	2.18
盐城县图书馆	70	110	0.063	11.0	0.63
常熟县图书馆	74	100以上	0.074	10.4	0.71
赣榆县图书馆	70	70	0.10	4.0	1.75
沛县图书馆	30	80	0.037	2.5	1.20
海门县图书馆	200	98	0.20	1.6	12.50
句容县图书馆	54	55	0.10	2.0	2.70
灌云县图书馆	48	80	0.06	5.0	0.96
江阴县图书馆	50	80	0.06	8.0	0.62
昆山县图书馆	20	52	0.04	5.0	0.40
丹阳县图书馆	80	72	0.11	5.0	1.60

甲级馆一般为 1 座/1000 人以下；乙级馆一般为 1~2 座/1000 人；若按全县人口计算小于 0.1 座/1000 人。由表 6 可知，目前图书馆规模的实际水平很低，不能适应日益发展的需要，因此，规划的标准应予提高，参照国际上的一些标准，有以下几条建议：

（1）座位数量 80% 按县城人口计算，20% 按全县人口计算；

（2）县城人口按每 1000 人设 2~4 座计，8 万人口以上的县城取下限，可按 2~3 座/1000 人计，8 万人口以下的县城取上限，按 3~4 座/1000 人计；

（3）全县人口按每 1000 人设 0.25~0.3 座位计。

甲、乙级馆按 0.25 座/1000 人计，丙级馆按 0.3 座/1000 人计。按此建议计算出不同规模县城人口与读者座位数的关系（表 7 及图 3）。

表 7 县级图书馆读者座位数的计算标准

级别	按全县人口计（A）			按县城人口计（B）			座位总数（座）
	人口（万）	0.25 座~0.30 座/1000 人（座）	20% 计（座）	人口（万）	甲—2 座/1000 人 乙—2.5 座/1000 人 丙—4.0 座/1000 人	80% 计（座）	A+B 20%+80%
甲	100 以上	250	50	2.0	40	32	82
				3.0	60	48	98
				4.0	80	64	114
				5.0	100	80	130
				6.0	120	96	146
				8.0	160	128	178
				10.0	200	160	210
乙	60~80	150~200	30~40	2.0	50	40	70~80
				3.0	75	60	90~100
				4.0	100	80	110~120
				5.0	125	100	130~140
				6.0	150	120	150~160
				7.0	175	140	170~180
丙	30~50	90~150	18~30	1.5	60	48	66~78
				2.0	80	64	82~94
				2.5	100	80	98~110
				3.0	120	96	114~126

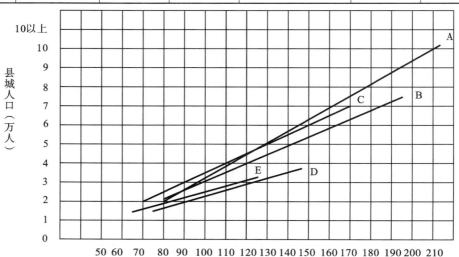

图 3 读者座位数与服务人口关系图

图 3 为不同级别人口数的县图书馆在不同城镇人口的情况下，服务人口（县及县城人口）与读者座位数的关系，其中：

A 为甲级馆，全县人口在 100 万以上；

B、C 为乙级馆，全县人口分别为 80 万及 60 万；

D、E 为丙级馆，全县人口分别为 50 万及 30 万。

2.3 服务人口与外借的关系

图书馆的外借工作直接面向读者，一个图书馆服务对象的多少也直接影响到外借工作量的大小，通常可以用书籍流通量作为衡量外借工作的一个标准。

据初步调查，江苏省县级图书馆书籍流通量很不平衡。图书馆全年借出的图书册数少者仅 2 万~3 万册，多者达 20 万册，一般为 4 万~8 万册。平均每日借出率少则 100 册，多则 700~800 册，一般高于日本一些图书馆的借出率（表 8、表 9）。

表 8 日本一些图书馆图书出借率调查统计

馆　员	一天平均借书数
千叶市立北部图书馆	≈30
浦和市立中央图书馆	≈80
昭岛市民图书馆	≈40
日野市立中央图书馆	≈20
文京区立本驹达图书馆	≈200

表 9 江苏省县级图书馆图书出借率调查资料表（1980 年）

馆名	借　出　率		来馆读者人次	
	全年（册）	每天（册）	全年	每天
如皋县图书馆	20000	65	103000	330
东台县图书馆	147700	420	151000	450
泰兴县图书馆	26000	87	43000	143
武进县图书馆	38000	126	70000	200
盐城县图书馆	84000	280	72000	200
常熟县图书馆	227400	758	97000	391
赣榆县图书馆	30680	98	100000	330
沛县图书馆	100800	330	90000	250
海门县图书馆	54000	180	72000	200
句容县图书馆	66000	220	32000	103
江阴县图书馆	38000	126	91920	255
昆山县图书馆	39938	133	47058	130
丹阳县图书馆	106630	355	106630	300
太仓县图书馆	35000	116	34675	100
江浦县图书馆	45000	150	180000	600

考虑到今后的发展，参照现有情况提出全年书籍流通数量作为县图书馆规划的参考：甲级县图书馆 10 万~20 万册/全年；乙级县图书馆 6 万~10 万册/全年。

此外，与服务工作相关的是馆员的数量，它与服务人口、藏书多少及读者的多少密切相关。日本公共图书馆规定：藏书 1000 册所需馆员数为 0.2~1.2 人。同时也根据服务人口的多少直接确定人员的编制数，一般服务人口在 60 万以下的用 7 人；60 万以上者，每增加 20 万服务人口则增加馆员一名，其馆员编制的最低标准见图 4。

根据对江苏省若干县图书馆的调查，藏书 1000 册一般所需馆员数为 0.15~0.17 人，个别图书馆为 0.05 人/1000 册和 0.28 人/1000 册。进行规划时可略予提高，建议按 0.1~0.2 人/1000 册计算，藏书多的取下限，藏书少者可取上限，此外，也可按全县人口计算。目前，江苏省一些县级图书馆基本上是 5~8 人，与全县人口相比，约 10 万个服务人口设有馆员一人，考虑到今后图书馆事业的发展，这种比例应予提高（图 5）。

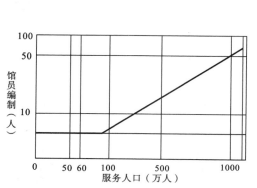

图 4　日本县立图书馆馆员编制的最低标准

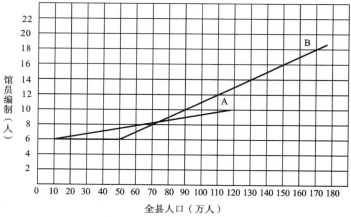

图 5　县级图书馆馆员编制与服务人口关系
A：江苏省县图书馆人员编制现状
B：最低标准建议

3　关于县图书馆建筑规模的确定

根据以上基本资料，图书馆建筑规模就可根据一定服务人口数所需要的藏书量、读者座位数及全年图书流通量的大小来确定书库、阅览室及外借服务等各部分所需的空间和面积的大小，从而确定全馆总的建筑规模。

国外计算公共图书馆的建筑规模也有不同的方法。例如：有的按每 1000 服务人口所需面积来计算，国际图书馆协会联合会 1972 年修改的公共图书馆建筑面积指标就是采用这种方法（如表 10）。

表 10　公共图书馆面积指标（国际图书馆协会联合会）

服务人口	每 1000 人所需面积（米²）
10000~20000	≈30
20000~35000	≈30
35000~65000	≈40
65000~100000	≈40
100000 以上	≈120

此表数值在国际上是低标准的，但应用于我国则过高，而且如按全县人口计算则更不适用。

另一种方法是美国人惠勒和吉塞斯在研究美国公共图书馆中提出的一个 VSC 公式，用它来决定公共图书馆的面积大小与所知的最终服务人口的关系。其中：

V——总藏书量（包括开架与闭架藏书）；

S——所需读者座位数；

C——每年书籍流通的册数。

根据调查分析，他们还提出了相应的参数，如：

1 平方米的藏书为 110 册（不管开架或闭架）；

一个读者所需要的面积是 3.72 平方米；

1 平方米可供流通 430 册书。

因此，一个公共图书馆所需的使用面积 A_1 是：

$$A_1 = \frac{V}{110} + 3.72S + \frac{C}{480}$$

考虑到我国县级图书馆的特点，定额参数也不统一，上述公式可改为下式以求出图书馆所需的使用面积：

$$A_1 = \frac{V}{K_1} + K_2 \cdot S + \frac{C}{K_3}$$

其中：A_1——使用面积；

V——总藏书量，根据全县人口和城镇人口可按表 4 查得；

S——读者座位数，根据表 7 也可查得；

K_1——可取 400 ~ 500 册/米^2

K_2——1.8 ~ 2 米^2/一个读者座位；

K_3——430 册流通书/米^2（国内尚无有关资料，参考美国资料，引用此数据）；

C——全年图书流通量按前述建议参照目前情况决定。

例如：某县全县人口 60 万，县城人口 3 万，求该县图书馆的使用面积。

解：根据表 4，查得 $V = 88000$ 册

根据表 7，查得 $S = 90$ 座

若 $K_1 = 400$ 册/米^2，$K_2 = 2$ 米^2/1 个座位，$K_3 = 430$ 册流通书/米^2

$C = 60000$（这是实际调查的平均数，各馆可根据本馆情况确定）

$$A_1 = \frac{88000}{400} + 2 \times 90 + \frac{60000}{430} = 225 + 180 + 140 \approx 545 \text{ 平方米}$$

图书馆建筑面积除了使用面积外，还包括交通面积、结构面积等。因此，一般公共建筑常以使用面积系数来控制面积的经济指标。对于县级图书馆来讲，假定使用面积约占整个建筑面积的 70%（最低的），那么：

建筑面积 $A = \dfrac{\text{使用面积 } A_1}{\text{使用面积系数}}$

当使用面积系数控制在 70% 时，

建筑面积 $= \dfrac{545}{0.7} = 780$ 平方米

利用这个方法，可以计算出不同人口数的县城公共图书馆的建筑规模，详见表 11 及图 6。

注：计算时取：

$K_1 = 400$ 米/米^2

$K_2 = 2$ 米^2/1 个座位

$K_3 = 430$ 册/米^2（流通书）

以上所述的图书馆的容量和规模均为县级图书馆的最低标准，仅供规划和设计时参考。

表11　县级图书馆建筑面积计算标准

全县人口（万）		县城人口（万）	总藏书量 V（万册）	读者座位 S（座）	全年书籍流通量 C（万册）	使用面积 A_1（平方米）	建筑面积 A（平方米）
甲	100以上	2.0	8.7	82	10	639	913
		3.0	10.8	98	10	698	998
		4.0	12.9	114	10	783	1118
		5.0	15.0	130	15	984	1405
		6.0	17.1	146	15	1118	1598
		8.0	21.3	178	20	1354	1934
		10.0	25.5	210	20	1522	2175
乙	60~80	2.0	6.9~7.8	70~80	6~8	451~541	644~773
		3.0	9.0~9.9	90~100	6~8	544~633	777~900
		4.0	11.1~12.0	110~120	6~8	637~726	910~1030
		5.0	13.2~14.1	130~140	6~8	729~819	1040~1170
		6.0	15.3~16.2	150~160	8~10	869~957	1240~1370
		8.0	19.5~20.4	170~180	8~10	1009~1095	1440~1564
丙	30~50	1.5	4.95~6.15	66~78	3~4	265~405	400~580
		2.0	6.0~7.2	82~94	3~4	321~457	460~650
		2.5	7.05~8.25	98~110	4~5	465~542	664~775
		3.0	8.1~9.3	114~126	4~6	523~625	747~898

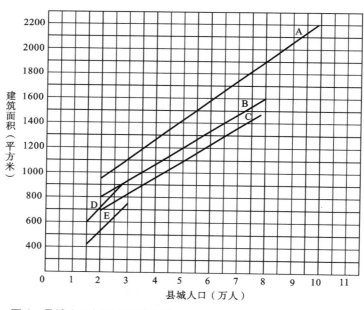

图6　县城人口与图书馆的规模

（原载《江苏图书馆工作》1981年第1期）

4 试谈现代化图书馆设计的若干问题

随着四个现代化的推进，当前图书馆建设面临着一个新的课题，即图书馆的现代化究竟包括哪些内容？它们对图书馆建筑设计有什么影响？我国现代化图书馆应该如何设计？这确是一个极为重要的问题。为此，谈一点个人的浅见，是否恰当请批评指正。

1 立足于"开架"设计

我国图书馆的现代化关键不在于藏书和新设备的多少，而首先在于管理方式，即，是实行闭架管理还是实行开架管理，这是图书馆面临的一个重大改革，它直接关系着图书馆布局的构思。目前我国仍实行闭架管理方式，但发展趋势必然应朝着开架管理方式发展。因此，图书馆的设计应该展望未来，立足于开架进行设计。

图书馆管理经历了开架—闭架—又开架的发展过程。图书馆建筑的设计也随着它而改变。最早西欧出现的一些公共图书馆就是开架管理，"藏"、"阅"不分，二者设在一个空间内。直到19世纪中叶，随着文化教育的发展，印刷术的进步，书库与阅览分开，产生了藏、借、阅三个主要部分，形成了传统的布局方式，即书库在后，阅览在前，借书部分扼守其间的基本格局。第二次世界大战后，国外又开始实行开架，重新使书库和阅览结合在同一空间内，目前这种设计更为盛行。管理方式的演变必然就产生了图书馆建筑不同的布局方式，如图1所示。

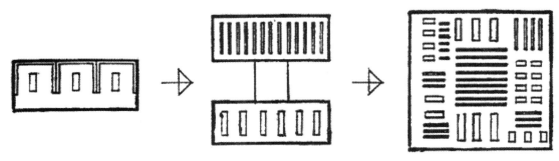

a. 藏阅结合   b. 藏阅分开   c. 重新结合
图1   图书馆布局方式的演变

现今我国图书馆设计都因袭第二种形式，藏阅分开进行布局，要适应开架管理方式就必须探讨新的布局形式。但是从我国具体情况出发，也不能完全照搬照抄第三种形式，它是一种完全开架管理的方式，书库与阅览不分，空间灵活分隔，大多采用人工照明和空调设施，这种方式从经济技术上看在我国目前还是不现实的，从管理上看也是不能适应的。因为在可预见的将来，我国图书馆将存在开架和闭架相结合，两种管理方式并存共处的局面。鉴于这种情况，图书馆的设计既不能因袭老一套，也不能照搬国外完全开架的布局，而是要根据"开"、"闭"结合的特点，把远近期的要求有机地结合起来，以阅览和书库有分有合和可分可合的方式进行设计。因此在图书馆的阅览部分可以实行开架阅览、半开架阅览和闭架阅览相结合的方式，在书库部分可以实行基本书库、辅助书库和开架书库相结合的方式，并按此进行设计是可行也是必要的。

立足于开架设计，是否要取消书库呢？尽管国外已有这种做法，国内也有介绍，但我认为这种办法目前在我国是不可取的。因为开架管理并不意味着百分之百的藏书都要开架，开架的仅是那些流通量大的常用书籍，它的数量也只是总藏书量的一小部分。从国外资料来看，日本大学图书馆是普遍实行开架式阅览服务，但每个大学应备开架阅览图书据日本政府规定也只达5万册，最多10万册，而日本一般公共图书馆闭架仍占有总面积的 10% ~ 30% 。1974 年设计的大阪府夕阳图书馆，全馆藏书 60 万册，开架图书仅占 5 万册，即 1/12，仍设有五层闭架书库。

其实，全部藏书都实行开架在使用上没有必要，在经济上也是不合理的。因为不是每本藏书读者都会使用。1978 年苏联对它的国家建委等一些中央部属图书馆进行检查，发现图书馆的书架是满满的，未被借用过的图书达 70%，有的高达 80%。另据苏联中央统计局材料，在苏联全国科学技术图书馆里，全部藏书中有 43% 的图书没有同读者见面，原因很多，但也说明常用书毕竟只占少数。如果我们各馆也作这样的检查，统计结果恐怕也会说明这一问题。为此，仍需设置单独存放书刊的书库。

立足于开架设计不是所有的图书馆和所有的阅览室都实行开架，而是逐步地、根据不同类型、不同规模、不同服务对象等而讨论的。一般讲大专院校图书馆比公共图书馆更有条件实行开架；规模小的图书馆比规模大的更便于开架；专业研究读者的阅览室比一般阅览室应该优先开架；珍藏书阅览一般采取闭架……

根据日本图书馆资料，日本都道府县立图书馆（相当于我国省级馆）开架阅览只占总建筑面积的 20% ~ 33%，市区立图书馆达 30% ~ 50%，而规模小的町村图书馆可达 50% ~ 80%。又如英国的城镇中心图书馆，藏书在百万册以上者大部分仍采用闭架贮存，读者不进入；而那些藏书 6000 ~ 50000 册的全日开放的地方分馆大多是开架的，书刊散置架上任读者自取。这都说明实行开架要具体情况不同对待，不是所有阅览室都需开架。

2 努力创造具有扩展性和灵活性的设计

现代化图书馆设计应该能适应于按未来的材料和技术进行管理而不能只适应于快过时的老一套的方式。因此扩展性和灵活性有时被称为图书馆建筑的生命。

图书馆的扩展是图书馆出版及文化教育事业不断增长的结果。据联合国教育科学及文化组织统计，全世界的出版物从 1955 年到 1970 年几乎增加了一倍（表 1），而在教育领域学生人数的增长率甚至更大。按英美国家有关资料，一般大专院校图书馆和研究图书馆，图书馆的增长比率一年为 4% 或 5%，这意味着 16 ~ 17 年就增加一倍，即使发展较完善的老图书馆其增长率也达 2%，即 35 ~ 40 年就要增加一倍。我国情况也基本如此。北京师范大学图书馆 1959 年建，当时按 160 万藏书量设计，建筑面积 9300 平方米。日前又要筹建 9000 平方米，使藏书达到 320 万册，事隔 20 年整整提高一倍。如果按一年图书增长 5% 计算，一个目前藏书 60 万册的图书馆 25 年以后藏书的册数可能增长二倍到三倍。这表明了问题的严重性，也说明了扩展的必要性。

表 1　印刷品的增长（联合国教育科学及文化组织统计年鉴）

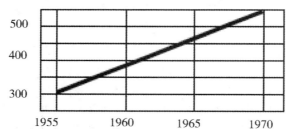

因此，图书馆的规划和设计必须遵循扩展的特点，图书馆的设计要方便今后的扩展，而且扩建后又不破坏原先内部功能的合理性。这是图书馆规划和设计时必须考虑的重要因素。为此，在拟定建馆任务书时，应有一个较长远（如 20 年）的发展设想；在选址时注意基地是否有发展的前途；规划时要有余地，四周不要布满建筑物；设计时应连同发展方案一起考虑，最好采用统一设计、分期建造的方式。如英国兰斯特大学图书馆就是统一设计分三期建造，并进一步考虑了未来的发展。每一期工程都提供一个可以进行工作的单位，并可调节内部布置。

图书馆的扩建除了一般在水平方向接建和在垂直方向加层外，国外还有一种适应扩展的有趣的方式，即"生长体系"（Growth System）的设计。它采用一个个单元拼接，每个单元的结构、设备管道、照明等都是一体化的，可向任一方向扩大和发展，并能保持内部功能的合理。

为了保持扩展后的馆舍内部功能的合理性，必须使图书馆内部各部分保持相应的增长，不能只考虑书库而不考虑阅览室，或者只考虑基本使用部分而忽视辅助使用部分的扩展。

目前考虑书库的扩展较多，它随着图书的增长而扩展。但是否书库一定始终这样随书籍增长而不断扩建呢？这种发展趋势到一定阶段应该有所节制，否则无限的扩展是不可设想的。从长远来看，随着缩微读物的发展，书库空间必将大大缩小。但是从近期看，一方面可以从管理上采取措施，加以适当控制。譬如藏书讲究质和量，适当新陈代谢；在馆内建立储备库，甚至可以在一定的范围内（如一个城市或大城市中一个系统）建立保存图书馆，把每个图书馆不常用的书籍集中贮存到保存图书馆，以大大节省每个图书馆的书库面积。在这种保存图书馆中书库是它的主体，阅览室是为辅的。主要是藏书，仅供少数人寻查资料所用。日本、苏联都有这种性质的图书馆以把不常使用的书籍寄存起来。此外在这种保存图书馆或一般馆的储备库中，为了提高书库的藏书能力，在设计时完全可以采用密集式书架。

与扩展相关联的是图书馆设计必须具有很大的灵活性，以适应可能发展的新材料、新设备和新的管理方式。这种要求有灵活性的设计与传统的布局截然不同。前者要求空间开敞的彼此连贯，分隔灵活，布置自由；而后者是各个空间功能固定，彼此分割，缺乏伸缩，难以调整。

为了创造这种灵活性，馆舍的设计必须在体形、空间、结构、设备等各方面都提供有利的条件。

首先在体形上，宜将传统分散的条状体形式改为较为集中的块状体形。国外一般认为趋于方形、矩形，而又以矩形更有利于图书馆的使用。因为这种体形空间紧凑，便于分隔，调整，同时也节约能源。国外图书馆采用这种体形很多，但它是采用人工照明和空调设施。我们采用这种体形必须遵循以自然采光、通风为主的原则，以目前的建筑技术条件是可以做到的。

此外，在空间上宜将分割固定的小空间尽可能设计为连贯的大空间。因为空间大，灵活性大。为此一般单层的布局其灵活性就较多层的容易取得更大的灵活性。因为在单层布局中机械、服务用房可以成组设于一隅，空间不被分割，而且可以采用大跨度的屋盖，避免室内固定的结构构件，使布置更加灵活。

在多层的布局中，其灵活性在很大程度上决定于楼板层结构的设计，为了争取较大的灵活性，在支撑系统方面宜增大开间，扩大进深，扩大柱网。因为空间窄长，柱子林立将不灵活。英国伦敦市艺术馆馆长兼图书馆馆长汤普逊在他的著作中，对英国四个大学的图书馆进行了分析，表明柱网大的图书馆适应性的指标高，反之则小（表2）。

表2　适应性：永久结构的限制（大学图书馆）[1]

结　构	爱丁堡	埃塞克斯	兰开斯特	沃里克
荷载磅/尺²	224	120	150	150
柱　网	8.2米×8.2米	6米×6米	5.5米×5.5米	7.6米×7.6米
评价	书架排列自由排列 中距有： 1170毫米 1375毫米 1650毫米 2060毫米 楼面荷载允许密集式 布置，也可正常中距	书架排列自由排列 中距有： 1195毫米 1500毫米 1980毫米	书架排列自由排列 中距有： 1100毫米 1375毫米 1830毫米 楼面荷载适于正常 中距布置	书架排列自由排列 中距有： 1270毫米 1525毫米 1905毫米 楼面荷载适于 正常中距布置
适应性指标	75	60	69	66

目前我国常用的开间是3.75~5米，进深为9~12米，如果把开间扩大到6~8米，进深增加到18~24米，则可提高图书馆的适应性，增加空间使用的灵活性，这在现今结构施工的条件下也是完全可能的。

当然，扩大开间和进深不是任意扩大，越大越好，而是要进行分析比较。如果最小的使用空间

［1］　Thompson，Godfrey：Planning and design of library buildings. London，Van Nostrand Reinhold co. 1974

（书架和阅览桌之中距）是 2 米，选 7 米柱间还是 8 米柱间呢？必须进行比较。8 米柱间可以放四排，而 7 米柱间只能放三排，平均排距为 2.33 米，这意味着，为了收藏相同数量的图书 7 米柱间的设计就得多增加 16% 的面积。根据研究认为：5～10 米的柱间范围内，最有效的柱间是 8 米，效率最低的是 5.8 米，因为二者容量相同而面积相差 22%[1]。柱网的选定要同时考虑藏书、阅览和服务管理三方面的适应性，柱网的选择是设计中最关键的问题之一，它关系到近期是否能方便使用，也关系到未来的改变是否能经济地利用。因为这些房间今后可以根据需要利用书架、屏风或轻质隔墙灵活分隔的。要使柱子不妨碍分隔，选择柱网时要尽量减少，最好完全排除柱子对三者使用的影响。

在楼层结构方面，最好采用统一的开间、统一的柱网、统一的层高和统一的荷载，并按最大的书库荷载计算，以保证内部空间能任意调整和安排，使其有较大的灵活性，但在经济上所花代价较大，需要仔细研究。例如，统一层高在空间上不大经济。这就必须解决好阅览室与书标层高差的问题，可以采用夹层或错层的办法。统一荷载就会造价高，用钢量大。为此，有的采用升板法施工，因为它要求施工荷载较大，足以满足书库使用荷载要求；将楼层结构区别对待，提高局部楼面的承载力，满足放书架的需要，其位置要合适，以提供开架、半开架的阅览条件。这种办法较经济、现实，唯书架地位受限，灵活性欠佳。南京医学院图书馆就采用这种方式。

3 新技术、新设备对图书馆建筑设计的影响

现代科学技术的成果在图书馆中的应用日益广泛，目前已应用的有：电子计算机、录音机、录像机、电视机、缩微胶片、复印机、自制幻灯机、缩微胶卷阅读器以及安全、通信、运输等方面的机械化、自动化设备。其中电子计算机主要用于典藏系统、检索系统、流通等方面，它效率高，节省时间和人力，已成为图书馆业务发展的必然趋势；录音机、录像机、电视机和幻灯机等主要用于读者，可称为视听系统，借助于它们向读者提供有声有色的阅读资料；缩微技术可以向读者提供缩微读物和一般不借出的馆藏珍善本资料，有的还利用它查目录或阅读文稿；其他安全、运输设备主要用于出纳、管理和内部工作，以加速图书流通和解放劳动力。

这些新设备应用于图书馆必将对图书馆的设计产生影响，它将影响内部的房间组成、各部分的面积大小、内部的功能关系以及空间环境的要求，而最大的影响是什么呢？从建筑设计角度看首先是读者使用部分，其次是藏书部分，而管理部分则是容易适应的。因为在上述新技术、新设备中对图书馆影响最大的是读物形式的发展。传统的读物都是印刷品，读者凭自己的生理器官（眼）直接阅读。缩微读物的发展完全改变了读者的阅读方式（当然也改变贮存方式）。读者除了凭自己的耳、目外还需借助机器来阅读。这样，图书馆的设计不仅要解决人与书的关系问题（即阅读和藏书的关系），而且还需研究人与机器设备的关系。

读物形式的发展引起阅读方式和典藏方式的改变，这就为图书馆的设计提出了新的空间要求。明显的是，图书馆设计除了提供传统的阅读、典藏和管理服务的空间条件外，还需增设新的阅读、典藏和管理新型读物的空间。它们包括视听室、视听资料室、缩微读物室、复印室服务用房等。有的合并成资料中心，常设中、小型的报告厅或会议室。同时由于这些"读物"可以单独借阅，也可放映、播放，似小型电影厅，设计就要讲究音响、视觉及光线等，而且要富于伸缩性，以供其他用途之用。在这些"新型读物"的空间内很重要的一点是要为设备的安装和使用提供灵活方便的电气连接条件，最好不仅在墙上而且在地板上多设插头。一般省、市公共图书馆和大专院校图书馆都应建立和发展这些设施。

"新型读物"的发展导致典藏方式改变，使书库空间可以大大缩小，但需提供空调设施。但这些是较容易达到的，因为它空间小，目前可以单独设置小间，设置单位空调器即可满足。此外，无论科技如何发展，今后在我国较长时期内，图书馆仍将是以书本和各种期刊为主，主要仍将采用传统的典藏方式。至于书库内的传送设备主要还是完善垂直升降设备，水平传送机械由于它占有面积空间，在视觉、音响上存在干扰，又需经常维修，特别是我国有充足的劳动力，一般图书馆中是否要靠那种高

---

[1] Libraries. AD7/74 P.416

度自动化的机械是值得讨论的。书条传送可以采用空气管道输送设备。

此外，为馆员使用的通信管理技术带来的影响相对来讲较小，适应起来比较容易。现代传真、闭路电视、电振式直通电路、磁带扫字机等都不难安放，只需提供一定的空间和电气连接。至于电子计算机，它在许多方面能节省时间和劳力，能取代卡片目录、典藏记录和现场出纳，但在我国中小型馆中尚无条件，设计时至多为这个新系统预留位置。它荷载不大，所需电气连接也不多，以后放置也不困难。

4 图书馆组成的变化和面积的再分配

新的管理方式、新的技术设备促使图书馆内部结构发生变化，其趋向是读者使用部分、对外活动部分以及新型视听系统越来越多，它们的面积在整个馆中所占的比例将越来越大。

读者使用部分的扩大主要是开架和半开架阅览方式增加了开架藏书面积；同时为适应科学研究的发展，增设了研究室或研究厢（Carrel）以及开设一些新型的视听空间。同时新技术给图书馆带来了一个新趋势：典藏书本相对减少，读者所需空间相对增多，这也就必然增加了读者的使用面积。因为缩微读物与同样的书型资料所需的面积相比，仅占用一小部分位置，但是每一个使用这类形式资料的读者都需要机器，即使一组人来使用它们，所需放映机、银幕与观众面积也将占有很多空间。因此无论微型阅读器变得如何紧凑，都不可避免地意味着图书馆更大一部分面积将为其所用。

除了图书馆构成方面的变化以外，内部的功能关系也发生相应变化，因为"开架"、"闭架"两种方式并存，就有两种不同的服务流线，设计时必须将两条服务路线都组织好。

随着图书馆构成的变化，各部面积要求再分配。目前国内省级公共图书馆阅览面积一般占全馆建筑面积的20%～25%，与书库的面积比为1：1.5～1：2.5。大学图书馆阅览室面积一般为30%～40%，与书库面积之比为1：1～1：2（表3、表4）。总之国内图书馆书库面积一般都大于阅览面积。

表3　我国几个省级公共图书馆各部分面积分配

馆名	总建筑面积（平方米）	百分数%			
		阅览	藏书	服务	其他
山西省图书馆	6677	18.9	33.9		
安徽省图书馆	13500	25.6	42.5	7.5	24.4
云南省图书馆	8400	25.5	59.5	2.8	12.0
南京图书馆（江苏省图书馆）	12800	18.0	62.5	8.6	10.9

表4　我国一些大学图书馆各部分面积分配

馆名	总建筑面积（平方米）	百分数%			
		阅览	藏书	服务	其他
北京大学图书馆	24000	23.9	46.0	4.5	25.6
北京师大图书馆	9300	27.4	43.5	3.0	16.0
合肥工大图书馆	6700	42.6	42.5	6.9	7.8
同济大学图书馆	6400	52.3	32.8	5.0	9.1
上海科技大学图书馆	3600	42.8	30.0	9.4	17.8
南京医学院图书馆	3100	48.4	37.0	3.6	11.0
广东矿冶学院图书馆	2800	39.3	40.0	1.2	19.5

分析日本有关资料（表5、表6）[1] 可知：日本图书馆书库（指闭架书库）的面积比率大大低于我国。仅占全馆总面积的4.5%～11.4%。规模大的比例高一些，有的小馆甚至没有专门的闭架书库；而阅览室面积占总面积的20%～60%，规模小的馆甚至达到50%～80%；此外，视听资料及集会室的面积要占10%～30%。

[1]　建筑设计，ノート图书馆东京株式会社，彰国社，1978

203

第三篇　图书馆建筑研究

表5　日本公共图书馆面积分配标准

馆内各部名称	都道府县立	市立、区立	分馆·町村立
阅览（包括开架）	20% ~ 33%	30% ~ 50%	50% ~ 80%
闭架式书库	10% ~ 30%	0 ~ 30%	0
视听室及集会室	10% ~ 30%	0 ~ 20%	0 ~ 20%
对外活动部分	10% ~ 30%	0 ~ 10%	0 ~ 10%
管理、事务	10% ~ 30%	10% ~ 20%	10% ~ 20%
其他	20%	20%	20%

表6　日本几个公共图书馆各部分面积的分配

组成% / 馆名	闭架书库	开架书库	阅览室	学习室	参考资料	集会室	管理	流动书	其他	合计面积（平方米）
大阪市立中央图书馆	9.5	3.5	18.2	17	2.7	3.5	11.4	34.3		100% 6880.1
日野中央图书馆	11.4	32.5		13	1.7	11.8	4.6	25		100% 2220.0
横山市民图书馆	8.4	28		5.6	10.7	7.2	7.6	6.2	26.3	100% 2441.1
町田市立町田图书馆	4.5	48.6		10.4	4.3	1.6	10.2	6.8	13.6	100% 1309.5
大阪市立平野分馆	60				11.3	6.6	22.1			100% 591.25

　　此外，根据国际图书馆协会联合会（IFLA）的建议：规模小的公共图书馆，阅览面积的比率为52%，书库为14%，而规模大的公共图书馆阅览面积的比率为34%，书库为35%。因此我们把日本、IFLA的标准同我国现状相比可以看出（表7），中国以省级图书馆为对象，日本以都道府县立公共图书馆为对象，国际图书馆协会联合会（IFLA）以70万以上人口城市的公共图书馆为对象，进行比较可以得知以下几点：

　　（1）我国图书馆书库所占面积比率比日本和IFLA的标准都高，而阅览面积的比率则比它们低。

　　（2）日本和IFLA的标准中，视听系统用房都占有为数可观的比例，而我国基本上还是空白。

　　（3）在日本和IFLA标准中，图书馆对外活动面积（如展览室，讲演厅等）均占有相当比率，而我国图书馆组织的此类活动却不多。

表7　公共图书馆各部分面积分配综合比较表

国家或组织名称	各部分面积比率%				
	阅览	书库	视听	对外	其他
中国	20 ~ 25	40 ~ 60		很少	20 ~ 30
日本	20 ~ 33	10 ~ 30	10 ~ 30	10 ~ 30	10 ~ 50
IFLA（70万以上城市）	34	35	14 ~ 43	14 ~ 43	

　　因此，在我们新设计的图书馆中，应该扩大读者阅览面积，要控制书库所占的面积比例，使二者比例接近，甚至阅览室面积多于书库面积，有条件者要发展视听系统用房。公共图书馆则需增加对外活动的面积，以便开展多种内容的服务活动，如展览、报告、交流活动等。

（原载《江苏图书馆工作》1980年第1期）

5　敢问路在何方
—— 中国图书馆建筑的现状与未来

图书馆，这一人们心目中进步与文明的象征，千百年来不仅为人类保存了认识的成果，也为进一步认识世界提供了工具。今天，人类从工业社会步入信息时代，社会的进步和经济的发展都愈加紧密地依赖于信息，被称为第一信息部门的图书馆不可避免地面临着挑战。中国作为一个向现代化迈进的发展中国家，现实与理想之间的矛盾尤其显得尖锐。

刚刚过去的十年对于中国的图书馆来说是具有划时代意义的。然而，与其称这十年为图书馆全面发展的十年，不如说是起步探索的十年更为确切。我们应以审视的眼光清醒地看待我们的探索本身。

1　观念的再认识

最近由湖南大学出版的《中国图书馆事业十年》是一本内容全面的难得之作，翻到图书馆建筑一条，可以看到所有10000平方米以上的40余座大馆的介绍。这些介绍从一个侧面反映了一个相当普遍的现象，那就是以大为进步，以藏书量为目标。除李明华先生所写浙江大学图书馆在使用过程中出现的问题外，其余几乎一概是设计先进、布局灵活、环境优雅、有充分的可变性之类的套话，似乎没有任何问题。比较一下建于1978年的南京医学院图书馆（图1）和六年之后建的湖南省图书馆（图2），我们感到很震惊。前者的简洁平面反映的空间关系十分明确紧凑，在可能的条件下创造了实现高效率的大空间，开架成为全馆运转中心，在相当程度上体现了一种反映中国国情的现代概念的雏形。相反，有些后建的图书馆并未因时间的推移而有新的突破，现代性的概念是建立在几乎完全古典的平面上的。

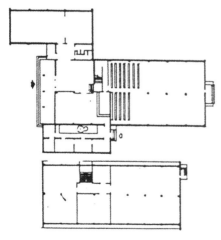

图1　南京医学院图书馆
平面集中，布局紧凑，书库、阅览垂直叠合，体现了对模数化原理的理解，是中小型馆的佳例

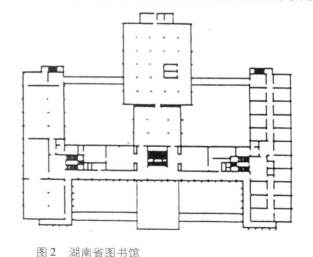

图2　湖南省图书馆
在旧的"蓝本"上增枝添叶来处理新的功能要求，空间复杂，目前有一定的适应性，但其发展性和灵活性是值得怀疑的

事实上人们已经认识到，进步的意义不是更大更多，而是一种新的价值标准体系的诞生。今天的图书馆终于从贵族式的精神堡垒转为平民的文化圣地，我们不得不承认这是一场深刻的革命。它的基本出发点是建立在如何更充分地体现图书馆的主旨，即为人服务的基础上的。中国面对的是这样的现实：一方面经济薄弱，文化起点低；另一方面恰恰又最需要文化改变落后的面貌。然而，在 1988 年 2 月 10 日《中国文化报》的一则消息中，国家图书馆事业管理局局长杜克指出，我国的图书馆事业面临萎缩的危险，经费严重不足的同时是大量的重复浪费。据 1985 年统计，全国尚有 500 个县未建图书馆，与此同时却集中了大量资金兴建超大规模馆。由于没有良好的级配，有限的资金不能发挥最好的社会效益。在南京，两座大型省市馆相距甚近，而其他地方并无与之平衡的馆点分布。发达国家的实践在这个问题上做出了自己的解答，值得借鉴。苏联为建立巩固强大的统一图书馆网不遗余力；日本公立图书馆事业的最新趋势是向基层拓展，在农村，馆藏量小而风格轻松的建筑担当了类似农村文化中心的角色、恰如其分的藏书层次和极广泛、方便的分布，使之发挥了协助生产，丰富生活的实在效用。

观念的变革引起的设计革命是整体性的，新的背景和新的要求需要的是一个与之相呼应的新的系统，因此，局部的改良往往无济于事，图书馆从封闭走向开放，越来越多地介入社会生活的动态循环，对于建筑空间的灵活性和高效性的要求越来越高。早在 20 世纪 60 年代欧美便取代传统图书馆的设计方法而建成居统治地位的模数式图书馆，较典型地体现了一种系统思维，通过统一层高、荷载、柱网，将固定功能转变为活动功能。以模数建立系统，一方面符合工业大生产原则，同时又为书库、阅览互换提供了根据。由于这一方法较为完整地体现了新的观念变化，因此逐步为人们所接受。诚然，在我国现阶段简单套用国外成功模式是不现实的。但这并不意味着，我们可以在旧的体制上简单地增枝添叶进行改良。十年的实践已经表明，相当数量的这方面尝试，均或多或少地陷入了旧模式与新观念之间悖论式的困境。我国目前图书馆事业处于过渡阶段，三线藏书并存，设计具有特别的复杂性，不是将新旧模式简单折中拼合可以实现的。系统论的观点告诉我们，图书馆变革是牵一发而动全身的，过渡时期的图书馆同样有其系统性。比如三线藏书并不等于在旧的闭架图书馆中简单地加一些开架阅览部分（如不少新建筑事实上所做的那样）。因为三线藏书本身是一个动态过程，各部分比例随着发展必然会发生变化，即逐步增大开架内容，减少闭架部分，与图书馆网络及储备馆相配合，最大可能地发挥单体馆的效率。因此，对观念变革的正确理解是试图突破图书馆建筑设计的前提。

2 确立功能在图书馆建筑中应有的地位

我们很难确知功能问题在今天图书馆的设计中究竟占有多少分量。在北京图书馆视若书城的庞大体量之中，纵使有繁多的指示牌也令人如入迷宫，而这些更多地是为了双轴线严正对称的立面和气魄。正在建造之中的天津市图书馆由于市政府的强烈愿望，不得不拔高书库，并将之建立在阅览室之上，布局上勉强保持了名不符实的书库为中心的构图。馆方坦率地认为，采用并不能证明他们喜欢该方案，然而却庆幸它终于得以盖起来。在调研过程中，我们不止一次地听到这样的抱怨：资金问题、长官意志等。这些都是确实存在的，问题的关键是，除此之外我们是否还可以考虑一些其他的主观上的原因。如果北京图书馆作为国家图书馆，是出于民族自尊和国家荣誉之需，以某一方面的牺牲寻求"形式"和"性格"尚可以理解的话，那么，各地方馆亦纷纷起而效之就着实使人费解了。我们注意到，设计者在介绍某图书馆时，称"建筑呈'日'字形，门厅两侧长廊连贯形成鲜明的中轴线，使建筑体量高低错落，主次分明"，其出发点与图书馆本身并无多少关系。

功能作为建筑内在秩序的有机体现，并非可以任意肢解加减的，对它的忽视阻止了图书馆建筑走向新的阶段。对于这一点图书馆方面有着最深切的体会，任务书成了类似于菜单的可以随意加减的文件，由此而产生的是像浙江大学图书馆和湖南省图书馆那样的典型建筑，基本上是套在旧模式上的新馆。前者虽在建筑上为三种复杂的层高做了巧妙处理，但层高复杂这一致命弱点使得平面无任何灵活性可言。'日'字形平面带来的是被穿越的阅览室和冗长的流线。后者尽管具备未来打通全开的可能性，但辅助书库与中心库相距遥远，很难想象这种松散的结构可以成为现代功能的理想载体。另有建筑对于大量新增内容作了极其艰苦的努力，使之在旧的母体上错综处理，解决了所有的问题，但出现的自然是一个复杂不堪的平面，此类以河北省图书馆为典型。新的功能是针对新的职能变化的一种新的观察和处理问题的方法，有其自身的完整性。面对更为复杂的功能要求，建筑处理不应是繁上加繁，相反，几乎所有成功之作，无一例外是以简理繁。令人欣慰的是，我们终于有了一些较为成功的图书馆，如南京医学院图书馆、深圳大学图书馆（图3）、湖南大学图书馆（图4）、北京师范大学图书馆（图5）等。除深大图书馆外，均可认为是基于国内现有物质技术水平，对图书馆功能现代化探索出的有创意的模式。另外，上海图书馆头奖方案虽是超大规模馆，却明显的思路清晰关系明确，复杂的功能内容因处理得当并未显得让人捉摸不透。

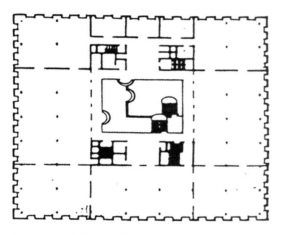

图3　深圳大学图书馆
采用模数化设计，环绕中庭组织交通。全开架，灵活分隔，为使用带来极大便利。但由于较多依赖人工环境，目前只在特区有一定现实性

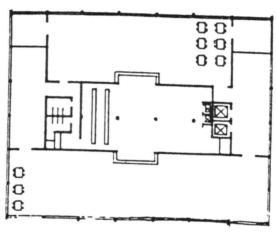

图4　湖南大学图书馆
模数化集中平面的另一尝试；消除内天井，中间布置书架，两侧为阅览，平面更为集中，且无内部噪声干扰；采用自然环境，维持费用较低，是一种值得推荐的模式

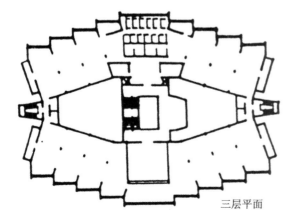

三层平面　一层平面

图5　北京师范大学图书馆
以独立的垂直交通组织空间，避免了传统式布局的冗长流线，维持费用较低，是一种值得推荐的模式

图 6 为福建省图书馆试作的方案，采用"井"字形平面布局和 2：1 层高，试图为各种流线提供立体交叉的可能，使之有垂直划区和水平划区两种可能。并且书库与阅览共同生长，在一定限度内，双向生长都是现实的。

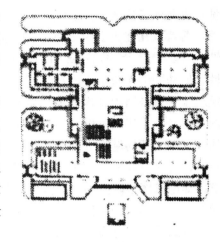

图 6　福建省图书馆试作方案

建筑对功能和功能主义的概念的混淆是引起轻视功能的重要原因之一，一种学院派式的观点认为功能是与美学、文化相对抗的。这种倾向不只体现在图书馆上。其实，现代主义运动的长期实践已经不可辩驳地表明，功能不仅是建筑内在的依托，而且也是理性精神的内涵之一。创造性的功能设计形成的迷人的空间意向是屡见不鲜的。只要抛弃先入为主的成见，良好的功能亦完全有可能产生赏心悦目的形式。但这一信念反过来说就未必成立了。

3　走出困境的思考

对图书馆建筑的探索和对探索的反思早在十年之前便已开始，这期间，不但图书馆学面临革命性的挑战，建筑学亦在传统与时代、理想与现实的矛盾冲突中艰难摸索。那么，在图书馆建筑这片交叉领域中发生的动荡与不安是完全可以理解的。我们的理论未能不断深入走向体系化，设计水平更是参差不齐，带有严重的经验主义色彩。

有关图书馆建筑，以下几个层次是值得考虑的：观念层次、方法论层次和具体手法层次。事实上我们有相当多的注意力是倾注于手法研究上的，而前两个层次的研究就显得较为欠缺。尤其是方法论方面的欠缺使得我们的研究多少带有盲目性，没有科学方法论的指导就不会有实践的成功。科学的方法论包括两个方面。

其一是设计方法体系的建立。

就图书馆而言，建筑师与图书馆学者的默契合作至关重要。一方面图书馆学者可能对于有关图书馆的革命有深入的见解，却苦于无法用建筑语言表达；另一方面建筑师则有可能对图书馆学一无所知，或囿于陈旧的模式，却将更多的注意力倾注于建筑学的种种尝试上。于是合作就成了保证质量的关键。英国图书馆专家汤普逊在谈及这个问题时一针见血，合作的关键是不要过多地逾越各自的领域，合作的基础应当建立在相互理解上。湖南大学图书馆的成功实践说明了这一点，双方同为一所大学的教授，并自始至终保持了良好的合作。当然，亦有合作不佳而给设计带来障碍的例子。因此，很有必要将这种合作制度化，建立包括读者在内的三方参与的开放性设计方法体系。

其二是评价方法体系的建立。

评价的标准是我们的准绳，非有不可。否则将永远无法使好的多一些，坏的少一些。投标竞赛是这类问题的集中体现，既苦于无标准可依，也苦于评价方法上的种种症结，评判更多的是依赖评委的喜好与经验，评价的权威性不能不受到质疑。我们看到不少方案并非投标优选案，不是因经济、时间问题草草结案，就是综合出模棱两可的折中方案。在此问题上，社会学的研究已为我们设计了种种馆型，值得借鉴。下面几个变量是我们评价现有图书馆空间质量时应当考虑的。

高效性　它一方面指一定面积内书架及座椅的排放效率，另一方面指一定空间使用的效率。与柱网的选择、总体布局的紧凑度，以及流线的短捷、顺畅性有关。同时，空间形状是否整齐对于使用效率也有影响。

灵活性　与传统的固定功能模式图书馆比较，这是现代图书馆最显著的优点。我们谁也无法确知未来究竟是什么，为未来留有变化的可能就是最好的答案。灵活性与模数化的程度有关，即层高、柱网、荷载是否统一，此外，平面的形状以及交通设计也对此产生作用。

可发展性　图书馆对于发展的要求是相对的，随着图书网络和储备图书馆的出现，图书馆从使用效率角度来说应当寻求最佳规模，并非越大越好。因此，对于大量甚至无限发展的可能性的考虑是没有必要的。但是，一定范围的发展可能性将使图书馆具有较大的适应性。

舒适性　舒适性是就图书馆内外空间对人的生理、心理感受的综合评价。所有有关建筑心理和建筑行为的一般性研究同样适合于图书馆建筑。除此之外，图书馆建筑空间上有其自身的特殊性。内部空间方面层高是问题的焦点，建筑上扩大空间心理效应的手段可以使我们用比较节省的空间量来得到理想的舒适度。

困境必然引起新的探索，健康的批判精神是生命的骄傲，我相信，种种并不成功的努力和不成熟的思考，只因不懈的精神，便是明天光明的预示。

敢问路在何方？

路在探索者的脚下。

注：该文是我当时的一位在读硕士研究生吴越撰写的，这是他的硕士论文中的一部分内容。他研究的课题就是 20 世纪 80 年代我国图书馆建设和发展的态势，总结其建设（包括设计）的经验和教训，曾应邀参加宁波召开的全国图书馆建筑研讨会并发表该篇论文。该生毕业后分配到建设部设计院工作，后该文在《建筑学报》上正式发表，我是该文的直接指导者、参与者。

（原载《建筑学报》1990 年第 12 期）

6 开放的建筑，开放的未来

——安徽铜陵财贸专科学校图书馆设计

1 设计背景和设计宗旨

铜陵财贸专科学校坐落在安徽名城铜陵市中心地带，东邻即将开辟的城市干道北京路，西邻城市森林（部分归学校使用），南面毗邻铜陵师范学校。随着改革开放的进程，学校面临发展，目前已获批准进级为学院，兴建一座现代化的图书馆已迫在眉睫。

图书馆的基本职能是"藏"与"阅"，二者反映在传统图书馆空间组织方式上的特征是"藏"、"阅"分离，在使用上则是人与书分离，这实际上是与现代主义功能分区理论一脉相承的。随着社会生活和科学技术的迅猛发展，信息交流日益广泛，时间效率广受重视，这种封闭式的空间类型正日渐被新的建筑空间类型——开放建筑空间所取代。开放建筑在使用上强调空间与使用方式相适应，强调人的主体地位。因此，它要求打破阅者和图书相分隔的传统，实现人—书见面，"藏"、"阅"一体化。开放建筑的另一个重要特征是对未来变化的关注。图书馆内的管理活动和阅览、科研行为是学校教学生活的一部分，它必然随着时间的改变不断发生变化，因此，其使用方式的动态特征是不言而喻的，静态的建筑空间必须与变化的使用方式相适应。以上两点成为我们进行这项工程设计的主要宗旨。在此，有必要引入开放建筑中的一个重要概念，即层次概念。

2 开放的建筑层次体系

层次是指事物整体与部分之间的梯级关系，这种梯级关系一般呈金字塔形，任何事物都是由其下一个层次的诸要素依据某种关系而结成的。开放建筑的层次理论为协调设计决策和建筑的生命进化过程提供了框架，我们可以把建筑环境划分成三个层次：

组织层次对建筑总体环境而言，为下一个层次建立组织秩序；

支撑体层次对建筑单体而言，遵守上一个层次的内部规则，为下一个层次建立廓形；

填充层次对内部空间而言，遵守上一个层次的内部规则，进一步划分空间。

层次由上至下逐级制约，上一个层次的建筑形态必须由下一个层次的要素来表现，这就是三个层次之间的相互关系。而层次概念只有与"变化"联系起来，才能得到深刻的理解，较高层次的变化必然引起较低层次的变动，而较低层次的要素变化可以不影响较高层次的存在。家具转来移去不必影响房间分隔，室内空间的划分构件更换不必影响建筑的支撑结构，而建筑的形态则可以在城市组织秩序中变化。层次越低，其要素越活跃，其适应使用方式而改变的周期也就越短，而高层次相对于低层次来说，则具有稳定性，两者的变化节奏不是同步的。在设计理论和实践中，就是区别决策的不同层次，把长期决策和逐级的短期决策区别开来，使用这个方法可以使建筑环境追随使用方式的变化，具有必要的应变能力，从而使整个决策更为灵活有效。在铜陵财专图书馆的设计中，我们按层次理论来设计其空间形态。

2.1 组织层次的设计

这一层次即通常所说的总平面设计，其目标是处理图书馆与周围环境的秩序关系，并为下一个层次的设计提出制约条件。我们将铜陵财专图书馆设计与校前区的环境改造设计作统筹规划（图1）。进入校门后，校部办公大楼、图书馆、校礼堂三者围合成入口绿化广场，图书馆置于广场轴线端头，同时也是校园两大轴线的转折结点，以此突出图书馆在高校教学、科研活动中的显著地位。在图书馆与校园环境的空间形态组织上，我们作如下考虑：面对广场轴线作对称布置，入口后退，形成由校前广场——图书馆入口广场——中庭组成的由外向内的空间秩序；面对东侧大片城市森林组成的自然景观，图书馆取不对称的自由式形态，并形成一处开敞空间作交通之用，也与自然景观相呼应；与北侧原有教学楼以一个次入口（报告厅单独入口）作轴线对应。为适应学校的发展，图书馆的建设过程分二期进行，一期建筑面积约 5000 平方米，二期建筑面积 2000 平方米，我们采用了由三个空间单元体组成的可发展图式，东南部的第三单元为二期工程，这种组织方式既保证一期工程建筑形态的完整性，又使其与二期工程形成完好的组织接续（图2）。

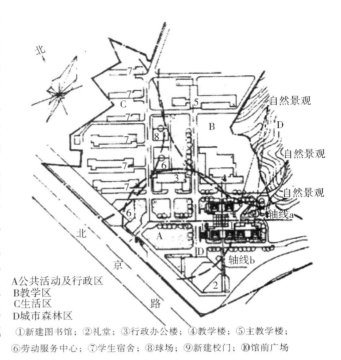

A公共活动及行政区
B教学区
C生活区
D城市森林区
①新建图书馆；②礼堂；③行政办公楼；④教学楼；⑤主教学楼；
⑥劳动服务中心；⑦学生宿舍；⑧球场；⑨新建校门；⑩馆前广场

图1　总平面图

2.2　支撑体层次的设计

　　这一层次的设计是在组织层次的制约下进行的。所谓支撑体是指建筑系统中的不变部分，包括空间体系和实体要素二者。与此相对应，我们在内部空间布局上，放弃了传统僵硬的功能分区理论，而把使用空间划分为弹性空间和非弹性空间两大类。弹性空间一般是指建筑中的主要使用空间。对图书馆来说，主要指藏、阅、借空间及部分配合空间（如会议室等）。它们是建筑内部最活跃的部分，使用者的不同，管理方式的更新换代，藏书量和读者群的增加等，都要求这部分空间具有开放性，即尽量大的应变能力及发展可能。非弹性空间包括建筑中的交通空间、设备空间及部分服务空间，它们是建筑内部为主要使用空间服务而相对稳定不变的部分。在建筑物从诞生到消亡的生命期内，上述两种不同空间所扮演的角色是不同的，其变化周期是不同步的，应将这二者区别开来，使其各自完成不同的使命，这会给建筑带来生命的活力（图3）。

　　支撑体层次的设计目标是合理布局弹性空间和非弹性空间，并将其落实于技术设计（结构和设备等）。我们的设计原则和方法是：

　　（1）用非弹性空间连接弹性空间，但非弹性空间的位置应相对独立，避免对弹性空间的切割或插入，以此保证藏、阅空间最大的通达

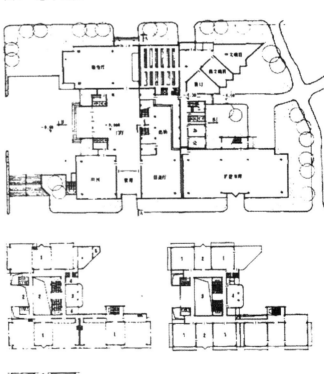

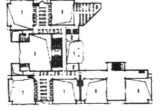

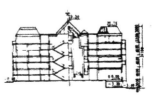

图2　平面及剖面

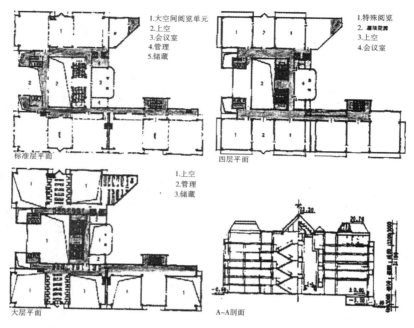

图3　弹性空间与非弹性空间分析图

程度和互换能力及灵活划分的可能性。我们将主要楼梯、厕所等交通服务空间设在中庭范围之内，以环形通廊联系各藏阅空间，扩建部分的楼梯亦设置在阅览室北侧，独立一处。

（2）将弹性空间即主要使用空间居于最佳朝向，以保证藏阅部分最好的自然通风和采光。

（3）弹性空间宜尽量采用规则的几何形态，为在下一个层次中空间的多样划分创造条件。

（4）为弹性空间的发展留下伏笔，我们在藏阅空间及廊道上空增加了部分夹层，使其具开架阅览的可能性，以便在必要的时候进行内部扩建，增加空间的使用效益。

2.3　填充体层次的设计

这一层次的设计，是在支撑体的范围内进行的，其目标是对内部空间按使用方式作进一步划分，这实质上是对弹性空间进行二次设计（图4）。我们把书库分为两大类：一是基本书库，二是开架书，这部分藏书与阅览空间相互交叉开放。现代图书馆管理业务中已普遍采用计算机控制管理，读者可直接进入基本书库，因此这一部分空间相对封闭，处于建

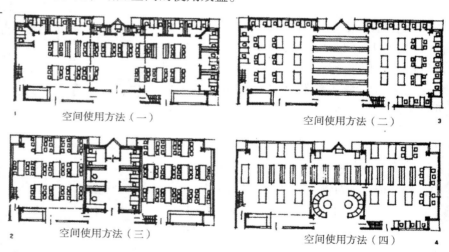

图4　弹性空间二次设计的多样性

筑北侧。阅览空间按读者的身份及阅读对象的不同分为教师阅览室、学生阅览室、研究室、期刊阅览和微缩读物阅览等。在顶层平面布置中，我们在不改变支撑体结构的前提下，按内外空间交叉渗透的方式设置了三个屋顶庭院，以调节阅览环境，将来如有必要，只需覆以屋顶便可转入室内，增加阅览面积。必须指出：这一层次的设计有其相对性和临时性，目前设计阶段的空间划分方式，本质上只是一种暂时的建议式的决策形式，随着时间的推移，使用方式和管理方式的变化，将带来内部空间的重组与划分。从决策权的角度看，如果说前面两个层次的设计，其主导者是专业设计人员的话，那么填充体层次的设计和安排，其根本的决策者则应该是图书馆的管理者和读者，建筑师的职责应是以积极

的姿态来参与这一决策过程，并为其提供专业服务。

3 开放的设计过程

开放建筑作为建筑设计，其重要特征是强调建筑设计过程的开放性，让使用者直接参与整个设计过程。1992年，我们一行设计人员赴铜陵财贸专科学校接受设计委托时，便向校方阐述了我们的工作方法和设计宗旨，并获得校方及图书馆管理人员的赞赏。我们花一天的时间和校方人员一起察看校园现实环境，商讨校园环境改建计划并比较校图书馆的几个可能选址，当天夜间和校方各级管理者进行磋商，我们提出建议，双方达成共识，这为以后设计工作的顺利开展奠定了良好的基础。1993年3月，我们带了两个初步方案回到铜陵财专，举行听证会，参加人员除设计者外还包括市规划局、设计院的专家、学校领导、图书馆馆长和职员、校基建科和教师代表等。听证会上各方就校园环境改造计划、图书馆选址、图书馆设计构思、设计方法和成果及技术问题等议题进行了充分论证。听证会的第二个步骤是把两个图书馆设计方案向全校师生公开展出，接受师生们的询问和建议。最后，校方综合各方意见，决定按第二方案（现实施方案）继续扩展设计。作为对这次听证会的答复，我们在下列几个主要方面修正了设计方案：

①调整支撑体设计模数；

②调整主要交通楼梯走向，令使用更加便捷；

③提出外形设计的多种可能性；

④根据图书馆管理者增加售书营业及增加学生娱乐活动空间的要求，我们结合地形变化，在图书馆南侧下沉一处做活动空间，用室外开敞踏步和绿化与入口广场相连，既方便使用和管理，又不干扰阅览室的宁静气氛（图5）。

在方案调整的过程中，设计人员和校方人员还共同对一些已建成的高校图书馆进行考察和案例研究，彼此利用这一机会，进一步交流意见，对图书馆的空间组织、环境设计各自提出评论和建议，这种讨论甚至包括了对层高尺寸的推敲，对室内家具布置方式、家具选择、灯光照明设计和管理等细节的商讨。通过彼此的参与和合作，设计者就更能深刻地了解用户

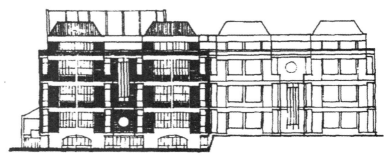

图5　立面

的意图，用户也更加理解和支持设计人员的构思和成果。这对于即将建成的图书馆的成败和图书馆投入使用后，其建筑生命的进一步延续，以及今后的调整、扩建和改造都是至关重要的。

4 结语

图书馆建筑和其他一切建筑环境一样，分需要—计划—设计—建造—使用几个步骤。在使用过程中产生新的需要，于是就有进一步的调整设计和改造，这个过程应该是一个充满变化的开放的循环之链，专业设计成果是这条循环之链中的一个重要环节，是一个过程，而不是一个终极产品。运用层次的方法，使得建筑空间环境的存在和发展按其各层次的规律行事，这就为今后建筑环境适应使用方式而调整发展留下了"活口"。使用者参与决策则显然是建筑环境存在、发展和具有生命力的保证。铜陵财贸专科学校图书馆的设计将很快面临实践的检验。

（原载《建筑学报》1994年第3期）

注：这篇文章是铜陵财贸专科学校图书馆设计的理念和体验的总结，也是我们在设计过程中参考和讨论的问题。文章的执笔人是当时我的博士研究生韩冬青先生、硕士研究生乌再荣先生。

7　创造有中国特色的现代化图书馆建筑

跨入 20 世纪 80 年代，我国图书馆事业有了迅速的发展，全国各地较普遍地扩建、新建了一大批各种类型的图书馆，出现了很多比较符合现代图书馆服务方式和管理方式的图书馆建筑，但是也有相当一部分（有的地区达到 70% 以上）新建馆在建成后感到"不理想"、"不适用"、"不灵活"、"不好再发展"，花了很大的财力和精力最后深感遗憾。甚至一些得了奖的作品也难逃此类噩运。究其原因是多方面的，除了各种各样的主观因素外，从客观上讲，我认为我国图书馆界和建筑界由于长期封闭，对现代图书馆的发展及出现的一系列根本性的变化（有人称之为革命性变化）缺乏应有的认识和了解，对我国建设现代化图书馆缺乏必要的思想准备和理论准备，对现阶段我国图书馆所处的时代及其特征，特别是如何结合中国国情建设有中国特色的现代化图书馆缺乏深入的研究，当然更缺乏图书馆界和建筑界携手合作进行这方面研究意识。因此当一大批新建馆舍提上议事日程时，图书馆界和建筑界大都是在缺乏现代化图书馆意识及现代化图书馆感性和理性认识的基础上进行规划设计工作的，因此必然带有盲目性、模仿性（模仿已建成的老的图书馆）。

我国图书馆建筑正处于既往开来发展变革的时期，正处在由传统图书馆向现代图书馆观念过渡与转变的阶段，在这变革的过程中，图书馆的内涵在不断变化，职能在不断更新，现代电子和计算机技术应用于图书馆的影响在不断扩大，给图书馆的服务和管理都带来一系列的变化，直接影响到图书馆本身的结构及图书馆建筑。因此本文就拟分析一下图书馆形态的变化及其对图书馆建筑设计的影响，从而探讨我国现阶段图书馆建筑的特征及其设计原则。

1　图书馆形态的变化

考察一下国外现代化图书馆，可以发现图书馆的内涵和形态都发生了巨大的变化，表现在以下诸方面。

1.1　图书馆概念的变化

图书馆概念随着历史的变迁发生了巨大而深刻的变化，从最初的私人藏书走向公共的对外开放，从藏书楼走向图书馆，现代又被称为"知识宝库""学术研究中心""情报信息中心"，甚至有的学者把图书馆形象地称为"知识百货商店"。它意味着图书馆概念从强调图书馆典藏的系统性和服务的完整性发展到重视图书的信息流通和服务，最大地发挥书刊资料和信息的作用，即以藏为主转向藏用结合、以用为主，图书馆成为人们传播知识和传递信息的社会公共文化设施和社会精神文明的象征。

1.2　知识载体的变化

由于科学技术应用于图书馆，出现了许多新的载体。传统的以藏为主的图书馆收藏的知识载体基本上是纸质印刷的书籍和文献，而现在出现了知识载体的多样化，凡是可以传播知识和信息的一切载体，如文字、声、像、实物、图片等都成为图书馆收藏和为读者提供服务的手段，知识载体的多样化导致了藏书载体的多样化，过去局限于印刷的藏书满足情报需求的局面将被打破，图书馆在接收、保管、使用印刷资源的同时，一切声像、缩微、机读文献及光盘与电子书目等都将被接收、保管和为流通服务。这就产生了新的贮存信息手段和传递手段，必然会引起图书馆内部空间发生变化。

1.3　人和书（即读者和读物）关系的变化

图书馆最基本的两大要素——书和人（读物和读者）的相互关系及其变化反映了图书馆发展的进

程。最古老的链条式图书馆，读物（书）就用链条系放在读者座位的桌上，书和人是紧密联系在一起的，那时藏阅空间合一，读者用书极为方便；随着出版物的增加，藏书规模扩大，出现了专门的藏书空间——书库和读者阅读空间——阅览室，这样把书和人的关系隔开，二者通过出纳台工作人员的服务间接发生联系，形成了沿袭一二个世纪的以藏为主、闭架管理的模式。现代图书馆则要求以用为主，读者要求读物尽可能接近自己，使读者和读物的关系密切、直接、自如，这就导致图书馆要从闭架管理走向开架管理，使读者由被动借书走向主动地能索取所需要的一切资料。它必然导致图书馆两大空间——藏书空间和阅览空间发生革命性的变化。

1.4 阅读方式的变化

人所共知，传统图书馆阅读行为主要是看书，现在随着知识载体的多样化，出现视听资料和缩微读物，阅读方式也就随之多样化，这种阅读方式不仅仅是用人的眼睛这一生理器官，而且常常要用人的另一生理器官——耳朵来听读物，此外，新的阅读行为不仅要用人的生理器官，而且要借助阅读机、幻灯机、放映机、录像机及各种电子设备，人机合作完成阅读行为。这些对阅览的空间环境在声、光、热等物理性能方面就提出了一系列新的要求。

1.5 图书馆服务管理方式的变化

以藏为主的图书馆实行闭架管理，以单一的工作人员的服务来满足读者的需要。而如今，为了方便读者，为节省读者时间，提高效率，现代图书馆普遍推行读者自我服务方式——自己检索、视听、复印等，有的图书馆甚至以读者自我服务为主，读者借书就像顾客在超级市场自选商品一样。因此可以说，当今图书馆的服务方式已发展为单一的馆员服务发展与读者自我服务相结合的双轨的服务方式，这就导致"藏、借、阅"空间结合在一起的发展趋势，为读者接近读物，方便通达，自取阅读创造了条件。

1.6 图书馆社会职能的扩大

图书馆的社会职能随着社会的开放与进步其外延在不断扩大，已由单一的传统图书馆功能走向综合性多功能图书馆，以满足多方面的需求，提高其综合效益。我们可以看到现代化图书馆不仅有可为读者使用的传统的静态的阅览空间，而且也设置了供社会活动的动态空间，如电影厅、录像厅、各种会议室和文化活动的报告厅、展厅、陈列厅、教室等，这为开展社会性的学术和社交活动提供必要的场所；有的甚至开设为读者生活服务的商店、小卖部、快餐店及书店等设施，形成了以图书馆为主兼容其他社会活动的新型图书馆，这也是现代建筑学发展的一个特点，即综合性，你中有我，我中有你。这一新特点，必然增加图书馆功能的复杂性及图书馆建筑设计的复杂性。

2 图书馆形态的变化对图书馆建筑设计的影响

图书馆形态变化引起建筑设计之变革，它反映在以下几个方面。

2.1 设计指导思想的变化

受传统图书馆以藏书为主的办馆思想的影响，以往图书馆设计自然局限于以藏书为主、以书为主的观念，可以说，第二次世界大战前世界各国图书馆的设计思想基本如此。而现代图书馆设计则应以读者为主、以用为主作为指导思想，即以读者为中心，把充分满足读者需要，为读者提供方便、高效、舒适的阅览环境放在越来越突出的位置，使图书馆成为"读者的图书馆"。

2.2 空间由封闭固定型走向开放灵活型

随着社会的进步和科技的发展，图书馆读者的要求在不断变化，建筑目的和功能亦在变化，这要求图书馆空间有其适应性，以适应不断变化的需要。传统图书馆藏阅两大功能空间严格分开，二者独立，功能固定，不能互换，一旦建成就难以改变，不能适应变化的需要。20 世纪前半期，图书馆建筑的主流就是封闭的"固定功能性"的设计模式。它使图书馆的藏、阅、借、管四大部分用房固定、隔离，缺乏弹性，使图书和读者分开，难以形成一个服务效能高、使用灵活、方便读者的有机整体。现代图书馆应该是一个高效率的图书馆，能最大限度方便读者，具有最大的使用灵活性。其中灵活性是其核心，是衡量现代图书馆设计的一个基本标准，由封闭的固定型空间形态变为开放的灵活的空间形态是图书馆建筑发展中的重大变革，也是现代图书馆与传统图书馆区别的明显标志。开放的灵活空间可为图书馆提供较强的可变性、互换性，为读者提供方便的可达性和可选择性，人和书的空间由传统的互相分隔走向合一，并促使藏、借、阅、管走向一体化，在一个空间区域内既有藏书，又有阅览，也有外借，服务也在其中，使它们有机地结合，达到"开放服务"的目的，极大地方便读者。

2.3　图书馆建筑由设计的纪念性转变为设计的适用性

图书馆和博物馆是两大姐妹建筑。早期的图书馆设计像博物馆设计一样，强调纪念性和艺术性，设计这类建筑的建筑师常常把它作为自己创作的纪念碑来进行设计，因此，19世纪末20世纪初的图书馆大多采用严谨对称布局，把图书馆设计成学术衙门式的庄严，不顾实际功能需要，盲目强调左右对称，空间高大，宏伟气魄，装饰华丽，空间浪费，造价高昂。现代图书馆以用为主，从功能出发进行设计，讲究实用、经济、高效，平面紧凑，空间舒适，重视节省能源，不追求高大空间，同时造型简洁，注意创造安静、亲切、宜人的气氛，不再单以形式、气魄或是否是一座庄严宏伟的建筑来评价其优劣，而更注意它的适用性和经济性了。

2.4　书库由单一集中型向分散的多线藏书形态发展

在以藏书为主的传统图书馆都有一个很大的集中书库，其面积大多占整个图书馆建筑面积的1/3，甚至更多，并占据图书馆建筑的重要位置，它与读者完全隔开。现代图书馆读者要求尽可能直接接近读物。如何使读物尽可能接近读者，最好的途径就是实行开架服务，这就导致了传统书库模式的变革，把集中的书库分解为多种形式的适应不同使用要求的分散的书库；将书库与阅览室完全分开的方式变为藏、阅结合的方式，因此出现了多种形式的藏阅结合的方式。

开架阅览室，将常用的书刊藏于阅览室中，读者和读物在一个空间，读者看书借书自取。

半开架阅览室，在分散的各阅览室附近设置辅助书库，读者和读物分开在两个空间，但二者毗邻，有门直接相通，读者通过服务人员办理手续后可以进入书库。读物是向读者开放的，但不是完全直接与读者自如接触的。

基本书库，对于出版时间较久借阅较少的滞借书以及珍善本书，藏于基本库中，采用闭架管理，库内设少量阅览桌，少数读者可以进库阅读。

此外，与开架阅览相对应，也出现了开架借书室，即将流通量大的书目放在借书处，开架让读者自选借书。

以上这些被分解出的多种藏书形式将缩小基本书库的藏书量及藏书空间，但是它仍不能完全代替基本书库或因此而取消基本书库。

2.5　图书馆的空间重构和重组

传统图书馆空间组成包括藏、借、阅、管四大部分，各部门空间彼此分隔，自成一体，随着图书馆形态的变化，促使图书馆的空间组成及分区进行新的组合，现代图书馆一般要分以下几区：

（1）入口区——包括入口、存包处、出入口的控制台、指示性的标记区及新书展览等。

（2）情报服务中心区——包括咨询台、信息检索及指导服务台，还可包括传统的目录及出纳台。

（3）阅览区和研究室，为图书馆最主要的部分，它要打破传统阅览室（Reading Room）原有的概念，建立阅览室区（Reading Area）的新观念，它应是一个开敞的空间，可以容阅、藏、借、管于一体。它也是读者最方便到达之地。

（4）藏书区——基本书库与辅助书库，基本书库既要独立，也要保证与开架阅览区和半开架阅览区（含辅助书库）有联系。

（5）馆员工作和办公区——除了行政办公区其独立性外，其他直接为读者服务的工作用房应接近读者，使管、阅结合。

（6）公共活动区。图书馆是一个开放型、多功能、综合性的文献信息中心，是文献和读者的"中介"，要满足社会和读者多方面的要求。现代图书馆的任务、地位和职能在发生变化，其功能也在不断发展，越来越多样、复杂。国外和我国 80 年代新建的一些图书馆，除配有安静舒适的阅览室外，还设置了报告厅、展览厅等，可为读者开展多种形式的活动提供场所，这是现代图书馆功能发展的突出表现。这个公共活动区，既要与图书馆有关空间相连，又要有自己的独立性，便于独立开放，不干扰图书馆的正常使用。

3　当前我国图书馆的基本特征及要求

我在近十年图书馆的设计中，在参加评选图书馆设计方案的过程中，以及在参观一些建成的新图书馆时，都在不断地思考我国现阶段图书馆如何设计的问题。我国现阶段图书馆常常表现出以下特征。

3.1　传统工艺和现代工艺相结合

这是我国现阶段图书馆面临的一个客观现实，它构成我国设计图书馆的一个重要前提。任何类型图书馆设计工艺的合理性都是首要的。问题是我们要满足传统工艺和现代工艺的双重需要，其工艺组织就更趋复杂，譬如，既要保持传统工艺中读者流线的单一性，即读者先借后阅，先进出纳厅再到阅览室，也要考虑读者直接到阅览室或出纳厅，甚至进入书库。这种传统工艺和现代工艺的结合反映在藏书、借阅、管理服务的各个方面，但不管如何都要做到书籍加工运输的连贯与通畅；服务流线的简捷；读者流线的方便易达；管理的灵活和可变及高效性。工艺的合理性是评价图书馆设计优劣的首要标准，我们绝不能牺牲功能来追求形式。

3.2　闭架管理与开架管理的结合

这也是我国现阶段图书馆发展面临的现实，走向开架已成主流。图书馆实行开架管理还是闭架管理，直接关系到图书馆建筑的布局。在现阶段图书馆设计中，不能按过去完全闭架管理方式布局，而是要闭架与开架结合，立足于开架，坚持以开架为发展方向进行设计。采用藏阅结合的方式，满足新旧交替时期的需要。建筑布局要与之相适应，要扩大读者服务空间，缩短编、藏、借、阅之间的运行距离，以节省时间，提高效率，特别是基本藏书区与阅览区的联系要直接简便，不与读者流线交叉或相混，这是至关重要的。在不少图书馆的设计中，常常忽视了这个重要问题。

3.3　自然采光、通风与人工照明、机械通风的结合

这是使用功能要求的，也是我国国情所决定的。现代图书馆为了便于开架，增加空间使用的灵活性，都将传统图书馆惯用的分散的条形空间改为集中的块体空间，这大大增加了建筑物的进深，为此带来的采光与通风问题，只能采用人工照明和机械通风、集中空调等手段，但这样费用高昂。显然在我国目前的经济条件下，绝大多数图书馆不可能也不应该完全按国外的这个模式进行设计，不仅建不起，也用不起，同时也不符合现代建筑要节省能源的原则。同时，自然采光与通风也更符合人回归自然的要求。人工照明也不应被误解为就是现代图书馆的必要条件，实际上国外图书馆也有不少是以自然采光为主、人工采光为辅的。我国现代图书馆设计一定要坚持以自然采光为主、人工照明为辅的原则，不能采用全部人工照明和安装空调的办法，但也不能就局限于传统的长条空间两边开窗以取得自然光线和通风的方式，否则图书馆的空间布局就难以突破老的模式，也就难以适应现代图书馆灵活、高效、开放服务的要求。在进深较大的开架阅览区中，阅览区可以自然采光为主，开架藏书区可以人工照明为辅，少数特殊要求的藏阅空间，可以采用人工照明和安装空调设施。建筑设计应结合基地具体的日照、方位条件采用多样化的布局，尽可能使图书馆的各部分有良好的朝向和自然通风，切忌东西向。但有的图书馆基地方位不理想，采用常规布局难避东西晒，这就要求设计者巧妙构思，争取好的朝向和自然通风条件。如安徽省铜陵市图书馆，在基地方位偏西 45 度和主导风向偏西 15 度的情况下，采用等边三角形平面布局就较好地解决了这一矛盾。

3.4　要尽可能创造开敞、灵活的开放空间体系以代替分散的彼此分隔的传统空间体系

现代图书馆要求灵活、高效，图书馆建筑空间力求紧凑、集中。因此，现代图书馆空间特征常常是把分散的长条空间变为集中的块状空间，把各部分固定的小空间变为开敞连贯的大空间，把小开间变为大开间，把小进深变为大进深，把分隔阅览室的概念变为开敞阅览区的概念，把砖混结构改为框架结构。目前，我们虽不能完全按模数制图书馆（尤其是大型图书馆）全部设计成巨大的方块形采用人工照明，但可以在争取自然采光和通风的条件下尽可能把空间做得大一点，开敞一点，譬如说采用增大进深的矩形和带院落式中庭的方块形。目前我们不少图书馆设计仍然难以摆脱进深浅的带状空间布局，造成空间分隔、关系松散、交通路线长、缺少灵活性等弊端，缺乏现代图书馆的气息。

3.5　眼前与长远结合，创造持续发展的图书馆建筑环境

图书馆是一个不断增长的有机体，处在发展的过程中，所以一个好的图书馆设计不仅要满足现时的需要，还要适应未来的变化和扩展，不要出现建成后用之不适、改之不能、扩建不行、弃之不忍的局面。这就要求做好统一规划，留有发展余地，考虑设计活的接口，并保持图书馆各部分永远是一个有机的整体，合理的工艺不因发展而被破坏。一些必需的现代设备（如必要的空调、电梯等）要考虑今后有再设置的可能性。

此外，新建的公共图书馆为保持与社会的协调发展，便于开展多种形式的社会活动，要提供一定的空间以满足现代社会生活的需要，从而扩大图书馆的社会效益，同时也为图书馆适当开展第三产业，提供"以文养文"的途径，增加图书馆的经济效益，这也是保持图书馆持续发展的必要的物质条件。我们在安徽省铜陵市、马鞍山市图书馆的设计中都设置了这样的空间，实践证明已获得较好的效果。

（原载《建筑学报》1995 年第 10 期）

8 现代图书馆建筑开放设计观

——图书馆新的建筑设计模式

图书馆的发展依赖于社会的进步，它的功能也随社会的发展而变化。传统图书馆空间固定，藏、借、阅、管四个部分彼此分隔，自成一派。现代图书馆随着社会的进步和高科技的发展，社会化、信息化、网络化成为其主要特点。因此当代图书馆的职能也发生了急剧的变化，对图书馆设计提出了许多新要求。因此图书馆建筑如何适应新的要求就成为我们需要研究的课题。本文就拟提出一种新的图书馆建筑的设计模式——开放的图书馆建筑设计。

1 当代图书馆建筑的新要求

现代图书馆职能的变化，对图书馆提出了许多新要求，归纳如下：

（1）开放性——现代化图书馆读者希望能最快、最方便地接触到读物，尽量少通过第三者——馆员的服务接触到读物，因此图书馆的管理和图书馆的设计要具有开放性，即像超级市场那样实行开架管理。

图书馆的管理经历了开架—闭架—又开架的发展过程，图书馆的建筑设计也随之不断变化，最早西欧出现了一些公共图书馆就是开架管理，藏阅不分，二者设在一个空间内，读者直接接触读物；19世纪中叶，随着印刷技术的进步、文化教育的发展，读物和读者大量增加，为便于管理将藏阅分开，读者必须经过出纳才能借阅读物，导致产生藏、借、阅三个部分。20世纪以来，图书馆的概念有了新的变化：强调要节约读者时间，提高图书馆使用效率，方便读者，导致图书馆将以藏为主转为以阅为主，主张采用开架阅览的方式，把开架管理视为20世纪图书馆现代化的标志，于是又重新使用藏阅结合、在一个空间的布局方式。因此，图书馆建筑也要立足于开架管理来设计。

（2）灵活性——图书馆的使用过程是一个动态的过程，它随着内外条件的变化而不断变化。例如：阅览室多少和大小的调整，开架范围的变化，藏阅兼容或互换，设备的更新和相应空间要求的变化等，这些都依赖于空间是否有灵活性。实践表明传统图书馆所采用的固定式的空间布局必然不能适应今后的发展变化。所以说，图书馆建筑使用的灵活性是现代图书馆建筑的生命，为了争得空间的灵活性，图书馆的空间应开敞、灵活，富有弹性。

（3）舒适性——图书馆不仅提供看书、学习的场所，而且要为读者和工作人员提供一个舒适的学习和工作环境，即要提高图书馆室内外的环境空间质量。因为随着人们生活水平的提高，各方面舒适性要求也提高了。另一方面，图书馆现代化、自动化的设备改变了传统图书馆的手工操作方式，读者和读物、读者与馆员之间增加了信息设备或电子设备作中介。阅览环境追求视觉、听觉、触觉及心理感觉的舒适性，要提供舒适宜人的声、光、空气、温度及湿度的环境条件，以减少读者和馆员的心理压力而愉快有效地工作。

此外，当代社会也非常注重人的个性化。图书馆的设计也要创造富有个性的阅览空间环境，使读者据其所好有选择的余地，减少光、声及视觉的相互干扰，因此个人阅览室的比重要增加。

（4）综合性——传统图书馆的功能比较单一，即以文献资料为中心。现代图书馆（尤其是公共图书馆）已成为多功能的社会信息中心，除了传统的功能外，许多公共图书馆为了充分利用馆藏文献资源，吸引更多读者，更好地为社会经济发展服务，还开辟了展示、讲演、视听、培训及商店、快餐、小卖部等服务及设施，甚至为读者提供休闲场所，并开展一些社会公共活动，高校图书馆逐渐向社会开放，培养技术人才，举办技术展销、就业指导。这些综合化的趋向一方面是提高馆藏文献利用率，使馆方受益，一方面反映了现代社会高效率的需要，在同一单元时间内同时完成几件工作，节约了时间，提高了效率。

（5）高效性——现代图书馆是高效图书馆，它要求图书馆的设计和管理都要遵循节约读者时间的原则，读者要能方便地到达和方便地停车、取车，到馆后方便地通到各个工作区，内部流线要简捷明确，各项服务要简便高效；同时也要有效利用空间，采用集约化的高效设计，要特别注重适用、经济、平面紧凑，空间使用合理，提高建筑面积使用率，避免高、大、空的空间设计而造成浪费。

（6）社会性——公共图书馆被公众认为是一个提供文献和参考咨询的信息中心，是支持终生教育的场所，也是交往系统中心。公共图书馆的大众性要求图书馆设计要能适应不同类型读者的要求，要为残疾人考虑无障碍设计，使他们能方便到达馆藏各处，要提供专用通道和馆内载人电梯，甚至设置专门的阅读空间和盲文阅览室，要提供更多的室内外的交往空间。

此外，随着社会步入老龄化，老年读者也日益增多，图书馆作为终生教育场所要为"白族"读者设置相应的活动项目及活动空间，要考虑高龄化读者的身体条件，在环境规划设计中要特别予以关注。

2　信息网络化与图书馆设计

从1946年第一台电子计算机ENIVAC问世以来，计算机技术有了飞跃的发展，以计算机为主体演变而来的各种各样的信息处理技术与各种各样的先进技术相结合，又逐步形成了新的发展领域，像人工智能、分布式数据库、图像处理和计算机网络等，这些成为现代计算机高速发展的标志。可以说信息社会最大的特征就是信息网络化。图书馆作为"第一信息部门"不可避免地要向网络化发展，而且将成为全国性或全球性信息网络最重要的信息链。

2.1　图书馆网络与图书馆现代化

计算机网络是随着计算机应用领域的不断扩大以及用户对计算机系统功能要求的不断提高，而与通信技术相互结合而发展起来的。从直观上讲，计算机网络就是N个计算机经由通信线路（包括光缆、双绞线、同轴电缆或电话线等）互联而组成的网络系统。这个网络系统以主机为中心，多个终端用多种拓扑结构关系相连，相互传递信息流，共享信息资源。这样不仅每台计算机的效率得到了比较充分的发挥，而且现代信息技术还实现了远距可达性与共享性。各馆之间可以通过各自网络实现互联，而最终形成一个全球性的开放的网络结构。

馆与馆之间传统的馆际协作形式，也将被现代化信息技术的馆际互联网取代，而最终形成一个包括各个信息网的全国性或全球性的网络化的"大图书馆"。传统图书馆将变成"大图书馆"的"图书馆单元"。图书馆网络的形成，不仅方便读者查阅资料，提高图书馆管理效率，更重要的是能扩大图书馆的藏书量和图书馆的阅览空间。许多读者可以在办公室或家里通过终端计算机利用图书馆。图书馆的藏书和读者的距离缩小了，图书馆的藏书相当于自己书架上的书籍。将来通过计算机联网，图书馆将达到彻底开架管理，实际上也是高级的闭架管理，所以图书馆界认为：没有计算机网络，就没有现代化图书馆。

2.2　图书馆网络与馆舍设计

计算机网络技术的使用，极大地冲击了传统图书馆的概念。先进的电子计算机技术和通信技术使得信息的存贮、处理和传播获得了革命性进步，电子信息取代了传统的纸介质文献信息，逐渐成为信息管理的主角。这已不是传统图书馆的内涵和外延所容纳的。美国伊利诺斯大学情报院的兰卡斯特教授在《情报检索系统：特性、试验与评价》一书的最后结论中写道："我们正迅速地、不可避免地走向一个无纸社会……在2000年的情报学中，利用者将广泛地从计算机可读资料的来源选取信息，几乎全部的参考书目和期刊文章，都可联机读取，因此对原文资料的信息存取，就没有必要再预订、购进和去图书馆了。"英国图书馆学会的汤普逊在《图书馆的消亡》一文中认为："由于现代科学技术的发展，电子计算机和远程通信技术的结合必将取代图书馆贮存和传播知识的功能，从而使图书馆最终走向消亡。"这两者都从一个侧面说明了由于计算机技术和通信技术的介入，现代化图书馆已大大不同于我们熟悉的传统图书馆。我认为这里死亡的仅仅是封闭的、手工的、低效的、传统图书馆模式，而图书馆作为一个信息选择、存贮、组织和传播的机构，在现在和将来仍会存在。现代图书馆也必定是以一种崭新的模式来容纳新技术产生的新的图书馆的外延与内涵。

采用网络技术与通信技术之后，整个图书馆通过电脑中介形成高度整合的网络，传统的专业化分工部门变为网络系统中的一个环节，只承担图书馆计算机管理的某项主要功能。而整个网络系统功能的发挥和系统的正常运转则是图书馆工作开展的关键。因此建筑设计不仅包括传统的物流（书籍、读物等）和人流（读者、服务人流）的设计，而且包括信息流的设计；不仅要考虑实体的建筑空间的设计，同时要考虑图书馆网络系统的设计，我们可以称之为虚拟网络空间设计。一个好的现代化图书馆设计，无疑是"虚"、"实"的有机结合。虚拟的网络空间设计，应根据图书馆的性质、规模、管理方式，选择合适的网络结构和各功能"空间"的拓扑关系确定网络的综合布线，以及选择性能匹配的硬件及适应的软件，并考虑整个网络系统发展的可能性，这一般是由计算机工程师与图书馆工作者合作完成。对于建筑师来讲，比起传统图书馆馆舍设计，现代图书馆除进行建筑空间设计外，还应考虑建筑空间与网络空间的整合设计。进行图书馆空间组织时，传统图书馆是根据各部门空间的功能关系进行组织的，而现代图书馆各部门的关系更主要的是在计算机工作网络中通过通信线路联系，也就是说在网络中，图书馆各功能空间可以实现"零距离"办公。这样图书馆设计就可以从传统固定而又划分琐碎的空间模式中解放出来，而采用一种开放的、灵活的布局方式，使其适应可能的发展以及具备技术改造的可能。

目前我国图书馆在使用网络技术与通信技术方面还刚刚起步。一般图书馆内的弱电（电子）设施很少，往往只是电话通讯。在新馆设计时必须考虑通信线路的预装。在现代化图书馆中，计算机使用网络化，因而馆内各部门之间的通信线路必须予以考虑，除了电话线路之外，十分重要的是各计算机终端之间或各微机之间的专用连线。如果计算机系统未确定或正在扩展中，必须考虑管线的预埋，以便于图书馆日后的发展。

3 走向开放的图书馆建筑设计

3.1 开放建筑设计理念

建筑现象首先是一种社会现象，社会生活形态的动态特征要求建筑环境形态必须是一种开放的体系，以达成建筑形态与社会生活形态的互适；建筑环境是多层次、多渠道决策活动的结果，它要求创作过程必须是一个包含多阶层、多角色共同参与的开放过程。前者是指设计成果，后者是指设计过程，二者紧密相连、互为因果，这构成开放建筑设计思想体系的主题。

环境是人的场所，人是其中最活跃的能动因素。社会形态的动态性和个体生活形态的多样性应在建筑环境中得到充分的体现。建筑师可以创造建筑，却不可能创造人的生活，最了解生活意义的正是使用者自己。新的设计思想让使用者从被动走向主动，重新挖掘使用者参与式自营建构环境的潜力，开放设计决策的权限范围，使由专家主宰的环境建构体系与由使用者主宰的建构体系之间得到合理有效的承传。建筑师的任务是建构一个合理的空框，让使用者根据时空变化的情况在自营建构活动中在这个空框内自由驰骋。

同时，人的社会生活和个体生活又是一个动态的历时过程，无论从人与建筑的互适性出发，还是从建筑产业的经济效益出发，建筑环境都是一个不断与外界环境进行物质、能源、信息对流的动态过程。建筑环境应该成为类似生命体的组织系统，在这样开放的组织系统内潜伏着各种更替代换的可能性，以创造可变的条件不断使建成环境适应变化的新要求。

总之，"使用者——人"的观念、未来的观念和变化的观念是开放建筑的基本宗旨（即 Buildings for People，Buildings for Future，Buildings for Change）。变化的观念既指其横向的多样性，又指其纵向的过程性，二者相互交织构成建筑环境动态的时空网络。对"使用者——人"的关注，使"人"在建筑创造活动中从后台走向前台，这是开放建筑最本质的宗旨，动态性则是其根本特征，由此决定了开放建筑创作设计的原则和方法。

3.2 设计无终极目标

人们生活形态的动态特征决定了人与建筑环境的关系绝非一成不变，设计者对建筑形态的控制权最终将移交给使用者，专业设计者对建筑环境的建构作用必将由使用者或业主直接操纵的建构活动来延续。只要条件允许，使用者总是要在与环境的对话中不断调整改善环境，建筑的使用过程与自营建构的活动总是相伴相随。建筑环境总是处于一个不断变化的动态过程之中。按照开放建筑的观点，我们并不仅仅追求建立空间和物质要素之间的理想构图或者寻求纪念碑式的终极设计目标，而是建立适度的秩序或原型，努力达成使用者与建筑环境之间的良好关系；另一方面为使用者的自营建构活动留下活口，从而形成能适应使用行为不断发展的建筑环境。这种无终极目标的图书馆设计强调建筑形态中要素的重组和流动，并保障要素重组和流动的调节组织机制，为图书馆适应使用过程中的变化要求提供了广阔的天地。

3.3 梯级决策与设计层次

梯级关系是研究复杂事物的有效方法，它按照层次来安排各项要素以建立整体与部分之间的关系。在建筑环境的形态梯级中，不同层次包含不同的形态要素。比如这样一个梯级层次体系，家具在房间中，房间在建筑物内，建筑物在城市街区内……梯级层次体系一般呈金字塔形。

环境梯级中每一个层次有其相对的独立性，又是相互关联的。各个主体在其层次上的决策动作既是对上一个层次空间的开发和深化，又是为下一个层次的继续开发和填充提供背景容量，因此不同的角色在某一个层次上的决策既受制于上一个层次的制约，又给下一个层次的运作选择带来新的制约。它们都具有适度弹性和宽泛性，最终的合理决策有赖于上下层次间不同角色的交流和共同决策。

梯级决策保证了专家和使用者及其他参与者的共同决策，专家决策和使用者决策既是分阶段、分层次的，又是共同行使的。图书馆建筑设计，就依赖于建筑设计专家与图书馆员不同层次上的共同决策。

3.4 不变与可变

变与不变是物质世界两种相对的存在方式。事物在一定时空范围内具有稳定性，所谓不变就是指其某种稳定性、固定性、规律性或秩序感；而运动则是事物最基本的特征，所谓变就是指某种非稳定性、动态性和多样化。不变是相对的，变是绝对的。

不变与可变是相对的概念。在环境形态的梯级关系中，不同层次的不变与可变的具体内容是不相同的。对某个图书馆建筑来说，整体的结构形态是相对稳定的，而内部空间是可变的。

不变与可变具有互补性。一方面它们相互区别各有特性，另一方面相互补充构成完整的统一体。不变的部分是可变部分赖以存在的背景和基础，可变部分是对不变部分存在意义的体现，可变的原则是环境多样化的源泉。

建筑形态包括空间和物质两大形态要素，一为目的，一为手段。空间可分为两大类，一类是服务性空间，如交通空间、设备空间、卫生服务空间等；另一类是被服务空间，即主要使用空间，如图书馆建筑中的藏书空间、阅览空间等。它们是建筑的主要目的空间。前者一般是稳定的，后者是易变的。为此，按照开放建筑观念，建筑的空间体系就包括了不变和可变两个部分。可变空间最为活跃，变化周期也最短，不同的个体需求和情趣带来不同的空间形态。通常它只能维持暂时的稳定，占有空间的使用者的变更或增减、空间职能的改变，或者由技术进步带来的管理方式的换代（如微机管理方式的出现）都会导致重新组织空间单元，图书馆的这种变化更是常见。

建筑中物质要素包括围护职能（如屋盖、外墙）、服务职能（如水、暖、电管网）和空间分隔职能（如隔墙）。物质要素的职能是为空间的职能服务的。按照开放建筑观念，同样也可以把建筑物中的物质要素划分为不变和可变两个部分。如隔墙属后者，是可变的；前者如建筑物的结构体系、设备管井，它们是不变的。可变物质要素通常是可以由使用者自行作业的。把物质要素中不变与可变两部分区别开来，这为不同层次的决策创造了条件，即为使用者参与设计提供了可能。

在工业社会转入信息社会的时代，建筑设计要适应信息社会的变化，要想保持自己的相对永恒，就必须能够适应这种不断的变化，在变化中求"永恒"。因此，在建筑设计中，建筑师应充分认识建筑"变"与"不变"的辩证关系，所设计的作品能够适应变化和未来发展的需要。所以，面临信息革命时代的图书馆建筑设计，一个不容忽视的重要问题就是如何提高建筑空间适应变化的能力。

开放性图书馆建筑的空间组织与形式是对以上三个主要设计原则的具体体现。这种空间组织方式的最大特征是无终极目标，它既是有秩序的，又是可变的、动态的。空间形态最终的存在方式和过程既能体现设计者的创作成果，又能体现使用者参与自营建构活动的作用与影响。开放性图书馆设计就是将传统图书馆静态的固定的空间体系改变为动态的弹性的空间体系，建立弹性空间与非弹性空间体系，根据二者的不同特点而进行设计。

如前所述，根据空间的职能差异我们已经把空间分为"服务空间"和"目的空间"两大类。"服务空间"通常是稳定的，它的各个单元只完成单一的功能，因此是非弹性空间。而被服务空间即"目的空间"是活跃的、易变的，它常常要完成综合的、周期性的功能，因此是一种弹性空间。在建筑从诞生到消亡的生命周期内，上述二种不同空间所扮演的角色是不同的，各自变化的周期是不同步的，将这两者区别开来，使其各完成不同的使命，将会给建筑带来生命力。这是开放建筑观对建筑空间的认识，也是与一般所谓的"通用空间"的根本区别。

传统的图书馆设计方式往往依据设计者对"现时"使用方式的理解对空间作过细分隔，并用固定的物质结构体系来作空间的限定。这种静态单一的时空观带来两个弊端，一是设计者对"使用方式"的主观理解与使用者需求常常不一致，而使用者又无法对此作出调整；二是"使用方式"具有周期性，使用期间一种功能常常被另一种功能所替代，固定的空间组织不能适应变化的需求而得到重组。

把空间划分为弹性和非弹性空间是一次设计，在弹性空间内再建空间组织秩序是二次设计。这就把整体的决策分成两个步骤，二次设计的主要控制权显然是属于用户自身的。设计者创作活动的意义在于为使用者自营建构提供一个合理的文脉背景和适当的空间容量。图书馆采用这种设计方法，将为图书馆可持续发展功能创造极有利条件，使其具有永续性。

弹性空间和非弹性空间的布局一般应遵循下列几点原则：

（1）保障弹性空间的完整性。非弹性空间的位置应相对独立，尽量避免对弹性空间的切割或插入，这有益于弹性空间内各单元最大的通达程度和互换能力以及灵活划分的多种可能性。

（2）弹性空间是建筑主要的"目的空间"，因此应当占据最佳的空间位置。如最佳景向、朝向、最好的自然通风和采光条件等。

（3）弹性空间尽量采用规则的几何形态，越具简洁性的空间越便于多样分割秩序，反之，则不然。

（4）为弹性空间的进一步开发留下伏笔，这里不仅仅指二维平面上的发展，也指三维空间内竖向开发的潜伏设计（比如考虑在剖面上增设夹层空间的可能性）。

开放的图书馆就是按照上述观念、原则和方法进行设计的，它将能很好地适应新世纪的需要。近几年我们从事的多个图书馆设计都按此模式进行设计，受到了图书馆界的欢迎。

参见实例：

①安徽省铜陵市图书馆；

②深圳高等职业技术学院图书馆；

③辽宁工程技术大学图书馆；

④安徽省马鞍山市图书馆；

⑤山东聊城师范大学图书馆。

（原载《南方建筑》1999年第3期）

注：本文为1999年海峡两岸图书馆建筑研讨会撰写，收录于《1999海峡两岸图书馆建筑研讨会论文集》；后应《南方建筑》杂志郑振弘总编的要求，发表于《南方建筑》。

9 "模块式"图书馆设计初探

1 传统式图书馆与模数式图书馆

传统式图书馆的主要特点是图书馆用房的功能明确而固定，单一而固定的平面布局很难随着建筑目的和功能的变化而变化。这种固定功能的设计意识使传统式图书馆只注重近期的适用性与经济性，而几乎完全放弃了灵活性。在社会经济和科学技术呈加速度发展的今天，传统图书馆建筑再也无法适应读者需求的多样化和多变性了。

针对传统式图书馆缺乏灵活性这一弊端，美国的麦克唐纳（Macdonald. A.）于20世纪30年代初提出了模数式（Modular）图书馆的设想。这一设想给图书馆建筑设计思想带来了革命性的变革，为图书馆的现在与未来提供了一个良好的基本框架。近10年来，我国有关图书馆学者和建筑家也极力推崇这种设计模式，有的已付诸实践。但它并非十全十美，我们不难看到它的一些缺陷。

（1）模数式图书馆大多是封闭式，依靠空调系统和人工照明系统。这是一次性投资与维持费用都很高的建构模式，往往是"建得起而用不起"。全空调及大量人工照明，势必使能源消耗大，运行费用太高。模数式图书馆这一致命弱点不仅使它不太适合我国及其他发展中国家的国情，而且与今天全球要求的可持续发展节约能源、保护生态环境的设计原则也背道而驰。

（2）缺乏空间的多样性。"灵活性"既是模数式图书馆的优点，又是它的缺点。"灵活使用"要求带来的一个负面影响表现在缺乏空间的多样性。模数式图书馆统一的大空间难以适应具有不同空间形态的非传统图书馆职能的日益扩展，尤其在今天，图书馆越来越走向多种功能的综合，它们有着与图书馆传统职能不同要求的空间特征。模数式图书馆统一柱网造成的空间单一性难以满足它们的要求，同时也限制了内部空间环境的创造，并造成空间的浪费。

（3）模数式图书馆由于形状一般都较方整，建筑设计不容易体现出图书馆建筑的多样化，而且其方整的体块有时也较难适应多种多样的基地形状与地形地貌。

2 "模块式"图书馆及其设计原则

在传统图书馆与模数式图书馆的基础上，我们试图扬利去弊，提出另一种图书馆建筑模式，称之为"模块式图书馆"。"模"是指模数式设计，"块"是指功能块，即按不同职能的空间进行分区。模块式图书馆设计就是把"模"与"块"两者结合起来，不同的功能块可以按其空间需要设计不同的结构柱网，即主张按功能分区进行模数式设计。

"模块式"图书馆的设计原则既有别于传统图书馆，也有别于模数式图书馆，现就其主要设计原则阐述如下。

2.1 必要的功能分区

"模块式"图书馆相对于"模数式"图书馆的最大区别在于"模块式"图书馆按不同的职能空间进行必要的功能分区，分为不同的"功能块"。模块式设计对图书馆按最基本的、必要的功能及空间组成进行了新的划分与组合。这些分区之间都有其相对独立性和稳定性。具体分区如下（图1）。

（1）入口区

图书馆的出入口一般都是根据周围自然环境、道路及建筑环境确定的。无论怎样灵活的图书馆，入口区域的位置总是相对稳定的。现代图书馆的入口区包括入口、咨询台、入口控制台、存包间、新

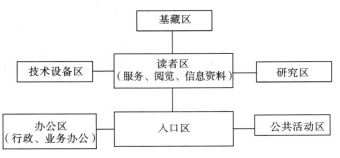

图1　模块式图书馆功能分区

书展览区及指示性标记区。它是整个图书馆人流交通的枢纽。而模数式设计往往忽视了入口作为引导空间的重要性，千篇一律的空间形式使其缺乏应有的表现力。

（2）读者区是图书馆最主要的部分，根据不同的管理方式与技术条件，可以进行多种功能组合。我们可以将读者区划分为：咨询服务区、阅览区及信息资源区（开架书库等）。

咨询服务区在传统图书馆为目录厅与出纳台，承担信息检索并提供服务。新的现代情报服务区利用计算机、自动输送设备等高技术手段，服务的内容、范围和效率非传统出纳工作可比，它在现代图书馆中将承担越来越重要的作用。

阅览区打破了传统阅览室的概念，包括多种阅读方式的阅览空间。除传统的书报刊阅览室外，还有缩微读物、电子读物、视听资料等新载体的视听阅览，而且日趋多样化。

信息资源区不单储存书籍资料，还保存数据库、光盘、磁带等多种载体形式的信息资源，并且与阅览区在同一空间内，方便读者使用。

读者区的概念使图书馆的主要功能分而不死，既能合理分区，又保持相当的灵活性。

（3）研究区

大学图书馆和公共图书馆对这方面的要求越来越多，它有自身的管理和使用要求，与一般阅览室有所不同。

（4）基藏区

图书馆的藏书，不可能全部开架，尤其是大中型图书馆，因此基本藏书空间对于绝大多数图书馆来讲仍然是必须要保证的，因其空间形态与阅览室不完全一样，故可自成一区，但与读者区、研究区需有方便的联系。

（5）办公区

馆员业务办公和行政办公区具有相对的独立性，它们对空间容量的要求通常比读者区要小得多。在模数式图书馆中，办公用房通常是由大空间分隔而成。这种做法很难保证办公区有一个良好的内部空间尺度和环境。同时，业务办公区将会根据图书馆业务的扩展与改变而产生不同的使用要求，因此传统式图书馆中分隔固定的办公区也不能适应变化发展的要求。

在公共图书馆中，业务办公用房将会更多，有辅导培训空间，甚至还有研究用房、图书修复工厂等。它们更有相对的独立性和稳定性，也有着与阅览室不同的空间要求。

（6）公共活动区

图书馆是一个多功能、开放型、综合性的文献信息中心。报告厅、展览厅、录像厅，甚至为读者生活服务的商店、小卖部、快餐厅及书店等设施，都可能纳入图书馆的使用功能要求，从而形成一个动态的、开放的公共活动区。公共活动区因其动态性、开放性的特点，而需较强的独立性，便于独立开放而不干扰图书馆的其他主要功能。同时，其空间多半与阅览室、书库所要求的空间形态不一样，使用特点不一，有的空间大，人流多，有噪声，与图书馆要求安静相矛盾，因此更要求它与其他功能区分开。

（7）技术设备区

随着图书馆的加速现代化，计算机与通信系统等现代技术的普遍应用，它们对图书馆的物理环境与技术环境质量提出越来越高的要求。计算机房、空调机房、电话机房及监控室等技术设备用房也必不可少。技术设备区因为管线安排与技术要求较为复杂，而不易变动，同时为避免其噪声、振动对其他区域的干扰，这些用房应尽量远离其他分区。

2.2　分区模数化设计

模数式图书馆实行"三统一"，即图书馆内所有空间都实行统一柱网、统一层高和统一荷载。它虽有很大的空间使用灵活性，但是是以部分空间浪费和结构的浪费为代价换来的，可以说不尽合理。模块式图书馆采取实事求是、具体分析、区别对待的较为灵活的方式，在不同分区内实行不同的模数化设计原则。分区模数化设计具体方法是：

（1）分区确定荷载

显而易见，读者区、办公区、公共活动区及设备区因各自不同的功能，而对设计荷载的要求不同，如读者区要考虑"书库"的荷载，设备区要考虑设备的要求。因此，根据不同的功能要求实行分区确定荷载，既可避免不必要的浪费，又能在分区内获得最大的灵活性。

（2）分区设计柱网

图书馆读者区希望有较大的柱网尺寸，以满足较大的灵活性。公共活动区往往要求更大跨度的无柱空间。如录像厅、报告厅，一般要求在四五百平方米的空间内无柱子，以免遮挡视线；同时室内空间也较高，以避免压抑感。而对于办公区，由于馆员工作及行政办公通常需要较小的空间，因而柱网可视情况适当取小。因此，分区设计柱网可以更好地满足不同的使用功能。

（3）分区确定层高

统一层高，对于图书馆能否具有灵活性、适应性起着很大的作用，所以在强调各分区内统一层高的基础上，要做好较紧密的各分区之间的联系问题，以减少由于高差带来的流线组织上的麻烦。有时相差较大，可以利用空间微变原则尽可能按各取所需的方针进行好剖面设计，而不必像模数式图书馆那样大小空间一样高。这样可以避免空间浪费，取得空间设计的合理性和高效性。对于某些分区的层高作出调整是获得空间多样性与适用性的一条途径，如公共活动区，由于要求较大的空间容量，往往需要较大的层高，分区以后，就取得了设计的自由度。

（4）统一规划设备

图书馆各区中的现代化设备要求将越来越多，越来越高。因此，需要对图书馆的各个分区统一规划设备要求，统一作好布线设计。但同时考虑到图书馆现代化的过程性及现实的适用性，可分区实施。可以先根据目前的财力与需要，对某些分区先行实施，将来有能力再逐步全面完成。

2.3　"服务功能块"的设置

为保证各主要使用空间的相对灵活性与完整性，模块式图书馆将楼梯、电梯、厕所等服务性空间组成"服务功能块"，位置相对独立，尽量避免对主要使用空间切割或插入，以提供空间使用最大的灵活性。服务功能块不仅是各区之间的纽带，还可以设计成今后图书馆扩建与发展的"活接口"，为今后的扩建提供新增长点，并保证图书馆的有机增长。

服务功能块一般布置于主体空间（读者空间）的外缘和内环，可根据图书馆规模的大小和交通、防火疏散的要求决定它的多少及大小。其设计原则是尽量集中或均匀布置，并考虑今后利用它作为扩建发展的"接口"，如图 2 所示。

2.4　主要功能分区由"空间单元"组合构成

对于较大规模的图书馆，其主要功能分区需由若干"空间单元"组合构成。适宜的"空间单元"一般控制在 500～2000 平方米。这样既能利用自然通风和采光，又符合我国防火规范的要求。单元中实行"三统一"的模数化设计，可使其具有相当的灵活性。这种灵活空间与相应的"服务功能块"结合成"灵活空间单元"。根据使用要求，这种"灵活空间单元"可以作为不同的"阅览空间单元"或其他分区使用。由于单元之间有较强的互换性及单元内有相当的灵活性，所以由这种单元组合而成的功能分区同样具备很大的灵活性。这种单元式的组合使图书馆内较大的分区利用自然采光和通风成为可能。

3 模块式图书馆的组织方式

3.1 平面并联组织

平面并联组织就是图书馆的不同功能块主要在水平方向上并联组织。在每个分区内，统一柱网、统一荷载及统一层高，以实现最大的灵活性。各区之间通过"服务功能块"相连。这种组织方式占地面积大，适用于基地面积富裕的工程。当建筑规模巨大时，采用这种形式可化解巨大的建筑形体，易于与城市环境及各种复杂的地形地貌相协调。当然，平面并联组织的最大优势在于它是一个渐进"未完"形态，极便于建筑历时性生长（图3-a）。

3.2 垂直串联组织

垂直串联组织就是将各功能分区按垂直方向安排在不同的层上，某一个层面或几个层面为一个功能分区。各楼层统一柱网，但视各自功能要求，采用不同的设计荷载及层高，这样在每个楼层内，都具有相当的灵活性和适用性。各个功能分区垂直方向上重叠排列，通过服务功能块中的垂直交通枢纽联系。这种组织方式占地小，较为紧凑（图3-b）。

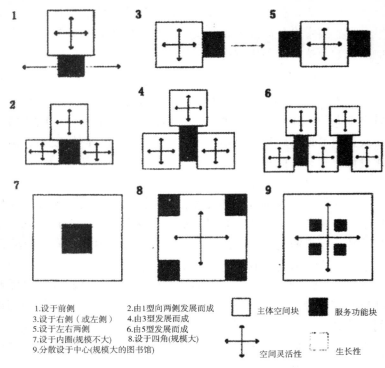

1.设于前侧　2.由1型向两侧发展而成
3.设于右侧（或左侧）　4.由3型发展而成
5.设于左右两侧　6.由5型发展而成
7.设于内圈（规模不大）　8.设于四角（规模大）
9.分散设于中心（规模大的图书馆）

□ 主体空间块　■ 服务功能块
✛ 空间灵活性　⬚ 生长性

图2　服务功能块布置

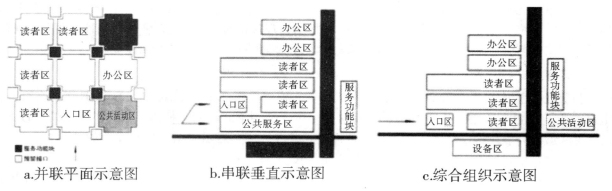

a.并联平面示意图　　b.串联垂直示意图　　c.综合组织示意图

图3　模块式图书馆的组织方式

3.3 混合式空间组织

这是以上两种形式的结合。根据建筑环境的实际状况和建筑内部运作特点的要求，灵活地对两种形式进行取舍融合。它可以吸取以上两种形式的优势。这种组织方式较为灵活，因而具有较强的适应性（图3-c）。

4 "模块式"图书馆的效益评估

4.1 具有更大的空间使用灵活性

从某种意义上说，现代图书馆应是高效的图书馆。图书馆一定要注意效率和效益，它应体现在设计—建造—使用—维修整个过程中。可以说，模块式图书馆一般比传统图书馆和现代模数式图书馆在设计效益方面更好一些。其效益表现在：必要的功能分区为图书馆的发展提供了比模数式统一化设计更大的灵活性。模数式设计只提供了一种可变的空间形态，任何用房的发展都被限制在同样的层高、同样的柱网、同样的设备条件内。而模块式图书馆为自身的发展提供了多样的可变途径：藏、借、阅空间在读者区内灵活调整；多种文教、娱乐活动在公共活动区内得到满足；技术设备区可以适应技术革新带来的变化。模块式图书馆功能上的合理分区，也有利于空间的有机组织。分区模数化设计保证了模块式图书馆空间的多样性与适用性。

4.2 模块式图书馆将利用自然光线及自然通风变为可能，为创造良好的室内环境提供了基本保证，可以节省能源，减少使用中的能源开支，建得起，也用得起

模块式图书馆一改模数式图书馆呆板的外形，其不同的空间组织方式可适应不同的环境条件与基地状况，并易创造出丰富多样的建筑形象。分区确定柱网、荷载及层高，在保证区内足够的灵活性的同时，减少了许多不必要的空间和结构上的浪费。由于分区采用了模数式设计，在很大程度上方便了建筑施工，有利于提高工程质量和施工速度，降低建筑造价。

4.3 有利于扩建和增长

模块式图书馆宜分期建设，在满足规模发展和功能更新的前提下滚动发展，使建设图书馆的起动投资控制在低限，随规模扩展和功能更新的要求逐步投入资金，以使阶段性投入的建筑资金获得最大的效益。

按照模块式图书馆的设计理念，近几年来我们参加了多次图书馆建筑方案的设计招标，这一理念基本上都被认同并采纳，目前已建成了几座图书馆，如18000平方米的深圳市职业技术学院图书馆，8000平方米的马鞍山市公共图书馆，12000平方米的辽宁工程技术大学图书馆等，建成后都获得好评。由于本文篇幅有限，我们将分别另行介绍，欢迎图书馆行家和建筑师共同进行讨论。

注：这篇文章是我当时的在读硕士研究生葛忻硕士论文的一部分内容。我每隔四五年就安排一个研究生研究图书馆，以确保图书馆设计研究不断线。在这次研究过程中，发现模数式图书馆有其优点，也有其弊端，因而提出了"模块式"图书馆设计的理念，它与模数式图书馆理念结合起来可能会更适合一些，此理念曾在内蒙古自治区召开的图书馆建筑研讨会上发表，受到与会者的赞同。2000年发表在《北京大学图书馆学报》上。

10　图书馆建筑发展趋向与设计对策

我国图书馆建筑正处于继往开来的发展变革时期，即正处于由传统图书馆向现代图书馆观念过渡与转变的阶段。在这个变革过程中，图书馆的内涵在不断延伸，社会职能在不断扩充，现代电子和计算机技术在图书馆中的应用正在不断普及和深入，这给图书馆的服务和管理工作带来一系列的巨大变化，直接影响到图书馆及图书馆建筑的构成及结构。限于篇幅，这里仅就现代信息技术对图书馆建筑的影响及设计对策作一简要论述。

美国学者约翰·奈斯波特（John Nasibitt）指出："现代社会的战略资源是信息，尽管它并非唯一资源，但却是一种最重要的资源。"这个论述反映了 20 世纪 80 年代美国社会进入信息时代：以信息和服务为主的第三产业产值超过第一、第二产业，成为引导经济增长的推动力量。它是以微电子技术的新技术革命为先导的，大批电子科技产品改变了人们的生活方式。建筑物作为人们生活的空间必然要容纳这些先进的设备，也就必然会影响和改变建筑乃至城市的空间形态。图书馆建筑是与信息技术关系最密切的建筑类型之一，信息技术的发展给图书馆建筑带来了革命性的变化。可以说是计算机及网络技术的发展造成了 20 世纪 90 年代以来发达国家图书馆的变化。今天人们讨论的已不是在现有图书馆模式中如何发挥计算机作用的问题，而是在研究如何改变它乃至如何创造新的图书馆模式以适应计算机技术的问题。甚至有人提出了图书馆消亡论。可以想象计算机及网络技术的发展对图书馆及图书馆建筑产生的影响将是多么巨大！

图书馆会不会消亡？它不会消亡，这是毋庸置疑的。"图书馆"这一概念会存在下去，但它的形式将发生巨大的变化，这是英美图书馆学界比较普遍的共识。例如美国图书馆学专家博斯（Boss）就曾认为："图书馆和信息中心将仍然保存大量的印刷物，但馆藏中的大部分资料将可以通过计算机终端来获取。"[1] 现在的图书馆就正朝着这个方向发展变化，这就是利用信息技术发展的"数字化图书馆"（Digital Library）。

1　数字化图书馆及其特征

什么是数字化图书馆？在张利博士撰写的《信息时代的建筑与建筑设计》一书中引用了 1994 年美国电气及电子工程师协会（IEEF）的数字化图书馆技术研讨会上由 IBM 的数字化图书馆专家戈德莱尼（Gladney）等人提出的定义，即"数字化图书馆是以二进制（或计算机内部）计算、存贮和通信机制为基础的，结合具体的内容和软件，用以重复、模拟或扩展以纸及其物理介质为基础的传统图书馆的信息存贮、编目、查询、传播等功能的组合系统"[2]。这是符合实际的也是非常明确的定义。简言之，它就是建立在计算机网络系统基础之上，以数字方式实现对信息内容的处理，并且能大大优化图书馆服务功能，它不仅能够完成传统图书馆所有的服务功能，还可在信息存贮、查询和通信方面充分发挥数字化的优势。

根据上述理解，可以看出数字化图书馆技术具有下述明显的特征：

---

[1]　Boss Richard W. Information technology and space planning for libraries and information centre. Bostan Mass, Gk Hall publishers, 1987.

[2]　张利，《信息时代的建筑与建筑设计》，东南大学出版社，2002 年 1 月。

1.1 "零距离"的效能

数字化图书馆技术具有"零距离"的效能，能实现远距离的服务。它能够实现与物理距离无关的服务工作，读者获取信息可以不需要通过人和书的空间运动来实现，越来越多的人可以坐在家中，通过客户端软件获取所需要的知识，使图书馆能够为读者提供远距离的信息服务，大大减少读者来馆的次数。

1.2 无载体的传播

在传统图书馆中，图书馆服务以书籍这种物质形式为媒介，信息的输送完全借助书籍的空间运动进行，书籍成为获取信息、知识的主要载体。图书馆的管理也主要是以这种载体为对象的。然而，在数字化图书馆技术下，信息与书籍的物质形式脱开，信息的输送是通过计算机网络来实现的，读者通过计算机显示屏显示的图文来阅览，而非通过实物的书本，可以说人们是通过非物质化的虚拟的信息载体来获取信息的。

1.3 人机合作获取信息

数字化图书馆技术使人获取知识的方式不只限于使用人的视觉器官——眼睛来看书，而且要依赖计算机通过人机合作来实现获取信息的目的，二者缺一不可。

2 数字化图书馆技术对图书馆的影响

数字图书馆的上述特征直接影响着图书馆服务模式的变化，具体体现在以下两点：

（1）读者服务工作上的巨大进步，它表现在两个方面。第一，由于数字化图书馆技术"零距离"的效能，它可以使读者尽量少到图书馆来，大大节省读者的时间，提高获取信息的效率。传统的图书馆服务方式要求读者坐在阅览室座位上获取信息，而随着计算机网络技术的应用，特别是远程网络技术的成熟，读者可以不来图书馆就在自己的工作室或家中获取所需要的知识。第二，计算机扩展了读者在阅览室内的活动，扩大了索取信息的空间范围。在传统的阅览室中，读者主要是阅读书刊和记录笔记，而在新式图书馆中，读者可以通过阅览室上的计算机接口（Computer Hookups），顺利地使用自己的便携式计算机，在阅读的同时进行更多工作。这种接口不仅提供电源，而且还提供专用的网络信息端口，把网络服务一直连通到每个读者的阅览桌上。通过互联网，读者可以超越时空，索取信息。这种端口的数量已成为一座新图书馆的重要技术指标，就如同传统图书馆有多少藏书量一样。

（2）数字化图书馆技术以数字的方式实现信息的存贮，大量的数据都集中存放在光盘等电子载体上。书籍作为记录知识信息最主要的载体和最主要的传播手段，一直是人类生活的重要组成部分，传统意义上的图书馆实际上也就是书的中心。进入 20 世纪后半叶以来，信息技术突飞猛进，信息载体（如光盘等）应运而生；计算机网络技术也相继问世，为信息传播创造了新的手段。信息技术的发展改变了图书馆传统的狭义的"书的中心"的概念，而是被广义地理解为"信息中心"，以突出信息时代、信息技术的特点。利用数字化方式可使图书馆的流通、查询、检索等服务工作更加高效、高质而准确。

3 对图书馆建筑的影响

图书馆建筑是随着为之服务的图书馆内在的变化而改变的。信息技术改变了图书馆的工作服务模式，也导致了图书馆建筑空间的变化和设计原则的调整，具体表现在以下几方面。

3.1 目录厅作用的消失

利用数字化技术进行分类、编目，将会逐步淘汰传统的低效的卡片而代之以计算机检索。因此目录卡片、目录柜及目录厅也将逐渐消失而代之以信息服务中心，它包括计算机检索空间，这是显而易见的，也是目前各种图书馆优先要改变的。新建的北京首都图书馆检索目录厅（图1）已没有往日的目录柜、目录卡片了，而是用一台台计算机来完成检索信息的任务。

3.2 书库空间缩小

由于光磁记录技术容量大，一张光盘的信息容量可记录1500余册书籍的信息[1]，如按传统图书馆面积定额计算，可以替代开架书库10平方米，闭架书库8平方米及密集书条3平方米左右，可想而知，它将大大缩小书库面积。

3.3 "藏书楼"将再兴起

传统的纸质载体使用率越来越小，但纸质载体无论是旧载体还是新的纸质印刷载体仍然是不可少的。图书馆只有藏书的义务而没有毁书的权利。这些载体仍然要妥善地保藏。因此为了增加现有图书馆的使用空间，最好的办法就是把这些"冷门"书从原来的图书馆迁出，为它们建设专供藏书的新型藏书楼——储备书库，并采用密集式书库的方式，这将是未来图书馆改造的一个方向。美国耶鲁大学1994年就对该校的图书馆进行了改造，建设了4个储备图书馆。

3.4 阅览室单位阅览空间的扩大

现在阅览桌一个人的使用空间最大的是850毫米×650毫米，提供看书、写字之用。数字化图书馆阅读方式将是人机合作，相应地要求桌面的空间要大些；每个阅览桌都要提供信息接口，较理想的信息接口之间的纵横间距为1.5米，即2.25平方米一个接口，因此一个提供信息接口的阅览座位所占空间就是2.25平方米，它将大于规定的阅览室建筑面积定额。新建的首都图书馆（北京）阅览室，即通过计算机终端进行文献检索、多媒体阅览及互联网等服务，每个阅览桌上都放置一台计算机，每个人占用的空间自然也就大了（图2）。

图1 北京首都图书馆检索目录厅

图2 北京首都图书馆电子阅览室

3.5 入口区空间功能的增加

一般图书馆入口包括入口控制台、存包间、新书展览区及标示性的标记区。在数字化图书馆中，入口区将增加信息咨询服务区，其各类信息检索功能，它将代替传统的目录厅。新建成的北京中国科学院文献情报中心新图书馆入口区所包含的内容是目前我国图书馆建设中考虑最周到，功能最齐全的。它有总服务台（包括存包处）、总咨询台、检索区、标示区及信息区等（图3～图5）。

---

[1] 1994—1995年加州大学把1990年人口普查的数据（包括就业、种族、经济等的文字和图表）制成170张光盘，容量为135G，相当于26分册书。

3.6 交往空间的增设

数字化图书馆信息技术尽管有其明显的优势，它能取代传统图书馆效率低的人工服务功能，但它不能取代传统图书馆的人际间交往的社会功能。在数字化图书馆中，人机关系将大大多于人与人的关系，人们在人机合作获取知识的同时，也希望能多结识朋友，多有互相交流的机会，能感受共同的学习氛围。因此现代图书馆迫切需要增设社交空间。它虽与学习的阅览空间不同，但它也是另一种学习空间——培养社会交际能力、交流学习的空间。国外图书馆专家建议，按阅览席位的10%设置交往席位。新建成的中国科学院文献情报中心新图书馆就围拢着入口共享空间在每一层都设计了交往空间（图6）。

图3　中国科学院文献情报中心新图书馆入口区（总服务台）

3.7 走向图书馆的网络化

图书馆现代化就是要实现网络化，它不仅能使每台计算机的效率得到更充分的发挥，而且各馆之间可以通过各自网络实现互联，最终形成一个地区性、全国性乃至全球性的开放的网络结构。馆与馆之间传统的馆际协作形式也将被现代化的互联网取代，最终形成一个包括各个信息网络在内的全国性或全球性的网络化的"大图书馆"，传统图书馆将变成大图书馆的一个个"图书馆单元"。图书馆网络的形成，不仅方便读者查阅资料，提高管理效率，更重要的是能扩大图书馆的藏书量，使其信息获取量增加。

图4　中国科学院文献情报中心新图书馆入口区（咨询台）

3.8 走向新的闭架借阅

从20世纪80年代以来，我国图书馆开始从传统的闭架借阅模式逐渐走向开架管理方式，至今仍在转变过渡之中。开架借阅是我国图书馆走向现代化的标志之一，它无疑是有巨大优越性的。但是随着信息技术的发展，计算机检索代替人工手检，借阅工作的智能化和自动化，读者可以在办公室或家里通过终端来访问图书馆，图书馆的藏书和读者的距离缩小了，图书馆的藏书相当于自己书架上的藏书。通过计算机网络可以获取图书馆馆藏的一切信息，这就相当于图书馆彻底地向读者开架了。但是读者并没有见到真实的传送知识的物质载体书刊，读者与借助于信息技术和网络来获取的读物（书刊）是互相隔绝的，这实际上就是更高级的闭架管理。开架借阅将会逐渐被新的更高级的闭架管理方式所取代。从发达国家近些年来的发展情况看，也出现了这样的趋势，如近年来美国图书馆的开架借阅范围已出现缩小的趋势。由于"知识爆炸"，图书馆藏书量不断增长，越来越多的书的借阅率下降而成为"冷门书"，这些书就可以从书架上移走，把它们送回到馆藏书库中，变成闭架管理。图书馆从原始的开架管理变为闭架管理，又从闭架管理走向开架管理，今天又将从开架管理走向新的闭架管理（图7）……这一有趣的发展演变过程真是验证了"物极

图5　中国科学院文献情报中心新图书馆入口区（检索区）

图6　中国科学院文献情报中心新图书馆的社交空间

必反"、"否定之否定"以及一切事物都是螺旋型发展的哲学原理。

原始开架 ⟶ 传统闭架 ⟶ 现代开架 ⟶ 新的闭架 ⟶

图 7　图书馆管理模式的演变

3.9　强化建筑信息基础设施——综合布线系统的建立

图书馆的网络化对弱电设计要求大大增加，为了能够实现目前的和未来发展的所有弱电方面的建筑功能，它需要一个完美的综合布线系统来支撑图书馆信息技术的应用和发展，并为未来的发展留有充分余地。这就如同传统建筑中人们把水、暖、气、电管网体系称为建筑基础设施一样，在信息技术时代，信息的通路——弱电布线系统也就可称为建筑的信息基础设施。这种综合布线系统应该是开放的、灵活的、通用的，而且是易于调整和改变的。

4　图书馆建筑设计的对策——开放式馆舍设计

变是绝对的，永存的；不变是相对的，暂时的。信息时代一个最大的特征就是变，而且变的频率加快，变的范围越来越大。面对图书馆的变化，图书馆建筑设计宜采用"以不变应万变"的设计策略，实行开放式的馆舍设计。那就是把构成图书馆建筑的两个要素——物质要素与空间要素分为两部分，即不变的物质要素和可变的物质要素，不变的空间要素和可变的空间要素。不变的物质要素如结构性的柱、墙、板等建筑要素，可变的物质要素如非承重的分隔空间的隔墙、门窗等；不变的空间要素如水平交通空间（门厅、过厅、走道等）和垂直交通空间（楼梯、消防梯、电梯间等）、附属设备及服务用房（如厕所、设备间等）以及建筑设备空间（如水平管道空间、垂直管道空间等），可变的空间要素包括大部分使用房间，如图书馆的阅览室、办公室等（图 8）。

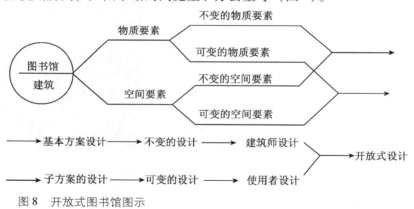

图 8　开放式图书馆图示

建筑师就是要将不变的物质要素和不变的空间要素进行合理的设计，以满足环境、功能、结构、经济及美观的要求，以提供开放、灵活、可变的使用空间，为使用者的再设计创造条件。这样就能适应图书馆不断变化的要求，就是综合布线系统也应将其水平布线和垂直布线系统认为是不变的空间，在天花板上、地板下或墙中固定地设计好，形成一个留有充分余地的自循环系统，它要能与未来的最新发展同步，若要更新只需要更新设备而无需更换线路，使其具有未来变更的灵活性。例如美国华盛顿州的斯波坎公共图书馆就是采用开放式的馆舍设计。它是一个社区图书馆，总建筑面积 12000 平方米，阅览室的标准层面 1500 平方米左右，设计成完全开敞的空间，中间除一个楼梯厅和采光窗外（不变的空间），其他全部为没有隔墙的连续的楼板，水平布线系统就置于楼板之内（图 9）。

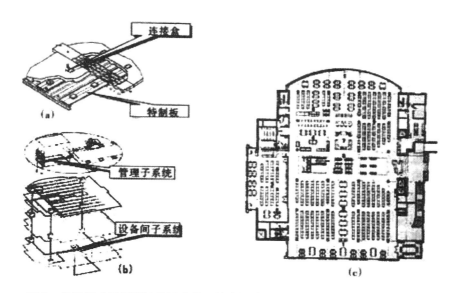

图 9　美国华盛顿州斯波坎图书馆开放式设计——平面布局及综合布线设施

a. 在楼板中的布线构造

b. 整栋建筑的布线孔系统组成

c. 二层（标准层）平面图

（原载《新建筑》2002 年第 6 期）

注：本文是 2002 年应杭州市图书馆原馆长李明华先生邀请，在其主办的杭州图书馆建筑研讨会上作的演讲内容，当时只有讲演提纲，会后根据与会者要求，加以整理正式发表在《新建筑》杂志上。

235

第三篇　图书馆建筑研究

11 百年之途（图），三十年之行

—— 图书馆建筑研究与实践

2004 年是我国近代图书馆诞生百年之际，也是我从事图书馆建筑研究与实践的第 30 年，值此之际，回顾我国图书馆的百年之途和本人 30 年的探索之路，对图书馆建筑设计走向未来是有积极意义的。

1 百年之途

我国近代图书馆出现在鸦片战争之后，受当时维新运动的影响，在浙江绍兴兴建的南越藏书楼（现绍兴鲁迅图书馆前身）就率先对外开放，它对推动藏书楼向近代图书馆过渡起了重要作用。

20 世纪初，近代公共图书馆就开始在我国兴建，如 1904 年 3 月新建的湖南图书馆，就是我国第一所以图书馆命名的近代公共图书馆；同年 7 月在武汉又创建了湖北省图书馆，它也是我国最早建立的近代公共图书馆之一；此后，1907 年又筹建了南京江南图书馆，它建于南京龙蟠里惜阳书店旧址，现为南京图书馆古籍部。

从 1904 年到 1914 年的十年内，在我国创建的省级公共图书馆计有 18 座，它们的建成标志着我国近代图书馆的正式诞生，从那时起到现在已正好 100 年。在这一个世纪的历程中，我们可以说，中国图书馆事业走了两大步，发生了两次革命性的变化，即 20 世纪上半叶从藏书楼走向近代图书馆，20 世纪下半叶从近代图书馆（也即传统图书馆）走向现代化图书馆。

1.1 我国近代图书馆的诞生和发展

20 世纪初开始直到 20 世纪 40 年代末是我国近代图书馆开始形成并走向成熟和发展的时期。从那时起，除了上述新建的公共图书馆以外，我国大学图书馆也开始按近代图书馆的模式进行建设。在这历史演变的过程中具有里程碑意义的代表性的图书馆有以下几个：

（1）原清华学堂图书馆。1916 年—1919 年间设计建造，它是我国最早的一座按西方近代大学图书馆建筑设计建造起来的。当时西方近代图书馆已趋成熟（19 世纪中叶，西方已完成由藏书、阅览功能合一的大厅式图书馆向藏书、阅览功能分离的近代图书馆的演变），该图书馆采用当时欧美流行的近代图书馆的平面形式，即阅览在前，藏书在后，目录、出纳介于二者之间的"⊥"形平面。它是我国将藏书、阅览、借书和办公等不同功能明确区分开来进行布局的最早的图书馆（图 1）。

（2）原东南大学孟芳图书馆。建于 1922 年，

图 1 清华大学图书馆

1924 年建成（现东南大学图书馆老馆）。它是江南地区按近代图书馆理念建成的第一个大学图书馆。它也是采用"⊥"形平面。1933 年进行扩建，成为"▢"形平面。前为阅览室和办公室，后部是书库，扩建时把原书库改为借书处，后面又扩建一座四层的书库，同时在两边扩建了阅览室。该馆也是将藏、借、阅、管理明确分开，联系方便，布局紧凑，功能合理，其建筑形式也是引进西方古典建筑之样式，成为典型的西方近代图书馆之例（图 2）。

（3）北京图书馆旧馆。1931 年在北海公园西侧文津街兴建，是我国近代公共图书馆建筑之典型代表，是我国国家图书馆的前身。该馆由丹麦建筑师莫勒（Moller）设计，完全按照西方流行的近代公共图书馆的设计模式进行设计，平面采用"工"字形，阅览室在前，书库在后，两者之间为目录厅和出纳台。这种"工"字形平面也是当时欧美近代图书馆的一种流行布局形式，只是建筑形式仍然采用了我国传统的民族形式，但不是木构建筑，而是以现代钢筋混凝土浇筑而成（图 3）。

上述里程碑式的图书馆的建设，标志着近代图书馆在我国的诞生和发展，并走向成熟。它们的特点就是突破了我国古老的藏书楼的建筑模式，将藏书、阅览与借书、办公等明确分区，实行藏阅并重和藏阅分开的近代图书馆的闭架管理模式。当时按照这一模式建设的图书馆还有：1930 年由著名建筑师杨廷宝先生设计的四川大学图书馆，1928 年修建的原南开大学图书馆，1933 年修建的原金陵大学（现南京大学）图书馆（图 4）等，它们都采用了"⊥"形的平面布局。

综上所述，20 世纪初到 20 世纪 40 年代末大约半个世纪的时期，是我国近代图书馆诞生并走向成熟的历史阶段。在半个世纪的里程中，这种闭架管理模式的图书馆后来成为我国近代图书馆的传统，故也被称为"传统的图书馆"。

1.2 近代图书馆（传统图书馆）向现代图书馆转变

20 世纪 50 年代开始至 20 世纪末，我国图书馆获得了长足的发展，无论在数量上、规模上，还是管理方式和新技术的应用上都有着巨大的变革。在这 50 年中，图书馆的发展经历了三个时期：

图 2　孟芳图书馆（现东南大学图书馆老馆）

图 3　北京图书馆（老馆）

图 4　金陵大学（现南京大学）图书馆

（1）20世纪50年代—70年代——近代图书馆设计模式主宰时代

这一时期我国各项事业复兴开拓发展，图书馆建筑也获得了新的生机。公共图书馆从1949年的50余所发展到1966年的470余所；大学图书馆从1949年的130余所增加到1966年的430余所。它们都是沿用了近代图书馆的管理方式和设计模式，均按闭架管理方式进行设计，把藏、借、阅分开，功能空间固定，平面布局基本上是阅览在前，书库在后，借书目录设置在二者之间，通常都是"⊥"、"工"和"囗"形。有资料称："20世纪60年代我国国内图书馆建筑采用"工"字形及其变形布局的约占60%"。可以说，这一时期是近代图书馆设计模式主宰着我国图书馆设计。

（2）70年代—80年代——传统近代图书馆受到挑战的时期

从20世纪70年代开始，我国又进入图书馆建设新的时期。以北京大学图书馆和北京图书馆建设为先导，一批大学图书馆和公共图书馆相继筹建。北京大学图书馆建于1974年，建筑面积24000平方米，是当时全国最大的大学图书馆，该馆设计也将书库与阅览分开，书库在后，阅览在前，二者之间为借书处，各类房间功能固定。平面布局采用"出"字形，是标准的近代传统图书馆"⊥"形和"工"形的发展（图5）。

这一时期，图书馆学界对传统图书馆模式开始进行反思，对传统图书馆以藏为主，藏、阅分开的闭架管理模式提出质疑，提倡以阅为主、藏阅一体的开架管理的现代图书馆新模式。

图5 北京大学图书馆（老馆，1974年）

对图书馆是开架还是闭架，图书馆学界进行了热烈的讨论，关键是担心开架会"丢书"，不好管理。但是开架管理是现代图书馆发展的趋势，是不以人的意志力为转移的，但也需结合中国的国情逐步实践。在当时就提出了"三线藏书"的管理模式，即实行开架书库、半开架书库和基本书库三个层次的综合管理方式。1983年—1987年建设的北京图书馆新馆，即现在的国家图书馆就是这一时期的代表作。平面以书库为中心，并按三线藏书的管理方式进行设计，以适应逐步实行开架管理的转变和过渡（图6）。

图6 国家图书馆

为探讨开架管理的图书馆设计模式，国内也开始关注西方50年代流行的模数制图书馆，如建于1974年的南京铁道医学院图书馆（现为东南大学医学院图书馆，图7），它为我国近代传统图书馆向现代图书馆设计模式转变之先行者。采用5.0米×5.0米的柱网，实行统一柱网、统一层高和统一荷载的"三统一"设计原则。

在这一时期，真正按照模数式图书馆建设的例子应是深圳大学图书馆（图8）。深圳大学图书馆始建于1986年，平面为60米×60米简洁、规整的正方形，地上4层，地下1层，局部7层，内设高达6层的共

图7 东南大学医学院图书馆（原南京铁道医学院图书馆）

享空间。采用统一柱网、统一层高和统一荷载的"三统一"设计原则。采用7.0米×8.0米模数式单元，层高统一为4.0米，楼面荷载统一为700千克/米²，采用了集中空调设施，可称之为我国现代化

图书馆最早的代表性实例。

（3）20世纪90年代至今——现代化图书馆发展成熟时期

20世纪90年代是我国改革开放快速发展的新的历史时期，随着文化、教育事业的发展，图书馆事业又迎来一个新的春天。人们的思想观念得到了进一步的解放，开架图书馆的理念成为越来越多业内外人士的共识，从此现代化图书馆成为我国各单位建馆追求的方向和目标。

建于1990年的北京农业大学图书馆（图9），采用模数式设计方式，平面为55.60米×55.60米的方形，采用统一6.60米×6.60米的柱网，层高统一为3.90米，楼面荷载统一为650千克/米^2，并以自然采光和自然通风为主，被业内人士认为是20世纪90年代建成的比较成功的现代化大学图书馆。

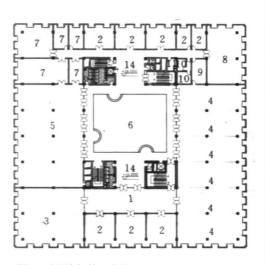

图8 深圳大学图书馆

这一时期，为了追求现代化的图书馆，图书馆的设计还采取了境外设计投标的方式，以引进国外现代化图书馆的设计理念和技术。比较具有代表性的如深圳文化中心图书馆（图10），它于1998年进行国际设计方案招标，最后是日本著名的矶崎新设计事务所中标，其建筑形式有鲜明的个性和独创之处。但是它毕竟是外国人构想的，不能完全切合中国的实际，最大的问题是"好看不好用"和"建得起，用不起"。为此当地主管部门特邀请我专程赴深圳，对这个"原创方案"进行"会诊"，在忠于外形、外壳不变的条件下，对其内部的平面布局和空间组织重新进行了布局设计，得到了原创方案设计人矶崎新先生的认同，并据此修改了原方案。该馆的建成将是我国现代化图书馆走向成熟的一个标志。

图9 北京农业大学图书馆

这个时期，我国图书馆在建筑设计模式上发生了巨大的转变，其特征表现在：

①设计理念上确定了以用为主、以阅为主即以读者为主的基本原则。立足于开架管理模式进行设计，或实行开架管理和闭架管理相结合的方式进行设计。改变了传统图书馆藏、借、阅相互分离的闭架管理的设计方式，改变为藏、阅空间一体化的开架管理的设计方式。

②图书馆的空间由封闭、固定的空间形态转变为开放、灵活的空间形态。这是图书馆建筑发展的重大变革，也是这时期传统图书馆向现代化图书馆转变的重要标志。

③图书馆的平面布局和空间组织方式，正在从传统分散的、进深不大的长条状体形变为进深较大、空间相对集中的块状体形；变传统分隔固定的小空间为开敞连贯的大空间，以提高图书馆使用的灵活性，满足藏、借、阅、管各部分功能互换和面积变化的需要。

图10 深圳文化中心图书馆

④ "三统一"的设计原则受到业内人士的广泛认同，即图书馆开始实行统一柱网、统一层高和统一荷载的设计方式，并且柱网的尺度逐渐在扩大，由开始试用模数式的 5.0 米×5.0 米的柱网逐渐扩大为 6.6 米×6.6 米、7.5 米×7.5 米、8.4 米×8.4 米，乃至更大的柱网。

⑤ 书库由单一的集中型向分散的多线型藏书形态发展，以适应现代图书馆要求读者能直接接近读物的特点，实行开架服务。这就导致了传统书库模式的变革，由集中书库分解为多种形式，能适应不同使用要求的分散的书库，出现了 "三线" 藏书的设计理念和多种形式的藏、阅结合的方式，如开架阅览室和半开架阅览室等，与此同时也出现了开架借书室。

1.3 未来的趋势——向数字化图书馆迈进

数字图书馆技术向图书馆提出了新的要求，对图书馆建筑设计模式产生了新的影响。数字化图书馆技术所具有的 "零距离" 效能、"无载体" 的传播及人机合作获得信息的全新的阅览方式等特征改变着图书馆传统的人工的工作服务模式，也导致了图书馆建筑空间的变化及设计模式的改变。这种变化具体表现在：目录厅作用的淡化，书库空间的缩小，阅览空间的扩大，入口区空间功能的增加和交往空间的增多等。21 世纪之初建成的我国两个大型的图书馆，即首都图书馆和北京中国科学院文献情报中心图书馆可视为当今我国适应信息社会需要的现代化图书馆的典型代表（图 11）。

图 11　首都图书馆新馆

向信息社会数码图书馆迈进将是 20 世纪初我国图书馆事业发展的新方向，它预示着我国图书馆将要跨出的第三步，将促使我国图书馆事业及图书馆建筑发生第三次革命性的变化。

2　三十年之行——图书馆建筑研究与设计探索

我从 20 世纪 70 年代开始结合实际进行了 40 余项图书馆工程设计，并对我国图书馆建筑发展进行了跟踪调查研究，并适时地提出了我国图书馆建筑发展趋势及设计对策。20 世纪 70 年代中发表了《图书馆建筑调查与设计探讨》（《建筑学报》，1976 年）和《县级图书馆调查与探讨》（《江苏图书馆》，1981 年）；80 年代发表的《试谈现代化图书馆设计若干问题》（《建筑师》，1985 年），提出了立足 "开架" 设计，提倡开架管理的现代图书馆的管理模式，后又发表了《创造有中国特色的现代化图书馆建筑》（《建筑学报》，1990 年）；90 年代发表了《现代图书馆建筑开放设计观》及《模块式图书馆设计初探》等论文，并按此理念进行图书馆设计；20 世纪初，发表了《图书馆建筑发展趋向与设计对策》（《新建筑》，2002 年），论述了信息时代数字化技术对图书馆及图书馆建筑设计之影响，并进一步提出开放式馆舍设计的模式，后又出版了一本《现代图书馆建筑设计》专著，并同时结合研究图书馆的工程设计，它们都不同程度地体现着我当时对图书馆的认识及对图书馆设计模式的探索。30 年来探索的轨迹简述如下：

2.1　垂直图书馆空间布局的探讨：南京医科大学图书馆

这是 20 世纪 70 年代我所作的图书馆处女作，我国第一次采用了垂直式的平面布局，将藏、阅两大功能空间采用上下垂直布局，书库在下、阅览在上，改变了传统的书库在后、阅览在前、水平布局的设计模式。它改善了自然采光和自然通风条件，使图书馆藏、借、阅、管各部门都能朝向南北，并创造了藏、阅空间一体化的空间模式。同时，它还首次采用了升梁的设计和施工方法（图 12）。

2.2　升板法施工层架式书库的探讨：南京图书馆

这也是 20 世纪 70 年代设计的，是与南京医学院图书馆同时设计的姐妹篇。它是扩建工程，第一期扩建 8000 平方米书库。在这个书库设计中，采用了无梁楼盖和升板施工的层架式的书库结构形式，它是堆架式与层架式结合的新型书库结构形式，便于防火分区和今后的灵活使用（图 13）。

2.3 "馆中园，园中馆"、"以文养文"图书馆探索：铜陵市图书馆

这是 20 世纪 80 年代中期设计的，探索了"馆中园，园中馆"的整体布局模式。同时，在实行市场经济初期，为了适应市场经济的新要求，将图书馆的公共活动部分，如报告厅、多功能厅等独立布置，便于对外开放，同时利用地形高差，设置了架空层，为图书馆开辟了对外经营的空间，探索了"以文养文"的可行之路（图 14）。

图 12　南京医科大学图书馆　　　　图 13　南京图书馆　　　　图 14　铜陵市图书馆

2.4　夹层单元式图书馆设计探索：铜陵财贸高等专科学校图书馆

这个图书馆平面布局采用了立方体单元组合的方法，并按照现代图书馆使用要求，书库分为基本书库和开架书库两种。利用夹层做开架书库，使其与两侧阅览室相连，可以开架管理，人书联系方便又使空间利用高效化。它完全是按照开放建筑的理念和设计模式进行设计的，内部空间使用灵活，又能再增长（图 15）。

2.5　"模块式"图书馆设计模式的探讨：深圳高等职业技术学院图书馆

这个图书馆的设计改变了"模数制"图书馆的设计模式，而采用了"模块式"图书馆设计方法。它将图书馆分为三个功能模块，即公共活动区、阅览区（藏书区）和业务及行政办公区。每个区分别为一个单独的功能模块，不同的功能模块采取不同的柱网和荷载。其中阅览区功能模块采用"模数制"设计方法，其他两个区的功能模块则与其不完全相同。同时，该图书馆的设计也是一个可增长的设计，设计了两个"可增长点"，图书馆若向北扩建是极为方便的（图 16）。

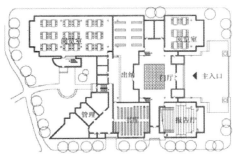 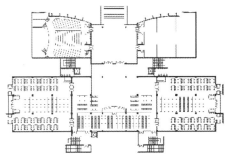

图 15　铜陵市财贸专科学院图书馆外观及平面图

图 16　深圳高等职业技术学院图书馆外观及平面图

2.6　按开放建筑理念设计可增长的图书馆设计探讨：武汉市图书馆

该馆方案设计按照"服务空间"和"被服务空间"，"不变空间"和"可变空间"的理念，将它们构成基本的空间单元，通过叠加与组合形成了一个有机和可增长的整体（图17）。

2.7　公共图书馆与大学图书馆合建设计探讨：山东聊城师范大学图书馆

该市尚无公共图书馆，故在聊城师范大学筹建新图书馆时，双方同意合作共建，分开管理，部分资源共享。把公共图书馆的出入口设计在城市干道上，并把书库拔高，沿干道布置；学校图书馆出入口则从校园内进出，二者互不干扰（图18）。

图17　武汉图书馆外观及平面图

图18　山东聊城师范大学图书馆

2.8　按"超市"理念进行图书馆设计探讨：哈尔滨理工大学图书馆和西安二炮工程学院图书馆

这是新近设计的两个大学图书馆，提供了"超市"般的使用空间，使其具有最大的空间包容性和使用灵活性，以适应信息社会作为信息中心——图书馆今后变化的需要（图19、图20）。

图19　哈尔滨理工大学图书馆

图20　西安二炮图书馆

（原载《建筑学报》2004年第12期）

12　图书馆建筑求索
——从开放到回归

改革开放 30 年，我国图书馆事业发生了翻天覆地的变化，不仅图书馆的建设数量、建设规模都大大超过了我国历史的最高水平，图书馆的观念和图书馆建筑设计观念更是发生了革命性的转变。我有幸参与并亲身经历了这一革命性的演变过程，并在这一过程中为图书馆的建设进行了一定的探索。1974 年我开始涉足图书馆建筑设计，我的图书馆建筑设计处女作就是今日的南京医科大学（那时名叫南京新医学院）图书馆和南京图书馆（今日南京图书馆成贤街老馆）。从那时起，30 余年我一直不断地学习、研究和设计图书馆，先后应邀在全国 40 余个城市设计了 50 余座图书馆。这些图书馆的设计有的建成了，有的没有建成，但它们的设计均能反映我们在图书馆建筑设计的探索中思路和求索的印迹。

1　从传统到开放

20 世纪 70 年代第一次接受图书馆设计任务时，我曾和图书馆馆长一同到北京、上海等地考察图书馆建筑，后来又同文化部的同志赴东北地区考察公共图书馆建筑，那时接触到图书馆的负责人，听到馆员的介绍，看到各馆的管理运行状况都是清一色的闭架管理的运行模式，对开架式管理存在着种种顾虑，诸如难管理，怕丢书等。今天不同了，传统图书馆的观念，图书馆的管理模式，图书馆的建筑的空间形态，以及图书馆的藏、借、阅、管的手段以及图书馆本身的功能定位等诸方面都发生了历史性的变化，主要表现在以下几方面。

（1）管理上：由闭架管理走向开架管理；由馆员服务走向读者参与；由传统的以书为主转向以读者为主的管理服务，即服务思想由以物为主转向以人为主。

（2）在馆舍设计上：图书馆的建筑空间由封闭转向开敞；由一个个彼此分割的阅览室转向以阅览区的阅读场所为主；由简单划一的阅览空间环境转向多元化、个性化的可供读者选择的更舒适的阅览环境为主；图书馆的功能空间由固定为主转向空间灵活使用为主。

（3）在功能定位上：由古老的藏书楼转变为兼有藏、借、阅三大功能为一体的近代图书馆；又由近代闭架管理的传统图书馆转向为开放式的现代图书馆；图书馆的任务又由过去的单纯藏书、借书和看书的地方转向为人们的学习中心和信息交流中心；除了传统的功能外，又综合了社会多方面的需要，并有会议、展览、交流及相应的服务设备，如休闲的茶座、咖啡屋、餐饮及书店等，这些都使图书馆的功能更加综合化和复杂化了。

上述这些变化，在我们设计新建的图书馆中都得到了充分的体现。

例如，云南省玉溪市聂耳图书馆，它是我们 2005 年设计的，玉溪市是我国伟大音乐家聂耳的故乡，当地政府拟在玉溪市玉湖之畔聂耳文化广场旁建设聂耳图书馆，共 18000 平方米，其中就要求有聂耳纪念馆、500 人的会议报告厅。后来作施工图时，又将 500 人的会议报告厅改为 1200 座的剧院，结果一个图书馆就变成了两馆（图书馆和纪念馆）一院（剧院）的结合体（图 1 ~ 图 4）。

图1 云南省玉溪市聂耳图书馆鸟瞰图

图2 云南省玉溪市聂耳图书馆全景

图3 云南省玉溪市聂耳图书馆建成后的外观

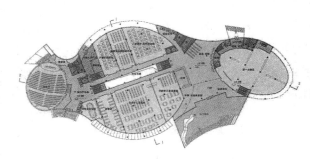

图4 云南省玉溪市聂耳图书馆一层平面图

在我们设计的大学图书馆中，图书馆的功能也同样变得综合和复杂了，例如我们设计的哈尔滨理工大学图书馆除了有传统的图书馆的功能外，还增加了书店、陈列厅等公共服务设施。不仅如此，其空间模式也完全改变了传统图书馆的一间间固定封闭的阅览室的模式，而改变为"超市式"，采用灵活开敞的大空间，像"超市式"的空间模式，为图书馆创造最佳的方便性和舒适条件。这种模式可以适应图书馆不同的管理模式，可以统一管理，也可以分区或分层管理；图书馆分区、分室及其大小和位置都可以灵活安排，这种空间模式为图书馆现代化和适应未来的变化创造了充分的条件（图5～图6）。

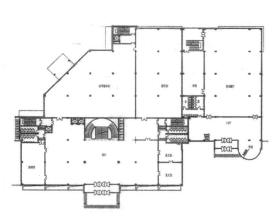

图5 哈尔滨理工大学图书馆一层平面

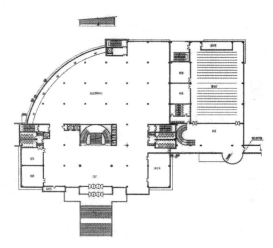

图6 哈尔滨理工大学图书馆
主层（二层）平面（超市式）

2 从水平布局到垂直布局

自 20 世纪 20 年代我国近代图书馆诞生以来，平面布局基本上是采用水平式布局，即阅览在前，书库在后，借书厅、目录室则设置在二者之间，通常都呈"⊥""工"和"□"形。有资料甚至称"20 世纪 60 年代我国国内图书馆建筑采用'工'及其变形布局的约占 60%"，可以说这一时期图书馆建筑的布局基本上都是水平式的。1975 年我们在设计南京医科大学（当时原称南京新医学院）图书馆时，我们和馆长一同外出参观考察，所到之处的图书馆都是藏在后，阅在前，借书、目录厅在二者之间。在参观访问中也亲身感受到这种布局的优缺点，其优点是阅览室、书库朝向、采光、通风较好，不足之处是工作人员跑库距离大，借书目录厅朝向不佳，冬天冷夏天热，工作人员工作条件不好。针对这些问题，结合图书馆基地的条件，我们打破了水平式的平面布局模式，而采用了垂直式布局方式。

该馆建筑面积 3200 平方米，其中阅览面积 1400 平方米，书库 1200 平方米，设计藏书量 30 万册，根据建筑规模和基地条件，我们将图书馆设计为三层，阅览室布置在二、三层，层高 4.6 米，书库设在底层，层高 5.5 米，中设一夹层，构成二层书库。门厅、目录厅、出纳台及办公采编等用房都置于底层。这种布局比较紧凑，节省用地，书库设在下面，且只有两层，减少了书籍的垂直运输，利于简化和加速图书的出纳运输。书库改在底层也简化了结构，使很重的书库荷载直接由书架传到地上，阅览室在上层也为读者创造了安静的学习环境。图书馆的这种布局为图书馆的各个部门（包括阅览、书库、出纳目录及采编办公等用房）都创造了南北朝向的好条件，借书目录厅成了冬暖夏凉的好地方，建成后使用效果很好。这是我设计的第一个图书馆，建成后引起图书馆界和建筑界的广泛关注，参观者络绎不绝，有的甚至"克隆"照搬，要来图纸盖起自己的图书馆，北从内蒙赤峰，南到广州至少已发现有 5 个"克隆"产品。

3 从模数制到模块化

20 世纪 50 年代，模数制图书馆设计方式成为经典，在世界各地流行，我国也开始学习和运用这种设计模式，它的基本特点就是"三统一"，即设计时要求开间柱网统一、层高统一和楼层荷载统一。它为藏、借、阅、管的空间可以互换、空间灵活安排、为图书馆灵活使用创造了条件。我国有关图书馆学者和建筑师也极推崇这种设计模式。但随着现代图书馆功能的多元化、综合化、复杂化，除了传统的藏、借、阅、管功能外，又增加了许多社会功能。在我们设计图书馆的实际工作中，逐渐感觉到"模数式""三统一"的设计模式有一定的局限性，不是十全十美的，有一些致命的缺陷，即空间具有均质性、灵活性，但缺乏空间形态的多样性，难以适应不同空间形态的非传统图书馆功能空间的要求。因此，我们提出了"模块式"图书馆的设计模式，"模"是指模数式设计，"块"是指功能块，即按不同功能块进行空间分区。模块式图书馆设计就是把"模"与"块"两者结合起来，不同的功能块可以按其空间需求设计成不同的结构柱网、不同的层高。

这个"模块式"图书馆模式提出以后，得到了国内图书馆界和建筑师的普遍认同，在我从事图书馆设计工作中深有感受。每当我们接受委托和应邀参加投标设计图书馆时，我们都应用"开放图书馆设计理念"和"模块式"图书馆设计理念进行设计，在我们介绍了我们的方案以后，馆长们一般都是非常赞许的。1996 年，深圳市职业技术学院图书馆邀请我们参加设计投标，我们就按上述理念，将传统图书馆的功能内容和现代社会功能内容分为不同的功能块，并分别采用不同的模数制（即不同的结构网络系统）进行设计，以适应不同的空间形态的要求，使各种功能的空间更合理、更经济。我们将现代图书馆基本使用空间分为两大部分，一是传统图书馆的使用功能空间（阅览室、藏书空间及服务

管理空间），另一个是现代需要的社会公共活动功能空间
（陈列厅、会议报告厅、书店、咖啡厅等）。此外，又将为
主要使用空间服务的交通空间、卫生间等附属使用部分作
为一个服务功能块，将三者组织成一个有机的空间整体。
根据校园规划，将图书馆主要入口设计在北面，将报告厅、
展览厅——社会功能块靠近入口，也布置在北面，将图书
馆传统功能块（阅、藏、借、管）置于基地南面，这样不
仅使两种不同性质的功能块使用时不相互干扰，而且各自
有其合适的空间形态。报告厅和展览厅是一层的室内空间
较高，与阅览室的均质空间有明显的不同。

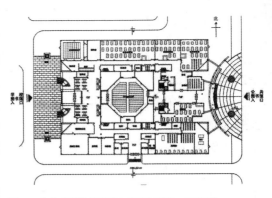

图7　山东省聊城师范大学图书馆一层平面

此外，这个图书馆设计也贯穿着开放建筑的理念，它
将图书馆主要使用空间（被服务空间）和服务空间分开，
将楼梯间、卫生间等服务用房布置于阅藏空间之外，创造
了开敞、连贯、灵活的大空间，又为今后向南扩建留下了
发展余地。这样的设计得到了评委会的一致赞同，最后就
采用了此方案，并最终建成。

我们设计的不少图书馆中都采用了模块式图书馆建筑
设计模式，并收到很好的效果。如 1999 年设计的山东省
聊城师范大学设计方案（图7），黑龙江省图书馆设计方
案都采用了这种方式（图8、图9）。

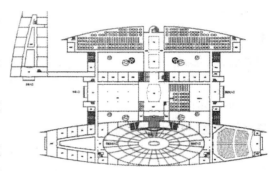

图8　黑龙江省图书馆设计方案一层平面

4　走向回归的图书馆建筑创作

由于现代图书馆的发展促使图书馆由闭架走向开架，
人（读者）和书的关系由原来的人书合一（在同一个空
间）到人书分离（书和读者在不同空间实行闭架管理），
再进入到人书合一（书和读者又融合于一个空间，实行
开架管理），而现在，随着信息技术的进步、阅读手段和
读物的变化，人和读物又开始有分离的趋向，有可能又

图9　黑龙江省图书馆设计方案鸟瞰图

回归到图书馆的本源——人和书分开，但它不是复旧，而是在新的高度、新的水平上的"分离"，人
们可以在家里通过网络找到需要看的读物。这种回归是从图书馆发展的角度上说的，从图书馆建筑的
层面上看，"回归"又有特殊的内涵，特别对我国当前建筑设计市场上的一些创作现象，以及从建筑
发展的大趋势来看，也有必要提倡建筑创作走向回归。当今大气变暖，环境危机困扰着人类，人类正
在寻找新的人与自然共生、和谐共存的发展道路，建筑也应与自然和谐。在过去人类文明发展的道路
上，人类在建设自己文明的同时，却给大自然引起了严重的破坏，建筑业成了引起大气变暖的大户。
因此提倡"回归"，提倡建筑创作回归自然，即尊重自然，保护自然，珍惜自然资源，节约自然资源，
节约能源；在规划设计中遵循自然设计，结合气候设计，利用可再生的自然能源（太阳能、风能等）；
尽量利用自然采光和自然通风；结合地形、地貌、地质条件进行规划设计，保护并且就近利用地方材
料等。

我们提倡回归也是提倡建筑创作要回归理性，回归到建筑创作的基本理论和原则上来，一个基本

的建设方针是适用、经济、安全、美观。我们不能单纯地追求建筑形式的"新、奇、怪",而不顾经济条件,甚至违反基本的力学的自然法则去进行"标新立异";我们也不能不顾功能适用与否而一味追求"眼球的刺激"——好看而不好用;我们也不能相互攀比,过分地追求过于奢侈的高标准,导致图书馆建筑建得起而用不起……"好看不好用"和"建得起而用不起"这两种建设现象在我们当今图书馆的建设中是不乏先例的,有的图书馆馆长深有感触地说:"恐怕有80%的新建图书馆都有此毛病!"

我们也提倡图书馆建筑设计要回归本土,即提倡创造赋有地域特点的建筑。在设计图书馆时,要根据当地的地域气候特点,当地的地域文化的传承,尽量利用当地的经济、技术条件,创作有地域个性的而又有文化品位的图书馆建筑。

2007年我为我的家乡规划设计了一所当地历史上第一所大学——池州学院,按10000名学生的规模规划设计的完全崭新的校园规划设计,它占地1000亩,就是按照"回归"的理念进行创作的(图10~图15)。

首先是回归自然,即校园规划设计是师法自然,充分尊重自然、顺应自然、结合自然和巧妙地利用自然。因此规划保留了水系(生态链),并加以修复、改善;结合丘陵地,顺应地形高差进行道路规划和建筑的布局;保护山体的山形、外貌及其植被;结合校园景观,使建筑与自然融为一体。

另外就是回归本土,回归到努力创造地域性建筑文化上来。我们进行建筑创作既要有世界眼光,更要有乡土情怀,我们要了解世界建筑的发展趋势,更要着力创造我们自己的当代建筑。徽学是安徽人的骄傲,徽派建筑更是我国传统建筑文化中灿烂的瑰宝。我们有责任去传承它、发扬它,创造出土生土长的现代地域建筑来。皖南徽州有着深厚的文化积淀和文化传统,曾是教育发达、人才辈出之地,一屋一坊,一桥一亭都有着绚烂的历史文化的烙印,曾有"虽十家村落,也有讽诵之声"的美誉。遍布各地的古代书院,培养出大批人才,当年徽州既是"乱世的世外桃源,又是治世的人才宝库",被誉为"东南邹鲁,礼仪之邦"。我们要把这所新的大学建设成"现代的书院"——使其成为池州腾飞、培养人才的现代大学。整个校园都是按"书院"的模式进行规划设计,采用一个个院落布局,每一幢建筑也都参照皖南徽派的建筑风格进行设计。该学院图书馆建筑

图10　安徽省池州学院教学区鸟瞰图

图11　安徽省池州学院图书馆鸟瞰图

图12　安徽省池州学院教学区建成后外景

图13　安徽省池州学院图书馆建成后外景

就是遵循上述思想规划设计的，它位于校园教学区中轴线的终端，骑落在马背式的山冈上，高程差十余米。我们将图书馆的平面依山就势进行布局，尽量减少对山形山貌的破坏，使建筑与山体融为一体。整个学院的建筑平面采取院落式布局，这也是徽派民居建筑的魅力所在；造型采用高俊腾飞、跌落有致、给人以动感的马头墙，这是徽派建筑最具特色的造型元素；色彩采用以灰白为主的基调，辅以青色，形成简朴淡雅、平和宁静的徽派建筑特色；图书馆更采用了江南书院的一些形式要素，如圆门和当地的建筑材料。

创造有地域特色的建筑是我们一贯追求的，早在20世纪八十年代中期，我们应庐山图书馆的邀请，为他们设计了江西庐山图书馆。它也是建在一个地形高低起伏的复杂基地上，我们在现场认真考察的基础上，也是尊重自然，结合地形高差进行设计。建筑造型采用缓缓的四坡屋面，大出沿，其形式、色彩、用材都与庐山当地别墅群的建筑风格相一致，形成有地域特征的图书馆建筑（图16、图17）。

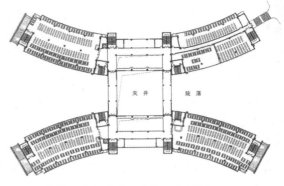

图14 安徽省池州学院图书馆二层平面图

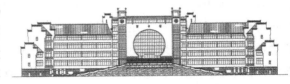

图15 安徽省池州学院图书馆南立面图

图16 江西省庐山图书馆东南角外观

图17 江西省庐山图书馆南面外观

（发表于2000年海峡两岸图书馆建筑研讨会论文集）

第四篇 建筑教育研究

1 建筑教育思想与建筑教学改革

——建立有南工特色的建筑教育体系

南京工学院（简称南工）建筑教育始于 20 世纪 20 年代初，至今已经历了不同的历史时期。开始是引进西方的，50 年代又照搬苏联，虽然自 1958 年开始进行教学改革，但基本上还是几十年一贯制。现在我国进入了新的历史发展时期，经济、科技及教育等各个方面实行了一系列新的方针政策，在新形势下，建筑教育如何适应新时期的发展要求，这是我们面临的新课题。

"四化"建设使建筑成为热门，建筑业成为我国国民经济三大支柱之一，但是建筑人才奇缺，社会的需要与人才供应的矛盾日益突出。近几年我们的毕业生仅满足社会人才需要的 4% ~ 5%，建筑人才的供求矛盾为建筑教育的发展提供了客观的社会要求，社会的需要也促使人们更加重视建筑及建筑教育。因此，建筑教育事业在最近几年像雨后春笋般迅速得到发展。有建筑学专业的学校全国已由过去的 8 所发展到今天的几十所了，在一些城市甚至有两个以上建筑学专业了。尽管如此，目前建筑师在我国人口中所占的比例仍然是极小的，每 10 万人中只有 2.2 人，而世界各国的平均值是 17 ~ 18 人，发达国家达到 500 人左右。因此，我国建筑人才的培养无论在数量上还是在质量上都远远满足不了社会主义建设发展形势的要求。为了培养高水平的建筑人才，我们不能满足原有的建筑教育模式，而是应该在总结半个多世纪建筑教育经验的基础上，特别是新中国成立以后所走过的道路，探讨有中国特色的新的建筑教育模式，建立有南工特色的建筑教育体系。

为了使建筑教育面向现代化、面向世界、面向未来，我们必须努力使自己的建筑教育思想由老的、传统的教育思想转变为现代的教育思想。具体地说，就是在教育思想、教学内容和教学方法方面逐步实现以下几个转变。

1 由封闭式的办学转向开放性的办学

长期以来，我们的办学是封闭的，这使得我们不了解国际的动态，也不真正了解国内社会的需要，所以今天必须实行开放的方针。开放有三层意思，一是向国际开放，努力加强国际性学术交流，使南工建筑系尽早地进入国际建筑教育行列；二是向社会开放，走出校门，把大学办成对社会开放的教育和科研中心，努力使大学和社会各项活动建立直接的联系；三是办教育者（领导和教师）自己思想要开放，没有思想开放的教育工作者，就没有开放的教育，就很难把教育搞活，也就很难把教学搞活。

向国际开放不只是把学校作为"橱窗"，而且是要积极主动地把请进来和派出去结合起来，进行多方位、多渠道、多层次、多种方式的交往，加速把自己推向国际舞台。目前我们已经与日本、英国、瑞士、澳大利亚、加拿大签订了学术交流计划。我们还积极举办外国学生培训班，积极参加并举办国际学术讨论会。我们还请外籍教师参加教学，引进新的建筑设计教学方法……

向社会开放，加强教学与社会直接的横向联系是办好建筑教育必不可少的条件。现在我们积极与有关建筑当局及建筑设计、科研单位多方联系，建立各种形式的网络关系。我们与城乡建设环境保护有关局处及省、市有关领导部门建立了业务联系；我们已与并将继续与各地省、市设计院签订合作协议或意向书，以建立教学、科研与生产的结合点。1986 年我们的生产实习，74 名学生奔赴云南、四川、北京、厦门等十几个省、市设计院，他们不仅提供了良好的实习条件，而且大大节约了我们的办学费用；我们还与厦门大学签订了合办厦门大学建筑系的协议，那是我们在祖国南哨建立的一个建筑教育的发展点，不仅是我们支援厦大，也是保证我们自身发展的需要；我们还与江西省庐山风景名胜区管理局签订了协议，我们将作为其规划和设计的顾问单位，那也是我们建立的一个教学生产结合点……

社会需要我们的人才和智力，我们需要社会多方面的支持，教育只有与社会密切结合，才能枝繁叶茂。

教学改革与搞活是分不开的，只有开放才可能搞活，要搞活又必须首先思想开放，所以关键在于从事教育的人自己思想要开放。只有这样才可能有一个开放性的教育思想。

2 变统一的模式为灵活多样的模式

"统"是我们的一大特色，在教育中不问各学校的情况，都实行统一的教学计划、统一的课程、统一的教材，用一个固定的尺子、模子去要求学生，不问人的才能、爱好和特点的不同，忽视因材施教，没有竞争，养成了"大锅饭"、"铁饭碗"的思想。

"统"与"活"是矛盾对立的两个方面，"统"得太多势必难以搞活；要搞活教学，就不能太"统"。但是也不能完全不"统"。正确处理"统"与"活"的关系应该是"统而不死，活而不乱"，在宏观上要"统"，在微观上要"活"。具体地讲，在宏观上，培养的所有人才都应该有理想、有道德、有文化、有纪律，热爱社会主义祖国和社会主义事业，具有为国家富强和人民富裕而艰苦奋斗的献身精神，都应该不断追求新知识，具有实事求是、独立思考、勇于创造的科学精神，这是党和国家对新时期人才素质提出的共同要求，也是新时期高等学校培养人才的根本方向。但是，"四化"建设所需要的人才是多种多样的，每个学生的情况也是千差万别，人才培养的模式应在统一基本要求的前提下，使培养的人才既符合一定的专业规格，又各具特色。就建筑学毕业生涉及的工作性质来讲，一般有三类：设计型的、研究型的（包括教学性的）和管理领导型的，而南工毕业生绝大多数都是属于设计型的，他们擅长埋头搞设计，干实事，而在理论研究上和领导组织能力上明显表现出弱点和不足。这反映了三十多年来我们教育的一个倾向，注重用一个模子来铸造学生，即注重设计型，而轻视或忽视了研究型和管理型人才的培养。因此，要因材施教，使学生能各得其所，允许学生按个人的基础、个性和特长对学习内容和方式进行选择，让学生的聪明才智能充分地舒展升华，并在毕业分配中充分考虑到学生的特长，择优分配。

在教的方面要各展其长、百家争鸣，提倡和鼓励教师采用不同的方法进行教学，设计课历来是吃大锅饭的，一个年级一个老师出题备课、讲课，其他老师跟着上堂改图。全年级同学都是同一题目，同一要求，同一进度，同一本教材。为了搞活设计教学，我们提倡同一年级教师各自出不同的题目，由学生自己来选择，这样，促进了教与学两方面积极性、主动性的发挥，有利于教学质量的提高。

为了克服和扭转学生中存在的"铁饭碗"的思想，我们决定试行低淘汰的浮动学制及转系制度，除了院规定的学生学籍管理办法以外，结合建筑系的特点，对那些在建筑设计专业上发展前途不大的学生，或其他功课学习不好的学生，实行中期筛选制，即在三年级上学期课程结束后实行一次综合考试，参照前两年的成绩，对不合格者实行本科转大专的办法，以保证本科生的培养质量，对那些不适于学建筑的学生可以实行转系，愿意转入建筑系的优秀者，经考核也可转入我系学习。

对以课堂讲授为主的课程，也努力将大课化小，安排不同的教师同时开讲，让学生自由选择。

为了发挥各校的特点，除了参考统编教材外，努力编写一套有南工特色的教材体系，以利百家争鸣，各"书"己见。

3 学校一切工作应由面向教师转向主要面向学生

学校的根本任务是培养学生，学生的培养质量是衡量一个学校教育水平的重要标志，也关系到学校的兴旺发达。现在实行的系主任负责制，说到底就是教学质量负责制，就是对学生负责，就像厂长对产品负责一样。系里的工作千头万绪，但最基本的工作是教学工作，一切应以教学为主，以提高教学质量，面向学生为主。作为学校来讲，要面向教师，面向学生，面向教师是为了更好地面向学生，作为教师而言，要提倡面向学生。

近几年学生中的学风问题反映了我们的教育工作还存在许多问题，对学生的思想政治工作和管理工作抓得不紧，反映了教育中"重教轻学"的思想，以及在教学过程中只重视传授知识，而不注意引导学生，只注意教而不注意学的教学指导思想。因此领导的观念应有一个根本的转变，即系的领导工作应从面向教师转为面向学生。

过去我们把学生工作仅仅看作是党总支的事或学生办公室的事。实际上，在学校里，接触学生最多的，对学生影响最大的，也最有发言权的，不是别人正是教师。尤其是我们建筑系的老师，是对一个个学生面对面进行教学的，每周最少师生要对话两次。如果教师真正把教书育人作为教学工作的指导思想，自觉地把它寓于教学过程之中，那么学生工作将会出现新的局面。我们系实行了系主任接待学生日制度，今后我们还要坚持和改进；我们尝试把建筑设计教学小组建立在小班上（改变按年级成立教学小组的传统方法），将教书育人转变学风落实到教学小组中，要求教师为人师表，身体力行，对学生严格要求，创造条件努力使思想工作贯穿于教学过程之中。

4　建筑教育要从艺术型转变为综合型

建筑观已经并仍在发生着深刻的改变，建筑不仅是艺术和技术的综合，而且是石刻的人类文化。建筑教育要适应建筑观的变化。半个多世纪来，我们的建筑教育多次改革，也有改进，但基本上还是遵循着学院派的教学模式，表现最突出的一点就是重艺术，轻技术；重绘画、轻设计。很长时期以来，不少人把"绘画"作为学建筑的基础，以致造成了社会对学建筑的误解。实际上，今天的建筑设计观念绝非昔日孤立地考虑单体，推敲立面，画一张漂亮的渲染图了，而是要运用现代手段，综合考虑物质技术条件，人和社会的精神需要，地方、历史、环境以及经济条件等诸因素，为人创造舒适的生活环境。所以建筑师不能只限于画画得好，还要有理性的思维能力、广泛的知识面和高度的综合能力和适应能力。因此，建筑教育要从艺术型向综合型方向发展，因为建筑历来是一门综合性很强的学科，它是自然科学和社会科学的综合，是科学技术与人文社科的综合，是人类文化的产物。自 20 世纪 50 年代中期开始，社会学、经济学、生理学、心理学、生态学、行为科学、环境科学等多种学科都不断渗入建筑，建筑更表现出它现代综合性的特点。因此建筑系的学生，应该有文、理、工、艺术、管理诸领域较广泛的基础，要有多方面爱好和广泛兴趣。所以我们取消了高考加试素描的做法，为所有博学多才的中学生敞开大门，不因"加试"而把他们拒之门外。这两年来，大批考生报考建筑系，录取分数线年年提高，毋庸怀疑，他们的入学基础是非常好的，只要我们正确引导，这些青年将能学得更广更博而得到全面的发展，在此基础上，才可能进一步出现极少数拔尖人物。

当然，我们取消素描加试，并不是取消了美术课的教学，我们仍然认为美术课是培养学生形象思维不可缺乏的课程，但是它的教学应不同于艺术院校的美术教学，而应该与建筑教学结合起来。对于高分而少"艺术细胞"的学生，如果缺乏建筑学专业兴趣可以转系学习。

5　建筑教学要从重知识重技巧的传授转向学生能力的培养

传统的教育思想都把教学活动的重点放在传授知识上，课程内容愈多愈好，其结果是灌输式的教学，学生不能主动地学习，能力也得不到应有的培养。30 多年来，我们的毕业生最大的弱点就是缺乏一种活力———一种使智力变为成果的行动力，积极开拓精神较少。我们应该培养学生的这种活力。所谓活力不光是指人的干劲，还需要智力和活力。对于活力来讲智力是必要的条件，但还不是充分的条件，所谓充分的条件，就是使智力变为成果的行动力。不仅培养善于设计、善于研究的人才，也要培养赋予创造性和开拓精神的人才。因此，要改变"抱着走"的现状，大胆让他们自己走。譬如在安排生产实习时，在制定了明确的实习要求和原则的情况下，发动学生自己联系实习地点，自己相互结合组织小组，自己管自己，而不像以往那样一切由教师包办。这样可让学生直接接触社会，在实践中增长才干。

在建筑设计主干课的教学中，传统、单一的"师带徒"的手工业教学方式也是"抱着走"的一个表现，同样不利于学生创造性和独立工作能力的培养。应该探索开放性的讨论和启发、示范相结合的建筑设计教学方法。实行集体讨论和个别辅导相结合；实行教师评议和学生答辩相结合的评图方法；不仅评议学生设计的最终成果，更要注重学习过程中的表现。

6　建筑教育要从传统的熏陶式教学转向理性的规律性的教学

长期以来，建筑设计教学奉行的是"只可意会，不可言传"的教学观点，学生对建筑的了解和认识都是慢慢地从手工业师带徒的传授中逐渐"悟"出来的。有的学生到了四年级还没有悟出门道来，因而感到很苦恼，其原因之一就是缺乏理性的教学。半个多世纪来，我们的建筑设计课都是一个题一个题的训练，重视设计基本技术的训练，而忽视基本理论的教学，结果没有理论的设计必然是盲目的设计，没有灵魂、没有思想的设计，学生的创作水平不能得到提高。为此，我们重新制定了建筑设计从一年级到四年级的设计教学计划，以理性教学为红线，把建筑设计的基本理论贯穿于课程设计中，并将设计理论与实践结合起来，明确各题的要求，而不强调各类型的连贯。同时努力采取建筑设计综合教学法，使建筑技术与建筑设计在课程设计教学中逐步综合起来；对美术课的教学，也制定了相应的试点教改计划，除了保持传统的注重技巧的教学训练外，更强调培养学生的形象创造力和设计意识；为了加强理性教学，要求所开的各门课程都必须编写南工自己的教材；为了提高理论学术水平，正在筹办定期出版物；每年组织学生论文竞赛，加强学术交流，活跃学术气氛，促使理论研究工作的开展。

坚持走自己的路，首先必须坚持教育的社会主义的方向。最根本的一条就是坚持德、智、体、美、劳全面培养的人才观。高等教育的出发点就是培养具有"四有"和"两种精神"的人。"又红又专"是长期形成的我国特有的好传统。在新的历史时期必须坚持和发扬，不能片面地重智轻德，要把学生培养成愿为祖国社会主义服务的接班人。也不能因"开放"、"搞活"而放任自流，听其自由化。

由于建筑学专业意识形态问题较多的特点，这个问题对我们来讲更为重要，不仅要通过思想政治工作来加强这方面的教育，还要通过各教学环节来加强这方面的工作。建筑设计评图就是一个重要的环节，它是一个指挥棒，表明教师提倡什么，反对什么。我们针对学生学习中的不良影响，组织系学术委员评议各年级设计图，以把好关，端正学生学习思想。

其次，走自己的路要坚持历史观点，正确处理继承和发展的关系。改革只是改革那些与社会主义"四化"建设不相适应的部分。改革要思想积极、行动稳妥、政治领导、不追求时髦，尤其对我们这个老系来讲有自身的办学经验，长期以来，在老一辈的培育下，形成了南工中西兼蓄、严谨求实、要求严、重实际、出手快、基本功好、工作踏实、团结奋进的特点。因此，我们明确提出，不论什么改革方案，都必须保证基本技能训练和基本功的要求不降低，这是我们的"看家本领"，是被实践证明行之有效的，我们必须坚持。为加强理性教学，我们还应注重培养学生能力，对教学中的弊端进行有针对性的改革。

当然，对老的科系来讲要特别注意吸取新的思想和新的经验，包括国外的和国内别校的经验，绝不能固步自封，夜郎自大。我们积极加强国际交流，就是为了了解并吸收国外的经验，我们举办国内建筑教育思想讨论会，就是请人上门传经；我们聘请外国教师参加教学也是为了更深入更具体地了解和借鉴外国的经验……

再次，在开放搞活的同时，必须严格要求。我们的教学情况是"活"的不够，"严"的也不够。搞活教学是为了调动学生学习的主动性和积极性，有利于实行因材施教，但不能因此放任自流，撒手不管。实际上，教学越搞活，越需要加强对学生的指导，更要有严格的要求，否则，如果只采取某些教学改革的措施而放松对学生的思想教育，放松必要的引导和管理，就必然导致学风不正，教学质量下降，甚至导致思想自由化。

严格要求关键在于教师，严师才能出高徒。因此，要提高教师的责任心，把精力主要集中到教学上来，并敢于负责地进行工作，从课堂和教室环境抓起，切实改变设计教室又脏又乱的状况，创造一个文明的环境；同时严格执行学籍管理的规章制度。

最后，在探索途中，要正确处理发展和提高的关系。我们是一个老系，一直只有一个建筑学科，如今学科发展方向越来越多，因此，为了适应形势的需要，我们决定由单一的建筑学学科向多学科综合配套方向发展。近一两年先后增加了城市规划和风景园林建筑专业，还想再设室内设计专业，并希望扩大建筑系的招生，以满足社会的迫切需要。但是在发展的过程中，我们清醒地认识到，必须坚持在提高的基础上发展，在发展中求进步。也就是说，首先要确保教学质量的提高，其次要坚持宽基础的培养。以上虽是三个不同的专业，但仍然都坚持以建筑学为基础，只是重点不同而已。因此，三个专业的教学计划在头两年完全是一样的，这使学生适应性加强。

此外在发展中，还必须冷静地处理好创收和创业的关系，也就是说要处理好教学、科研和生产科技服务的关系，处理好经济效益与社会效益的关系。我们坚持以教学为主，生产必须与教学、科研结合，并统一由系领导安排。主要承接一些与教学、科研有关系的项目，接受一些有影响力的工程。同时，努力使教学软任务变成硬任务，提出明确的要求，促使教师把主要精力放在教学上，并把有高级职称的教师放在本科教学第一线上，注意防止"教授不教，讲师不讲"的现象，以确保教学的质量。

教改本身是长期性、学术性的工作，也是一项探索性的工作。以上所谈仅仅是现在阶段对几个问题的想法和看法，它将在实践中被检验、被修正，也将在实践中产生新的认识。只要不断实践，不断改进，我们的教学改革就将逐步深入得到发展，中国建筑教育之路也必将在探索的征途中由探索者开辟出来。

（原载《建筑学报》1987 年第 8 期）

注：本文首次发表在 1986 年 10 月由原南京工学院建筑系主办的我国首届全国建筑教育思想研讨会上，次年发表在《建筑学报》。

2 我国建筑教育加强创造性思维能力培养的思考与实践

　　我国建筑教育正处在改革、探索、发展之中，很多问题摆在我们的面前。而提高建筑人才的素质是我们教育的出发点与归宿，是最根本的任务。对现代建筑人才创造性思维能力的培养应是教育质量的一个重要标志。建筑设计是一种创造性的劳动，创作是思维的结果，丰富的思维创作出色的建筑。因此，创造性思维能力的培养是建筑学专业人才培养的一个关键而核心的问题。

　　怎样培养学生创造性思维能力是我们一直关心和探索的问题。近年来我们进行了认真的思考与积极的实践，进一步认识到要培养学生思维的想象力和创造力必须转变教育思想，更新教育观念；调整知识结构，改革教学内容；加强方法的教学，重视能力的培养；开展自我教育，创造整体富有教育功能的环境，一项整体的多面而系统的工程。

1　转变教育思想，更新教育观念

　　我国现行的建筑教育体制，源于 19 世纪风行我国的建筑教育的巴黎美术学院。自 1927 年我国第一个正规建筑学专业在中央大学（东南大学前身）建立至今，全球基本上保持了传统的学院派的教育体制，教学重点在于知识的传授，教学方法较多灌输式，不能充分发挥学生主观能动性，致使学生毕业后在工作中往往活力不够，缺乏开拓精神，这反映出我们的建筑教育对学生思维能力的培养仍是比较薄弱的一环。因此，我们不能满足原有的建筑教育模式，必须努力使传统的建筑教育思想转变为现代建筑教育思想。为此，我们在 1985 年就组织全系教师进行教育思想学习，结合半个多世纪的办学经验，特别是新中国成立以后所走过的道路，对传统的建筑教育思想认真进行反思。在此基础上我们于 1986 年发起召开了全国首次建筑教育思想讨论会，有 31 所高等院校的建筑系及部分设计单位的代表出席了会议，对我国建筑教育思想、培养人才模式及建筑事业发展等问题进行了广泛地交流和讨论，这次讨论会对我国建筑教育的改革及建筑人才的培养起了积极的推动作用。

　　为了使建筑教育适应面向现代化、面向世界、面向未来的需要，我们深感教育要发展，首先观念要更新，要用现代大教育观代替传统的教育观，并建立新的人才观，以摆脱旧体制的束缚，为人才培养提供良好的成长环境。在鼓励和引导学生全面发展的同时，要创造条件允许学生发挥自己的优势和特长，而不应求全责备，截长补短，按一把尺子、一个模子来铸造人才。不仅要努力培养传统的"设计型"人才，也要注意培养研究型和管理型的人才。

2　调整知识结构，加强学科渗透

　　我们的时代是一个科学技术高度综合和相互渗透的时代，也是新兴学科不断涌现的时代。为了使我们培养的学生能够成为开创未来的一代新人，我们必须适应时代的特点改革教学内容，调整知识结构，加强学科渗透。历史的经验告诉我们，作为理工科的大学生应当在人文、艺术和社会科学方面有一个宽广的基础，何况我们是被称为"工科中的文科"的建筑学专业。建筑学是一门综合性实践性强的学科，更需要有广阔的知识面，它几乎涉及文艺艺术、社会科学和技术科学的各个领域。为此我们修订了教学计划，以调整知识结构，加强学科渗透，为学生吸取广泛的知识提供必要的条件。

　　首先是增加原有的建筑历史、美术史等科目的教授时间及教学内容，并努力改变传统历史教学中烦琐考证和诠释的弊病，采用"以论代史"的讲授方式，力图将原有的历史线索和实例更明确地串联起来，让学生更多地通过具体实例的剖析从宏观上认清中国建筑发展的脉络，以帮助学生建立正确的建筑观和设计观。

其次是加强了有关人文科学的教学内容，新开设了环境心理学、行为学、科学史、哲学史等新的科目，甚至还开设了"建筑与音乐"及"音乐欣赏"等选修课或专题讲座，以增加多学科的渗透，使学生思维由单一走向多重、走向综合。

此外还增加了现代科学技术的课程内容，增开了现代计算机技术课，太阳能建筑、城市设计、支撑体住宅等新理论新技术课程，引导学生走向学科发展的前沿。

对于传统的课程也在分析总结的基础上精心调整内容，使其更突出建筑学专业的特点，适应从事建筑设计工作的需要。如建筑力学课、建筑结构课都着重于力的概念及力的分析，阐述力和结构的基本原理，以使学生掌握它，从力和结构的角度启发学生创造力，而不是像过去那样把重点放在详细的运算上。

对专业技术课也加强了教学内容的综合。建筑设计课是建筑学专业主干课，占全部学时近1/3。过去通常采用师带徒式的个别指导方法，只有建筑设计老师指导，容易忽视工程技术知识的传授与应用。从1985年以来，我们实行了《建筑设计综合教学法》，明确规定建筑设计课不仅有建筑设计老师指导，而且根据不同的设计题分别要求建筑结构、建筑物理及计算机辅助设计老师同时参与指导，并规定相应需要完成的作业；此外，还在三年级安排了一次综合设计题，共八周，用以模拟生产，让每位学生完成一套住宅设计施工图，包括建筑设计、结构布置、上下水设计等图纸，以加强综合教学，使学生的设计创作建立在工程技术基础上，培养学生的综合创造力。

建筑作为一门实践性很强的学科，学生除了具有广泛的知识面和专业技术知识外，还要有一定的社会知识、生产知识和组织管理方面的才能，这也是知识结构中重要的组成部分。因此我们加强了实践性教学环节，每一学年都安排一个短学期（五周）进行工地实习、认识实习及到设计院参加生产实习，以让学生了解工地、了解社会、了解设计院的生产情况。而且认识实习和生产实习都采用开放性的方式进行，教师提出实习大纲要求及考核的内容和办法，让学生自行联系，自找门路，并鼓励学生在假期到设计院从事画图和设计工作。

3 加强方法教育，注重能力培养

现代大教育观的基本观点、基本思想就是终身教育。终身教育着眼于未来，着眼于培养能够不断适应新情况、新变化的人。学校教育最重要的目标就是使学生"为进一步学习而学习"，对建筑教育来说，教授形式形成的方法要比教授方法形成的形式重要得多。在此认识基础上我们注重教授方法，训练多维思维方式，以求从根本上培养学生的创造力。例如，在中国建筑史课程的教学中，我们力图运用"三论"的一些原则去建立新的中国建筑史课程教学框架，去分析建筑现象，并尝试运用结构主义的方法和拓扑学中的概念、符号学的方法去重新分析建筑遗产；运用比较学的方法将中国建筑纳入世界建筑这一更大的系统来认识。这种大量信息的方法教育较容易激发学生的探索精神和学习兴趣。在该课程的作业中还增设了"意向设计"的作业内容，并进行类比法（对著名建筑实例的意念进行比较演绎）、原型法（以文字象形、传统建筑符号等为原始元素进行抽象与变化）以及经验法（从经验中提取素材进行重组变化）的教学，以强化创造性思维的训练。

在建筑设计初步课的教学中，我们把教学的框架建立在设计方法学的基础上，以改变以往重视技能训练而对思维方法训练不足的缺陷。因为方法与过程是分不开的，我们采用过程教学方法，教授学生解决问题的演绎过程，它包括观察与分析，抽象与变化，判断与选择及系统整体化的研究。让学生了解在解决问题的过程中要做什么及如何去做的问题，其目的在于帮助学生尽快从认知与技能两方面奠定专业知识和基本结构，掌握基本设计技能，从而为学生进一步主动、独立地进行思考创造提供基本的素质条件。这些是对传统体系中以基本绘画技巧为全部内容、注重最终成果（表现图）做法的根本改革。

就能力培养而言，建筑设计是一项综合了科学创造与艺术追求的高度复杂、微妙的创造性活动。它是一种不同于理、工、文等学科的特殊技能，它包括动手技能与心智技能两个方面。前者是设计过程中外显的以绘图为主的实际操作，后者是设计过程中内在的以分析、想象构思为主的思维活动。显然，内在思维是设计发展的根本动力，操作是辅助手段。传统的建筑教育是建立在建筑艺术观之上的，重视动手的技能训练，而忽视心智（思维）技能的培养。因此现代建筑设计技能教育应十分坚定地以思维能力的培养为教学的核心。至于思维本身，与设计相关的有两类——直觉思维与理性思维，前者主要凭借经验，后者主要以逻辑的分析、综合与演绎为共同特征，二者共同作用、相互补充。而传统的建筑设计教学偏重于经验教学，忽视理性思维的训练，因此提高理性思维能力是我们近几年教学改革的一个主要内容。

建筑设计是综合性的创造，要培养学生系统地、整体地考虑各种有关的实际因素，权衡价值，以求某种动态的平衡。

4 开展自我教育，创造优良环境

教与学这一对矛盾是相互作用的。教学过程中不仅要发挥教师的主导作用，也必须充分发挥学生的主观能动性，让他们有时间和机会去思考、去实践。因此除了课堂教学以外，开展学生课外自我教育活动也极为重要。我们强调要重视学生的课外教育，把它看作是学校教育的一个重要组成部分，并且努力与课堂教育结合起来，使之互为补充、相辅相成。

为了加强理性思维能力的培养，从1985年开始，我们每年秋季举办一次学生论文竞赛，组织评选、发奖，并计入学习档案。学生为了完成论文，主动利用假期进行实地考察，这大大锻炼了学生的工作能力、思维能力和写作能力，也增强了他们的社会责任感。

与此相对应的，为了培养学生实际的设计创造能力，我们每年春季还组织一次建筑设计竞赛。1985年举行的设计竞赛命题是"建筑学生之家"，它没有确定通常课程设计所具有的特定环境，没有确定的使用要求，学生无法运用课堂上学到的比较熟悉的方法和手法。这种休止符式的设定无疑是带有启发性的，让学生从各自的角度开展自己的思路，它是课堂设计的一个补充。

此外，我们还经常组织学生参加国内外的竞赛。近两年参加了英国、日本、美国和苏联举办的设计竞赛。在英国举办的大学生设计竞赛中，有五名同学的设计方案入选英国皇家建筑师协会举办的竞赛展览。要成为一个有专长的人，只靠才能是不够的，必须生活在一定的环境中。

这种环境首先是浓厚的学术环境，一个有利于教与学的环境。最近几年，我们一直坚持为学生举办周末学术讲座，由本系教师、研究生或请校外专家、学者进行专题讲座，内容广泛，包括艺术、人文、社会科学及工程技术等不同的领域，甚至还邀请气功师、时装设计师来讲演。同时广泛开展国际学术交流，通过国外学者讲座，获悉世界建筑信息，并利用访问学者来访之际，组织学生与国外专家座谈讨论，还组织国外学生作品的展览。

学生自发地组织学术团体并组织学术活动。历届学生中以班为单位自发组织学术兴趣小组，如86级组织了"SOA"（建筑之家）等。系办刊物《建筑创作与理论》中辟有学生园地，并有我们的两名学生担任编委。学生还组织举办建筑画展、建筑设计作品展。

为了创造整体最优的学术环境，一个有专业特点的空间环境也是很重要的。建筑系的空间环境本身就应该是有利于进行教育的心理环境，整个系馆就是交流的场所，是相互得到启发，利于诱导灵感迸发的场所。我们就努力为学生创造这样的环境。我们系馆——中大院古朴庄重，又特意设置了两块铜质的建筑系系牌和建筑研究所所牌，以与历史悠久的国内名牌学科相应，激发师生的荣誉感和责任感；一进门厅，"理想、求实、创新"六个大字引人注目，它揭示了我系提倡的学风和精神；门厅两侧是展览橱窗，陈列学科发展历程，展出老一辈先生的生平事迹、师生作品、教学科研成果及出版物等；甚至楼梯间的上空也特意设计悬挂了有建筑物和雕塑感的三角锥体串联式的装饰物。总之我们要尽力为学生设计创造一个启迪的空间，一种诱导思维发散的环境。

通过这些年来的改革与实践，学生创造性思维能力呈明显的上升趋势，表现在：

（1）思维的敏锐性和深刻性增强了

思维的广度与深度是创造性思维产生的前提，在这方面学生明显地比过去增强了。在设计思维能力上，学生能在第一年结束时，全面地进行形态、人、技术、环境四大方面的通盘思考；所完成的作业不仅得到国内行家的称赞，瑞士苏黎世高工瑞马教授（H. Krammel）也认为作业水平与欧洲建筑院系水平相当；从一年一度的系学生论文竞赛和设计竞赛可以看出，学生的思维广度与深度的进展是可喜的。论文竞赛中学生全方位地展开思考，从晶体结构到宇宙大爆炸的时空观的改变，从布达拉宫到河南窑洞，从中国现代建筑的产生论证到中国园林的意境，从书法的气韵到音乐的格律，姐妹艺术及边缘科学给建筑的启迪……从命题到论证都表现出才思的敏捷与深邃。有两篇已发表，一篇推荐参加全国共青团科技成果评奖。同样建筑学生之家的设计竞赛也反映了深层的思维性和较强的设计能力，前三名设计已选送全国大学生"挑战杯"科技成果展览。

（2）提高了思维的独立性和科学性

思维的自主和严谨是创造性思维产生的保证，这方面比传统教学有明显提高。方法的教学与过程教学使得学生能自觉、独立地进行有相当严密度的观察、分析、抽象、变形、判断、选择，使得基础专业知识和技能的认识周期提前近一年，传统的"手把手"的教学方法也在很大程度上为学生自己"脑指挥手"的方式所取代。在设计过程中，系列分析图已普遍被学生采纳运用并纳入正图内容，用以表现其方法的使用与思维过程，大大提高了论文和设计的科学性。

（3）思维的创造性高度发挥

我们从1985年开始思考如何加强创造性思维能力的培养并从86级开始实践，从1988年举办的学生设计竞赛得奖情况分析可以看出86级学生占有明显的优势，至于刚经过理性入门训练的87级，虽刚入二年级，也以其思维的理性基础表现出一定的创造性潜力（表1）。

表1　1988年学生设计竞赛获奖者分布情况

班级	一等奖	二等奖	三等奖	鼓励奖	总数	点中奖总数的比例
85级		1	1	2	4	26.7%
86级	1	1	4	3	9	60.0%
87级				2	2	13.3%

（本文发表于1989年3月在杭州召开的全国高等工业院校教育国际研讨会上。合作者：单勇）

3　我国建筑教育与建筑教育评估

现代正规的建筑教育在我国已有近 70 年的历史，1927 年前南京国立中央大学（现东南大学前身）设立了我国第一个建筑系。自那以后，建筑教育在我国逐渐发展起来以适应社会对建筑人才日益增长的需求。早在 20 世纪 60 年代就有八所大学设有建筑系，80 年代是我国建筑教育大发展时期，至今全国已有 50 余所大学设有建筑系，培养建筑学、城市规划和风景园林等专业高级人才。其中 22 所大学建筑系可以培养硕士研究生，有 7 所大学建筑系可以培养博士研究生。每年有 2000 余名大学生考入建筑系学习。此外，全国还有职业大学和电视大学设有建筑学专业，也为国家培养建筑学方面的人才，今后还将有一定的发展。现有的大学建筑系需要更多地关注建筑教育质量的提高。

在我国，建筑学教育学制一般为 4 ~ 5 年，多数是 4 年，少数大学为 5 年。而一些重点大学建筑系学制现都为 5 年，如清华大学、东南大学、天津大学及同济大学等。学生在校期间将综合地学习各种基本理论课程、专业课程、工程技术课程、外国语言、建筑设计及美术等课程，此外，学生还必须接受各方面的实践教学环节的训练，如工地实习、建筑测绘、建筑参观、认识实习、设计院实习以及毕业设计（它基本上是结合实际工程设计任务进行的）。学生修完学分之后，通过毕业设计答辩，即可毕业并被授予工学学士学位，经双向选择，由学校分配到设计院等教学、科研或生产单位工作。

改革开放以来，我国建筑事业发展很快，国际交往十分频繁。但是由于我们的建筑教育体系、制度、办法乃至教学内容手段与国外不尽相同，致使国外对我国建筑师的资格及学生的学位无法作出正式的认定。这严重影响我们在国际上的活动。在国外，无论是美国还是英国都有一套严格的对职业学位的认定办法，如美国建筑学鉴定委员会（National Architecture Accrediting board，简称 NAAB）就是国家级鉴定的权威组织，在英国学生通过英国皇家建筑师协会（RIBA）三级考试制（即 Part One、Part Two 和 Part Three）从而取得职业学位，参加注册建筑师的考试。学生一旦取得了职业学位，学生的水平就是可信的。

自改革开放以来，不少国外来访的建筑师及大学的教授对我国建筑教育水平给予了较高的评价，看到了我国有些基础较好的建筑院校在教学上已有自己的特点及丰富的经验，保证了一定的职业教育质量。但是由于一整套评估鉴定工作没有建立，我国建筑系学生获得的全是工学学士学位，无法反映职业教育水平，因此很难获得国际上的承认。

为提高我国高等学校建筑学专业的教育水平，为国家输送合格的专业人才，并适应我国改革开放的要求，使我国与世界上先进国家的建筑教育标准相协调，国家教育委员会、建设部和中国建筑学会开始商讨开展建筑学专业教育评估事宜。1989 年 5 月在北京召开并成立了全国高等学校建筑学学科专业指导委员会，会议上讨论了建筑教育评估有关事宜，并通过联合国开发署，邀请了英、美两国负责建筑教育评估的专家来会介绍经验。同年 10 月由建设部教育司主持，在杭州召开了全国高等学校建筑学专业教育评估委员会筹备组工作会议。会上主要讨论评估委员会的组成，初步提出评估委员会由 15 人组成，其中 6 名委员来自高等学校作为建筑教育代表，6 名来自全国各大设计院，作为建筑师的代表，其余 3 名评估委员会成员分别来自建设部、国家教育委员会及中国建筑学会；并且决定成立全国高等学校建筑学专业评估委员会筹备组工作小组，其主要任务是为全国高等学校建筑学专业教育评估准备工作文件，如评估章程等。1989 年 11 月我们与香港建筑学会、英国皇家建筑师协会共同在香港举行了研讨会。1990年6月在天津正式成立了全国高等学校建筑学专业教育评估委员会，正式确定15名组成成员，并由建设部颁发聘书，同时讨论通过了评估章程、条例、细则等有关内容，部署了评估工作计划。根据评估工作计划，首批确定了在天津大学、东南大学、同济大学、清华大学四院校的建筑院系进行试点评估工作，希望通过试点，取得经验，进一步在全国分批对建筑院校进行教育评估。

试点工作是严格按照评估章程和程序进行的。首先是申请资格，申请单位应是经国家教育委员会批准或备案的建筑学专业所在高等学校，并已有五年以上（含五年）建筑学专业本科毕业生。申请单位提前半年向评估委员会递交资格申请报告一份，报告内容包括院系历史、基本情况、办学条件、教学计划、教材及毕业生的情况等。评估委员会接收各校提交的资格申请报告后，审查资格申请报告，并作出相应的决定：受理申请或要求申请院校对某些问题进一步提供材料，论证或证明，然后再作出决定是否受理申请；不符合申请资格，办学条件差或由于对提出的问题的答复不能满足要求，可拒绝受理申请。对于受理的申请院校通知该校，令其认真开展自我评估工作，在限定的时间内（5～6个月）向评估委员会提交自评报告。在审理自评报告后，评估委员会派出视察小组到申请院系进行实地视察。在视察工作结束后，视察小组向评估委员会提交视察报告及评估结论的建议、意见。然后评估委员会召开全体委员会议，委员会根据视察报告及申请院系的自评报告作出评估结论，并通过无记名投票的方式作出最后结论。任何院系评估结论的通过，必须要有不少于2/3的委员出席，拥有不少于全体委员总数1/2以上的赞成票。凡通过评估的院系，发给《全国高等学校建筑学专业教育评估合格》证书，其资格有效期为四年和六年。资格有效期四年者必须于第二年末，六年者必须于第三年末向评估委员会提交办学概况的书面报告，报告得证书后的事业发展、经验及有待改进的问题。评估委员会可以根据具体情况随时派出视察小组前往已收到证书的院系进行视察。

四校评估试点工作就是按照上述程序进行的。自1991年2月四校提出资格申请报告开始，到同年11月20日评估委员会作出评估结论止，为时10个月。

根据评估程序，四校接到评估委员会受理申请的通知后，各自进行自我评估，并于同年7月20日前向评估委员会提交了自评报告。做好自评是搞好评估的基础，四所高校对待自评都非常严肃认真，实事求是对照评估要求进行自评。各校普遍成立由主管校长、有关部门及院系领导参加的评估领导小组，采用多种办法逐项进行自查自评，并组织校内专家模拟视察评估。

评估委员会组织了南北两个专家视察组，其成员都是评估委员会的成员，都由有经验的建筑师和教授组成，南北两组各由三名建筑师和三名教授组成，北方组负责视察清华大学和天津大学，南方组负责视察东南大学和同济大学。评估委员会还邀请了两位英国专家和香港中文大学、香港大学建筑系两位主任以观察员身份参加南北两个专家组。两个专家组于1991年11月4日分别进入清华大学和同济大学，在两校各视察5天，又于11月10日分别进入天津大学和东南大学，在两校也同样各视察了5天。专家组通过参观教学设施，视察办学条件，调看学生作业，查阅教学计划、大纲、作业指示书，抽查考题等教学文件，召开各种人员的座谈会、听课以及随时找师生谈话等各种方式深入了解情况，实事求是地对照评估标准对被视察的学校作出视察书面报告和评估结论建议。1991年11月20日评估委员会全体会议就两个专家视察组提交的视察报告进行了讨论，并以无记名投票的方式通过了两个专家组对四校的评估结论的建议，四校均通过评估，认可期为六年（属优秀级），并发给《全国高等学校建筑学专业教育评估合格》证书。

此次建筑教育评估在我国建筑教育界尚属首次。各方普遍认为，四校评估试点取得了良好的效果，由此开始的建筑教育评估制度的建立和推行，将对提高我国建筑学教育水平，促进教育与职业部门之间的结合，培养更符合我国需要的建筑师，具有重要的意义和作用。

此次评估试点的工作是成功的。整个工作进程都严格按照评估有关文件所规定的程序进行，这一点也得到视察组国外观察员的肯定。

通过教育评估也促进了各校改进工作，加强了办学活力，试点证明，做好自评是教育评估的关键环节，自评工作是一个发动群众改进工作的过程。通过自评各校既肯定了成绩，又找出了问题达到了促进提高教学质量的目的，为视察组工作顺利进行创造了有利的条件。实践也证明，专家视察组视察是评估的重要方法，由有经验、有名望的职业建筑师和教授参加视察组，保证了评估质量，也促进了专业界和教育界的了解和联系。

教育评估是一项长期的经常性的工作。我国的建筑教育评估才刚起步，通过试点，积累了一定的经验，为今后的评估工作打下了良好的基础。

按照评估委员会的工作部署，1993 年要开始第二批院校的教育评估，要求在当年 7 月 10 日前由申请学校向评估委员会提出评估申请报告，受理后，再提交自评报告，之后由视察组进行视察、评估。随着分期分批地进行，预计我国建筑教育的评估工作将逐步走向正规化，并与国际建筑教育相协调。

（1993 年亚洲建筑师协会年会建筑教育分会上的报告）

第四篇　建筑教育研究

4 近年来中国高等学校建筑教育

自改革开放以来，中国建筑教育在国家教育委员会和建设部的领导下，全国高等学校建筑学专业建筑教育无论在数量上和质量上都有了巨大的发展，全国现在设有建筑学专业的高等院校有 54 所，比改革开放前增加一倍以上。除了国家教委各部属的院校外，不少省和直辖市也设置了建筑院校，以适应全国快速发展的国民经济建设的需要。现在全国每年招收近 2000 名新生进入各建筑院校建筑学专业学习，同时又有几百名研究生进入高校攻读硕士学位和博士学位。尽管如此，建筑系专业的毕业生仍然不能满足社会各界的需要，建筑学专业成为我国高等教育的一个热门专业，不少高中毕业生都希望报考这一专业。因此，每年建筑学专业新生录取入学分数线都大大高于其他专业，新生入学后也都非常热爱自己的专业，学习热情极高。

但是，由于建筑教育发展较快，新建院校在师资力量和教学设施、条件诸方面都有较大的不足，因此教育质量也很不平衡。为了提高全国的建筑教育水平，并逐步使中国的建筑教育与国际接轨，近年来，全国建筑教育界进行了以下几方面的工作。

1 加强全国高等学校建筑学专业指导委员会工作，它对指导和推动全国高等建筑教育起了巨大作用

为了办好我国的建筑教育事业，1989 年在建设部教育司的主持下，建立了全国高等学校建筑学专业指导委员会，该委员会由 22 名主要建筑院校的建筑系主任和教授组成，建设部委任，每届任期四年，1994 年刚刚换届，由建设部委任了第二届指导委员会成员。专业指导委员会将于 1995 年举行一次专业指导委员会扩大会议，除委员外，各校建筑系系主任及教师代表均有参加，借此会议交流各校办学经验并研讨共同关心的问题。最近几年专业指导委员会先后讨论了建筑教育评估问题、四年制和五年制教学计划培养规格和标准问题、教学内容和教学方法的改革以及教材的建设问题等。

每次年会扩大会议也是建筑教育思想的学术研讨会，每次会议都有两个议题，一个是宏观性问题的讨论，一个是微观性问题的总结和讨论，如某一课程的建设问题、教材编著、出版问题等。在 1993 年年会上，从宏观上我们连续两次讨论了市场经济与建筑教育的关系问题；同时，也分别讨论了建筑技术和建筑设计关系及建筑史教学与建筑设计关系等。会议通过交流讨论，共同认为当前的市场经济对建筑教育改革既带来了挑战，亦带来了机遇；既带来了困难，亦带来了希望；既有负效应，亦有正效应。我们应该面对现实，适应市场经济发展带来的不可抗拒的新形势，抓住机遇，积极探索适应新形势下新的建筑教育机制，使其成为建筑教育改革的新动力，为建筑教育创造更好的办学环境和条件。

每年年会分别在不同的城市由各校轮流举办，东南大学、清华大学、天津大学、同济大学、重庆建筑大学及哈尔滨建筑大学已分别轮流举办，1995 年将在广州和深圳由华南理工大学和深圳大学共同举办。各校都积极争取举办权，因为这样的年会既是各校之间很好的交流机会，也会极大促进举办学校建筑学教育各方面的工作。它对指导各校的办学发挥着巨大积极的作用。

2 积极开展建筑教育评估，更快地与国际建筑教育接轨

为保证和提高我国高等学校建筑学专业的教育水平，使我国与世界上发达国家的建筑教育标准协调，特设立全国高等学校建筑学专业教育评估委员会，委员会由 15 ~ 17 名成员组成，其中国家教育委员会、建设部的主管部门派出委员 2 ~ 3 名、建筑学会委员 1 ~ 2 名、建筑教育专家和知名建筑师各 6 名。

评估委员会对全国有关高等学校建筑学专业的教学质量进行评估，评估工作包括审查申请报告、审阅自评报告、派遣视察小组、审阅视察报告、作出评估结论、颁发证书。

1991 年我国开始了首届建筑教育评估工作，分别对清华大学、东南大学、天津大学和同济大学四所大学的建筑院系建筑学专业教学质量进行了评估，按照评估程序审批了申请报告、自评报告，并派遣视察小组实地视察，提出视察报告，召开评估委员会会议，根据视察报告，并在充分讨论的基础上，作出评估决议，采取无记名投票方式进行，视察组还吸收了国外建筑教育专家及评估专家以视察员身份参加视察小组工作。

第一次评估后，评估委员会进行了认真地总结，并对评估章程作了某些修正：①扩大视察小组组成，吸收学生代表参加；②对经过评估的院校，实行校外督察员制度，评委委员会要求通过鉴定的院校聘请校外 2～3 名具有高级职称的建筑师和教师作为教学质量督察员，每年对该校进行一次监督性视察，并写出评价意见，以督促学校不断提高教学质量，督察员的评价材料将作为下一次评估的有关资料留存备查。

1993 年，我们又进行了第二届建筑教育评估，分别接受了华南理工大学、哈尔滨建筑大学、重庆建筑大学和西安建筑科技大学四所大学的建筑系建筑学专业教育评估申请，审阅自评报告，派出了有学生代表参加的评估视察组，并吸收国外专家以观察员身份参加视察。根据视察报告，经过评估委员会全体委员充分议论，以无记名投票方式作出最终的评估结论，分为"标准"和"优秀"两种，前者有效期四年，后者有效期六年，上述 8 所二次通过评估的学校均为"优秀"，它们代表了我国当今的建筑教育水平。

在 1993 年 5 月，我们还对 1991 年通过评估的四所大学建筑院校派视察组进行了回访，进一步考察了通过评估的学校获得证书后事业的发展、取得的成绩和经验以及尚待改进的问题。

这些评估活动对各校的建筑教育起了巨大的推动作用，也促使大学校长们更加注重建筑学专业在学校中的地位和作用，以更加重视建筑学科的建设与发展。

3 每年开展一次全国性大学生建筑设计竞赛，以建立激励的竞争机制，促进教学质量的提高

1992 年专业指导委员会扩大会议在同济大学召开，在这次会议上决定自 1993 年起，每年由专业指导委员会举办一次全国大学生建筑设计竞赛。它是具有权威性的全国大学生建筑设计竞赛，就如同英国皇家建筑师学会（RABA）每年组织的学生设计竞赛一样；它作为全国高等学校建筑学专业指导委员会提高我国建筑教育水准的一项重要工作，供各校互相交流，从而促进和提高各校的建筑设计的教学水平，它将载入我国建筑教育的史册。

专业指导委员会认为对学生参加设计竞赛的积极性要加以正确引导，并努力使其与提高教学结合起来，因此专业指导委员会决定每年举办一次全国大学生设计竞赛，限定将三年级第二学期第二个课程设计题作为设计竞赛命题，并由专业指导委员会统一命题，在规定时间内，由教师指导完成。各校按教学要求先在校内自行评阅，然后选择该年级在校学生人数的 10% 的设计方案参加全国竞赛，这样就把参加设计竞赛和搞好学校建筑设计教学有机结合起来，而且建立了一种激励的竞争机制，不仅是学生个人之间的竞争，而且也激励各校更认真地抓好课程设计，提高教学质量。

1993 年大学生建筑设计竞赛命题是"山地俱乐部"，1994 年设计题目是"建筑师之家"。这些活动得到了全国建筑院校领导和师生的积极支持和响应，在全国 54 所有建筑学专业的院校中有近 40 所院校积极组织并参加了本次竞赛（部分院校因未收到竞赛通知而未参加），分别提交参赛作品 141 份和 176 份。经到会的 16 名专业指导委员会委员组成的评选委员会认真评选，1993 年共评出一等奖 2 名，二等奖 3 名，三等奖 9 名和鼓励奖 19 名，共 33 份作品获奖，获奖人数占参赛作品的 23%，占参赛学生人数的 2.3%。1994 年共评出一等奖 3 名，二等奖 6 名，三等奖 9 名和鼓励奖 18 名，共 36 份作品获奖，占参赛作品的 20%，获奖人数占参赛学生人数的 2%。

这两次全国大学生建筑设计竞赛评选是与全国高等学校建筑学专业指导委员会扩大会议同时举行的，全国 40 余所建筑院校的院系领导及教师参加、观摩了学生的设计作品，因此，评选本身就是一次较好的各校建筑设计教学观摩和交流的机会。从总体来看，由于这次竞赛得到了各校师生的重视，所提交参赛的学生设计作品水平是上乘的，设计图纸质量是高的，师生的态度是认真的，它反映了学生学习的积极性及设计思想的活跃。不论是新老院校，都不乏优秀的作品。

4　面对市场经济，积极把握机遇，深化建筑教育改革

我国经济体制正处于计划经济体制向社会主义市场经济体制转型的时期，在计划经济体制下形成的我国高等教育体制正面临着市场经济的冲击和影响，原有的从招生到分配，从教学计划到教学内容，从师资培养方式到师资结构以及教学、生产、科研等较为稳定的自我完善的运行机制都受到市场经济的冲击。特别是近几年建筑市场的迅速发展，建筑人才需求及价值观的急速改变，学校人才师资流向社会经济大市场，市场经济因素深入学校生活，建筑市场的商业竞争等，都冲击着正常的教学运行，影响教学质量。因此我国建筑教育工作者都面临着这种挑战，要求积极进行教学改革，主动适应市场经济的需要。如建立有偿教育观念、探讨实行交费求学制、引入竞争机制、强化竞争机制、激发学生的学习积极性、扩大奖学金幅度、建立贷学金制，改变毕业生的分配，实行有偿的双向选择。就教学内容来讲，学校都在讨论建筑教育如何适应我国即将实行的建筑师注册制度的需要，建立以培养职业建筑师为目标的教学内容、教学体制，建筑教育应从传统的设计技能和表现技巧的训练转向对建筑师所应承担的社会职能进行重点的培养，同时要加强技术、经济、管理、法规等课程，加强学生参加社会生产实践的教学环节。

（发表于 1994 年亚洲建筑师协会年会建筑教育分会）

5 精心培养 茁壮成长

—— 1993 年全国大学生建筑设计竞赛综合评介

受建设部的委托，为了办好我国的建筑教育事业，1989 年建立了全国高等建筑学学科专业指导委员会，每年举行一次年会，以交流各校办学的经验并研讨共同关心的问题。最近几年先后讨论了建筑教学评估，四年制和五年制教学计划培养规格和标准，以及如何适应市场经济努力提高教学质量等问题。1992 年专业指导委员会扩大会议在同济大学召开，在这次会议上决定自 1993 年起，每年由专业指导委员会举办一次全国大学生建筑设计竞赛，它是具有权威性的全国大学生设计竞赛，就如同英国皇家建筑师学会（RIBA）每年组织的学生竞赛一样。它作为全国高等学校建筑学学科专业指导委员会提高我国建筑教育水准的一项重要工作，供各校相互交流，促进和提高各校的建筑设计的教学水平，将载入我国建筑教育的史册。

近几年设计市场上各类设计竞赛名目繁多，学生一般都积极参加，这些竞赛有利于提高学生的设计水平，有利于提高学生参与意识和竞争意识，有利于增进学生对社会的了解，给学生提供了展示自己聪明才智的机会，具有积极作用。但是实践也说明，这些设计竞赛一般较多地占用了学生的学习时间和精力，在完成正常学习任务的前提下，学生不得不加班加点开夜车，影响了正常的教学秩序及学生的身心健康，甚至有些喧宾夺主，学生全力投入名目繁多的设计竞赛而影响了正常的学习任务。

为解决这一矛盾，专业指导委员会认为对学生参加设计竞赛的积极性要加以保护，并予正确引导，努力使其与提高教学结合起来，因此专业指导委员会决定每年举办一次全国大学生建筑设计竞赛，限定将三年级第二学期第二个课程设计题作为设计竞赛命题，在规定的时间内，由教师指导完成。各校按教学要求先在校内自行评阅，然后选择该年级在校学生人数的 10% 的设计方案参加全国竞赛，这样就把参加设计竞赛和搞好学校建筑设计教学有机结合起来了，而且建立了一种激励的竞争机制，不仅学生之间有竞争，而且也激励各校更认真地抓好课程设计，提高教学质量。

首届开展的大学生建筑设计竞赛命题是"山地俱乐部"。这次活动受到了全国建筑院校领导和师生的积极支持和响应，在全国 54 所有建筑学专业的院校中有近 40 所院校积极组织并参加了本次竞赛（部分院校因未收到竞赛通知而未参加），共提交参赛作品 141 份。经到会的 16 名专业指导委员会委员组成的评选委员会认真评选，共评出一等奖 2 名，二等奖 3 名，三等奖 9 名和鼓励奖 19 名，共 33 份作品获奖，占参赛作品的 23%，获奖人数占参赛学生人数的 2.3%。

这次大学生建筑设计竞赛的评选与往年国内开展的设计竞赛评选有所不同，任何一次设计竞赛评选都有明显的导向性，评选中提倡什么，反对什么，对今后的学习和创作都有很大的导向作用。由于这次参赛的对象都是在校的学生，这有利于培养学生正确的设计思想和设计方法。我们组织的设计竞赛是教学的一部分，评选工作坚持两条原则，一是按教学的要求进行评选，二是符合本次设计竞赛中提出的具体要求。前者要求是非常综合的，包括设计思路、方案构思、造型特色、环境结合、内外交通处理、空间组织、功能安排、结构技术及绘图表现等方面，要求全面考察学生综合的设计能力。但评委也注意到，参赛对象都是三年级的大学生，学习建筑设计刚入门不久，因此在评选设计作品时都是比较实事求是的，并非按照成熟设计师的标准。按照教学计划，三年级课程设计在于培养学生从事中小型建筑设计方案的设计能力。因此在评选时关键是看设计思路是否清晰，环境是否把握得当，方案是否合理，技术是否可行，表达能力（绘图、模型、画面等）是否能让人理解他的设计意图，态度是否认真。为了达到教学要求，对设计图纸违规者（如比例尺寸不符合要求、模型照片大小不符合要求等）都作了相应的降等处理。

从获奖的作品分析，一般都具有以下一些特点：

（1）构思有独到之处，创作思想比较活跃，思路较为清晰，思维能力较强。因此，设计方案有较明显的逻辑性，平面空间的组织和建筑造型的处理都有一定的章法，能分析设计对象及内含的主要矛盾，能抓住主要矛盾进行构思、创作方案，因此方案一般都具有一定的特点，主要表现在：平面空间布局简洁、紧凑、明了、大方，能与环境有机结合。

（2）较好地处理了建筑与环境的关系，这是命题的出发点之一。该命题选择在比较宽松的环境中，三面临海的高差很大的坡地并标明了巨石和大树的位置。其初衷是引导学生设计时要分析环境、理解环境、尊重环境，把环境作为启迪设计构思的重要因素之一，加强学生的环境建筑观，使其设计的建筑与环境相互依存。这次获奖的作品多数均较好地把握了环境效益，使建筑的空间布局有衍生于这一特定的地形地貌。一般说来，一幢设计成功的建筑，就像一棵生长茂盛的大树一样与大地环境生死相连，与环境共生的建筑也才是有生命力的，也自然具有自身的个性，移植来的或能搬走的建筑绝不是一个富有强烈自身个性的建筑，因而也是一座无生机的建筑。在这次命题的设计环境中，地形和景向是两个重要的外在环境要素，获奖的作品都较好地理解、尊重和表现了这两点。

（3）较好地综合处理了功能、环境、造型、结构诸方面的关系，使各设计要素融合于一个有机的整体。不少获奖作品在充分结合、利用地形的条件下，合理地进行了功能分区，明确简捷地组织了交通流线，创造了较为丰富的室内外空间，并具有自身特色的造型。它们都是内部空间要素与物质要素合乎逻辑的外在表现，不是生搬硬套、随心所欲的。有些设计作品在学习、吸收国内外先进设计思想、设计技术的基础上，又探讨我国传统文化与现代建筑的结合，体现了当代大学生可贵的学习、探索精神，体现了他们的创作意念和综合的设计能力。有些作品考虑问题比较实际，不是一味追求形式而忽视功能和技术，因此设计就比较自然质朴，表现了一种可贵的求实的创作态度，这是应该大大倡导和鼓励的，比起以往某些学生设计竞赛来是有所进步的。

（4）具有较好的基本功和设计表达技巧，无论是线条、字体、渲染、模型乃至整个构图及图面效果都具有较高的质量，经得起推敲且耐看。

获奖的作品是少数的，就整体水平来看，应该说三年级学生能作出这样的设计是无愧于教师们的辛勤培养的。

当然，从这次评选的设计作业来看，也反映出一些值得今后教学改进的问题。

首先，从设计作业中反映出深层次的学生设计思维能力的培养问题。一个设计作品成功与否关键在于有较高层次的思维，从而有较好的乃至独到的思路及立意，即有好的想法，"立意"就是思维过程及终结，而立意又是建立在一定建筑创作哲理的基础上。因此，对一个建筑师和未来的建筑师来讲，都有必要不断地加强哲学修养，提高创作的哲理思维水平，努力把自己的思路理清楚，形成自己的想法，不人云亦云、随波逐流。在一个工程设计中，在充分认识和理解设计对象的基础上知道应该做什么和怎样做。清晰的思维表现在设计中必然能抓住对象内含的主要矛盾，合理地进行空间布局和建筑形象创造。在这次设计作业中，反映在思维层次上的问题我觉得有以下几种表现。

其一是学生在做设计时常常把简单的问题复杂化，这是一个通病，也是竞赛落选的一个致命伤。设计者为了刻意创新求异，表现自己的设计创作水平，常常是把一个不大又不复杂的设计对象，在平面、空间布局、造型处理、结构造型等方面搞得非常复杂，平面布局看上去似迷宫，空间任意穿插、变形，造型五花八门，应有尽有，结果是适得其反，事与愿违，这也成为不少设计方案落选的原因，表明了设计方案的不成熟。这种把简单问题复杂化的倾向恰恰反映了作者思维层次与水平，应该说不是水平高的表现。真正的高水平刚好相反，能将一个复杂的问题尽可能应用最简单的方式解决，解决工作中的矛盾是这样，设计创作也是这样。人们不难发现，成熟的名家之作尽管设计内容很庞大复杂，但却设计得很简洁、明了，使用大手笔的处理。

其二是设计凌乱，没有章法，反映出设计思路不清晰，设计方法不得当。设计过程一般总是从无序走向有序，设计经过开始阶段的多方位探索，经过多方案比较综合，会使自己的思路更为清晰。不少设计方案布局松散，组合无一定的内在联系，主辅空间不分，内外交通紊乱，结构布置无一定的规律，建筑造型花样过多，建筑整体性差。

其三是小题大做，把握不住题意，即"文不切题"。有的方案在房间不大的空间上选用了适合于大跨度的结构形式，纯属追求某种形式；有的将这个不大的山地俱乐部，设计得像个城市型的大建筑群……这些自然是吃力不讨好的。

其次，从这次评选中也感到加强设计综合思维能力的重要性。建筑设计就是综合性的，建筑师是综合地解决设计问题的主体。设计的总体与单体、平面与立面、建筑与结构等都要同时考虑，不能顾此失彼。在这次设计方案中，有的重形式忽视功能、结构，表现出外部造型与内部空间组织不一致，建筑与结构不符，甚至有的过分玩弄构架，名不符实。

在重视立意之时，也要重视建筑细部的设计与处理。不少方案在这方面表现出不少的弱点，如门厅枢纽交通的组织，垂直交通空间与水平交通空间结合处的处理，体量转换处的处理，高低空间的处理，乃至台阶、踏步的处理都经不起仔细的推敲，给人一种设计技巧不高，方案不成熟的感觉。这就要求加强学生"技法"的训练。

这次首届全国大学生设计竞赛参赛各校都表现了巨大的积极性并取得了很好的成绩，这样的竞赛每年都将举办下去。通过这样的形式，使各校互相交流、观摩，必将有利于建筑教育水平的普遍提高。在各校的精心培养下，年轻的建筑人才必将更加茁壮成长，预祝 1994 年全国大学生建筑设计竞赛有更多的学校参加，能取得更好的成绩。

（原载《建筑师》1994 年第 4 期）

6 不能抱着"30年代传统"走向21世纪

——东南大学建筑系1995年教学工作会议大会发言

各位领导，各位老师：

潘先生和钟先生都做了认真准备，发表了很好的意见。现在要我讲话，我也不是老教授，可能就是因为我当过系主任。我没有准备，我想这次会议下决心集中三天时间专门讨论教学工作问题，这个决策是非常及时的，也是非常重要的，在我们系来讲，也是第一次。刚才潘先生讲，最近几年没开过，反正我在位的时候没集中几天开过这样的会，潘先生当副系主任时，我记得也没开过。杨先生、刘先生当系主任时更没开过。集中三天时间开这么大的会议是个首创，是不是呀？我们应该支持这个会议。

当然开这个会议还是事出有因的，我就不说了。王主任提出三个问题，这三个问题非常重要，我希望通过这个会议，大家心平气和，实事求是，客观地求得一个共同的认识。不管我们系是上还是下，兴还是衰，作为我们系的人，人人有责，对于我自己来讲，到南工建筑系整整四十年，感情是很深的，也希望我们系一天比一天好，所以珍惜这三天时间，大家都为了一个共同的目的，把系的工作搞得更好。我觉得用不着灰心丧气，大家都应该向前看，在我们系是存在问题，但也有很多优势，坐下来好好冷静思考一下，是有好处的。我们应充分发挥这次会议的积极效应，这是第一个问题。

第二就是事出有因中的一个原因，两次全国大学生设计竞赛，我想讲两句我们系的失利。我现在主要负责全国专业指导委员会的工作，两次竞赛我是主持的，评选我也是参加的。这两次中，一次我们得了个三等奖，这次得了个佳作奖。从我来讲，心里有所想法，因为评选结果送到我这里来，一共是36个奖，我首先关心我们东大，第一页没有东大，第二页没有东大，第三页18个佳作奖里，才有我们一个，我当时心里也难受。我们王主任很有责任心，那天晚上也没睡着觉，失眠了。系的生存对大家是息息相关的，我觉得是应该敲一下警钟，但也不能因为这件事情而搞得惊惶失措、垂头丧气，责怪这个，责怪那个，这个也没有多少好处，兵家胜败乃常事。第一届1993年全国大学生设计竞赛，36个奖，天津大学一个奖也没有，全军覆没，连个佳作奖也没有。这次呢，他们拿了个二等奖，几个佳作奖，成绩不错。通过这次会议我们应该正确对待这个事情，为什么我们会失利？我感觉，一个是在重视程度和重视方面是不是不太准确。竞赛里规定，不这样，不那样，图纸大小，不准写繁体字，不准写英文，任务书上都有的。结果我们送去的11个方案里，七八个是违规，违规就取消资格，30%参加最后评选，所以这是重视程度、注意点没有准确。另外一个问题，我们的失利并不在于我们画的好不好，因为大家都知道，这次画并不重要，大家都是做模型，拍照片的，画也不是那么大。实际上我们16个评委主要看你的构思布局和环境功能处理得怎么样，看你设计本身是不是得体，是不是对题。有一个方案，我本来不知道是我们学校的，结果我一看，这么一两千平方米的方案，怎么做了七八部楼梯，这个方案就下来了？最后齐先生讲："老鲍，这是我们学校的。"这是设计问题呀，这又怪谁呢？我觉得我们导师也应该想一想，这是一个在教学改图时就应该取消的问题，对不对？失利要分析一下，问题出在什么地方。我的观点：不是在画上，而是在我们设计的思路上，我们有一些小的问题搞得相当复杂。我在《建筑师》上写综合评语，关键是我们的思路没有理顺，简单问题复杂化，一个平面搞得像个迷宫，追求怪，不管是否合理。

第三，要提高教学质量，关键出路还在于我们教学改革，还是要向前看，不能向后看。去年10月份，建设部召开6个工程专业指导委员会的主任会议，负责主管教学的毛副部长，以及教育司的张司长，亲自主持了两天会议，我们建筑系的教育面临着两个接轨，一个跟国际的建筑教育接轨，第二个跟国内搞的注册建筑师制度接轨，要求我们各个高校的建筑教学在教育思想、教育体制、教育内容、教育方法等方面进行大力改革，以适应两个接轨的任务。而这两个接轨首当其冲的是像我们东大、清华这些第一批通过评估的学校。我们东大有 30 年传统，这是好的，但是我们不能抱着 30 年的传统走向 21 世纪，这是第三个问题。

第四个问题我想谈一下，提高教学质量，关键是教师队伍。我们有个好传统，又有一大批优秀的老教师队伍，但是我们应该看到这个优势在不断减弱，就像王主任讲的，四年之内有 14 位老教授要退休。那么怎么在新的形势下保持优质的教师队伍，是一个很重要的问题。我觉得我们年轻教师队伍在全国来讲应该是好的，这是在上次评估时，国内公认的。过去人家出国都不回来，我们教师派出去都回来了。为这个事情，国家教委让我校的外办介绍过经验。但在这两年，我觉得这方面有所改变。这有各方面的原因，但这个我们怎么来稳住，是个重要问题。我们有一批教师，在教学改革中，是付出了很大心血的，不管是在一年级设计初步还是建筑历史教学或是结构力学改革都作出了很大成绩，我觉得是可取的，在国内、国际上是有影响的。我们可以想象为什么香港中文大学把顾大庆请去，为什么瑞士又把丁沃沃请去，我再告诉大家个消息，我刚从香港回来，香港大学正在挖我们一个青年教师，为什么？因为香港大学、香港中文大学系主任是参加我们评估的，知道我们教学情况的，中文大学系主任跑了国外很多大学建筑系，对设计初步的训练都还没有找到什么很好的路子，他说你们这样的改革还是很值得的，所以他最后就把顾大庆从瑞士要到中文大学去了。那香港大学知道中文大学要了一个南工的，最后他就要动我们另外一个老师，这说明一个什么问题？我们不是要和国际接轨吗？但我也认为，一年级教学不是完善的，是有缺点，是不能把所有的问题都归结到这里。我觉得教学需要改革，抱着 30 年传统是不能走向 21 世纪的。

（本文系鲍家声教授于东南大学建筑系 1995 年教学工作会议大会所做发言，根据录音整理）

7 谈建筑系的学科建设

——系庆七十周年感

在我系建立 70 周年之际，回首母系走过的历程，想想昨日，看看今天，展望明天，我心潮澎湃，思绪万千。我是 1954 年考入我系，跟随她渡过了 43 个春秋，听到、看到、亲身经历了许许多多令人难忘的人和事。我感到最重要的是，70 年中不管在历史的进程中经历了多少曲折，度过了多少艰难的岁月，我系的事业一直处在不断发展之中，保持着在我国建筑教育界的重要地位，发挥着重要作用。其原因很多，其中最重要的一条就是牢牢把握住我系事业发展的生命线——学科建设。事实表明，在系发展的各个重要阶段，重视了学科建设，事业就兴旺发达，反之，稍有怠慢，事业发展就会受到一定的影响。

从建系初期 20 年代到 40 年代，我国人民处在艰难的岁月，办学条件可想而知，学校曾从南京迁到了重庆。就是在这样的条件下，老一辈的先生们，开创了建筑系历史上第一个黄金时代——沙坪坝时代，初步创建了我国建筑教育比较完整的体系，形成了后来被广为推崇的基础实、动手快、基本功好的优良传统。

50 年代适应当时的社会需要，不断开拓学科建设的新领域，加强建筑技术线的建设，成立了工业建筑教研组和建筑技术教研组，大大促进了建筑学科多方向的综合发展。并且积极推进教育与生产实践相结合，面向社会，组织师生参加重大工程的设计和规划工作，产生了很大的社会影响，进一步促进了学科的建设和发展，创造了新中国成立后我系第一次比较大的发展。

60—70 年代，处于动荡时期，难以成事，但是一旦有了转机仍是千方百计地抓学科建设，60 年代初创办了建筑设计院，教学建设重视加强建筑设计理论的教学，开设了建筑概论、住宅建筑设计原理、公共建筑设计原理等建筑设计理论系列课程，组织编写 10 余本各种类型建筑设计原理教材（讲义）；70 年代中期一方面大力重建教学秩序，一方面加强教学与社会实践联系，组织教师参加一些重要工程的设计，如上海火车站、南京五台山体育馆、丁山饭店等。

80 年代后，随着国家实行改革开放，我系也迎来了历史发展的新时期。80 年代初，我系不失时宜地选派了一批年富力强的教师赴美国一些著名大学如麻省理工学院（MIT）、耶鲁大学、哥伦比亚大学、伊尼诺斯大学及明尼苏达大学进修作访问学者，不仅派出去而且也请进来，举办了外国学生培训班，开始发展与国外的学术交流。

1985 年，我有幸被推到我系领导岗位，担任系主任，主持系工作连续两届历时 7 年多，在此期间，我也深刻感到进一步强化学科建设的必要性和急迫性，也深感自己责任之重大！我们在总结我系近半个世纪特别是新中国成立以后办学经验的基础上，为了使教育面向现代化、面向世界、面向未来，提出了新时期学科建设发展的新目标，那就是探讨有中国特色的新的建筑教育模式和建立有东大特色的建筑教育体系，也就是由封闭型的办学转向开放性的办学，从传统的办学模式中走出来，寻求新的经验。

为此，1986 年我们首先发起召开了全国建筑教育思想研讨会，中心议题是我国的建筑教育如何适应改革开放的新形势，探讨建筑教育新发展之路。全国 30 多所兄弟院校 70 多位代表参加了这次会议。通过大会讨论交流，取得了我国建筑教育必须改革的共识。我们在会上提出了《探讨有中国特色的新的建筑教育模式》的主题报告。此次会议，拉开了我系教学改革的序幕，也对全国建筑教育起了一定的推动作用。与会代表认为这样的研讨会很有必要，很有好处，建议定期举办类似的活动，最后会上确定以后由各校轮流主办。全国高等学校建筑学科专业指导委员会成立以后，此种形式就演变为每年由专业指导委员会组织，轮流在各校举办。

在此次会议的推动下，我系的教学改革进入了积极活跃的时期，多方位进行探索；我作为系主任，积极支持一批年轻人大胆地进行一年级建筑设计初步课的改革，历经六年，初步建立了《建筑设计基础》崭新的教学体系；在《建筑设计基础》课改革的基础上延续、深化、配套，又进行了二年级建筑设计教学体系的探讨，将理论、设计、方法、技术、表现五者构成设计教学框架，融为一体，贯彻教学全过程；建筑历史与理论教学也是重点改革课程之一，探讨了以史代论的教学体系和方法；同时对力学和结构课也进行改革探索，将三种力学融会贯通于一体——建筑力学，建立了建筑力学新体系，改革结构课教学体系，使其更适合建筑学专业的要求和特点，相应编写了适合于建筑学专业特点的相关结构教材。所有这些改革无疑对加强学科建设起到了重要作用。

在改革开放的年代，关着门自我建设是不够的，必须使自己从自我封闭中解放出来，这是新时期学科建设发展的要求，为此，一方面对内积极加强自身的学科建设，一方面又对外积极开展学术交流，这样既了解、学习他人，也使他人了解我们。从 80 年代中期以来，我们几乎每年都组织学术交流活动：

1986 年，发起召开了首次全国建筑教育研讨会，已如前述。

1987 年，正值建系 60 周年之际，举办了系庆 60 周年庆祝活动及学术研讨会和刘敦桢教授诞辰 90 周年学习研讨会，来自海内外 400 余名校友返校欢聚一堂，成为我系历史上一次最大的盛会。

同年正值联合国住房年，我们又和中国建筑学会等合作筹备了城镇住宅规划和设计国际研讨会，来自欧、美、亚 30 多位国外专家和 100 多位国内同行参加了这次会议，大大扩大了我系在国内外的影响，国内媒体都作了较广泛的报道。

1988 年还召开了中国—欧洲医院建筑设计国际研讨会，建设部设计局及中国建筑学会有关负责同志也亲临参加会议，促进了中国和比利时鲁汶大学医院研究上的合作。

1988 年又召开了中国建筑与理论中青年学者研讨会，借此活动，促进建筑历史与理论课程的改革，又向外宣传了我们的改革，把我们的中青年教师推向国内学术界。

1990 年与中国建筑学会合作筹办了杨廷宝、童寯两位教授诞辰 90 周年学术研讨会。

1990 年由专业指导委员会组织，并由我们主办召开了全国建筑设计基础教学研讨会，一方面促进我系一年级设计初步课程改革深入发展，一方面又借此机会把我们的改革成果及改革者推向学术界。

1991 年又与全国高等学校建筑学专业指导委员会合作，在我校召开了建筑学科评估与学位研讨会，国家教育委员会有关同志参加了这次会议，它为建立我国研究生专业学位制度作出了贡献。

此外，为了加强学术氛围，创造良好的育人的学术环境，我系积极开办了第二课堂，每周开设周末讲座，每年组织一次系内学生论文竞赛，组织学生兴趣小组，培养良好的学风。

与此同时，积极发展对外合作与交流，我系先后与很多国家大学建筑系进行校际交流，签署合作协议。与日本爱知大学建筑系定期互访讲学，交流学生作品展览；与英国诺丁汉大学建筑系交换互访学者；与瑞典苏黎世高工建筑系签署协议，每年选派 1 ~ 2 名青年教师进修；与加拿大滑铁卢大学建筑系及澳大利亚墨尔本皇家建筑学院交换访问学者；与比利时鲁汶大学建筑系共同开展医院建筑设计研究等。五年之内，计有 40% 以上的教师主要通过上述渠道出国访问交流。

学科建设要求我们经常从战略的视野去思考和决策，认清并抓住学科发展的新方向，争取走向学科发展的前沿，努力争取本单位在若干领域里占有制高点。在 80 年代中期，争得了建筑设计学科为国家重点学科，增设了城市规划与设计博士点，使我系有了 3 个博士点，即建筑设计博士点、城市规划博士点及建筑技术博士点；同时也争得了风景园林硕士点和美术硕士点，使我系有了 6 个硕士点，包含硕士点的所有专业；我们还在激烈的竞争中争得了世界银行贷款 40 余万美元的国家重点专业实验室——计算机辅助建筑设计实验室；增补了一批博士生导师，所有这些都是长期坚持学科建设的结果。正因为有了较好的学科建设基础，90 年代初（1991 年）我系又顺利通过了全国高等学校建筑学科本科生教育评估，并取得了 6 年有效的优秀成绩，成为我国首批通过评估的学校之一，从此在我校开始了建筑学本科专业学位的培养。1995 年又通过了建筑学科研究生的建筑教育评估，开拓了研究生专业学位的培养。

70 年已经过去，它已成为历史，未来的岁月要求写出更加辉煌的篇章，21 世纪将面临更多的挑战，只要我们代代重视学科建设，实实在在、同心同德地从事学科建设，我们的事业就一定会更加兴旺发达，我们就一定能够达到我们的目标：把我系建成国内第一流和有国际影响力的建筑学院系。

（原载《东南大学建筑系成立七十周年纪念专集》）

8 向 21 世纪建筑教育迈进

——前进中的中国建筑教育

为适应我国进一步改革开放的新形势，迎接 21 世纪高等教育将要面临的挑战，最近几年，中国建筑教育界为此进行了大量工作，以提高我国建筑教育水平，为中国建筑走向世界而努力。

我国高等建筑教育自改革开放以来发展很快，到目前为止，设有建筑学专业的高等院校已达 80 余所，为 10 年前的一倍多，每年招收大学生近 4000 人，研究生近千名；毕业生基本上都能自主择业，顺利走上教学、科研和生产岗位，建筑教育基本能适应我国大规模城市建设的需要。

为适应新世纪人才培养的需求，近几年我国在全国范围内对高等学校人才培养模式的改革进行了积极的研究，作为人才培养模式重要标志的专业设置的改革成为这两年研究的一个迫切课题，现已基本完成，高等学校设置的专业由原来的 500 多个调整为 200 多个，大大地减少了专业种类，由原来比较窄的"对口"专业教育转变为适应社会发展需求的宽口径的现代工程师基本素质的教育，通过调整学生的知识结构进一步拓宽专业口径，扩大服务面，增强适应能力，通过拓宽专业基础，进一步推动课程体系的改革。建筑教育也如此，将原来各校设置的建筑学专业、城市规划专业、室内设计专业、风景园林专业等 5～6 个本科专业调整为两个专业，即建筑学专业和城市规划。室内设计专业含在建筑学专业中，风景园林专业含在城市规划专业中。在研究生的专业设置中保留有室内设计专业和风景园林专业，此外还有建筑技术专业。

由于我国建筑教育发展很快，各地各校发展不平衡，一批新的院校办学条件、师资力量都还不足，为保证基本办学条件和教育质量，最近几年，全国高等学校建筑学专业指导委员会于 1997 年正式制定了《建筑学专业本科教育五年制培养方案》，确定了培养目标、毕业生基本要求、专业主干课程、实践环节、课程设置及主要课程基本内容和要求等，同时还制定了建筑学专业办学基本条件等文件。

为了保证教育质量稳步提高，并早日与国际建筑教育接轨，我国从 1991 年起就建立了全国建筑学专业教育评估制度，参照美国、英国的经验，制定了建筑学专业教育评估章程、评估标准和评估程序等文件，对本科教育和研究生教育同时进行评估。1991 年首先对我国最早办学的四所大学进行评估试点，它们是清华大学（北京）、东南大学（南京）、同济大学（上海）及天津大学（天津），邀请了美国、英国和中国香港派遣观察员参加了我们教育评估的全过程。经过评估，最后评估委员会认定四校都是 A 级，为六年有效期。此后每两年开展一次评估，由学校提出申请，经评估委员会审议，决定接受申请与否，如同意其申请，即要求学校在规定时间内提出自评报告，再送评估委员会审查，最后派专家视察组视察，视察组由两名教授、两名建筑师和一名学生代表组成，他们来自评估委员会、全国建筑学专业指导委员会（NSCAE）及中国建筑学会。每次也邀请美国、英国和中国香港代表作为观察员参加评估专家视察组工作，以增加了解，最后促进评估结果能互相承认。截至 1998 年，已经进行了 4 次评估，16 所大学的建筑学专业教育通过了评估，分别获得 6 年、4 年及有条件地通过 4 年有效期 3 种结果。从 1998 年起，我们将每年开展一次评估。

全国高等学校建筑学专业指导委员会是建设部委任的建筑教育专家机构，在建筑工程领域共有 6 个专业指导委员会，它们是建筑学专业指导委员会、城市规划专业指导委员会、土木工程专业指导委员会、给排水工程专业指导委员会、采暖及环境工程专业指导委员会及工程管理专业指导委员会。建筑学专业指导委员会每年召开一次委员会及扩大会议（系主任会议），各校都派代表参加，就全国性的共同关心的问题进行讨论、交流经验，着重讨论如何深化教育改革，努力提高教育质量等问题。

专业指导委员会还负责组织建筑学专业教材的编写工作，计划在 2000 年出版一批主要课程的教材及教学参考书。

自 1993 年起，专业指导委员会每年举办一次全国大学生建筑设计竞赛，它由专业指导委员会命题，规定各校本科三年级学生参加，竞赛内容作为三年级第二学期第二个课程设计题，像正常教学一样进行，学生完成后，由学校评选出 10% 的优秀作品参加全国评选。此项活动，大大激发了师生教与学的积极性，教与学都极为认真，各校的教学质量都得到了明显的提高，借此活动，也大大促进了各校的交流，增进了各方的了解，尤其对新办的一些院校帮助更大，起到了良好的导向作用，受到各校普遍的欢迎。七年的实践，证明这是一项成功的活动，我们将继续坚持做下去，努力把它办得更好，从 1999 年开始，香港大学也将参加这一活动。

1998 年是专业指导委员会换届年，新的第三届专业指导委员会刚开始工作。前不久，我们刚在大连开完第三届专业指导委员会第一次委员会会议及扩大会议，对今后的工作进行了认真的讨论，制定了 1998—2002 年四年的工作计划，这四年恰逢世纪之交，是中国建筑教育由数量发展向质量发展的转变之时，也是中国建筑教育界青老接替之时，因此，这是非常重要的时期。我们希望通过今后的工作，让我国的建筑教育改革更加深入地开展，教育观念、教学内容、教学方法等更加适应新世纪对人才培养的要求，努力使我国的建筑教育水平普遍得到更大的提高；我们也希望更广泛地开展与国外建筑教育界的合作与交流。1998 年我们组织了建筑教育考察团对美国进行了友好访问，得到了美国同行的积极支持和帮助，从今以后我们每年都将组织这样的活动，同时更希望在教学、生产、科学研究上开展合作与交流。

总之，中国建筑教育界将加倍努力，为使我国建筑教育迈向 21 世纪，走向国际而努力。从 1997 年开始，为了迎接国际建协（UIA）第 20 届世界建筑师大会在中国北京召开，我国部分建筑院校参加了大会的的筹备工作，有 8 所院校参加了大会筹备委员会科学技术委员会工作，具体准备了主题报告、作品展览及大学生建筑设计竞赛等工作，为 1999 年大会的顺利召开尽我们应尽之力，希望第一次在亚洲召开的这次大会能圆满成功，也希望各位同行积极参加这次大会，我们一定尽东道主责任热情欢迎大家。

（1998 年亚洲建筑师协会年会建筑教育分会上发表）

9 建筑教育发展与改革

20 世纪 80—90 年代，我国建筑教育事业蒸蒸日上，为我国社会主义现代化建设培养了一大批优秀人才，为社会经济发展作出了巨大贡献。但在 21 世纪来临之际，建筑教育将面临新的形势和新的任务。建筑教育应如何更加深入、全面、健康地发展，以适应未来建筑事业迅速发展的需要，成为建筑教育同行们关注的问题。早在 1996 年 UIA 巴塞罗那大会提出的《建筑教育宪章》就明确地提出了这个问题，并指出建筑教育是与整个建筑学学科发展紧密相关的。特别是在 20 世纪末最后一次国际建协北京会议上通过的《北京宪章》指出的："未来建筑事业的开拓、创造以及建筑学术的发展寄望于建筑教育的发展与新一代建筑师的成长……"

最近十余年，因为工作的关系，经常接触到这方面的问题，思考这方面的问题。在此提出一些个人看法以供讨论，共同探索 21 世纪我国建筑教育的发展方向。

1 发展：数量和质量的问题

现代建筑学专业在我国的发展比欧洲晚了一个多世纪。对世界建筑教育影响很大的法国国立巴黎高等艺术学院于 1819 年就设有绘画、雕刻和建筑等专业；美国 1846 年和 1847 年在波士顿大学和哈佛大学先后创办建筑系；1865 年麻省理工学院创办建筑系。我国直到 1927 年才由原中央大学（即现在的东南大学）创办了全国第一个建筑系，同年，东北大学也兴办了建筑学，从那时起半个多世纪中，才只有十几所大学设有建筑系。但自 70 年代末改革开放以来，我国建筑学专业的发展像雨后春笋一样，除西藏等少数几省外，其他各省、自治区都创办了建筑学专业。到目前为止，在建设部人事教育司备案的设有建筑学专业的高等学校就有 74 所，实际上有 80 余所（不包括高等职业学校和民办学校），有的城市甚至有 5 ~ 6 所学校同时设有建筑学专业。这个数量对我们拥有 12 亿多人口的国家来说也不算多，因为 80 年代末美国有建筑学专业的大学就有 108 所，就连中国台湾最近几年也发展很快，1999 年我在台湾访问时了解到有 20 余所学校开设了建筑学专业。建筑学教育在我国的迅速发展是社会经济发展的客观需要，大规模的建设事业使建筑学成为热门专业。但是客观需要和现实条件之间还有很大的差距，从目前办学物质条件和师资力量来看，困难还不少。有的新院校建筑系的图书馆资料及藏书量还没有某些建筑师私人藏书多；教师力量更是不足，有的系只有 3 ~ 5 人，有的甚至没有一个建筑学科出身的教师，尽管如此，也居然创办了建筑学专业，并培养出了建筑学专业本科毕业生。这种情况当然为数不多，但是也提出了一个值得重视的问题，建筑学专业设置应有哪些基本条件，以确保基本的教育质量，以免误人子弟。为此，在建设部主管部门的领导下，建立了全国高等学校建筑学专业教育评估制度，并于 1991 年首次开始了评估工作；1996 年全国高等学校建筑学专业指导委员会曾组织多次讨论，制定了《建筑学专业本科五年制设置基本条件》及《建筑学专业本科教育五年制培养方案（试行）》两个文件。但是，有条件申请评估和通过的学校还是为数不多。到目前为止，通过评估的学校只有 19 所，不到 1/4，这说明我国建筑院系数量虽多，但水准高的还不多。因此，我国建筑教育的发展应该由数量的发展转向质量的提高。现阶段建筑学专业不宜再多发展，中央和地方政府主管部门应该参照专业设置的基本条件严格审批新办的建筑学专业；已经创办的但与基本条件相差甚远的学校应该采取一定措施，尽早达到办学的基本条件；基本符合专业办学条件的学校应花大力气努力提高教育质量，争取早日通过评估；已经通过评估的学校应更上一层楼；通过 A 级评估的学校应力争引导我国的建筑教育走向世界。

2 培养目标：单一化与多元化的问题

在《建筑学专业本科教育五年制培养方案（试行）》中，明确了我们的培养目标："培养适应社会主义现代化建设需要，德、智、体诸方面全面发展，获得建筑师基本训练的高级工程技术人员"。作为建筑学专业教育，对学生进行建筑师基本训练，使其毕业后成为高级工程技术人员，这是全国建筑教育统一的要求。这里提的是"成为高级工程技术人员"，并没有明确地提"成为建筑师"。显然，这是考虑到学生毕业后的去向不一定都到设计院最后成为建筑师，有的会到其他行业中去发展，经过实际的锻炼，也可能成为对国家有贡献的其他专业人才。因此，在培养目标上不宜单一化，用一把尺子去衡量所有的学生，因为人是多元化的，每个人都有他自身的生理、心理特点和才能，学校的教育应该真正"因材施教"，充分发挥每个学生自身的特长，创造条件引导他们更好地发展；应该提倡学生能从"一个门进来，多个门出去"。实际上，实行市场经济以来，学生毕业后的就业途径已经多元化了。毕业生到设计院从事设计工作的人数比率已开始下降，"改行"的已逐渐增多。实行"宽口径"人才的培养已是市场发展的客观需要。因此重要的是培养学生具备坚实的基础知识，拓宽专业知识面，特别要重视和加强人格素质的培养，使其能够适应竞争社会中变化与竞争的需要。美国建筑教育评估委员会（NAAB）对毕业生的要求是"在专业上成为有能力，会评价的思想家。在一个时刻变化的社会环境中把握复杂的职业生涯"。可以看出，欧美一些发达国家更加重视"能力"，重视"思想"的要求。这是一个人在竞争社会中能求生存求发展的实实在在的"基本功"。长期以来，我们培养的要求说白了就是培养会做设计、画得好的设计者。这是我们的优点，也是我们的弱点。因为它会将我们的学生引导到过于狭窄的人生发展道路上——单一化的发展道路上。对于本科大学生来讲过于狭窄不利于他们在市场经济的竞争社会中开拓事业。

3 教学模式：统一性与多样性

我们制定建筑学专业设置的基本条件和建筑学专业教育评估标准，是为了从宏观上把握建筑教育质量，但这并不意味着全国就要求一种办学模式。从目前各校情况来看，统一性还是相当明显，而多样性却很不足。这表现在教学计划的趋同、课程设置的雷同、教学方法的一致上，甚至建筑设计课的题目类型、内容及做法都是大同小异……这一方面是长期计划经济管理体制造成的，另一方面也由于新办建筑院校较多，从无到有，只能向"老大哥"取经学来。现在重要的是，加大改革力度，探索办学特色。目前我们的这种意识还较淡薄，做起来还比较难。但是，建筑教育的多样性、建筑院校的丰富多彩是我国建筑教育和建筑学专业稳定发展的必要条件和客观要求。在多样化的条件下，创造各校自己的特色应是各校在新世纪中探索的一个重要方向。我们幅员辽阔，各地地理、气候、人文、社会、历史背景不一，各有特点，这为发展建筑教育的地域性提供了有利条件。对于办学特色，在我国的建筑教育评估文件中是有要求的，在自评报告中就要求申请评估的学校阐明"办学思想、目标与特色"，在评估专家组的赴校评估视察期间也都重视考察该校的办学特色；美国、英国或中国香港的观察员也都对学校办学特色非常关注。只有各校有了自己的特色，我国建筑教育才可能走向多样化。建筑院校的多样化最终将促进我国建筑教育水平的提高，成为中华民族新的文化财富。

4 办学：开放与封闭问题

我国建筑教育在20世纪50年代末曾经在"教育与生产劳动相结合"的教育革命的推动下，建筑系师生一度曾走向社会，与设计院密切合作，毕业设计也走向"真刀真枪"，可以说这是学校与社会的一次结合。在今天建筑教育发展的新形势下，更要提倡开门办学，使学校与社会结合，这既可以使教育更好地为社会经济发展服务，也可以为社会、为企业单位参与办学创造条件。此外，在专业教学工作中也可以采取走出去、请进来的方式，让有经验的建筑师参与教学活动。在国外是非常重视这一点的。除了聘请建筑师作为兼职教师外，还应经常请建筑师进行讲学活动，参加建筑设计的评图工作。

在英国建筑教育评估中，还建立了校外考试官制度，对学校教学工作进行督察，我国对通过评估的学校也开始实行"督察员"制度。除此之外，开放式教育更重要的是为师生创造开放性的学习、生活环境，为学生提供更为开放的生活、学习的各种形式和方法。在建筑教育中应鼓励、提倡学生进行自我教育，通过多种途径培养学生的创造性能力，探索多方式教学，使每个学生都有机会充分发挥自身的创造能力。可以说开放式教育将是 21 世纪建筑教育的一条重要原则。因此，我们应该尽快从封闭式教学中走出来。

5   知识结构：理工与人文的结合问题

建筑学科是一个古老的综合性学科，但是随着 20 世纪科学技术的发展，知识日益专业化，也使得建筑学走向狭窄。新世纪建筑学的发展在观念上是广义的，而实际上，我认为建筑学的方向是更加广泛、更加综合、更加实际地贴近人的生活。不仅是"走向建筑学——地景学——城市规划学的结合"，而且是走向更广泛的、多学科交叉的、符合可持续发展的生态原则的方向。因此未来建筑师不只是和传统的土建工程中各专业人员打交道，也不仅仅是和建筑工程类工程师、规划师打交道，而且要跨出建筑类各专业的范围，与更多自然科学、人文科学的专家合作，向他们学习并把他们的专长融合于建筑中。

建筑学的特点就是工科中的文科，文科中的工科。理工与人文的结合应是建筑教育的基本原则之一。今天，无论从全面推进素质教育，还是从培养具有创新能力的人才要求出发，建筑教育坚持理工与人文的结合都显得尤为重要。建筑教育要以培养创造性思维为核心。建筑设计涉及的不仅是技术，还大量涉及与社会、经济、文化、自然的关系。因此应把技术与人文的结合作为 21 世纪建筑学发展的一条极为重要原则，要把人文精神渗透到建筑教育的全过程中去。要扩大学生视野，建立开放的科技和人文结合的知识体系。综合大学的建筑系要充分利用其人文学科的优势，跨出传统建筑学的天地；工科院校的建筑系更要创造条件，走出学校，寻找与人文学科结合的途径。我国有五千多年的文化，加上现代的创新精神，可以在 21 世纪创造出中国现代建筑的新辉煌，丰厚的文化底蕴是建筑创作取之不尽的源泉。

我们原有的知识体系，要重新审议，该增加的要增加，该减少的要减少。对照美国建筑教育的知识体系，特别是 1998 年美国 NAAB 制定的评估执行标准中就特别提出环境保护问题，要求树立"环境保护意识"，"理解环境保护原理方面的信息"，并具备能"正确地将原则用于方案的能力"；中国香港建筑师学会制定的评估标准也有"环境保护"的知识内容，要求学生"掌握生态学基本原理"和在建筑设计与城市设计中负起"环境与资源保护责任"。这些对我们来讲也是必须的。

此外，理工科之间也需要相互交叉，相互渗透，走向综合。因此，在建立的新的教学体系中，要加强建筑学科的科学性与基础性。我国的建筑学教育长期以来重艺术轻技术，改革开放后与国外的交往中，我们已明显地看出这方面的差距。每次参加我们建筑教育评估的外国观察员都给我们提出这方面的意见。至今，我们仍然没有多大的改变，甚至仍徘徊在法国巴黎艺术学院学院派的阴影之下，花大量时间进行美术训练。实际上欧洲的建筑教育比较早就开始注意加强工程技术与艺术的密切结合。于 1919 年设立建筑学院的罗马大学，在教学中就推崇技术与艺术并重；德国的建筑教育起步较晚，但早在 1790 年，柏林艺术科学技术学院就把建筑学专业划归工程技术院校；1919 年成立的包豪斯建筑学校，就把艺术素养陶冶情操与科学技术知识的教学融为一体，并要求学生从事工厂劳动；当今，美国、日本在建筑学专业本科教学计划中，甚至没有把美术课作为核心的必修课，有的作为选修课。

6   体制：教学、科研与生产三者的关系

建筑教学、科学研究与设计实践三者是一所学校建筑学科整体的不可分割的有机组成部分，是建筑学科建设的一个极为重要的问题。在建筑院校建立设计院是我国建筑教育发展中形成的一个重要特色，这为建筑教学理论与实际的结合创造了成功的经验，受到国外同行的赞赏。因此，新老院校都争

办起设计院，为师生联系生产实际提供了实习基地；有不少学校也建立了研究所，特别是一些重点研究型的大学。因此可以说，成立设计院、研究所是建筑学教育与建筑学学科发展的客观需要。这是我国建筑教育界的共识。问题在于如何处理校内这三者之间的关系？生产关系对生产力有巨大的反作用，三者关系如何将必然影响到建筑学科建设的发展和学科水平的提高。毫无疑问，在这三者中教学应是学科的主题。一个学科犹如一棵大树，教学就是这棵大树的主干，生产和科研是这棵主干上生长的两根大支干。任何时候都应确保主干能获得充分的阳光、水分和生长空间。主干必须有庞大的根系，只有根深才能叶茂；反之，如果叶茂，根不深，那是暂时的，这棵树迟早是要枯萎的。

处理好这三方面关系的关键是校内的体制和校外的行业管理问题，两者又以校内的体制管理问题最为重要。因为行业管理任何校内体制都是应该遵照执行的，也都是能够进行管理的。

从我国目前各校现状来看有几种模式，它们各有千秋。有的是三足鼎立，教学（建筑系）、科研（研究所）和生产（设计院）三者各自自成体系；有的是"三位一体"，由三者共同组建建筑学院；而有的学校则是三块牌子，一套班子。对于这个问题各校可根据自己的情况努力解决好。由于各校情况不一，很难用统一模式，也不宜用统一模式。但不管采用何种体制都应以有利于三者优势的互补，合作协调，以共同促进学科发展为宗旨。

7　人才素质：智力与能力问题

为适应全面推进素质教育的新形势，建筑教育工作者需要更新教育观念，确立智力、能力和人格三位一体的素质教育和人才培养模式；不仅要注重专业知识技能的教育，而且还要重视非智力因素（如情操、理想、道德、交往能力、合作精神、组织能力等）的培养。就智力教育而言，也需重新更全面地理解。知识能力有三种，一是接受知识的能力；二是获取知识的能力；三是应用、发展与创新知识的能力。我们应该更加重视后两种能力的培养。仅仅具备第一种能力往往会高分低能，在应试教育下可能是名"好学生"，但他们若只会被动地接受老师的传教，可能成为"死读书者"。只有更为全面重视三种智力教育与培养，才可能培养出有创新才能的人才。除了智力以外，非智力因素的培养在我们传统的教育中未引起足够的重视。在美国 NAAB1998 年制定的国家建筑学评估文件中就要求"毕业生有能力把握智力的、空间的、技术的及人际交往的技巧"，要"领悟建筑师所要扮演的角色和社会责任"；并且规定毕业生必须在以下方面展示出自己的知识、理解力和实际应用能力：

（1）口头表达与写作能力。包括在专业课程中，能够有效地用口头和书面表达出一个建筑方案的能力。

（2）绘图技巧。能够使用恰当的表现手段，包括计算机技术，以便在各阶段的组织和设计过程中能够及时探求内在的形式要求。

（3）研究技能。用资料搜集和分析的基本方法来理解项目和设计过程的各个方面的能力。

（4）批判思考的能力。对一个建筑、建筑综合体或者城市的空间进行综合的分析与评价的能力。

（5）基本的设计技能。应用基本的、内在的、空间的、结构的原理在建筑室内外空间各要素的组织中能提出自己的观念，并且有发展这种观念的能力。

（6）合作技能。辨别与假定各种角色而使个人才能得到高度发展，在作为一个设计小组的成员工作或者其他场合下与其他同学保持合作关系的能力。

由此可知，智力能力的开发和非智力能力的培养在美国建筑教育中占有重要位置，其目的是使学生能适应"更宽的职业需求"。

香港建筑师学会制定的建筑学专业教育评估制度文件中确定了三个教育目标，其中第二个目标就明确提出"人格的全面发展"：它要求学生"虚心坦诚，灵活变通，富有创意，善于适应，勇于探索，能与人共事并参与集体工作"。这些都是值得我们借鉴的。

8　教学体系：设计课与专业基础课的关系

建筑设计课是建筑学专业的主干课，创造性能力的培养应是这门课教学工作追求的目标，是设计课教学之灵魂。长期以来，由于设计教学中受学院派影响深远，单纯强调手头技巧的基本功训练，而忽视了"脑"的思维训练，即观察、思考、分析和理解能力的培养，学生们缺乏形象化的思维、图示分析交流，虽然重复训练花的时间很多，但是在创造性能力培养上仍是我们建筑设计教学一个公认的弱点。

此外，建筑设计课缺乏整体的系统性，各年级的课程设计基本上都是沿用建筑类型的训练方法，设计要求和作业时间也基本相同，仿佛只是教学生做应用题，而缺少基本创造性思维和建筑设计基本规律性的教学。因此，应该突出建筑设计课创造性能力的训练，并把它作为教学计划设置的一条红线，贯穿于一至五年级建筑设计教学全过程。

为了提高学生的综合设计能力，应该加强相关课程与建筑设计课的综合教学环节，以使学生有能力把握智力的、空间的、技术的技巧，理解建筑历史、社会文化和环境的文脉，以提高综合解决设计问题的能力，即能选择并综合结构系统、环境系统、生命安全系统、建筑发展系统和建筑服务系统以及建筑规范系统，把这些因素应用到建筑设计中。这种综合应用能力在我国各建筑院校教学中都相当薄弱，在历次评估中外国观察员也都给我们提出了这方面的问题。学生设计图中，在结构、构造、物理环境的控制等等方面问题不少，原因就在于这些课程都自成体系，课程内容为主干课服务的思想不明确；同时建筑设计课也缺少相应的综合教学环节。因此，加强两者的综合需从两方面着手，即相关课程在教学内容上应根据建筑学专业的特点，密切结合建筑设计选择、编辑教学内容，同时建筑设计课应系统地组织、安排一些与其他课结合的教学环节。当然，最根本的还在于提高设计教师自身将工程技术与设计结合的水平，把综合教学落实到每个设计教师的身上。

9 教学方法：教学中的主体与客体问题

建筑技艺的传授同其他技艺的传授一样，主要靠师徒相承，口传心授。这种师带徒的学院式的教学方法在建筑设计教学中一直沿用至今，这导致思维单一、封闭，甚至约束着学生个性的发展，挫伤了学生的积极性与创造性。近些年，一些学校的学生"闭门造车"，关在宿舍里做设计，不愿让教师改图，这一现象说明了什么呢？它反映了学生不满意在设计课学习中被动的客体地位，不得已地采取这种回避的方式，冒着违反学习纪律的风险去争取学习中自身主体的地位。因此，要改革传统的以教师为中心的教学模式，建立以学生为中心、为主体的现代教学模式，充分激发学生的主动性，为学生的个性发展创造条件。可以看出，建筑学中的自我教育将成为未来教学的一项主要原则和方法。为此，学校和教师的责任重在为学生创造和组织颇具创造性的生活环境和学习环境，启发和引导学生发展自己的才能。建筑设计师带徒的教学方法也要改革，要改变填鸭式教学方式，多采用开放式、多样化、启发式和讲座式教学方法。长期以来，各校关注的师生比例问题，由于一对一师徒式的教法，很难扩大比例，而改变教法以后就有可能改变目前的状况，进而提高办学效率。

10 教师队伍：单一化和复合化问题

教师是办好一个专业的决定性要素。目前，师资队伍的新老交替已基本完成或正在过渡中。中青年教师已成为教学工作的中坚力量，为确保各校建筑教育的持续发展创造了有利的条件。但从师资队伍的整体状况讲，我感到很多方面都表现出相当单一化的倾向。具体表现在：①教师智力的单一化，教学工作分工过细，教师适应面窄，教构造的不教设计，教设计的不教构造；有的只教学而不研究，或不擅于研究。②教师来源的单向化，基本上是从学校到学校，并且大部分都是本校自留。③教师岗位的专职化，所有教师都是定编的，兼职教师很少，有些兼职教授也只是用其名，并未承担实际教学任务。

我认为师资队伍这些单一化的倾向不利于教学力量的高效利用，不利于学科的交叉与结合，不利于学生综合能力的培养。师资队伍的单向化，必然造成近亲繁殖，不利于学术思想和人才的交流与发展。我国部分学校80%以上的教师是本校毕业的，这种现象国外少见。因为美国规定毕业生不得直接留在本校工作，而必须是先出去工作若干年以后，再根据需要聘请进来。近来，这种近亲繁殖的人才录用方式不仅未加改变，反而在人才竞争中有加剧的趋势。各校都极力把好学生留下来，以防人才外流。本科生保送本校读研究生的也越来越多，有的大学大部分是本校保送的，对外招收比例很小，这种自我封闭的方式是不可取的。我主张"五湖四海"，而非"清一色"。教师岗位的专职化是我国教育的特色，那是计划经济体制下的办学之道。在市场经济体制下，这种建制也有必要加以改革。可以借鉴国外的经验，实行专职教师和兼职教师并举，并逐步减少专职教师队伍，扩大兼职教师队伍。应该说现在条件已初步成熟，人事制度改革允许科技人员兼职；交通运输的高速化，缩短了距离和时间；教师的工资也有望提高，这一点很重要，教育投资要增加，不要要求教师创收，教师的任务就是教学及科学研究，真正解除教师生活上的后顾之忧，让其专心致力于教学与研究。像国外一样，可以采取教师坐班制使其成为真正的专职者。实际上，现在大部分教师精力不集中，教学工作实际上是项"兼职"工作。

采取专职教师和兼职教师并举以后，可以提高专职教师和学生的师生比率，有利于提高办学效率。国外的兼职教师甚至多过专职教师，这一点我们不可能一下办到，但可以朝着这个方向努力。兼职教师可以是别校的教授，也可以是社会上的建筑师、工程师。他们参加教学工作有利于学术交流和扩大学校与社会的交往，当然也有助于解决教师数量问题。

以上谈及建筑教育发展与改革的十个关系，是个人的一些想法，仅供讨论，不妥之处，希望指正。

（原载《新建筑》2000 年第 1 期）

注：本文是作者在东南大学召开的建筑教育国际研讨会上的大会发言。

10　新的导向

——迅达杯全国大学生建筑设计竞赛综述

自 1993 年全国高等学校建筑学专业指导委员会组织全国大学生建筑设计竞赛以来，1999 年是第七次了。前六次（1993—1998 年）可以说是一个阶段，此阶段最初的目标是要通过开展这种设计竞赛活动，促进各学校建筑设计的教学，培养严谨的教风和学风，加强建筑设计基本功训练；通过竞赛评选，相互观摩、交流，促进各类院校建筑设计水平的普遍提高。六年的实践表明，这一目标已经达到，不仅学生的设计水平有明显提高，而且各类学校学生参赛作品设计水准和图纸表现差距已明显缩小，甚至难解难分。因此，在 1998 年大连会议上，与会者对大学生设计竞赛这项活动专门进行了讨论。一方面，充分肯定前六次设计竞赛的成绩，认为专业指导委员会抓住课程设计这一环节，每年开展设计竞赛是抓对了，抓准了，起了很好的指导作用，其效果是积极的、明显的。但是，从另一方面来看，这种竞赛年年如此这般地进行下去，也较难激发广大师生新的激情和兴趣。其结果必然是"老样子"、"一般化"。因此希望设计竞赛进行某些改革，改革的方向应该是给予各校建筑设计教学以新的导向，新的动力，促使建筑设计教学水平更上一层楼。根据大连会议以上精神，专业指导委员会认真研究，明确新的导向就是要通过设计竞赛激发学生的创造性思维，充分发挥学生设计的主动性和创造性，促使和鼓励学生设计的个性化。为此，设计竞赛的组织从出题到评选都作了一系列的改进，使这次设计竞赛有以下特点：

（1）改革了命题。往年的设计竞赛命题正如众所周知那样，其设计任务书全部由教师确定，从基地地点、大小到建筑内容、房间大小、数量等都是给定的，而这次出题要求扩大学生的自主权，只给了要建的项目名称（建筑系学生夏令营）、总建筑面积、用地大小及最后的图纸要求，其他由学生自己决定。要求学生在自己熟悉的一个城市范围内选一基地，具体的设计内容、房间多少、面积大小等均由学生自己确定，要求学生根据建筑系学生夏令营的要求及自己对夏令营的理解和体验编制设计任务书。之所以命题为建筑系学生夏令营就是考虑它对建筑系学生来讲应是比较容易理解的，易于激发他们的想象激情，利于发挥他们设计的主动性、积极性和创造性。

（2）这次设计竞赛受到了瑞士迅达电梯公司的大力支持，上海迅达电梯服务总公司具体赞助。因此，这次设计竞赛冠名为"迅达杯"全国大学生建筑设计竞赛，在互惠互利的原则下，开辟了产与学结合的有益途径，为这次活动注入了新的活力。由于有一定经济的支持，这次设计竞赛获奖者（1~3等奖）除了得到以往的奖牌、奖状精神奖励外，还可获得经济奖励，一、二、三等奖的获奖者都分别获得千元以上的奖金，作为他们进行建筑考察、继续学习之费用。

（3）改进了设计竞赛评选工作，使之做到更公平、更客观和更具有权威性。以往各届设计竞赛评选工作基本由专业指导委员会的全部委员作为评委，计 20 余人，来自设计、规划、技术、历史等不同学科，评选工作有一定困难。因此，第七届设计竞赛评选就作了适当改进，减少了评委的人数，在专业指导委员会下再设置 7~9 个委员组成评选委员会，并且委员都是设计学科的委员，这样提高了评图效率。后来的评选又在此基础上进行了改进，除了原评选委员会成员外，又特地邀请了多名国内著名建筑师、设计大师参加评选工作。不仅提高了评选质量，而且有利于促进学校与社会的交往，增进用人单位（设计院）对学校教学工作的了解；也有利于学校了解用人单位的要求，从而有利于深化内部的教学改革。此外，这次评选时间也增加了，由以往的一天改为两天，使评选工作更为仔细认真，不仅顺利完成了评选任务，而且最后还能有时间进行总结，并对一、二、三等奖得奖方案进行细评，写出评语。同时，这次所有得奖方案将结集出版，每位评委将发表对这次竞赛的看法或评论，所有的一、二、三等奖作者也将简介自己的立意思想，以增加相互了解。

（4）首次邀请香港大学参加了这次"迅达杯"全国大学生建筑设计竞赛，这是非常有意义的。香港大学和香港中文大学早就对专业指导委员会开展的这项活动表示了浓厚的兴趣和参加的诚意，但由于香港与内地教学安排的不一样，很难在同一时间段进行，故前两年未能如愿。1999年，我们同意香港大学按他们的教学计划安排三年级在适当时间进行，可不与内地学校同一时间段进行。我们同意提前把竞赛文件寄给他们，要求他们在八周内（不得超过八周）完成，也不得将题目向内地泄漏。双方进行了很好的配合，香港大学顺利地参加了这次竞赛，并获得了很好的成绩。

这次组织设计竞赛评选以后，于1999年9月26日举行了正式发奖仪式，由获奖学校的院、系领导代表获奖者领奖，苏州迅达电梯公司瑞士总裁颁奖。

这次设计竞赛得到了各院校普遍的支持和踊跃参加。全国有64个学校（含香港大学）参加并很认真地组织了这次竞赛，3200多名在校三年级大学生参加了这次竞赛，占在校建筑学专业三年级学生总数的80%左右。按照设计竞赛规划，参赛图纸先由各校自行评图，各校挑选10%的优秀方案参加全国评选。评委会共收到参赛方案313份。经过技术预审组预审和评委会终审，发现有28份方案有违规问题。最终有效方案为285份，交由评委会评选。由7名教授和4名国内著名建筑师共同组成评选委员会，他们进行3天的认真评选，经过6轮无记名投票，产生了3名一等奖、6名二等奖、9名三等奖和45名佳作奖，共63份方案入围得奖。获奖者占全国参赛作者总数的9%，可以说是百里挑一的，共计有19所学校分享了这些奖牌。

评委们一致认为，这次竞赛是成功的，竞赛命题和评选的导向是鲜明的，也是正确的。那就是鼓励学生立意的独创性、设计的合理性、环境的整体性、内容的切题性及表达技巧的成熟性。在评选过程中，评委们感到，这一次竞赛成果与前六届相比，设计水平有很大提高，大多数参赛作品都注意了设计的创意，力求设计有其独特性。为此，有的从地域特点出发（如沙漠地区、江南水乡地区、西南山地和历史文化名城等）；有的从基地环境（郊外自然地形环境等）出发；有的从建筑系学生夏令营本身的内涵出发；有的从结构方式、构造方式（如装配式、书架式等）出发……总之能从不同的角度进行创意设计，并且很多设计立意及立意的表现都在情理之中，而不像以往单纯追求形式，模仿某位大师作品，先入为主，生搬硬套。甚至追求花哨，华而不实。从得奖作品来看，它们都有较为独到的创意，能在分析的基础上进行主题构思，同时又找到了较适当的表现形式，可以说表现出一定的逻辑思维与形象思维能力，反映了当代大学生中蕴藏着巨大的创造潜力。

香港大学的参赛，也为香港与内地的相互交流和学习提供了难得的机会。香港大学初战成绩优良，给评委们留下了深刻的印象。在评图中一般是不易了解哪份图纸是哪个学校送的。因为各图的思路及图纸效果都差不多。而这一次评委们都先后发现有几份图纸明显与以往或其他方案不一样。这些图纸有两个特点：一是设计创意较独特，思路较开阔，设计内容切题，并似有切身之体验，为参加夏令营的伙伴们的参与提供了更多的有趣的途径，空间极为开放、灵活，并且较有秩序和章法，这是以往少见的。另一特点是图纸表现相当简单，有的仅仅是一个概念性的示意图，而不像往年每份图都是那样深入细微。这说明香港和内地建筑教育上存在着明显的差距，可以优势互补，取长补短，互相学习。在我们看来，香港学生的思路训练得比我们活，思路比我们开阔。这是值得我们学习的，我们也应反思建筑设计教学改革的必要性。

在没有得奖的作品中，也不乏好的创意或设计，但因存在着一定的问题而未能入围。不少方案还没有摆脱前六届设计竞赛的思维模式，四平八稳，缺乏创意；有的虽有创意但未能充分表现出来，缺少设计章法，显示出设计基础的单薄；有的辞不达意，设计得就像普通文化馆、俱乐部一样；有的缺乏环境整体性思考，似乎是先做平面，再选基地；有的只注意建筑本身设计，而忽视夏令营"营"地之营造；有的还玩弄形式，追求花哨，把简单的问题复杂化……总之，值得总结的经验和教训都是不少的。总结一次，必然也就会提高一步。由于这次评委和作者都有机会发表各自的观点，这为大家交流也提供了较好的条件。

通过这次设计竞赛，参加评选的建筑师们都异口同声地称赞："没有想到三年级的学生能做出这样的设计"、"学生的设计超出我们参评前想象的水平"……有的评委感慨地说："照这样练下去，青年人成长起来，可以看到中国建筑师与国际水准接轨有希望了！"当然这是对大学生的鼓励，这也仅仅是开始，但也正是我们的希望！

（原载《建筑师》2000 年第 2 期）

11 新征途 新挑战 新探索

——南京大学建筑研究所成立

南京大学建筑研究所经过近一年的酝酿和筹备，已于 2000 年 12 月 14 日正式挂牌成立了。它标志着这所综合性大学又诞生了一个古老而新兴的学科——建筑学，在其多学科的大家庭中又添增了一个新的成员。

新建的南京大学建筑研究所是适应南京大学既定的综合性、研究型和国际化的目标而筹建的，它是学校发展的需要。南京大学是一所具有百年历史的大学（至 2002 年整 100 周年），由于历史的原因，近半个世纪以来，主要是发展文科和理科，并且已取得了举世瞩目的学科建设成就。然而为了实现综合性大学的发展目标，必然要进一步发展工科，进一步加强学科群的建设，目前已有了城市规划专业、经营管理包括房地产管理专业等。因此，筹建建筑学专业是必然之举。加之南京大学前身是中央大学。1949 年，中央大学更名为南京大学，当时就有南京大学建筑系之称。现在的科学院院士东南大学建筑研究所齐康教授，工程院院士、同济大学戴复东教授，工程院院士、东南大学钟训正教授等一批有名望的学者、教授就是在此期间毕业于该校的。1952 年院校调整，由于向苏联高等教育模式学习，将文科、理科与工科分开，南京大学基本上一分为二，文科、理科留在南京大学，校园就用原金陵大学校园；工科变成了南京工学院，留在原中央大学校园，又组合了其他高校的一些工科专业。南京工学院于 1988 年更名为今日的东南大学（即中央大学前身东南大学的老校名）。从历史意义上讲南京大学和东南大学是同胞兄弟。在 20 世纪 90 年代我国高等学校进行新一轮的大组合时，如果两校合并，在我国高等教育中将出现一艘新的、强大的航空母舰。1988 年两校曾朝合并的方向迈出过一步，成立过两校合并的筹备小组，两校中层以上干部曾在南京大学开过会（我参加了此会），当时决定两校合并后的校名为中国综合大学，简称"中大"。但是由于种种原因两校终究未能合并。从这个意义上讲，南京大学今天是重建建筑学学科，而新成立的南京大学建筑研究所与东南大学建筑系也该是同胞兄弟。一个是 70 多岁的老大哥，一个是刚诞生的小兄弟，毫无疑问，小弟弟一定要好好地向老大哥学习！

南京大学建筑研究所将以南京大学既定的创办世界高水平的一流大学的标准——综合性、研究型和国际化的目标作为奋斗的目标和方向，积极、踏实地进行学科建设。为此，从一开始就确立了走高起点、高目标和高速度的办学道路，在新的征途中，迎接新的挑战，探索我国建筑教育办学的新模式。

综合性是南京大学的发展目标之一，在综合性大学办建筑学科也成为建筑研究所办学的一个极重要的目标。目前，我国 80 余个建筑学专业基本上都办在工科或以工科为主的高等学府中，我们希望在综合性大学能开办建筑学专业，以实现多元化的建筑学办学模式。在综合性大学办建筑学专业有诸多有利条件，更有利于实现工科与理科、人文学科的结合，这应视为 21 世纪高等建筑教育的发展方向之一。因此综合性也成为我们办学的目标之一。为此，在学科建设上，不仅要搞好建设类专业（结构、设备等）与建筑学专业教学的结合，而且要跨出建设类的专业范围，与更大范围的学科相结合，即与理科、人文学科相结合。在这方面，南京大学为我们创造了得天独厚的条件：在人才培养上，将更加关注人才综合素质的培养，不仅要学会做学问，更要学会做人；不仅要能做设计，也要懂得如何进行研究；不仅自己会做，而且也能与人合作共事，甚至组织大家来做；不仅会思考，而且能以多种方式表达自己的思维；不仅有专业能力，而且要有较高的综合组织能力和管理能力。只有这些高素质、综合能力强的人才在人才市场上才具竞争力。因此，在师资队伍的建设上，也就更加重视对师资队伍本身综合性的要求，因为没有高素质、综合能力强的教师是较难培养高素质的学生的。我们还希望教师具有不同的背景，希望引进不同学术流派的思想和学风，在交流中竞争，在竞争中推陈出新。

南京大学建筑研究所是教学和研究组织，从一开始我们就确立了高起点的办学思路，就是以招收、培养研究生为主要任务。目前，我国有 80 余所高等学校办有建筑学专业，但都是从本科生培养着手，我们试图在我国探讨另一种办学模式，专门为国家培养高一级的建筑专业人才，希望像美国哈佛大学建筑学院那样，仅招收、培养研究生，为我国多层次的建筑教育体系的建立寻求一个新的途径。作为研究型的教学组织，它将以科学研究为先导，以开展科学研究为中心，探索科学研究紧密结合教学和生产实践的新的学科建设体系。我们将紧密结合国家建设和社会发展的实际需要制定科研方向，面向社会、面向市场选择科研课题。在我国加速实现城市化过程中，在创造良好的人居环境过程中，在提高我国建筑创作水平和提升我国建筑质量过程中，努力作出我们的贡献。我们深知对研究生教育层次来讲，学科建设和发展是不能离开科学研究的，只有坚持不懈地进行科学研究，才能培养锻炼师资队伍，才能够有条件培养和指导研究生，才能提高学术水平，才能整体上加强学科建设的力量。

国际化是南京大学办学的又一个明确目标。建筑研究所作为一个学科的建设和发展的组织者也必然要以国际化作为自己的方向，必须在教学和科研、机制和运转等各个方面加强、加速与国际的接轨，努力按国际的模式办学，在教学、科研上加强国际间的合作，积极开展对外学术交流，组织师生参加国际竞赛，创造条件让教师和学生参加国际交流，努力培养国际竞争能力，拓展在国际上的发展空间，增大在学术界的影响力。我们在香港注册和发行的《A+D》杂志，采用汉、英双语的方式，就是面向世界的一个举措，希望通过它，让我们走出国界，让国际了解我们。

为了实现我们的目标，我们确立了"严谨、创新、开放、团结"的八字办所方针，这是经过深思取得的共识。它表明了我们提倡的办学思想和学风。

严谨是治学必备的科学态度，是事业成功必不可少的条件，我们的成长依托于我们的母校——东南大学严谨的治学精神，我们将继承它、发扬它，并带入我们新的事业中。

创新是时代的需要，也是我国建筑教育发展的需要。我国的建筑教育问题产生于传统教育的缺陷和社会发展对人才的新的要求。几十年一贯制的教学体系，一成不变的教学计划、内容和方法及同一模式、同一规格的人才培养模式等都已不适应时代提出的"创新要求"，更难于培养出高水平的创新人才。我们过去曾在教学改革上作过探索，取得过一定的被公认的成绩，但由于种种原因也受到一定的挫折，我们深深了解机制和环境对事业发展产生的巨大的影响和作用！南京大学建筑研究所是一个新的学术环境，新机制的运行，为坚持创新创造了有利的宽松条件，借此希望在教学观念、体制、教学内容、方法等各方面都能有所探索，在研究生人才培养方面创立自己的特色。

开放和改革是我国的大计方针，但是要真正落实在办学上还需要进行多方面的探索和努力。南大建筑研究所采取的开放性办学方针，为的是在办学、治学、教学与科研等各个方面能不断地接受新思路，吸收新的营养，注入新的动力，开拓新的局面，而不是闭关自守；也为了使建筑教育面向社会、面向市场、面向世界；还为了提倡学术民主，创造活跃的、兼收并蓄的，乃至百家争鸣的学术环境。我们尊重权威，但是不盲目崇拜权威，在学术面前人人平等，老师与学生也是如此。

团结是我们力量的源泉，事业成功的保证。我们这批人为了共同的事业走到一起，个人融于共同事业之中，发展首先是共同事业的发展，成功首先就是求共同事业的成功。我们共同的事业就是把南大建筑研究所办起来，并且努力办好，为中国建筑教育的进步和发展作出努力。因此我们能够心往一处想，劲往一处使。

从筹办到今天的一年多时间里，我们已正式踏上了新的征途；已初步建立了一定力量的教师队伍，现有教授、副教授 9 名，他们都有丰富的教学、研究和实践经验，并都有留学国外的经历；已建立了建筑设计及其理论的硕士点，2000 年第一批学生已入校在学，各项教学活动正常运转，2001 年又正式招收了 30 名研究生，其中包括建筑设计的博士生，2001 年 9 月他们将正式入学；已建立了服务教学的实践基地——南京大学建筑规划与设计研究院（乙级），并确立了新的体制即建筑设计院隶属于建筑研究所，较好地解决了研究所与设计院，即教学与生产的体制问题；我们主办《A+D》——建筑与设计杂志，作为我们的一个学术基地，也将是一个对外交流的阵地，2001 年已经出版了两期；我们改变传统的教研室教学组织模式，实行教授工作室机制，把教学、科研、生产有机结合起来；建立了教授委员会，替代传统学术委员会和职称评审委员会；实行所长负责制，坚持民主办学，重大问题提交教授委员会讨论；筹建校外专家顾问委员会，聘请国内外知名教授、建筑师定期对我们的办学方向进行指导和评估，以促使我们努力走向国际前沿；采用固定编制和柔性编制相结合的用人制度，以留出一定比例的教师编制，聘请国内外知名教授、专家作为兼职教授；在学校的大力支持下，已拥有了相当数量的计算机设备，购买了上千册图书，订阅了近 40 种外文期刊，一个专业图书期刊室已初具规模；已开始面向社会，承担了国家和省市的科学研究课题，并介入了建筑市场，承接若干规划和设计任务；与江苏省建筑师协会共同组织、举办了江苏省首届青年建筑师论坛和青年建筑师作品评选活动，现又开始筹办在南大召开的中国建筑创作小组 2001 年年会暨华人建筑师联谊会（筹备工作会）；还与国外和中国香港、台湾地区的院校建立了学术交流合作关系；2001 年 9 月将在德国柏林举办的亚太周中国建筑展中，我所已有 4 名青年学者的 6 项作品被选中作为中国青年建筑师的作品参加展览，开始走向国际……总之，我们的工作已开始起步，我们的机制正在正常、快速运转。

但是我们清楚地知道，创办一个新的建筑学科是不容易的，要办好它就更不容易，现在还只是万里长征第一步，真正是任重而道远。在前进道路上一定会遇到很多很多的困难，我们已有了充分的认识和必要的思想准备。我们这一批志同道合的同志走到一起，可以说是知难而进的。我们以开创和建设好这一新的事业为己任，以严谨、创新、开放、团结为座右铭。我们希望而且也相信在各级领导的关怀指导下，在兄弟院校的帮助下，在社会各界的支持下，通过我们自身坚持不懈的艰苦奋斗，坚持一代代的刻苦努力，我们的目标是能够达到的。我们希望与全国的兄弟院校和校内兄弟系所广泛地交流合作，共同为中国建筑教育走向世界而努力奋斗！

（原载《新建筑》2001 年第 4 期）

注：本文系作者在南京大学建筑研究所成立大会上的讲话。

12　关于建筑设计教学改革的设想及实施意见

——1984 年南京工学院建筑设计教学改革建议书

建筑设计是我院经教育部批准的八个重点学科之一。建筑设计课是建筑系最重要的专业课，承担了全系近 1/3 的教学工作量。它直接关系到人才的培养水平，关系到南工建筑系在全国建筑界中的地位和影响。搞好建筑设计学科，对提高教学质量和学术水平具有长远的战略意义。

建筑设计学科是一门老的学科，在我院有悠久的历史，长期以来，我院积累了很多经验，形成了一整套建筑教育思想、教学内容、教学计划及教学方法，这无疑对我国的建筑教育起过重大的积极作用。但是，分析我们过去的建筑设计教学，它是几十年（近 60 年）一贯制，基本上是半个世纪前的法国巴黎美术学院派的教育体制，尽管新中国成立后几经改革，但基本上没有摆脱这个框框；反映在建筑教育思想上，就是仍然把美术作为建筑设计的基础，重建筑的艺术性，轻建筑的科学性、技术性和社会性，重画面而轻设计，并常常把它作为衡量教师和学生水平的主要标准；在内容上，重视设计基本技能的训练，而忽视基本理论的教学，"只可意会，不可言传"的建筑教育观由来已久，影响至今。这是我系教材建设、科学研究上不去的重要乃至根本的原因；在教学方法上仍然沿用学院派的师带徒的手工业方式，主要是通过手把手地"改图"，教给学生一些处理手法，就事论事，缺乏系统的理论教学，这种教学方法不利于培养学生的独立工作能力。

根据"教育必须面向现代化、面向世界、面向未来"的时代要求，建筑设计学科的教学必须改革。根据社会发展的需要，我院要调整学科方向，更新教学内容，改革教学方法，吸取传统的教学之长，争取新的突破，努力创建新的建筑设计学科的教学体系。

1　改革基本思想

建筑设计学科的改革立足于打好综合基础、重视理论、面向社会、提高能力的基本思想上，以此建立新的教学体制，制定新的教学计划。

2　改革设计教学内容，建立新的教学模式

2.1　新模式的特征

（1）教学与传统的熏陶式教学相结合（加强理性教育及设计方法论教学）。

（2）基本理论、基本方法与基本技能相结合的教学（想法、方法、技法相结合教学）。

（3）加强城市建筑学观、环境建筑学观，改变传统单体建筑观的设计教学内容。

（4）以设计的基本问题和学生各阶段应达到的基本要求为红线安排设计教学计划，改变传统的按单体类型来制定"火车时刻表"。

（5）改变孤立的设计教学，把设计与历史理论、工程技术等课结合起来，进行综合性教学。

2.2 建筑设计教育内容

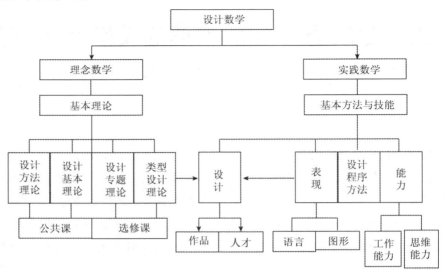

2.3 设计基础

设计基础是什么？不是美术，而是综合性的"混凝土"基础，它关系到培养什么样人才的问题。不能是一个模式的，而应是多种模式的人才培养，以适应多层次的要求。"混凝土基础"包括：

（1）建筑文化、历史基础、历史—理论—设计。

（2）现代设计与城市规划的基本理论——与建筑有关的边缘学科：社会学、心理学、行为科学及语言学、符号学等。

（3）现代工程技术基础。

（4）现代设计方法基础（包括电脑的应用）。

（5）现代空间组合和造型基础。

（6）艺术素养和表现基础。

2.4 设计教学要求

在总的培养目标指导下，通过设计教学"铸重于磨"，培养有哲理、有理想、有能力、有方法、富有创造性的建筑师。为达此目的，四年学习分三个阶段。即低年级、中年级和高年级（毕业班）。

（1）低年级（一年级～二年级上）：基本要求是"打底""搞活"，即把基础打好，把思路搞活。

（2）中年级（二年级下～三年级）：基本要求是综合与创造。

（3）高年级（毕业班）：基本要求是实践训练和学习研究。

因此，可用表1表示教学要求的安排。

表1 各阶段建筑设计教学安排

数学	低 班			中 班				高班
阶段	一年级上	一年级下	二年级上	二年级下	三年级上	三年级下	四年级上	四年级下
模式	解析模仿型			综合创造型				实践研究型
目标	理论性			专业性				可行
内容特点	打底搞活			综合创造				应变
	抽象性、多知性、理论性、分析性、模仿性			复杂性、综合性、创造性、可行性				现实性、研究性

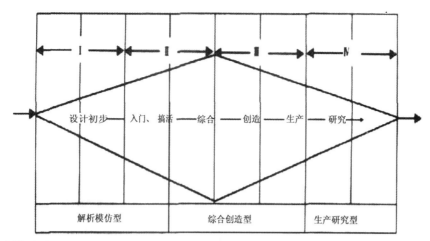

設計初步 — 入门、搞活 — 综合 — 创造 — 生产 — 研究

解析模仿型　　　　综合创造型　　　生产研究型

2.5 建筑设计选题

以教学基本要求、现代建筑创作理论和技术的需要为红线。确定设计选题，而非确定建筑类型。

（1）设计基础（初步）：①选择古今中外名作作为训练基本技能的对象，把基本功的训练和建筑历史的知识结合起来（课内、课外）。②认识建筑、参观测绘。③分析建筑要素、单项进行训练，如人的尺度、踏步、栏杆、屋顶、楼梯、门、窗等。④抽象思维训练、平面、立体构成等。

（2）设计出题：分析、综合。①解决特定的功能要求进行设计。②借鉴某一理论、某一名家的思想进行创作。③特定的某一环境下，解决某一种特殊问题进行创作，如新老建筑关系的处理，旧房的改造，交通频繁地段上的规划与设计，地形紧张条件下的规划与设计，地形复杂条件下的规划与设计。④特定的技术条件下进行创作，如在一定的结构框架内进行创作，在一定的设备、技术条件下的创作，大跨度结构的建筑创作，节能要求的建筑创作。⑤利用几何构图进行建筑创作。⑥方向性、研究性，展视未来进行建筑创作，如未来的城市与住宅、火车站……

2.6 设计理性教学内容

为实现有理论的设计，拟开设三类设计理论课：

（1）设计基本理论课——公共专业必修课。

①建筑概论；②设计基本原则与方法；③现代设计理论（包括建筑语言学、符号学、人体工程学、系统工程学、行为建筑学等）；④现代设计方法论；⑤现代技术与设计；⑥现代艺术与现代建筑；⑦城市设计理论。

（2）专题理论课——选修课，配合设计进行讲授，根据出题来定。内容参见前面所列各项。

（3）建筑类型理论课——选修课，做什么题，就讲什么。

3 改革传统设计教学方法

改革传统的"师带徒""一言堂"的设计教学方法，探索开放型、讨论式和示范性的设计教学方法，着力培养学生的基本能力。

（1）实行集体讨论和个别指导相结合。

（2）实行关门教学和开门教学相结合，把学生带进来，送出去，把有实际经验的行家请进来，把学校教育和社会教育结合起来。

（3）把个人设计与合作设计相结合，培养集体精神，适应现代设计团队工作的需要。

（4）把教学、社会服务和科学研究结合起来，组织以教师为中心的有高低班（包括研究生）参加的学习研究组——第二课堂。课程设计题尽量选用竞赛、招标或生产的实题。

（5）同一年级在同一教学要求指导下，设计题由教师自己选定，学生自由选择。

（6）设计实行学分制，因材施教，注意培养尖子。

（7）有关专业老师同时上堂辅导——综合指导。

4　关键是实施

（1）设计教学改革涉及面较大，必须与其他课改革同步进行，因此单靠设计教研组是不行的，如果设想有可能性，建议由系统一领导部署，或组成一个专门的实施组。

（2）实施此计划需 4~5 年时间。可在 85 级中试行，分阶段实施，四年统一安排，每一学期抓一二点。实施计划将是积极而有秩序的。

（3）实施此计划关键在于，统一思想、统筹安排、落实到人。因为按此计划，当务之急是教师要更新知识，积极准备开设新课、准备新题。建议：规划、设计教师除带设计课外，每人开设一门课；以自选和聘请相结合进行分配落实，根据三类理论课的特点，基本理论课建议主要由副教授以上的教师承担，专题理论课主要由中年教师承担，类型理论课主要由青年教师承担。为了准备新课，可以将研究生的课题或教师的科研题结合起来。此外，还可派人专题进行脱产进修，主要是进修与建筑有关的边缘学科。创造条件，更新教师知识，可以有计划地进行理论讲课。针对我们所需要的新课题，请系内、校外的有关学者或外国专家讲课。

（4）重新安排四年级的教学计划。按此要求，把各科有机地串连起来。

（原载《新建筑》2006 年第 3 期）

注：本文是作者于 1984 年时任南京工学院建筑系民用建筑设计教研组主任期间向建筑系主任提交的一份《关于建筑设计教学改革的设想及实施意见》建议书。20 年后，东南大学建筑学院副院长韩冬青教授发现了这份建议书，觉得仍有现实意义，推荐再正式发表。

13　361——南大建筑十年之路

新世纪伊始，我们一行来到南京大学，创办了南京大学建筑研究所。自此，在南京大学多学科的大家庭中新增了一门学科——建筑学。如今，新世纪第一个十年即将过去，这个十年是建筑学科在南大播种、生根和成长的十年，是我们在南大探索、成长和发展的十年。十年，在历史的长河中不过是弹指一挥间，但对南大建筑人来讲，却是终身难忘。这十年，在国家改革开放、经济建设飞跃发展的大好形势下，在南大校级领导及校各部门、相关院系的关心和支持下，在国内兄弟院校及同行的大力支持和关怀下，全院师生共同努力，走过了探索的十年。

回顾十年走过的路，用一句话来概括，那就是探索"361南大建筑教育"的十年。

何谓"361"？"3"——十年，南大走了三步；"6"——十年，南大进行了六个方面的探索，探索了六条道路；"1"——十年，南大走了三步，探索了六条道路，只为了一个目标，即创建一种中国建筑教育新模式！

1　三步——十年走了三步

第一步——南京大学建筑研究所成立

2000年，南京大学建筑研究所正式成立。当年就开始招收硕士生，次年，正式招收博士生，开始了南京大学建筑学研究生的教育培养工作，这是第一步。

第二步——南京大学建筑学院成立

2006年，基于学校学科建设与发展新形势和建筑学科自身发展的需要，在南京大学建筑研究所的基础上，成立了南京大学建筑学院。并于2007年开始招收、培养本科生，实现了从研究所到学院的跨越，建构了多层次的建筑人才培养教育体系，这是第二步。

第三步——南京大学建筑与城市规划学院成立

2010年，南大从全局发展着眼，整合校内资源，将南京大学建筑学科与地理海洋学院具有30多年历史的城市与区域规划专业进行组合，成立了南京大学建筑与城市规划学院，建构了多学科的建筑人才培养教育体系，奠定了向更高目标发展的基础，这是第三步。

十年来，南京大学建筑学科从无到有，从小到大，从单一层次（研究生层次）走向了本科、硕士研究生和博士研究生三个层次的全面人才培养道路，并从单一学科走向多学科，逐步走上了稳健发展的道路。

2　六条道路——十年进行了六个方面的探索

（1）探索在中国综合性大学创办建筑学科的新路子。在世纪之交，我国设有建筑学科的高等院校将近100所（现已达200余所），但基本上都在工科院校中，如戏称"八路军"的老八所和戏称"新四军"的四所院校都是这样。然而，南大另辟蹊径，独树一帜，在综合性大学中创办了建筑学科。首先，南大是一所国内外知名的综合性大学，具有强劲的科学精神和人文精神，具有浓郁的学术氛围和人文环境，这对建筑学科来讲是非常好的"土壤"和"环境"。因为建筑学科本身是一门包罗万象的综合性学科，涉及人文和理工，是逻辑思维和形象思维非常综合的一门学科。因此，我们来到南京大学从一开始就有这样的构想，在坚实的文理基础上发展建筑学科，促进多学科的交叉与交融，这也必将促进兼具文、理、工特点的建筑学科不断创新。借助综合学科的优势，完善和拓展建筑学科的内涵和外延，培养具有广泛知识基础和独特创新能力的高端建筑人才。

回顾十年走过的路，多学科的学术环境为建筑学科提供了广阔的发展空间，通过嫁接、优化，培育更多的学科增长点，如与南大人文社会科学高级研究院合作，搭建了"建筑文化研究"平台；与气象学科结合，将大气宏观的研究与城市空间环境的微观小气候研究结合起来……同时，我们也感到一个新的学科落户于一个知名的综合性大家庭中的冒险性和挑战性。南大有那么多国内外知名的一流学科，有那么多院士，我们难有话语权，也很难被人了解，加之文理学科与工科之间的思维方式和价值取向存在很大差异，新来的建筑学科要融入其中必然会面临诸多困难。我们充分认识到这种严峻的形势，决心埋头从自己做起，积极主动地让建筑学科走近其他学科，在教学和科研上进行对接与融合，积极融入这个大家庭中，这条路尽管还不好走，我们仍要继续走下去！

（2）探索一条高起点、高端建筑人才培养之路。据了解，国外著名的建筑院系大多都把培养目标定位在培养建设领域的高端人才上，美国排名前列的著名院校的建筑学专业基本上都不设本科。因此，南大建立建筑研究所时也明确提出要像美国哈佛大学和哥伦比亚大学建筑研究生院那样，仅招收研究生，不设本科教育，走高起点、高端人才培养的办学之路，即培养研究生的办学模式。这样的目的是想在中国现有的建筑教育中走出先办本科（甚至专科）的传统建筑办学老路，探讨一种能与国外接轨的模式。同时也是根据南大的实际情况，南京大学是一所综合性、研究型和国际化的大学，建筑研究所的定位也要充分考虑与学校定位相一致。此外，也考虑到当时我们这支团队的实际情况：人员有限（当时只有6人），但大多都具有相当长的教学与研究经历，并且都有国外名牌大学学习和工作的经历，能够胜任高层次人才培养的重任。成立建筑学院开始招收本科生时，我们仍然坚持高端人才培养的目标，即以招收培养研究生为主，每年招收研究生60人，本科生30人，并且大部分本科生本硕连读，坚持毕业以研究生为主的方针。高端人才培养的目标需要营造高端的育人环境，采用高端的培育手段，需要高水平的具有国际视野的师资队伍。为此，我们极力加强与国内外名牌大学的联系和交流，聘请院士、知名教授来校兼职，授课讲学；制定与国外接轨的国际性的教学计划，组织中外大学联合教学；用"派出去请进来"的方式组织师生双向交流；严格教师队伍自身的建设……实践证明：这条路是可行的。

（3）探讨一条"4+2"模式的建筑人才培养新学制。新中国成立前我国建筑教育大学本科都是四年制。1954年向苏联学习改为五年制（清华、同济还有六年制），1989年制定中国建筑学专业教育评估章程，为了与欧美建筑教育接轨，明文规定建筑学本科五年学制，否则学校不能申请评估。因此所有大学建筑学本科都先后改为五年制，研究生学制一般两年半到三年，学生从本科到硕士研究生读完要八年时间。而学校申请评估还要两次，本科生教学评估一次，研究生教学评估一次。根据这种情况南大提出缩短学制，改本科为四年制，不再申请本科生教育评估，只申请研究生教育评估。采用"4+2"本科生与硕士研究生连读的方式，颁发专业学位证书。本科生教育四年又分为"2+2"两个阶段，前两年以通识教育为主，辅以专业基础课，后两年集中高强度地进行专业课的教学。因此实际上执行的是"2+2+2"的学制，这样既节约时间，又促进了高效办学。

（4）探索一条宽基础、强主干、多分支的"树形"教学之路。这样有利于培养学生走向社会的适应力，提升他们参与社会的竞争力——生存力。宽基础——四年制本科实行"2+2"学制，前两年通识教育注重加强人文和数理课程的教学，并让学生在艺术学院接受美术、艺术教育，为他们打下宽广的知识基础，以适应建筑学"包罗万象"的知识需要。在研究生阶段，提倡并鼓励选修其他人文管理社会学等学科的课程，创造学科交叉的学习环境，为学生寻找适合自己的发展方向创造条件。

强主干——重视和加强专业主干课的教学，在理论设计实践方面培养学生的动脑、动手能力，推行批判性的理论教学和职业性的建构设计教学，实行设计与其他相关课程相结合的教学模式。将人文、社会、历史及材料、技术、建造等相关知识融于建筑设计教程中。培养富有创新能力的高端建筑人才。

多分支——学生培养采用一门进、多门出的方式。学生可根据自身条件，在教学、研究、生产和管理四个方向选择适合自己发展的方向。施行两次选择，在本科毕业时进行第一次选择，在研究生阶段进行第二次选择。采用不同的标尺对学生进行评价，而不是用一把传统的设计标尺。

（5）探索一条"学者治学"的非行政化的办学机制。办好任何一件事都离不开人才、资源和管理三个要素，如何建构一个民主、开放、高效的管理机制是我们一开始就构想并积极探索的问题。通过对国内高校行政体系的亲身感受和对国外大学管理机制的切身了解，南大创建了教授委员会决策机制，以代替传统的学术委员会、职称评审委员会和院（系）务委员会这些行政机构，一切重大问题如学科建设、发展战略、人事招聘、职称评审、学位评定等都由教授委员会讨论并最后作出决定。我们还建立了教授工作室的机制来取代行政性的教研室；建立了新学年（新学期）工作研讨会和每周一次的工作午餐会制度，两会均要求全体教职工参加。事项不论大小，通过两会做到透明、公平和公正。事事分工到位，项项责权分明，充分调动大家的积极性，增强工作责任心。同时也设立了一个精悍、高效的后勤保障体系——综合行政办公室，集教学、科研、人事、外事、学生及财务等行政工作于一身。人事工作实行双轨制的人才聘用制度，改变了单一、固定的用人编制。全职教学编制（full time）和兼职（part time）两种制度并行，不仅聘用国内专家学者任教，也聘请有名的国外大学教授兼职任教，承担具体的课程教学任务，每年都有4名外籍教授来校授课。这样一方面有利于与国外接轨，营造高端人才的学术环境，另一方面也是高效经济的用人策略。双向的用人制度不仅有利于个人的发展，也可促使我们的教师队伍更具活力和竞争力。

（6）探索校内校外产、学、研结合的办学体系。建筑学是一门实践性很强的学科，因此在南大创建建筑研究所之初，就同时成立了南京大学建筑规划设计研究院（开始是乙级资质，三年后升为甲级资质），隶属建筑研究所，这是与其他高校所不同的。很多学校建筑设计院与建筑学院（或建筑系）两者是平行的关系，而南大研究所和设计院是上下隶属关系。建筑设计院院长由建筑学院副院长兼任，是经教授委员会讨论，由院长聘任的。设计院是学院师生成果的转换基地和生产实习基地，也是对建筑学科建设在经济上和技术上的有力支持，是建筑学学科建设不可或缺的重要组成部分，它促使建筑学科的教学、研究和生产实践走上协调发展的道路。

此外，在校外还建立了较为广泛的产、学、研基地，与国内顶级的设计单位、科研机构建立合作关系。为建筑学院融入社会，为社会服务，并为学生联系实践，走向社会创造了有利条件。

3　一个目标

十年，走了三步，探索了六条道路，为了一个既定的目标——在南京大学创建一个有自身特色，能与国外接轨，研究型、国际化的高端建筑学人才培养的新型建筑教育模式。过去的十年是为了这个神圣的目标，但还仅仅是开始，未来的十年，未来未来的十年也将是不遗余力地为了这个目标！千里之行，始于足下，我们任重道远。

国内业界把南大建筑人戏称为"独立兵团"，与老八校"八路军"和四个新增博士点学校"新四军"相提并论。南大还很年轻，力量还很单薄，但我较认同"独立兵团"这个番号。它有三个内涵：一是"独立"的内涵。它反映了我们立志独辟蹊径的特性，即有独树一帜之意，追求差异化的发展道路。二是"兵团"的内涵。这也是切合我们实际的，我们来南大是一个"team"，是一个老中青结合的团队。南大提倡"大师加团队"的精神，我们没有大师，但我们是一个"志同道合"，能够"心往一处想，劲往一处使"，有着高度凝聚力的团队。尤其在今天团队精神显得更为重要，更具持续力。三是"独立兵团"的内涵，独立兵团应该是有一定的战斗力，是可以独立战斗的一支力量，相信我们这个团队是能够为实现既定目标而共同努力的。

十年，感慨很多，能在南大生根并逐渐发展，首先要感谢南京大学的各级领导，感谢他们开放、开明和开创性的正确领导和全力支持，感谢他们对我们的充分信任和鼓励，同时我们也感到自己身上的担子更重了。2000年南大还引进了另外一支团队，即来自美国哈佛大学生命科学学科的研究团队，学校为他们开创性地设立了办学特区，当时南大建筑研究所也享受了特区的政策，这为我们在初始阶段和后续的发展提供了极为宽松的条件。

十年，我们走过了"361"之路，即走了三步，探索了六条道路，为了一个目标。"361"是一个品牌的标志，也是一种创建品牌精神的写照，传播先进理念，引领前卫潮流。希望南大建筑人所追求的目标能逐步变成现实，要像361°那样，比一般状态要多一度，即要多一份热爱，多一种力量，多一种精神，多一份智慧，多一份勤奋，最终做到多一份贡献！也希望未来的十年能得到学校领导及各部门更多的支持和关注，得到各兄弟院校更多的指导和帮助！第一个十年是起步的十年，未来的十年将是腾飞的十年，影响力扩大的十年。在下一个十年，2020年，南大创建一流金牌学科的目标一定要实现，也一定能够实现！

（原载《新建筑》2011年第3期）

注：本文是作者在南京大学建筑研究所成立十周年大会上的讲话。

第四篇　建筑教育研究

14　《概念设计》一书前言

概念设计是我们为研究生开设的三个主题设计之一，另外两个是基本设计和建构设计，三个设计构成一个完整的建筑设计课教学平台，之所以这样做是基于以下因素考虑：

（1）我们研究生生源都来自全国不同学校（我们建筑学没有本科教育），每年招收新生40名左右，生源竟来自近30所学校，他们的专业教育背景不同，接受的教学观念和教学方法差异较大，水平参差不齐，设置这样的平台有利于建立一个共同的建筑设计的教学基础。

（2）建筑设计教学是培养学生逻辑思维和形象思维的综合教学过程，设置这样的平台就是借以建立一个包括设计理论、方法及技能于一体的完整的设计教学内容体系。

（3）设计教学要使学生在"想法""方法"和"技法"三个层面上同时接受培养和训练，既训练学生的"脑"，又注重学生的"手"的"脑—手"并重的培养风格，确立我们全面的建筑设计教学观。

所以，研究生入校后先进行三个studio，即概念设计（Concept Design）、基本设计（Basic Design）及建构设计（Tectonic Design），然后再分流到各个导师，三个studio分别根据不同的教学目标，完成不同的教学任务。丁沃沃教授的"概念设计（Concept Design）"侧重于"想法"即观念层次上的训练，引导学生如何感性地观察问题，如何理性地思考问题、分析问题，以及找出解决问题的思路。

在我国建筑界长期有一说："建筑学只可意会，不可言传"，这给建筑学科蒙上了一层神秘的色彩，好像建筑是与哲学理性的逻辑思维不相干的一门学问！其实，建筑虽然是文化艺术的组成部分，但毕竟还是实实在在的物质产品，建在一个特定的地段与环境之中，它不是凭空任意构想出来的，更不是一时冲动迸发的灵感产生的。它也有客观规律可循，只是这个规律包含着社会因素、经济因素、技术因素和美学因素，虽然复杂一点，但却是可认知的，只是很少有人愿意下工夫去研究它、揭示它！

丁沃沃教授的概念设计课正是对这一现象的关注，它引导学生认识这一现象并寻求诠释这一现象的含义，寻找控制设计的客观分析方法。实际上这是一门方法论的课程，为学生开辟思考的园地，引导学生对建筑学及建筑设计作出的正确认识和思考。

这门课程包括阅读—思考、分析—实验和概念设计—实践三部分内容，这也是教学的三个阶段，充分体现了由感性（体验、实验）到理性（思考、分析），由观念（思想语言）到形态（建筑语言），由无形到有形的操作过程，整个内容和过程都贯穿着理性的逻辑的思维。这门课程在引导学生了解和掌握如何去观察问题、分析问题，处理和完成具体的设计任务，并取得最佳的效果方面可起到明显的成效。在当今建筑这个充斥着"不确定的""不定式的"混沌的时期，这门课程能引导年轻学子正确认识建筑学，是很有益的，对研究生教育来讲，这门课程可教给学生思维的方法，显得更加重要。

2005年4月22日

（选自《概念设计》一书前言，丁沃沃著，清华大学出版社2005年版）

第五篇 英文论文

"SAR" in China

Problems of Present Chinese Housing, and a New Way of Mass Housing in China

SAR, a new theory and method in the process of mass housing has been widely developed and applied in many countries of the world since the idea came out in the 60's. Now, the problem is whether we can apply the idea to mass housing in China or not. In other words, can we enhance the idea in the Chinese context? This paper will try to discuss this problem.

1. Outline of SAR

SAR's mass housing theory departs from tradition in that it allows the dweller to take part in the process of housing design and gives him the right to make decisions. This is a new philosophy of mass housing. The SAR's theory and method formed under the audience of this idea at least opens some new ways for solving the following problems in theory and in practice.

First of all, SAR opens the way for diversification of mass housing and it is consistent with the principle of industrialization. Diversification does not only concern outward appearance but more basically meets the demands of different dwellers.

Until the end of the 60's, people generally believed that industrial methods applied to mass housing resulted in stereotyped housing and environments, which were unresponsive to the dweller's various physical and psychological requirements. People considered the cruxes of the problems of uniformities were standardizations. However, the authors of SAR analyzed the problem in depth and found the key to the participation of the dweller in the process of mass housing, and his access to making decisions about his dwelling. The desire to act on one's environment is a part of human nature. This form of human energy and concern are the sources of the continuous creative processes.

In the meantime, the authors of SAR provided in their technique the opportunity for dwellers to join the design process. They separated a dwelling into support and detachable units. The latter is decided by the dweller. The support is a tied and final part. It can be standard or changeable part, so it is the component of diversification of housing design. The dwellers can choose and arrange the detachable unit according to their own desires. This means that the dwellers can freely distribute space to meet their demands in the structural space formed by supports. Thus different types of plans, various interior environments and outward appearance eliminate the uniformity of housing. We can say that it advances a new way to solve the contradiction between standardization and diversification of housing. It is possible to start a new process of mass housing that will be built by industrial and standardized methods.

Secondly, SAR introduced an efficient channel for flexibility in housing. This is a very important problem because human activities are dynamic and diversified. Therefore we demand a high degree of flexibility from housing and environment to meet the present requirements as well as future developments. SAR divides the dwelling into support and detachable units to ensure the greatest flexibility within the support for distribution of space. SAR adopted the method of zone–margin–sector. Each dwelling consists of different sector groups to suit different types of families; therefore, changing family needs do not present problems. The method of design for support is dynamic because the process of design is a process of communication and evaluation. It ensures that the factor of uninterrupted change can be considered in the making of mass housing and future development as well.

In addition, SAR also provides the possibility of scientific design of housing. People can transform these items: zone, margin and sector. They are involved computer language and making special programs to analyze and compare designs. Meanwhile, it provides a convenient access for the dweller to participate in the design process. In the perspective of the economic efficiency, the cost of construction was higher than traditional construction at the beginning. Of SAR development now, it is obviously improving. This means that there is no contradiction between industrial and standardized housing, which is economical and produces diversified dwelling sizes.

2. Problems of Present Chinese Housing

The problem of mass housing has drawn much government attention. New housing, which covers $182,000,000 \ m^2$ throughout the country, was built in the past three years (1978–1980). As result, more than 3,600,000 families, or near 14,000,000 people, moved in the mass housing. Since then, state investment in housing has increased yearly. However, while improving housing is under process of development, some problems in planning and designing would be encountered and dealt with.

In recent years, the industrialization of the housing process has been greatly developed and various types of housing plans have been designed. Indeed, people still concern new housing to remain uniform but not individuality. (Fig. 1)

Industrialization and standardization are necessary in housing developments but they are so diversified that this problem has not been solved so far.

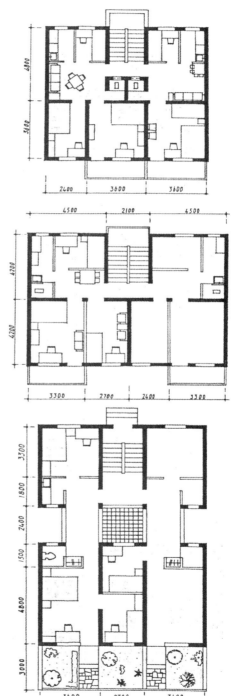

Fig. 1   Different types of housing plans

At present, some people misunderstand diversification. They are only concerned with outward appearances, which are important, but is not our sole concern. It is our first priority to meet the various demands of dwellers who have different economic conditions, life styles, habits and therefore different requirements for exterior and interior environment and space, so only diversification of housing can meet diverse needs for space and environment. Relying only on a few patterns of housing design and dwelling types cannot solve this problem. Different colors, materials do not offer real diversity in housing. Interior space and environment are more important. Currently, Chinese housing does not accommodate the diversity of human life and it has to be improved. Another problem in housing development is lack of flexibility in function. In our country, all dwelling spaces are unchangeable. Even the dimensions of rooms are almost the same size from unit to unit, so the arrangement of furniture often has only one pattern. It is impossible for dwellers to make any impression on their own environment.

Fig. 2   New Housing

Fig. 3   New Housing

Fig. 4   New Housing

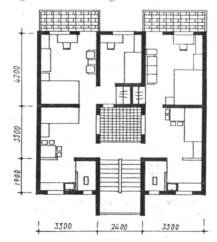

Fig. 5   Plan (building area 42.35 m² per unit)

By the same token, the lack of flexibility means that housing cannot adapt to future developments. For example, we have now found that some housing built many years ago of 37—40m² per unit are now considered too small, but they cannot be changed. Housing design in the past only reflected the demand of that time and did not take future developments into consideration. Now, as national economy is getting better, the standard of housing is gradually improving. For building area per unit was 33—38m², and 42—45m² for each unit. It increased more than 17m² per unit within the past 10 years.

In the meantime, modern furniture and electric equipment, such as sofas, washing machines and refrigerators, have become available to Chinese families. In the past there was only a toilet and no bath in the bathroom. Now, fully equipped bathrooms are needed. All of these bring new functional elements to housing design. Certainly, it is impossible to calculate exactly everything that could happen in future, but we still have to consider possible changes. With careful analysis of experiences at home and abroad, we may conjecture some future developments.

A glaring problem of recent housing development in China is that the traditional dwelling is ignored rather than carried on and used as a design resource. Some people like to copy the "modern box" from abroad and assume the Chinese traditional dwelling is not adaptable at all to the current requirements of industrialization and standardization of construction and urban development.

As everyone knows, the Chinese traditional dwelling has an important history. It is suited to local conditions, using local materials and creating local dwelling with pronounced local character. They are diversified, and not uniform.

3. A New Way of Mass Housing in China

Analyzing the outline of SAR and some problems of present Chinese housing development leads us to probe new ways to solve the problem of housing development in China.

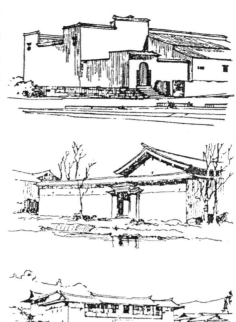

Fig. 6   Traditional Dwellings

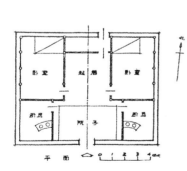

Fig. 7a   Basic plan type (one storey)

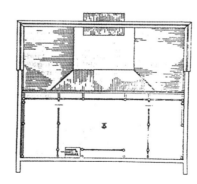

Fig. 7b   Basic plan type (two storeys)

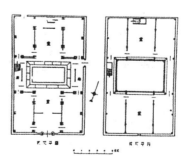

Fig. 7c   Basic plan type (two storeys with courtyard)

First of all is SAR's scientific method of housing research. Their work is rooted in their country's situation, started with extensive investigation in which they discovered some basical rules, which they then raised to the level of a theory for the guidance of design and finally they devised a set of scientific methods for the housing process.

As you know, the Netherlands is a densely populated country. In the 19th century, residential districts with row housing or apartment buildings were built. In the near future those areas of housing will be renewed. SAR's

第五篇　英文论文

researchers investigated and analysed the old residential districts and houses and they deduced some "trace" system existed in those areas and housing. They discovered a typical system of distribution of site, typical form of building, and a typical plan of housing. They extracted the "rule" from them. They didn't simply apply the same rule to a new process but synthesized new rules to suit current conditions. These new rules must reflect modern living requirements and building techniques (industrialization and standardization). It is on the basis of this investigation of traditional housing that a new idea-supports and detachable units-emerged. They have also come to the new idea of "Tissue" from those old residential districts. This scientific method of research is not only a summary of scientific terms of traditional building, but also a new theory of the current housing process which originated in tradition. It stays in context and opens up a new field of mass housing.

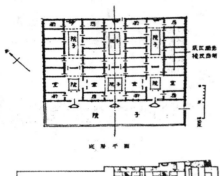

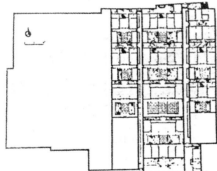

In China today, in order to utilize this new aspect of the housing process and create a better living environment, we should learn SAR's scientific research method. That is, we must conscientiously investigate and unearth the buried traditions of Chinese architecture.

Indigenous dwellings are a great resource. We should sum up their rules to find a new theory and a new system of Chinese mass housing.

Chinese local dwellings have a diversified type of plan and outward appearance and flexible design. There is a basic type of plan, a basic unit of composition which is combined to make a larger courtyard structure. (Fig. 8)

It may be extended in both directions by series connection, parallel connection or series-parallel connection. We observe that there were unit-combinations in Chinese large courtyard housing a long time ago.

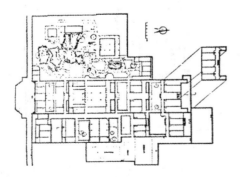

The structural system of most Chinese local dwellings is called the "SO" system; houses are built so that they would not fall down if a wall collapsed. The frame of the structure is wood. This structure system provides a large and flexible structural space 1—2 storeys high, people may use partitions of light weight material such as an interior wall of wood, a glazed partition, or even big furniture to distribute space as they wish. Chinese local dwellings have maximum flexibility, just what present housing lacks.

Fig. 8   Large courtyard structures

At present, people are paying more attention to the revival of the local dwelling. Most of the work puts particular stress on historical research or the current situation and rightly so, for it is important. But, how do we deduce the general rules for the Chinese dwellings and more important how do we extract useful elements for current housing design?

Fig. 9a　Wooden structural systems

Fig. 9b　Wooden structural systems

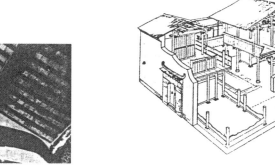

Fig. 9c　Wooden structural systems　　　Fig. 9d　Wooden structural systems

We may suppose that the reason that present housing is so faceless is the lack of conscientious research in traditional dwellings. We haven't made use of our plentiful architectural inheritance. As we know the contradiction between standardization and diversification was solved in Chinese housing tradition. (Fig. 10)

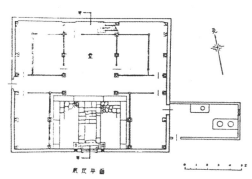

Fig. 10a　Flexible distributive plans

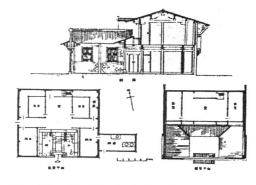

Fig. 10b　Flexible distributive plans

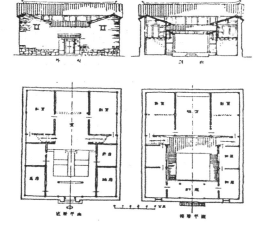

Fig. 10c　Flexible distributive plan (ground floor)

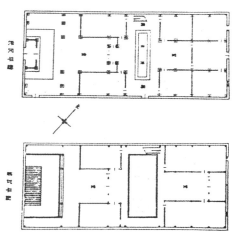

Fig. 10d　Flexible distributive plan (first floor)

The frame (column and beam) brick and tile were standardized, made in advance, later, assembled. But the result is endlessly variable; diversification is a striking characteristic of traditional Chinese dwellings. (Fig. 11)

SAR's concept of including the occupants in the process of developing their housing would improve mass housing in China. This idea really embodies the correct relationship between the architecture and people. Housing should serve the people. In order to serve the people, wholeheartedlness is the sole purpose of our country and housing development should reflect this. Allowing the dweller to take part in the process of housing design means the dweller will be a part of the whole decision-making process from the beginning to the end. People not only need housing units, but better housing. Once people get a unit, they will think about the

Fig. 11　A glazed partition

sort of dwelling they want, the size of the area, the quantity of rooms, the composition of the plan, the arrangement of doors and windows and so on. If they are not satisfied with the unit, they will refuse to move in. In fact, we see people repaint and even modify their new house before they move in. All of this shows that people want the right to decide. About their living space today, the problem is that the dweller lacks choices about their much-needed house.

The necessary solution, tenant involvement, is possible. Tenants will positively act on their own environment. Chinese designers have had some experience with this approach. We have something called the "three-in-one combination" —a designing group, which consists of specialists and workers. The important concept of SAR is that housing is divided into supports and detachable units, and is appropriate to our situation. As mentioned above, it offers a solution to the problem of flexibility and diversification. The fact that it is not technical in nature in the first place and does not differ from normal technical procedures gives housing policy a new meaning. The basic difference lies in who makes the decisions.

Both aspects exist in traditional Chinese dwellings. The frame structure with roof and exterior walls forms the structural space, which is a support. The interior walls, partitions, stairs, floors and so forth may be called the detachable. These are integrated into a dwelling. In this respect, Chinese housing shares common ground with SAR. If we separate the apartment into supports and the detachable units like SAR or traditional dwellings, we find many advantages.

It is possible to modify the present housing policy in China. Now, almost all of urban housing is developed by the government and distributed at a low rent. This policy means that the housing investment is not returned nor the maintenance cost covered. Therefore, the service life of a house will be shortened because of inability to pay for necessary repairs. Meanwhile, it is also untenable because the main source for funding housing is the government. There is a common tendency among the various social systems of the world: the dweller to assume primary investment responsibility for their housing. That is, half of the investment for housing in the world comes from the dwellers themselves.

If we divide the housing into supports and detachable units, then the investment may be divided also. The government may assume the building construction cost of the support, and the dweller assumes the cost of durable consumer goods—the detachable unit. Adopting this method the dweller can rent or buy the support and make his dwelling according to his own wishes using the detachable units. So the dwellings will vary with different economic conditions and tastes of the dweller.

Fig. 12　High-rise flats in Beijing

Fig. 13　A courtyard

Besides, both systems—support and detachable—may be produced separately by the construction company and the manufacturer of detachable units. Integration of the support and the detachable will be done by dwellers themselves or by their employees. So it will create more jobs and will impel different organizations of housing construction as well as the speed of housing development in our country.

At present, housing in our country is moving from low-rise to high-rise. However, there are some drawbacks to the high-rise housing, such as the expensive construction costs, waste of energy, lack of exterior space for activity and so on; experiences abroad indicate it is not a satisfactory residential design. In order to create a comfortable residential environment, SAR stresses low-rise housing, attentive to traditional housing methods. Even though each tenant has private exterior space—a courtyard, it is high-density housing. Low-rise and high-density housing is not only economical and comfortable but it also conserves land. So, it is applicable to mass housing development in large cities. This is the very problem we want to study.

Traditional Chinese courtyard housing which is popular all over the country is also low-rise and high-density housing. The rooms are arranged around a court in close proximity to neighbors. The courtyard is an attractive space for outdoor activity and it has high-density land use. It is a pity that courtyard houses have disappeared from new mass housing and have been replaced by the typical apartment unit house.

The lesson is that we should not disregard our surrounding, and traditions. We may learn SAR'S approach to low-rise housing and high-density housing. Of course, the traditional dwelling has some shortcomings and cannot fully meet present demands of human life. In the past, a courtyard house served one big family. Now, the small family is the fundamental unit in new mass housing development. We should explore new principles of design and types of plans for courtyard housing.

The traditional courtyard housing is mostly only one storey; in order to raise building density to save land, we should increase the height of courtyard housing from one, to two or three storeys and occasionally a half-storey basement. In this case, each dweller may occupy one or two levels. Part of the roof should be utilized as a courtyard for upper dwellers.

These ideas are now part of our work and at a future date we will report the project results.

Open House International, Vol. 9., No. 1., 1984

303

第五篇　英文论文

Development of Support Housing in China

1. BIRTH OF SUPPORT HOUSING IN CHINA

The space variability of residence attracting the attention of Chinese scholars long time ago deplores the possibility for dwellers to change inner space of residence within a definite main structure to meet the needs of all kinds of different living style and their developments. It's a dynamic adaption to family life which is the most prominent property in the situation of living style reform. Other names having the same meaning are adaptability evaluation, opening flexibility of residence and so on. Its most important property is to consider the residence as a dynamic process for dwellers to join in the design, but not as a terminal product. Although the residence variability is not a new concept, it has not been much popularized in our country so far. While in the present living style reform, its active significance has appeared more and more clearly and more and more scholars have devoted to the study.

In the research of variable housing in our country, Prof. Zhang Shuoyi of Tsinghua University was the first scholar to introduce SAR theory of Prof. Habraken into China in 1981, and had caused attention of Chinese scholars to the research of variable residence. During this period of time Prof. Zhou Shier attempted to find out ways to combine SAR theory with existing technology in our country. Some experts also studied the possibility of latent design; others tried to secure residence variability by means of performed hole, performed opening and embedded parts of dividing panel which enable the possibility of short term and long term combination design of residence. All these efforts have put forward the research of residence variability along the direction of realization.

During the time from 1981 to 1982, I had paid a visit to advanced course in the Department of Architecture of MIT in U. S. A.. It was very honorable for me to have worked together with the inventor of SAR theory, John Habraken, and I had got a deep and systematic understanding of the fundamental principles and approach of SAR. We also had discussions on the residence construction in China. At that time, I had kept on thinking and taking discussion with him about a basic problem, that was, since the appearance of SAR theory, the theory and approach used for industrial and quantitative residence construction in 1960, it has been developed and applied in many countries. Can this theory and approach be used in the residence construction of our country or based on this theory, can we deplore a new way to improve the residence construction of our country?

In the discussion, I was sure that SAR theory had magnificent theoretical value and realistic significance to solve the problems existing in the residence construction of our country. It was a new way worthy of being popularized in residence construction. Accordingly I made a suitable adjusion of my research direction and research emphasis at the end of 1980 after my coming back from abroad. Before that time, I was fond of the design and research of public buildings like museum, library, cinema, hospital and so on. While after that time, I began to study the residence for the application of support housing theory in our country. This was due to the tremendous attraction of this new building philosophy thought to me. Additionally, I learned that many famous professors of foreign universities took the residence research, some of whom took the residence study of third world countries. The experimental engineering of support housing built in Wuxi in 1984 was my first residence engineering, and was also the first experimental support housing based on the combination of support housing theory and our national situation, which declared the birth of support housing in our country.

2. COMPOSITION OF SUPPORT HOUSING CONSTRUCTION MODEL IN CHINA

The residence system reform is now vigorously being spread throughout the country. According to its spirits, the three-level residence foundation principle including locality unit and individual should be established. Based on the support housing theory and our practice, we propose our new residence construction model as follows:

1) In the respect of concept, the residence construction is divided into two parts, that are support system and infill system.

The former involves load carrying wall, floor, roof and equipment pipes (wells); the latter involves interior light weight partition, all kinds of composed furniture, equipment of lavatory and kitchen. The two parts are designed and constructed separately, which provides design theory and approach for dwellers to join in residence construction. The former is shell and the later is infill member, which are just like the shell and kernel of walnut. The two parts are an organic entirety.

2) In the respect of construction, the two parts are designed and constructed separately. It performs the new residence construction program of two-time design and construction, that is, the design and construction of support system (the appearance of building), and the manufacture and installation of infill system. The former is building product constructed by building company, and the latter is industrial product produced by specialized factory like the durable consumption of furniture and refrigerator. At last, the installation of infill system in support system is carried out by specialized installation team.

3) In the respect of investment, it performs the three-level residence foundation principle. Each has its definite investment direction of different construction object and construction domain.

——the foundation of local government is mainly aimed at outdoor engineering equipment of residence or public facility of residence zone;

——the foundation of unit is mainly aimed at the construction of residence support system (residence shell in another word), at the construction of real estate (building product);

——the individual residence foundation is mainly aimed at the construction of infill system in residence support systems (residence shell) that is at the construction of durable consumption like furniture and refrigerator.

Thus, the three-level residence foundation tends to be in rational, fix and standard state. The experimental engineering's of these years show that the construction expense of support system (real estate) covers approximately 60 to 70 percent of building construction expense and infill system (durable consumption) covers 30-40 percent, that is the investment proportion between unit and individual is six to four or seven to three. This relatively coincides with the economic situation of our country and can be accepted by both sides. Due to the new residence construction style combined with the furniture and residence, it is rational that individual investment includes the furniture expense. The above are shown in the following flow chart (Fig. 1).

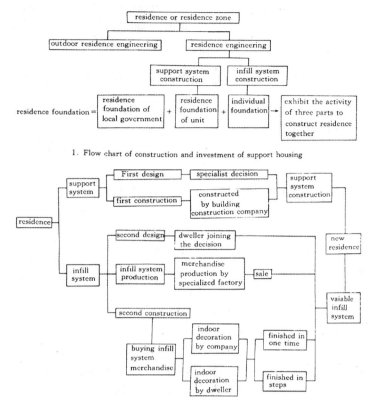

1. Flow chart of construction and investment of support housing

Fig. 1　New model of support housing construction

4) In the respect of decision, the design of support system can be decided by group of specialists; the selection and application of infill system may be decided by dwellers in one time or by several steps.

3. DEVELOPMENT AND CHARACTERISTIC OF SUPPORT SYSTEM DESIGN RESEARCH

I feel the most difficult and critical part is the design of support system after nearly ten years' research of support system. With the developing knowledge of support system research and combined with the actual national situation, we have gone through the following developing stages in the support system research.

3. 1 Initial stage

The substance factors constituting residence can be divided into two parts. The fixed part involves load carrying wall, floor, roof and electrical equipment pipes and the variable part involves inner light weight partition, all kinds of closets, dividing panel, furniture and indoor decoration. The former is called support system and the latter is called detachable units or filling member. This is the fundamental property in the initial design stage.

The second property is to design support system with the unit of dwelling size such as the former unit support system and to combine the residence building with unit support system as basic cell. Each unit support system represents the space of one dwelling and can be divided into different dwelling size flexibly. In the space of each dwelling, the places of lavatory and kitchen are defined by the combined plan. Their locations may be different in different unit support system but must be same within each unit support system in vertical direction. The fundamental characteristic of support system design is the requirement of flexible and variable possibility of inner residence space and the adoption of masonry structure. Accordingly, we have designed six kinds of basic plane with the unit of dwelling size (shown in Fig. 2). As for the structural system, there are two kinds: one is large span system as frame or large span slab system, the other is the small span system as masonry structure.

1) Large bay plane type

The adoption of expanded lateral bay and column grid makes it easy to change indoor space layout which appears the property of two way plane variability. The exterior protected construction of each dwelling and technical pipes are not changed. When the place and type of kitchen and lavatory are definite, light weight partition, furniture partition and soft partition are used to divide inner space to extend fully its function of limitation but not definition to space, which can coincide with the periodic or accidental change of family life.

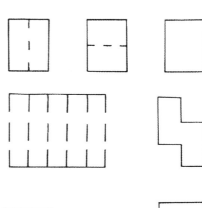

2) Small bay plane type

With the present economic and technical condition, the building area of each dwelling is limited. The average is 50—55 square meters. And the flexibility of indoor space is also limited. So the middle and small span masonry structures are suitable which also have the possibility to achieve space variability. (Seen as follows)

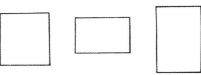

Fig. 2   Different plans with the unit of dwelling size

a) Small bay, one-way variable plane

When using middle or small span building (3300—4800) with lateral load earring wall, prepare 1—2 wall openings not less than 900 at the suitable place on lateral wall or longitudinal wall, make the bays divided by walls to form a cohesive space as far as possible to achieve space variability. It can divide dwelling size flexibly to adapt to the requirement of size distribution dwellings.

b) Small bay, two-ways variable plane

Common bays having two-way variable space rely on the following three design methods.

(a) We can use beams instead of part of walls to acquire two ways space variability. In the twisted plane of support housing experimental engineering in Wuxi, it used beam instead of the walls between two rooms to connect two spaces. The beams were only 3.6 meter and were not very high.

(b) The large bay may be changed into two small bays by installing a column in indoor space with common pre-casted floor slab, which can also secure two-way space variability.

The column may be exposed as indoor decoration in the second design of residence, or may be concealed with light weight partition or furniture. This column not only decreases the bay but also adds a support to the large space. It provides convenience for dwellers to utilize the space efficiently. It not only has flexibility and variability of large space, but also has the property of simple structure and convenient use of small bay structure.

(c) Use of short load carrying wall to change large bay to small bay can also acquire two-way space variability. It erects a short load carrying wall in indoor space to change large bay to small bay with longitudinal load carrying wall (partially use beams), thus gives rise to two way space variability.

The above design approachs have been extensively used in the residence design of these years, especially the approach of use of beams instead of wall not only provides space variability but also ensures to employ masonry structure and common floor slab. We even use it in the reconstruction of Suzhou conventional residence. It may form yards which keeps identical to the conventional residence space mechanism.

The above support housing planes we designned in initial stage are called first generation support housing design. Its typical representative is the support housing experimental engineering in Wuxi. According to differnt terrains, it uses twisted support unit and common transportation space of different location and form to produce composed support (the fundamental plan) and USeS the fundamental plan to design different subplan to adapt to different dwelling size and area standared.

3. 2 Developing stage

All the buildings are composed of two parts, one of which is substance element and the other is space element. So does the residence. After we have decomposed the substance element (the first generation of support system), we go on the research of decomposing space element of residence, the variable space and the unchangeable space (fixed space). From the viewpoint of residence space serviceability, a set of dwelling can be divided into three groups of space.
· living space involves living room, bedroom, dining room and studio;
· service space, involves kitchen and WC;
· communication space involving public stair room, store space, may lie in the above three space.

Generally there are mainly living space and service space within the dwelling door or in the dwelling plane.

Thus, we have proposed second generation of support housing design in the developing stage. Its radical property is to divide residence space into variable space and unchangeable space, that is living space acts as variable space, service space acts as unchangeable space, so the kitchen and WC are fixed.

The reasons are as follows.

a) The development of kitchen and WC is very rapid in recent years and tends to modernization. The basic facilities tends to be in series. The basic kitchen facilities are constituted of gas fram, smoke and oil extractor, working table, washing pool, gunny cloth frame, store frame and so on and the refrigerator is in the consideration, the next one may be bowl washing machine. The four pieces of basic equipment in WC are bath tub (or shower bath), washing basin, W. C. pan and washing machine, may also include small fan and mirror cabinet. The furniture and equipment can be produced in fixed style and have little possibility to change their arrangement.

b) There need vertical land horizontal pipes in kitchen and W. C.. And the pipe well and three meters tend to be placed in concentrated location. These make the two spaces in fixed place and style and it is not easy to change.

The second generation of support housing design has another property. The unit support system acting as cell of residence design does not use dwelling size as its unit but tends to decompose the space into smaller unit, which takes living space and service space in dwelling size as the combining cell of residence design. Thus, the smaller space unit acquires more flexibility of combination. The kitchen and WC in service space may be combined into one or be divided into two.

Moreover, it uses public communication space to combine all the unit support systems to form different kinds of composition support system, then it can be designed into a family house according to the dweller's willing. The design process is expressed as follows. Based on the investigation, the change of family life appears mainly in living space such as large living room and small bedroom, small hall and large bedroom, number of bedrooms, combination and division of dining room and living room, the later studio installation and so on. The service of living space is various to meet different requirements of dwelling size or dwellers. So we design the living space as a large space having large capacity. The dimension of living space is determined by building area of different dwelling size. Generally, the flexibility of large area space is greater than that of small area space. It shows greater advantage in modern commerce-residence building because large space may serve as office or accommodation.

In this stage, we have designed different kinds of living space and service space and put them into our practice.

There are three basic forms of living room (shown in Fig. 3).

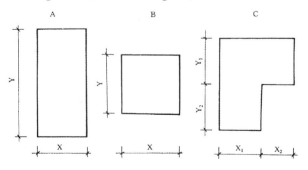

Fig. 3   Basic forms of living room

a—rectangular, the ratio of bay and depth is more than 1 : 2, usually adopts small bay and lateral load carrying wall, adapts to the requirement of two room dwelling and one and a half room dwelling.

b—near square, has large building area, can be large bay or large depth, usually Y>X to save building site. When X is no less than 4.8 meter, it is suitable to large dwelling size, such as two-room dwelling, two and a half room dwelling, three room dwelling or even larger dwelling.

c—twisted form, it is double bay with beams partially instead of wall to acquire two way space variability. It may also adopt masonry structure. It fits more than two and a half room dwellings.

The three basic types may be added with inserters to adjust size distribution of dwelling to meet with large dwelling size.

We have also designed some basic kinds of service space (shown in Fig. 4).

a—kitchen and W.C. are in longitudinal layout for more depth to decrease width, and ensure all parts of dwelling to accept lightening directly.

b—kitchen and W.C. are in lateral layout which covers width of a bay, sometimes it makes hall accept lightening indirectly.

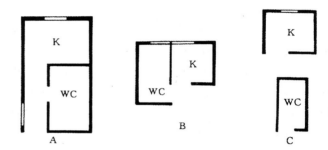

Fig. 4   Basic kinds of service space

c—kitchen and W.C. are in separate layout. W.C. often accept lightening indirectly, but it is possible for all parts in living space to accept lightening directly. The communication space can be designed into different kinds of public stairs according to combination need.

In residence design of recent years, we use these basic space to design residence which is called second generation of support housing.

Hangzhou Zhaoming residence zone

It combines type C space unit of living space with type B space unit of service space to form basic composed support system. It can be composed into step type residence with a central county plane and also be combined laterally or longitudinally. Its space mechanism is analogous to conventional yards, which makes it fit for some cultural city style (as Beijing, Suzhou) and adaptive to modern life.

Type C living space can be composed into other kinds of planes (shown in Fig. 5). One stair serves four dwellings, which adapts to different dwelling size and has large flexibility in inner separation and outer connection.

Actually the different kinds of space unit support system can be used comprebersively in residence design. We have presented the combination plane in the simulation research of new commodity residence in Nanjing, 1989. The stripe type or yard type residence is just composed of type A,

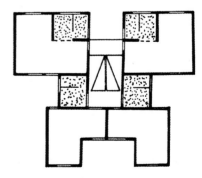

Fig. 5   Flexibility of plan

B, C of living space and type B, C of service space.

In the dangerous building reconstruction in Weiyin street in Xieheng zone of Beijing 1990, the combined model of residence plane is also the combination of above living space and service space. This plane model is the organic renewing of conventional living style on the basis of analysis on city style of Beijing. In fact, it is a conversion of conventional quadrangle residence which protects the old city scene and adapts to modern life. It is also the new application of Wuxi support housing deploration.

The dimension and type of basic living space is limited, but the combination plan is various and the separation of indoor space has many plans; any one of type A, B, C of living space can be designed to many various residence plane.

4. RESEARCH STAGE OF HIGN EFFICIENT SPACE

In the support housing research of nearly ten years, I feel deeply that because of large population, little land and weak base of our national situation, the residence size in city is limited, usually is 50—55 square meters. The service flexibility is also limted due to the building area. In fact this kind of area level is not enough for service and is difficult to adapt to requirement of modern rich family. However, the building area can not be enlarged due to national situation. How to solve this problem? It makes us to explore space.

The contradiction between existence and development is the focus of attention of human beings. The latent crisis of tremendous population appears more and more clear especially in rapidly developing city. The more city population it has, the more urgent land crisis it is. So exploring space is the new approach for more existing space for human beings.

When sloving dwelling problem, people usually care for building area and efficient use rate, but often ignore the space utility and its efficiency. So when we study the Chinese dwelling problem, we should pay more attention to deploring the efficient use rate of building area. From 1988, we have deplored a new kind of residence of high efficient space. It is a new member of support housing on the basis of development of support housing theory and practice in our country in recent decade.

The name of residence of high efficient space tells us that one of its main purposes is for the high efficiency of space utility. The available service of all the buildings is not only the area but also the space. In order to acquire more building area, the storey height is decreased. Although the building area of each dwelling is added to 3—5 square meters, it degrades the utility rate of indoor space greatly.

Although the present building area is small but it has deploration latent of space utility, even very great. There are following methods.

—the kitchen and W. C. may not be as far as living room. The relatively low W. C. is advantageous to heating in winter and it may be used in hotel.

—the space upon furniture (bed, closet, sofa) is not used. The space upon bed is empty. Actually it need not to be so high. In southern China, some old fashioned bed is supported by wooden frame and is suspended with a large mosquito net. It's very quiet and amiable for people to sleep in it. That is, the space upon bed only is as high as top of mosquito net for there is no need for people to stand on bed.

—the indoor masonry wall covers large space. It may be substituted by light weight wall or furniture, which combines inner wall and closet into one.

At present, there is little storing room for stacking objects. The disorder arrangment destroys indoor environment. Therefore, space deploration for stacking objects is a way without adding building area.

Generally, if we add a certain height, 50—60 centimeters to storey height of present residence, more space can be used. The addition is more than 50 percent. It sounds reasonable. We have taken the research of residence of high efficient space by means of large scale model simulation. Meanwhile, the discussion was held in Nanjing. At last, we have summed up money to build a two-storey experimental building and have completed some designs of actual engineering some is being constructed and some of which is to begin construction.

There are two staggered floor method, one of which is staggered in the bay direction, the other is staggered in the depth direction . Maybe three—storey facing south and two facing north or two—storey facing south and three —storey facing north. The two plans are available (shown in Fig. 6).

In a word, residence of high efficient space is the new development on the basis of fundamental support housing theory. It may be called the third generation of support housing. And this only shows

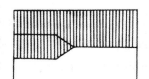 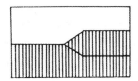 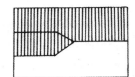

Fig. 6　Section of the inside space

the process of support housing research, but not indicates the good point or weak point of the first and second generation. The new development of residence design of high efficient space mainly appears in such respects:

a) Support system design provides more flexibility to the second creation of indoor space design, which breaks up the two dimension limits of the former two generations and enters the three dimension level.

b) Infill system acts no longer only as partition but is combined with furniture design. While using fully residence space, it saves greatly materials, labors and investment.

c) The development of residence system of high efficient space certainly promotes residence construction to a comprehensively industrial and standard stage, excites the development of construction industry, and actuates factory to produce residence part for direct user. The fixed style design of infill system realizes the standard production and manufacture. It has different kinds, styles and classes. It will evolve with the development of family life.

d) In the space design we accumulate broken and unavailable space into a whole and re—divide residence space according to different requirement of dwellers about place style and space. The living room is the center of the whole family. It is the place for family members to have a rest, talk, amusement and social communication. It is the public space in the family, it has the largest functional capacity, so it should have the best space quality and the largest space capacity. Accordingly, it should face south, have building area more than 18 square meters, be connected with dining room and the largest storey height may be 3. 4 meters. The principal function of bedroom is for people to sleep and also for study sometimes. The suitable space and quiet environment are its requirements. So it may be placed a little lower than second story space and faces south and north for draught. The functions of kitchen and W. C. are simpler but need large building area. So we expand the building area but decrease their space. The four pieces of equipment as closet can be placed beside its service space and can be used as partition. Thus the high efficient space appears to be neat arrangement of all spaces and be divided clearly. Meanwhile, this arrangement gives the space in different height of indoor environment and active interesting space result.

e) Prepare a certain space for later development. The addition of residence is unavoidable which is not considered in present residence construction. In fact the assemble multi-story building can not solve this problem. But it is an unavoidable question. At present you may see balconies being enclosed. Many people extend the space in backward balconies and even in roofs. This is unlawful and unpermitted. But it shows the requirement for more dwelling space. And this requirement is international but not regional. We should make use of residence of high efficient space for the developing space requirement which adds adaptability and flexibility of residence.

It should be pointed out that residence of high efficient space is one kind of city residence. It is fit for small area residence in large metropolis where have large population but little land. And it may solve the problem of people who only have 4 square meters. It still has advantage as commodity dwellings, for dwellers buy large area residence with not much money. It is promoted to a class as for middle or small dwellings and wedding house.

5. SUPPORT SYSTEM PERFECTING STAGE

Although support housing appears in China more than ten years ago, many people come to know it just now. Some experimental engineering have been performed in many places and we have kept on research. But because it is a huge systematic engineering concerning not only all kinds of specialty, but also all the social respects, we feel it not easy to be popularized. There needs a process. In order to spread it out, we must perfect the research of support housing system. Firstly we will perfect the research of support system, then we study and deplore the design and production of common system of filler and we establish the market of common system part.

In 1990 we care for not only the quantity but also the quality in residence construction. The family life in city has turned from ordinary life to comfortable life and the value viewpoint of dwellers appears more and more clear. Dwellers are fond of decorating their families with modern equipment and material. And the new technology, new equipment and new material provide new method to meet dweller's requirement. The modern facilities such as gas stove, electric water heater, microwave stove, bowl washing machine, air conditioning, telephone and so on have entered family life. The prefection and renewment of family facilities directly concern with the function and quality of residence equipment, especially the kitchen and W. C. have become the main places to install modern facilities. The support housing design should serve the series of kitchen and W. C. equipment.

In this research stage, special attention should be paid to the organization of pipe space. Pipe space is the emphasis of support housing which places direct influences on the plane and function of support housing.

The layout of pipe space in support housing should provide more flexibility to support housing plane, especially for the dimension and place of kitchen and W. C. which is convenient for dwellers to organize their kitchen and W. C. Decrease the exposure of pipes and concentrate vertical pipes, avoid pipe opening within dwellings, decrease the influence between the upper and lower storey as far as possible. Meanwhile, their layout should be convenient for management and repair. The three meters (electric, gas, water) open to outside directly.

In order to solve these problems, we propose the pipe well to make the pipe design in kitchen and W. C. like in hotel. The practical plans are as follows.

1) Pipes are installed in outdoor space, sticking to outside wall or stairs. And they are separated by dwellings, so the worker can record or repair the meters at stair floor.

2) Pipe well is set up at the stairs or entrances of dwellings.

3) Pipe well is set up in the middle of dwelling, so the support system B zone and middle span of indoor space can be combined together. The property of this method is just like that of hotels with the adoption of artificial lightening and ventilation which makes it more flexible. The former two in the above three methods have been put into out practice. The third style are in the vertical exploration and plan design waiting for practice.

The other side to prefect support housing system is to study and explore filling parts and to make them systematic and common. They include furniture wall, partition, and screen, all kinds of storing closet, furniture, kitchen equipment, W. C. equipment, lamp, and wall, ground decoration material and production. It needs factories to deplore together.

International Conference: Architecture and Townplanning (ICAT), The Netherlands, 1998.

Mass Housing in China Today

1. Mass Housing in China

Housing is a very important and fundamental need for the people of all the countries in the world. Now, China has more than one billion people, which is the double number before liberation. Today, housing is a very complicate societal problem. A survey of 182 cities in 1973 found an average of only $3.6m^2$/person. This is even lower than the level of 1950. One third of the families lived in conditions that were quite crowded. Many young people were postponing their marriage because of lack of a place to live. So, China's government and Chinese architects have to make a great effort to meet the housing needs.

In China, there is standard design for apartment buildings in every city. About twenty years ago, apartment were at first not self-contained; which kitchen and washroom were shared between two or more apartments. In fact, it was merely dormitory, not apartment. The floor space of each unit was only $30m^2$ to $40m^2$.

In recent years, the quality of apartments has been improved evidently. Sharing was not popular and mass housing are self-contained an apartment (unit) is occupied by only one household.

The current standard mass housing is a five to six stories walk-up with an average building area of $50m^2$ for each unit, which is consisted of two or three bedrooms, kitchenette, washroom-shower room and private balcony. For higher officers and professors, engineers' apartments of $70-90m^2$ or even more are allowable.

The most common typical standard design of apartment building is the following four types:
1) The corridor types.
2) The Gallery Access Type.
3) Direct-in-Pairs (only two apartments can be served by one staircase).
4) Direct-grouped-Block ("point block").

The scope and quantity of mass housing construction in China is unique in the world today. We have got very great achievements in some experiences.

We have to work to solve the housing problem according to our own conditions, such as:

The largest population, a compressively small land and a comparatively lack of fund for constructions as well. Therefore, we must adopt appropriate technologies to serve the very different regions.

We still have a lot of difficulties to overcome. We want more than 50 million units for family in towns and cities by 2000. The Chinese acres of cultivated area (hectare = 15 Chinese acres), but the housing constructions in villages alone will spend 0.1 billion Chinese acres of the land in the 80's. As a matter of fact, the average storeys of the existing buildings in the cities and towns are too low (1.5-2.0 stories).

The government supports all the investment of housing construction in cities and towns. Houses become a welfare service. The rent of the house like this cannot afford the maintaining and repairing. For example, I am living in a flat of four rooms and the total floor area is about 70m^2. The rent per month is about 5 Yuan R.M.B. This is less than 5% of our total salaries. The average salary of the worker is about 80 Yuan, so any one can pay this rent, and everyone shall want the floor area of his apartment "the larger the better", but our government can not afford so many houses. Even the average floor area of an apartment is now to be 50m^2. Now our government is trying to find some rules to solve this problem. such as reformation of investment system, rent system and housing management system etc. Housing will be a commodity and will not be a welfare service. Investment will be supplied by the government, enterprise, or even by person. Dwellings will be able to make money to buy, to invest for construction, or to rent. New housing or old housing both invested by the government can be sold now; that is a new housing policy of commercialization of housing.

A symposium on urban housing sponsored by ASC and the Preparatory Committee for Association of Urban Housing was held in 1983. A proposal entitled "Striving for a Comfortable Living Standard at the Turn of the Century" was passed at the meeting, in which the following concerned a lot of strategic problems on urban housing, including basic economic problem in housing. The target of a comfortable living standard at the turn of the century is envisaged as the realization of housing development in which each household can have a suit of dwelling satisfying the basic living needs.

In the recent years, urban housing is a problem in which many specific fields and departments are concerned, comprehensive research on this subject should be carried out and close cooperation on urban housing is only at an initial stage, so it is necessary to arouse public attention.

In order to realize the target mentioned above, and improve housing design, a nation wide competition of new design of housing in brick and concrete was held last year. More than 600 designs were submitted; the winning designs display some originality in conception of housing design, and show some new characteristics. My design is one of the winning designs.

1) Emphasis on environmental effects. Various types of housing have been considered to improve living environments. For example, housing with successive setbacks, apartments with courtyard, low housing with high building density, residential districts with multiline outside space, etc.

2) Overall consideration of economic and social effects. The frugal use of land has been considered at the same time of meeting functional requirements. The idea of SAR has also been absorbed in design of open interiors with partition walls to be installed by the tenants. The problem of social effects is reflected in the relation between present day allocation and future remodeling.

3) Originality in type of plan. Spares with much flexibility – ties in division, improvements in housing with courtyards include incorporation with setbacks and courtyards with openings. Designers pay more attention to diversification of housing; they are not only concerned with outward appearances, but also consider

diversification of exterior and interior environment and space.

4) At present, people are paying more attention to the revival of the local dwelling and try to deduce the general rules for the Chinese modern housing. In my opinion, indigenous dwellings are a great creative resource for new mass housing.

Chinese local dwellings have a diversified type of plan and out-ward appearance and flexible design. There is a basic type of plan, a basic unit of composition, which is combined to make a larger courtyard structure. It may be extended in both directions by series connection, parallel connection or series-parallel connection. We observe that there were unit combination in Chinese large courtyard housing a long time ago.

This is one of the important characters in Chinese traditional dwellings. Another is that the structural system of local dwellings is wood farm structure. It is called the "so" systems, the house is built so that they would not fall down if a wall collapse. This structure system provides a large and flexible structural space 1-2 storey high that people may use partitions of light weight material such as an interior wall of wood, a glazed partition, or even big furniture to distribute space as they wish. so, Chinese local dwellings have maximum flexibility.

In order to create a comfortable residential environment, low-rise housing is more comfortable than high-rise housing. Low rise and high density housing is not only economical and comfortable but also conserves land. So, it is able to application in large cities. Traditional Chinese courtyard housing which is popular all over the country is also low-rise and high-density housing. We should not disregard our surrounding tradition. So I try to practice an approach to low-rise housing and high density housing with tradition; the new project of new housing in Wuxi City in China is an example.

2. A Project of Housing in City

The site is 0.85 hectare, the site is vacant, and locates in northwest in Wuxi city. The area is a new zone for residential development. To the south is a mountain called "Hui" mountain which is not far from the site, a small river lies to the east; to the west is a new housing with 6-7 storeys, and the north of the site is a fishing area. The project can accommodates a maximum of 243 dwellings, with average floor area $51m^2$ of unit, and a minimum of 180 dwellings with average floor area $67m^2$ of unit.

Construction work began in November 1984, and now is under construction; it will be completed in the end of this year. The project designers try to combine traditional principles and use the idea of SAR in China.

1) Traditional Experience
In our roots of Chinese situation, we investigated and analyzed old residential districts and houses and deduced some "system existed those area and house". We recognize that the indigenous dwellings are a great creative resource.

2) A common idea
SAR idea has existed Chinese traditional dwelling. The individual dwellers are dweller, investor, designer and even builder. Mean while, Chinese traditional dwellings are divided into two parts, like OAR, support and

detachable units. In this prospect, Chinese traditional houses share common ground with SAR.

In the mass housing project in Wuxi city, we decided the investment divide into two parts. The government (or the enterprise) provides the building construction cost for the support; the dweller is responsible for the cost of the detachable units and has the right to take part in the design process.

3. Spatial Concept

1) Cell-support unit (or unit support)
The unit support is a cell used as a basic unit of plan composition. Its size is close to the average building area for one family (For Example: 60m), but it is not only for one family; the territory for each family may be changed; the unit support is brick structural system.

2) Composition support (Basic variation)
We use the support unit to combine with stair units and plug-in unit to make number of basic types of plan. There is one of the basic types of plan, which is applied in the project in Wuxi. It is a larger courtyard structural which is a basic variation. It comes out of the traditional indigenous dwellings. All units round a central court which gives light and air. In most cases rooms face the south in order to be maximum the sunlight during the winter, and also it will facilitate ventilation during the summer. Springs out of the linear type of houses and makes stasher's housing (2-6 stories).

4. Diversification

There exists in this projects a multiple level of diversification such as: the diversifications of the unit type (for each family) and interior space arrangement; the group pattern in site plan; the different level of floors and the facade, as well as the interior decoration.

International Conference on Housing and Townplanning, Malmo, Sweden, 1988

Reform of Housing System and Design of Housing

1. Housing Development Reform of Housing System

Since the founding of new China, governments at all levels have given much attention to the people's housing problem. However, housing condition in China is still very poor as China is a developing country with a huge population in the past ten years. With the development of economy and the improvement of the people's living standard, housing construction has become an issue of great importance in China; the goal of state in housing construction is to striving for a comfortable living standard at the turn of the century , which means that each family in the cities and towns will be basically occupied a suit of apartment with about $50m^2$ of floor space, including kitchen, toilet, storage and balcony in addition to bedrooms. The people's housing condition are improving for higher officers, professors, engineers; apartments of $70-90m^2$ even more are allowable.

In order to accomplish the goal of housing development, on the one hand, we will keep up the stable development of the housing construction and speed up renovating the old shabby residential blocks; on the other hand, our country plan to carry out a series of reforms in connection with the housing construction and the housing system in order to mobilize all social forces, particularly the residents to deal with the housing problem.

1) Reform of investment channels for housing construction

In the past, the State took care of urban housing construction and most of the funds were appropriated by the central government. Since 1978, the state council has put forward suggestion of solving housing problem through reforming investment channels and bringing into play the initiatives of the central government, and local governments. Statistics show that 60 percent of the urban housing investment came from enterprises from 1981 to 1985.

2) Reform of housing ownership to sell publicly owned houses to individuals

Houses are the most basic means of subsistence in people's life. Individuals should be allowed to own them. I is studied by builders including the financiers, planners, designers and the construction organizations.

In my opinion, the principal difference lies in place, the people or residents in a position and central position in the housing process. It is a basically difference between the new one and old one of housing their houses and the right to choose and to make decision in design, to build under construction as well. In a word, participants have to present in the housing process. Thus making a change in the current phenomenon under which the householders just only rent or buy a house but have no right to take part in the process of designing and building the house.

For the purpose of opening up a new way to meet the need of commercialization of houses, at first, we have to change the concept of housing design from the welfare service to commodity house to correspond the rules of commercial economic system and to study market needs. It is very observable that there are several such development companies in every city and town. Hence, a market of urban commodity – houses comes into existence.

At same time, with the commercialization, a market of designs of houses also comes into existence, because of the large scale construction of commodity–houses, designing organization are willing to design for reward, the development companies want to make serious choice of designing organization. Hence, the most of project design is usually in competition.

Secondly, we should learn the feather of commodity houses that it has some characteristics, which is very different from that of welfare service houses. General architectural design must suit the needs of the housing market. In my opinion, following feather in housing process must be considered.

(1) Variations / Diversification
With houses becoming commodity house, of course, it has to meet different consumers to pick and choose like buying general goods, so housing design should be both of standardized and variation. In the past, there was standard design for mass housing in Chinese cities. The current standard mass housing are five to six stories walk-up with an average floor area of 50 square meters for each unit. Owing to a few type of standard house plan, it can hardly meet the different requirements in composition of family members, occupant cultural level, economic condition, etc. Besides, standard can purchase house or build resident own houses. It is available to solve the housing problems for those who for a long time have not been allotted one apartment but have the money to buy one; at the urban housing construction, to pound at unreasonable system of housing allocation, broken away with the prolonged practice that the state took care of housing construction, to change the people's traditional concept that housing is welfare service as well.

(2) Reform of housing construction
People's housing should be built by the people. Organizing city dwellers to build their own houses is a major reform in urban housing construction. Since 1980, the self–construction of housing has been increasing. In 1985, 18. 5 percent of the total area of urban houses finished. The way built practically meet using in small and medium sized cities and towns.

In addition, preliminary reform of housing rents that the existing housing rent per month is low rent system, which is less than 5 percent of our total salaries. It is too low to maintain and repair expenses. Reform on the existing low rent system is available to create a favorable cycle in the mass housing production, as well as to speed up solving housing problem.

3) Reform of housing system influence on housing design

For the purpose of reforming the present housing economic system, urban should take various economic forms in order to gradually change the unitary form of public ownership. A new multiple level investment structure should be established for housing and to gradually directs the resident's personal contribution toward housing consumption. Houses will be commodity and will not be welfare service. All of these reforms of housing system will have a great influence upon mass housing process including housing design. We have to think about how house building can fulfill the change in housing construction and housing system, how to suit the requirements of millions of different consumers, and how to bring into full play the initiative of central government, local government, enterprises and individuals in the mass housing process.

All these need the proposal of a corresponding new construction pattern together with a series of design theories and methods in technology. This construction pattern has to be basically different from that of current practice. This indicates a new direction, which the mass housing process could take and form a new subject that has been put, is 3.96 persons in 1986 by State Authority. So the size unit is getting small sized and medium sized with two big rooms or one big room and one small room. The floor area for each unit is about 50 square meters.

4) Fine quality

As mentioned above, the dwellers require their use in quantity small-sized or medium-sized, but they expect the quality to be better in function, construction, equipment, facilities and inside and outside environments of living environments. Every element of space and materials has been considered as deep and detail as sensible.

5) Comprehensive benefits

One of the difficulties in housing construction is in finance. To solve housing issue in China, we should invest heavily in housing construction and have a favorable cycle in the production of housing to make economic benefits for investor and developer. At the same time, we have to consider that the buyers can be available.

So, the cost of commodity houses need to be cheaper, but not cheap and nasty in quality. Besides, the frugal use of land has to consider. If the price of commodity-house is too high to element of reform of housing system... so it is necessary to be enrollment and comprehensive consideration of economic and social benefits.

2. Practice in Housing Projects

For the purpose of opening up a new way in housing, I have be gun making a new attempt since 1982. In accordance with above mentioned problems, I seek a new way to let dwellers join in the asking process and to explore a new channel leading to flexible variable housing design. At the same time I look for new principles and methods concerning the commodity-houses and also the way of how to combine traditional values with modern residential construction. The two projects will be showed as follows.

1）Support housing in Wuxi city

The housing experiment took place in Wuxi city in the province of Jiangsu in the southeast of China. The site occupies a space suitable for a variety of outdoor activities including general socializing, residents' meetings and parking bicycles. While the top and bottom of the staircases are visible from the courtyard, each separate unit has its own private door.

The development of "High-Tech" buildings is felt by many to have drained them of life, regional character and texture. A modern architecture, appropriate to Wuxi, cannot rely on the modern language of architecture alone. It is necessary to understand and use the traditional vocabulary as well. Like the Wuxi dialect the traditional architecture of Wu xi has a strong local storeys with sloping roof clad in dark gray 'small blue tiles' as they are called. The walls and roofs are freely and flexibly put together in ways which exhibit extremely rich modeling. To increase this available space within houses lining the street the upper part of the building often oversails the street from the second or first floor. Buildings along a river also overhang the water at first floor level forming below a recessed porch, balcony, or an extension of the indoor space.

Houses often have a stepped roof to the gable wall, ending in an upstanding protrusion in the shape of a horse head. The wall's curves are light and delicate and have a lively and vigorous appearance. Plan and elevation are usually plain and simple. Decoration is reserved for the entrance and many attractive and strongly individual porticos can be seen. These features make for a rich architectural language, which we reinterpreted, in new architectural forms, modern materials and technology, while attempting also to satisfy the requirements of modern living.

2）Design for housing

I think that it is necessary to develop individual design and to bring the leading role in housing design into full play, so as to cut the garment according to figure.

Flexibilities of buildings is life of building, housing space also requires much flexibilities and change abilities in division, because the occupants, user wishes, economic condition, building materials, furniture, equipment, etc. often change. Only in the way of space flexibilities in housing design can we bring the mass housing to meet these changes. So, housing must be for people, for future, for change.

But in the standard design of housing, everything in each unit almost is same, and every element of material and space is fixed. It is nearly very much same in floor area, distribution, arrangement of furniture etc. The occupants cannot make any changes.

3）Participatory / Designing set up

Relationship between house and people is essential relationship. But in past parties of housing process, housing have been designed by architects, sanctioned by authorities, built by construction companies and allocation after completion of construction to the users. You can see that the dwellers are excluded in the whole housing process. They have not any right to choose or make decision. So the occupants surely expressed non-satisfaction with their house because an architect cannot make a design that can meet whole requirements. So we should open up a new way for dwellers to take part in the process of housing for the main spaces, fix the usual position of kitchen and toilet and make several types of unit with different distribution, interior decoration, materials and standard of size and partition form for dwellers to choose as to take part in designing.

4) Small sized / Medium sized in unit type

With implementation of commodity housing, designers should change the concept of housing from welfare to commodity housing and the dwellers also should change the allocation concept of housing. Their requirement of house will be changed from large to small in floor area. They require a suite of apartment with small size or medium size, but not more and better. Their living standard should be suited to their family economic condition. In addition, the structure of family has been changed from large to small with 3 – 4 persons. Investigation shows average of family member area of 0. 85 ha; it was designed in 1983 and completed in the end of 1985.

The project is very different from other mass housing in China today. Its emphasis is:
—Researching a new way of cooperation with designers and for dwellers;
—Setting up a new model of diversification and flexibility dwellers;
—Putting forward new principles for site plan;
—Studying new method by which modern housing can express traditional architectural language.

The design could be considered as a sensitive use of the SAR idea of support and infill. The basic proposal of this project is that housing could be divided into two parts: support and detachable unit. Separate designing and production both would provide a way for the dwellers to take part in the process. We give suggestion that the support part should be invested by the government or by enter prise and the detachable part may be invested by the dwellers. It is possible to open up a new avenue of cooperation of state-private system in housing construction. The support should be decided by both the investors and designers, the detachable should be decided or selected by the dwellers; housing construction work should be carried on in three phases; designing and constructing the support; designing and producing the detachable unit and arranging and installing the detachable unit in the support according to the inhabitant wishes.

In the project, at first, I made a study of unit type. It can be taken as a composition unit to form a composition support i. e. the basic variation. The system has only two basic dimensions 3. 6m and 4. 2m. In the bay width of unit, it can be organized more than meet the needs of housing commercialization; each unit is a good situation of orientation and ventilation; there are no dark rooms. The outline of building is pleasing. Owing to the possibilities of environment of internal space, dwellers participation in their housing design and decoration has been realized. The building which is a bit different in size and orientation gave exterior variety. The ' support unit ' has a great variety on different levels. The project demonstrates how it is possible to design variety in rational and systemic way.

The project can accommodate a maximum of 243 dwellings with average floor area 51 square meters of unit and minimum of 180 dwellsings with average floor area 67 square meters of unit. Now there are 242 families occupied. The project used local material like brick, tile, reinforced concrete and some new construction techniques like light wall which have been developed.

The cost in the project was a little bit higher than those buildings built in a usual way. The normal cost in six stories housing was 102 Yuan/m (P. R. B.). The experimental housing cost is 124.4 Yuan/m (P. R. B.). It is 10—15 percent higher than other projects. In general, it is worth spending a little bit of money to get a better environment and benefits for dwellers.

3. Bailuzhou Housing Project in Nanjing

Bailizhou district locates at the side of the historical, cultural and commerce center, called Fu-Zi-Mian area; the south of the district is the Bailizhou garden. In the recent years, this area has been renovated, Bailuzhou district also is a renovated one. The project design was in 1987, the construction was completed in 1989. More than 800 dwellers live here. The most dwellers are the removal of family. The size of unit type is different; its average floor area of unit is about 52 square meters that it is the range of 44—65m.

An important problem for the project is that how to contect with the history area. We designed so form in appearance that it is between the traditional style in history area and 'box' style in around new area.

International Conference on Housing and Town planning, Hamburg, Germany, 1992.

Wuxi and Bailuzhou Projects
——China Experiments in Commodity Housing

Several urban commodity housing companies have sprung up behind the great wall in the wake of economic progress. Marking this shift from the welfare scheme of old, are two successful pioneering projects. The Wuxi experiment enlists co-operation between public and private parties; the other, near the historical hub of Fu-Zi-Miao, involves a compromise between traditional and modern practices.

Since the founding of new China, the government has paid much attention to the nation's housing problem. However, housing conditions are still very poor as China is a developing country with a huge population. With economic development and better living standards in the past has become an issue of great importance. The goal of the State is to establish comfortable accommodations for the whole nation by the turn-of-the-century. This means that each family in the urban areas will occupy a $50m^2$ apartment with a kitchen, toilet, storage area and balcony in addition to bedrooms. For high officials, professors and engineers, apartments of $70m^2$—$90m^2$ or more, are allowable.

In order to accomplish the goal of housing development, the stable development of housing construction will be maintained and renovations of shabby, old residential blocks speeded up. China also plans on carrying out a series of reforms in connection with housing construction and housing systems in order to mobilize all social forces, particularly residents, to alleviate the housing shortage

Features of the reforms

Reforms in housing construction and the housing system include:

1) Reform of investment channels for construction. In the past, as the state took care of urban housing construction, most of the funds were appropriated by the central government. Since 1978, the state council has suggested reforms in the investment channels and bringing into play the initiatives of the central government, local government, enterprises and individuals, statistics now show that 60 percent of the urban housing investment from 1981–1985 has come from enterprises,

2) Reform of housing ownership to sell public houses to individuals. As houses are the most basic means of subsistence, private individuals should be allowed to own them. Urban residents can either purchase their homes or build their own. It is advisable to solve the housing problem for those who, for a long time, have not been allotted an apartment despite having the money to buy one.

3) At the same time, the reform makes use of individual funds and quickens urban housing construction by putting an end to the unreasonable system of housing allocation. It is about time that the prolonged practice of

第五篇 英文论文

the State taking care of housing construction was broken away from. This would also change the traditional concept of housing as a welfare service.

Reform of housing construction

The people's housing should be built by the people, organizing city dwellers to build their own houses is a major reform in urban housing construction. Fortunately since 1980, self-construction of housing has been increasing. In 1985, 18. 5 percent of the targeted number of urban houses was realized through self-help schemes, largely in the medium-sized cities and towns, for which they are most suitable.

The preliminary reform of housing rents is also vital. The existing housing rent per month is based on the low rent system, which is less than 5 percent of the average salary. It is far too low to meet maintenance and repair expenses. Reforms of the existing low rent system have been drafted to create a favorable cycle in mass housing production, as well as help solve the housing problem.

Influence of reforms on design

Urban areas should follow various economic reforms in order to gradually change the existing, unitary, form of public ownership. A new multi-level investment structure should be established for housing to gradually direct the residents' personal contributions towards housing consumption. Housing will then be a commodity, and not a welfare service.

All these reforms of the housing system will greatly influence the mass housing process, including design. We have to think of how house building can meet the changes in housing construction and the housing system, how to suit the requirements of millions of different consumers best, and how to bring into full play the initiatives of the central government, the local government, enterprises and individuals in the mass housing process. All these demand a corresponding construction pattern and a series of design theories and methods of technology. This construction pattern has to be radically different from the current practice. It should indicate a new direction for the mass housing process to follow and put forward a new subject for builders, financiers, planners, designers and construction organizations to study and initiate.

The principal difference will lie in placing residents in a central position in the entire housing process. This will give the householder the right to invest in his house, the right to choose and decide its design, and the right to construction as well, in short, participants have to take part in the design and construction, and not rent or buy a house outright.

In order to open up a new approach to meet the need of commercialization of housing, we have to, by studying market forces, first change the concept of housing design, from the ' welfare service model unit ' to ' corresponds with the rules of the commercial economic system. Already, there are several development companies in every city and town supporting a market of urban commodity houses.

At the same time, a market of designs comes into existence. Due to large-scale construction of commodity houses and designing organizations eager to design on commission, development companies have to deliberate on choosing designing organizations. Hence, most project designs are usually competitive.

Diversification

The commodity house has several distinctive characteristics when compared with welfare service houses as the general architectural design must suit the needs of the housing market. Commodity houses also have to suit different tastes like any general goods. So, housing design should be both standardized and varied.

In the past, there were standard designs for mass housing in the cities. Standard mass housing today, is five to six stories high with an average floor area of $50m^2$ for each unit. Owing to too few standard house plans, it is difficult to meet various factors like the composition of resident family members, and the occupants' cultural level and economic status. Besides drafting standard designs for housing, it is vital to develop individual designs and to bring the leading roles in design into full play, so as to cut the garment according to the figure.

Flexibilities must be present in design as housing space requires much flexibility and changes in its division with building materials and equipment often changing. Only by incorporating spatial flexibilities in housing design can mass housing meet these constant changes. Whereas everything in each standard unit is almost the same, and every of material and space is fixed, as is the floor-area distribution and arrangement of furniture, as housing must be for the individual, for the future, the design must accommodate changes.

The relationship between housing and people is an integral relationnship. In the past, housing was designed by architects, sanctioned by authorities, built by construction companies, and allocated after completion to the users after excluding them from the whole process. They did not have any right to choose or make decisions. Consequently, the occupants were dissatisfied with their houses. So, we should now open up a new path for dwellers to participate in the housing process—to determine the main spaces, fix the positions of kitchens and toilets, and call for a different distribution of several units. A wide range of interior decoration materials and forms must also be made available to the dwellers.

Small-sized and middle-sized units

Not only should designers change the concept of housing from welfare to commodity housing but dwellers should also change along with the allocation concept of housing. Housing requirements will be changed from a large to a smaller floor area as the average family requires a small–or medium-sized suite—and not larger or better. Living standards should match economic status. The basic family structure has changed from large to small, with 3–4 persons. The average family in 1986 was 3. 96 persons, as determined by the state authority. So, the unit should be either small-sized or middle-sized, with two large rooms or one large room and one small room. The floor area for each unit should be about $50m^2$.

Fine quality

As stated, dwellers require small-sized or middle-sized apartments, but they expect better functions, construction, equipment, facilities, and internal and external environs. So, we should emphasize environmental development along with mass housing projects. Every element of space and material has to be considered in great depth and detail.

Comprehensive benefits

A major difficulty encountered in housing construction, is the small quantum of available financial resources. To solve the housing issue in China, we should invest heavily in housing construction and initiate a favorable cycle in the production of housing for the investor and developer to derive economic benefits. At the same time, we need to consider the buyer's purchasing power. So, commodity houses need to be cheaper, but not cheap and poor in quality. Besides, the frugal use of land has to be considered. It is thus necessary to measure both economic and social inputs and benefits in great detail.

Case studies of housing projects

I have been attempting, since 1982, to solve the housing shortage by suitable mass housing projects—involving resident participation in the housing process and exploring a new channel to flexible and variable designs. In searching for principles and methods relevant to commodity houses while attempting to combine traditional values with modern residential construction, my success, so far, is determined by a housing project in Wuxi and another in Nanjing.

Support hosing project

This housing experiment took place in Wuxi city, in the province of Jiangsu, southeast China, on an area of 0.85ha. It was designed in 1983 and completed at the end of 1985.

The project is very different from other mass housing projects in China today, as it focuses on:
1) Researching a new way of co-operation between designers and dwellers;
2) Establishing a new model of diversification and flexibility in housing design;
3) Putting forward new principles for site planning;
4) Studying new methods by which modern housing can express traditional architectural language.

The design could be considered a sensitive use of the SAP idea of support and infill. The basic proposal of the project was that the housing should be divided into two parts: support and detachable units, separate designing and production would provide a way for the dwellers to participate. It was proposed that either the government or some enterprise should invest in the support units, the dwellers in the detachable units.

It is possible to open up new avenues of co-operation between the state and private systems in housing construction. The support unit should be decided upon by both investors and designers, the detachable units selected by the dwellers. Construction work should be carried out.

Rational and systematic fashion

The project can, at best, accommodate 243 dwellings, with an average floor area of 51m^2, and 180 dwellings with an average floor area of 67m^2. At present, it is occupied by 242 families. Local materials like brick, tile, and reinforced concrete were used in combination with some new construction techniques, like developing new walls. The project cost 10 percent ~ 15 percent more than projects built in the usual traditional way. The normal cost for a six-storied housing project was then, 102 Yuan/m^2 (PRB), whereas the experimental housing project cost 124.4 Yuan/m^2 (PRB). However, it is worth spending a little more on better environs and benefits for one's residents.

Bailuzhou housing project in Nanjing

Bailuzhou district is near the historical, cultural and commercial centre of Fu-Zi-Miao. In recent years, Bailuzhou Garden, South of Bailuzhou district, was renovated, as is Bailuzhou district today.

The project design was completed in 1987, the construction in 1989. More than 800 dwellers live here today, most of whom are single occupants. Thus, the size of the units is different—the average floor area is about 52m^2.

An important aspect of the project was that it had to respect its historical surroundings. Hence, the form was designed as a compromise between the traditional style in Fu-Zi-Miao and the box style of the newly-developed Bailuzhou Garden.

India Architect & Builder September 1987

图书在版编目（CIP）数据

鲍家声文集 / 鲍家声 著. -武汉：华中科技大学出版社，2014.1
（中国建筑名家文库）
ISBN 978-7-5609-8857-3

Ⅰ. ①鲍… Ⅱ. ①鲍… Ⅲ. ①建筑学-文集 Ⅳ. ①TU-53

中国版本图书馆 CIP 数据核字（2013）第 080522 号

鲍家声文集

鲍家声　著

出版发行：华中科技大学出版社（中国·武汉）
地　　址：武汉市武昌珞喻路 1037 号（邮编：430074）
出 版 人：阮海洪

责任编辑：张淑梅　　　　　　　　　　　　　　　　　责任监印：秦　英
责任校对：王立坤　　　　　　　　　　　　　　　　　封面制作：张　靖

录　　排：北京雅信图文工作室
印　　刷：北京中印联印务有限公司
开　　本：889mm×1194mm　1 / 16
印　　张：22
字　　数：560 千字
版　　次：2014 年 1 月第 1 版　第 1 次印刷
定　　价：98.00 元

投稿邮箱：jianzhuwenhua@163.com
网　　址：www. hustpas. com；www. hustp. com
本书若有印装质量问题，请向出版社营销中心调换
全国免费服务热线：400-6679-118 竭诚为您服务